Die Grundzüge der Werkzeugmaschinen und der Metallbearbeitung

Von

Professor F. W. Hülle

in Dortmund

Zweiter Band

Die wirtschaftliche Ausnutzung der Werkzeugmaschinen

Vierte, vermehrte Auflage

Mit 580 Abbildungen im Text und auf einer Tafel sowie 46 Zahlentafeln

1926

Springer-Verlag Berlin Heidelberg GmbH

ISBN 978-3-662-01864-4   ISBN 978-3-662-02159-0 (eBook)
DOI 10.1007/978-3-662-02159-0

Meinem verehrten Lehrer

Herrn Geheimrat

Dr.-Ing. e. h. Josef Hart

weiland ord. Professor an der Techn. Hochschule Fridericiana
in Karlsruhe

zum Gedächtnis

Vorwort zur dritten Auflage.

Der zweite Band der 3. Auflage behandelt die wirtschaftliche Ausnutzung der Werkzeugmaschinen. Er soll die Maschinenbaubeflissenen in die wichtigsten Gedankengänge einer wirtschaftlichen Fertigung einführen. Selbstverständlich kann und soll das Buch in dieser Beziehung nur Richtlinien geben, auf denen die Schule des praktischen Lebens aufbauen muß. Eine besondere Aufgabe des Unterrichtes dürfte es aber sein, die Bedeutung der in diesem Bande aufgestellten Richtlinien durch Versuche an den Maschinen der Lehrwerkstätte oder des Versuchsfeldes den Studierenden näher zu bringen. In allen Abschnitten ist auf die zeichnerischen Rechenverfahren besonders Wert gelegt, da sie in den Betrieben immer mehr Eingang finden.

Möge auch dieses Buch ein treuer Freund unserer studierenden Jugend werden!

Dortmund, im August 1922.

F. W. Hülle.

Vorwort zur vierten Auflage.

Die 4. Auflage des II. Bandes ist nach den bekannten Richtlinien weiter ausgebaut worden. Die einzelnen Abschnitte mußten daher eine Erweiterung erfahren, damit das Buch den neuzeitlichen Ansprüchen gerecht wurde.

Dortmund, im September 1926.

F. W. Hülle.

Inhaltsverzeichnis.

Inhaltsverzeichnis. VII

I. Allgemeine Richtlinien für die wirtschaftliche Fertigung.

Durch den außergewöhnlich starken Wettbewerb ist heute jedes Unternehmen gezwungen, seinen Betrieb nach wirtschaftlichen Grundsätzen einzurichten. Der erste Grundsatz der Betriebsführung muß daher sein: „Vergeude keine Arbeit!" Möge die Arbeit körperlicher, geistiger oder mechanischer Natur sein. Dieser „kategorische Imperativ" der wirtschaftlichen Fertigung muß die Seele des ganzen Unternehmens sein und alles zusammenfassen in dem Bestreben, die Erzeugnisse auf dem Weltmarkte wettbewerbfähig zu halten. Das Ziel läßt sich aber nur erreichen, wenn alle Kräfte von der Leitung bis zum jüngsten Arbeiter dahin wirken, hochwertige Ware bei den niedrigsten Selbstkosten der Fertigung zu liefern, d. h. gut und billig zu fertigen. Der wirtschaftliche Wirkungsgrad wird dabei um so höher ausfallen, wenn sich die schaffenden Kräfte nur der Fertigung gleichartiger Gegenstände zuwenden können. Diese Erkenntnis fordert eine Spezialisierung, d. h. eine Beschränkung des Arbeitsplanes auf einen kleinen Kreis von Erzeugnissen. Eine Maschinenfabrik würde somit nur eine Maschinenart bauen oder jede Abteilung auf ihre besondere Maschinenart einstellen. Eine Werkzeugmaschinenfabrik würde z. B. nur Fräsmaschinen oder Drehbänke herstellen. Der wirtschaftliche Erfolg wird noch größer sein, wenn man mit der Spezialisierung eine Typung verbindet, d. h. die Maschinenart in nur wenigen Größen ausführt. Eine Werkzeugmaschinenfabrik würde z. B. nur Zahnräderfräsmaschinen, aber auch nur in z. B. 3 Größen bauen. Ein weiterer Schritt in der wirtschaftlichen Fertigung wäre, daß mehrere Firmen den Bau bestimmter Größen einer Maschinenart vereinbarten. Firma A würde z. B. Bohrwerke bis 80 mm Spindeldurchmesser, B bis 120 mm und C über 120 mm Spindeldurchmesser bauen.

Mit der Einschränkung des Arbeitsplanes auf eine bestimmte Art und bestimmte Größen der Maschinen muß eine Normung der Einzelteile, d. h. eine Festlegung der Zahl, Form und Größe der Stamm- oder Normteile, folgerichtig durchgeführt werden. Im Triebwerksbau wurde durch die Normung der Riemscheiben die Zahl der Modelle von 3600 vorab auf 600 herabgesetzt[1]). Die früheren 36 Gewindearten brachte man auf 8. Die Grundsätze der wirtschaftlichen Fertigung bieten für die

---

[1]) V. d. I. Nachr. 1922. S. 534.

Betriebe den Vorzug, daß man Maschinen oder Maschinenteile anstatt in **Einzelfertigung** bis 3 Stück je nach Bedarf in **kleiner Reihenfertigung** bis 50 Stück oder gar in **großer Reihenfertigung** bis 500 Stück bauen kann. Die Stamm- oder Normteile der Maschinen oder Maschinenteile lassen sich hingegen in großer Reihenfertigung oder gar in **Massenfertigung** bis 3000 Stück und bei größerem Bedarf von mehr als 3000 Stück in **fließender Fertigung** herstellen. Man spart daher die zahlreichen, teueren Entwürfe und die großen Zeichenbüros, die hohen Modellkosten und Löhne, sowie die kostspieligen Lager an Ersatzteilen und die hohen Versuchskosten der Einzelfertigung von Maschinen verschiedenster Art und Größe. Bei der Reihenfertigung einer Maschine und Massenfertigung der Stammteile können hingegen alle geistigen Kräfte sich der Vervollkommnung dieser einen Maschinenart zuwenden. Der Betrieb kann sich daher mit der Anlage der Werkstatt, mit seinem Park an Arbeitsmaschinen ganz der Fertigung der einen Maschinenart anpassen, in der Formerei Formmaschinen, in der Schmiede Gesenkschmiedemaschinen und in den Bearbeitungswerkstätten Sondermaschinen und Automaten aufstellen, genaue Meßverfahren einführen und die Belegschaft zur höchsten Arbeitsgenauigkeit erziehen. Zeitsparende Vorrichtungen für das Ein- und Abspannen der Werkzeuge, Werkstücke und das Einstellen der Maschinen lassen sich in ausgiebigem Maße verwenden und die ganze Führung des Betriebes auf den eng begrenzten Arbeitsplan einstellen. Mit dem geringsten Aufwand an Zeit und Arbeit würden daher Höchstwerte der Leistung geschaffen. Dieser Erfolg würde gekennzeichnet sein durch hochwertige Maschinen bei geringsten Selbstkosten in der Fertigung.

Die **Selbstkosten** oder **Gestehungskosten** S setzen sich zusammen aus den Rohstoffkosten R, den Löhnen L und den allgemeinen Geschäftsunkosten U

$$S = R + L + U.$$

Die **Rohstoffe** werden nach der Güte und dem Gewicht bezahlt. Will man daher an den Rohstoffkosten R sparen, so dürfen hochwertige Werkstoffe nur dort Verwendung finden, wo sie wirklich erforderlich sind. Insonderheit gilt dies bei der Massenfertigung, bei der sich die Verluste durch Verwendung zu kostspieliger Werkstoffe ins Ungemessene steigern würden. An Probe- oder Musterstücken sind daher Festigkeit und Dehnung der Werkstoffe, sowie ihre Verarbeitungsfähigkeit festzustellen, damit auf Grund dieser Ergebnisse die Auswahl erfolgen kann. Mit Rücksicht auf ein kleines Gewicht und geringe Zerspanungsarbeit sind die Rohstangen und Rohlinge in ihren Abmessungen soweit als möglich den Ausmaßen der Werkstücke anzupassen, selbstverständlich unter Beachtung der in der Walztechnik vorherrschenden Festmaße. Um Stoffverluste zu vermeiden, sind die Späne für das Wiedereinschmelzen zu sammeln. Die Rohstoffkosten vermindern sich dadurch um den Wert der Spanmengen. Die Wirtschaftlichkeit des Betriebes erfordert daher auch eine Normung der Werkstoffe nach ihren Abmessungen und ihrer Güte, damit die Lager nicht zu groß werden und nicht immer Erfahrungen mit neuen Werkstoffen zu sammeln sind. Schließen sich dabei mehrere

Betriebe zu einem gemeinsamen Einkauf zusammen, so daß ihnen bei den größeren Abschlüssen Sonderpreise eingeräumt werden, so werden die Rohstoffkosten R weiter herabgedrückt.

Einen wichtigen Posten in den Selbstkosten bilden die Löhne, die Entschädigung des Arbeiters für die aufgewendete Zeit oder Arbeit. Sowohl bei dem Zeitlohn als auch bei dem Stücklohn ist die Fertigungszeit die Grundlage für die Lohnbildung. Die für die Fertigung einer Reihe von z Werkstücken erforderliche Gesamtzeit T_z setzt sich zusammen aus der gesamten Einrichtezeit t_e und der $z$maligen Stückzeit t_{st}.

$$T_z = t_e + z \cdot t_{st}.$$

Da mit jeder Fertigung Zeitverluste verbunden sind, die durch das Herauslegen, Verschließen, Umtauschen der Werkzeuge, Heranholen von Putz- und Schmiermitteln, Warten auf Aufträge, kleine Betriebsstörungen usw. (s. S. 135) bedingt und unvermeidlich sind, so müssen sie durch Zuschläge t_v abgegolten werden.

Die gesamte Einrichtezeit t_e besteht daher aus der eigentlichen Einrichtezeit t_{ee} der Maschine und der anteiligen Verlustzeit t_v, d. h.

$$t_e = t_{ee} + t_v.$$

Die Stückzeit t_{st} zerfällt in die Grundzeit t_g und den Anteil der Verlustzeit t_v, so daß

$$t_{st} = t_g + t_v.$$

Die Grundzeit t_g ist die für einen Arbeitsgang eines Werkstückes erforderliche Zeit, die entweder rechnerisch oder durch Zeitaufnahmen bestimmt wird. Sie besteht aus der Hauptzeit oder Laufzeit t_h der Maschine und der Nebenzeit oder Griffzeit t_n, so daß

$$t_g = t_h + t_n.$$

Die Hauptzeit t_h umfaßt die für den Arbeitsgang des Werkstückes auf der Maschine verbrauchte Zeit nebst Rücklauf- und Überlaufzeit. Man kann diese Hauptzeit rechnerisch ermitteln, muß dabei aber den Drehzahlabfall durch einen Zuschlag von etwa 10 v H ausgleichen. Das genaueste Verfahren besteht in Zeitaufnahmen, aus denen man den Mittelwert zieht, ohne einen Zuschlag zu machen.

Die Nebenzeit t_n enthält die Zeit für die Nebenarbeiten, wie Spannen und Ausrichten des Werkstückes, Ansetzen und Zurückziehen der Werkzeuge und Messen des Werkstückes. Diese Zeiten werden regelmäßig bei einem Arbeitsgang gebraucht. Sie werden meist aus Nebenzeittafeln entnommen, die auf Zeitaufnahmen aufgebaut sind (s. S. 123).

Die Gesamtzeit einer Reihenfertigung ist daher nach Abb. 1 und 2

$$T_z = t_e + z \cdot t_{st} = t_{ee} + t_v + z \, (t_h + t_n + t_v)$$

und die Gesamtzeit einer Einzelfertigung

$$T_1 = t_{ee} + t_v + t_h + t_n + t_v.$$

Das Bestreben der Betriebsleitung muß darauf gerichtet sein, diese Einzelzeiten möglichst klein zu halten, damit aus den Werkzeugmaschinen Höchstleistungen herausgeholt werden können. Die Einrichtezeit t_{ee} läßt sich durch einfache und handliche Werkzeugmaschinen kürzen, bei denen man die Geschwindigkeiten und Vorschübe mit Hand-

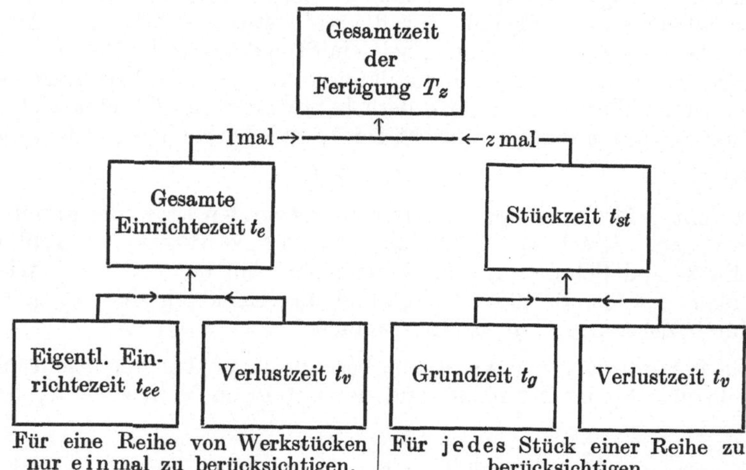

Abb. 1. Gliederung der Fertigungszeit.

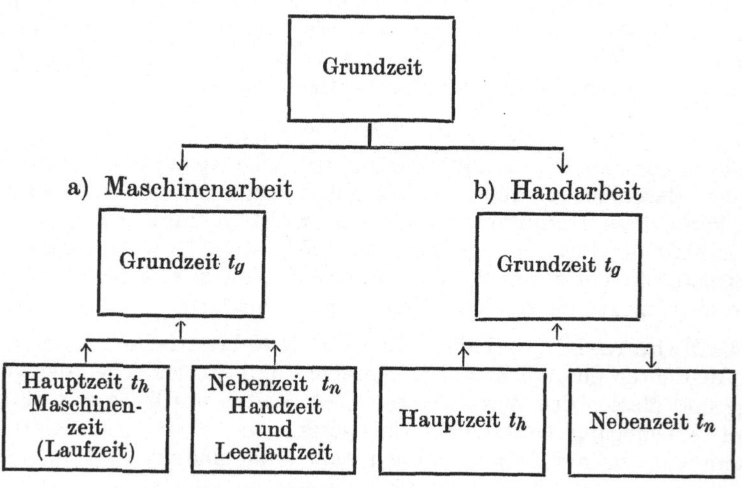

Abb. 2. Gliederung der Grundzeit.

griffen nach Tafeln einstellen und die Werkzeuge und Vorrichtungen in einfachster Weise aufspannen kann. Hier spielt also die Durchbildung der Maschine die Hauptrolle. Die Verlustzeitzuschläge t_v, die alle vermeidlichen und unvermeidlichen Arbeitsunterbrechungen abgelten, können nur durch eine mustergültige Organisation und durch wohlgeordnete

Betriebsverhältnisse vermindert werden (S. 135). Sie betragen im allgemeinen 10 bis 20 v H der Grundzeiten und Einrichtezeiten, d. h.

$$T_z = t_{ee} + 0{,}15\, t_{ee} + z\,[t_h + t_n + 0{,}15\,(t_h + t_n)]$$
$$= 1{,}15\, t_{ee} + 1{,}15\, z\,(t_h + t_n) = 1{,}15\,[t_{ee} + z\,(t_h + t_n)].$$

Die Haupt- oder Laufzeit der Maschine läßt sich rechnerisch ziemlich genau ermitteln aus der Gleichung

$$t_h = \frac{L}{n \cdot s}\, i = \frac{\text{Schaltweg in mm Schnittzahl}}{\text{Vorschubgeschwindigkeit in mm/min}}\ \text{oder}\ \frac{\pi\, d \cdot L}{v \cdot s}\, i,$$

wenn i die Anzahl der Schnitte ist. Unter Berücksichtigung des Drehzahlabfalles von 10 v H ist $t_h = 1{,}1\,\dfrac{L \cdot i}{n \cdot s} = 1{,}1\,\dfrac{\pi\, d \cdot L}{v \cdot s}\, i.$

Beim Langdrehen würde als Schaltweg die Drehlänge, beim Plandrehen die Drehbreite, beim Bohren die Bohrtiefe, beim Fräsen die Fräslänge, beim Schleifen die Schleiflänge und beim Hobeln die Hobelbreite in Rechnung zu setzen sein. Dazu kommen die jeweiligen Überwege (Bd. I, S. 7). Will man an der Hauptzeit t_h der Maschine sparen, so muß man die Überwege $ü$ so klein als möglich halten. Dies gilt insbesondere bei den Maschinen mit gerader Hauptbewegung, die bei jedem Hub H nicht weniger als $H + 2\,ü$ m toten Weg haben. Das Schwergewicht einer wirtschaftlichen Metallbearbeitung liegt aber in der Wahl der richtigen Schnittgeschwindigkeit, des Vorschubes und des Spanquerschnittes. Je größer diese Werte bei einem Werkstoff bei gleicher Schneidhaltigkeit der Werkzeuge gewählt werden können, und je mehr Werkzeuge zugleich arbeiten, um so kleiner wird t_h und um so größer die Leistung der Maschine.

Die Nebenzeit t_n läßt sich durch sachgemäßes Vorbereiten der Werkstücke, durch handliche Aufspann- und Meßvorrichtungen, sowie durch planmäßiges Arbeiten auf Grund von Zeit- und Bewegungsstudien wesentlich kürzen (S. 116). Mehrere Werkzeugmaschinen, wie Automaten, lassen sich durch einen Mann bedienen, dessen Lohn auf die Zahl seiner Maschinen verrechnet wird.

Die allgemeinen Geschäftsunkosten U umfassen zunächst die Zinsen und Abschreibungen für Grundstück, Gebäude und Maschinen. Will man hieran sparen, so müssen die Gebäude Zweckbauten, d. h. einfach und dauerhaft sein, Licht und Luft bieten, denn je gesünder und sauberer die Arbeitsstätte, um so größer die Liebe zur Arbeit. Um hohe Frachten zu vermeiden, muß die Fabrikanlage an einem Schienen- oder Wasserweg liegen. Die Maschinen sollen kräftig gebaut und für ihren Sonderzweck eingerichtet sein. Kostspielige Maschinen, die nicht dauernd ausgenutzt werden, belasten die Betriebskosten. Mit Kohle, Licht und Schmiermitteln ist größte Sparwirtschaft erforderlich, die man nur bei sachkundiger Überwachung erzielen wird. Doch nicht nur mit den sächlichen Ausgaben muß man haushalten, sondern auch mit den persönlichen. Löhne für Hilfsarbeiter spart man durch weitgehende Verwendung von Werkstattfördermitteln, die Gehälter für Beamte durch die Einführung von Rechenmaschinen im Lohn- und Rechnungswesen.

Durchgreifende Erfolge lassen sich erzielen, wenn sich mehrere Firmen zusammenschließen zu einer Gemeinschaft mit einer einzigen Hauptverwaltung, gemeinsamen Einkaufs-, Verkaufs- und Ausfuhrstellen, sowie Ausstellungsständen und Forschungsstätten. Auf diese Weise werden nicht nur Gehälter, Steuern und soziale Ausgaben gespart, sondern auch die Unkosten auf die Mitglieder der Gemeinschaft verteilt. Gesellt sich hierzu noch eine Betriebsgemeinschaft, so können in Zeiten des wirtschaftlichen Niederganges einzelne Betriebe stillgelegt und damit die Restbetriebe besser ausgenutzt werden.

Das Schwergewicht muß man jedoch auf eine **starke Beschleunigung der Fertigung** legen, damit die in die Werkstätten fließenden Rohstoffe auf schnellstem Wege als Fertigwaren auf den Markt kommen. Somit werden die Summen, die durch den Einkauf der Rohstoffe, als Löhne und Geschäftsunkosten aus dem Unternehmen herausfließen, durch den raschen Verkauf der Ware in kürzester Zeit wieder eingenommen. Je schneller daher das Betriebskapital umgesetzt wird, um so wirtschaftlicher gestaltet sich die Fertigung. Deutsche Unternehmungen setzen durchschnittlich ihr Betriebskapital im Jahre nur 2—3 mal um, Ford dagegen 50—60 mal[1]). In den Fordbetrieben ist die Fertigung derart beschleunigt, daß die Herstellzeit vom „Erz bis zum fertigen Kraftwagen" von einem Mittag bis zum andern Abend dauert, also rd. 2 Tage. Die Fertigungsdauer für 1 Fahrrad beträgt in gut eingerichteten deutschen Betrieben etwa 6 Tage, für eine Nähmaschine etwa 5 Tage. In der Beschleunigung der Fertigung liegt daher die Zukunft. Doch kann eine begrenzte Aufnahmefähigkeit des Marktes ein zeitweiliges Umstellen der Betriebe auf andere Erzeugnisse erfordern.

II. Richtlinien für die Ausnutzung der Werkzeuge.

Die wirtschaftliche Ausnutzung der Werkzeuge hängt von vielen Umständen ab, so daß eine eingehende Betrachtung am Platze ist. Ein Werkzeug kann nur dann als wirtschaftlich angesprochen werden, wenn es die höchste Spanleistung bei den geringsten Zerspanungskosten hervorbringt. Die Spanleistung steht aber in ursächlichem Zusammenhang mit der Schnittgeschwindigkeit des Werkzeuges. Ihre Größe richtet sich 1. nach dem Stoff des Werkzeuges, 2. nach der Form der Schneide, 3. nach der wirtschaftlichen Schnittdauer, 4. nach der Größe und Form des Spanquerschnittes, 5. nach dem Stoff und der Form des Werkstückes, 6. nach der Kühlung und 7. nach dem Arbeitsverfahren.

a) **Der Stoff der Werkzeuge**, der **Werkzeugstoff**, muß einen genügend hohen Härtegrad haben und vor allem während der Arbeit diese Härte beibehalten, d. h. das Werkzeug muß **schneidhaltig** sein. Der Hauptfeind einer großen Schneidhaltigkeit und damit einer großen Schnittgeschwindigkeit ist die übermäßige Erwärmung der Werkzeugschneide durch die Arbeitswärme, die nach Herbert mit v^3 wächst. Bei zu starker Wärmebelastung tritt nämlich eine Gefügeänderung an der Schneide ein, wodurch sie weich und zerstört wird.

---

[1]) Techn. Wirtsch. 1926, S. 103.

Zahlentafel 1. Zusammensetzung einiger Schnellstähle.
Gehalt in v H.

Kohlenstoff C	Silizium S_i	Mangan M_n	Chrom C_r	Wolfram W	Molybdän M_o	Vanadium V_a	Kobalt K_o
0,63	0,25	0,25	3,91	13,16	0,16	0,18	Neuerdings bis 5 v H
0,73	0,10	0,02	3,62	19,20	—	—	
0,50	0,05	0,03	5,10	18,09	1,60	0,15	
0,48	0,10	0,04	5,48	15,17	3,38	0,22	

Erhitzt man den Kohlenstoffstahl oder Kohlenstahl, der ungehärtet 0,75 bis 1,5 v H C als freie Karbidkohle enthält, über 785° C, so entsteht eine feste Eisenkohlenstofflösung. Läßt man den Kohlenstahl langsam erkalten, so zerfällt die Eisenkohlenstofflösung von der kritischen Temperatur von 760° C abwärts und die wieder freiwerdende Karbidkohle macht den Stahl weich wie zuvor. Wird dagegen die Eisenkohlenstofflösung abgeschreckt bis unter 200° C, so wird der Stahl glashart und praktisch unbrauchbar. Läßt man ihn wieder auf 200 bis 315° C an, so wird er zäher und weniger hart (Abb. 3), indem die Eisenkohlenstofflösung einen Teil des gebundenen Kohlenstoffes als freie Karbidkohle abstößt und zwar um so mehr, je länger die Erwärmung anhält. Eine dauernde Arbeitswärme von 125° C macht sich daher schon in der Schneidhaltigkeit und Schnittdauer der Werkzeuge nachteilig bemerkbar. Es findet sozusagen ein Wettkampf[1]) zwischen der Härte des Werkstoffes und der des Kohlenstahles statt, da die Schneidentemperatur auf beide verschieden einwirkt. Zwischen 70 und 125° C nimmt sowohl der Kohlenstahl als auch der Werkstoff an Härte zu. Bei Temperaturen über 150—200° C verliert jedoch der Kohlenstahl seine Härte rasch (Abb. 3), dagegen nimmt der Werkstoff bei höheren Temperaturen, also auch bei höheren Schnittgeschwindigkeiten, noch an Härte zu, so daß er Sieger über das Werkzeug bleibt. Der Kohlenstahl verträgt daher beim Schruppdrehen von weichem Stahl keine Schnittgeschwindigkeiten über 16 m/min und bei gewöhnlichem Gußeisen nicht über 12 m/min (s. Zahlentafel 13 bis 15).

Härtebeständiger ist der Schnellstahl. Der geringere Kohlenstoffgehalt beeinflußt den Stahl schon weniger (Zahlentafel 1). Dazu kommt, daß bei dem hohen C_r-W-Gehalt der Kohlenstoff sich nicht bei 760° C, sondern erst unter der Lufttemperatur umwandelt, so daß die feste

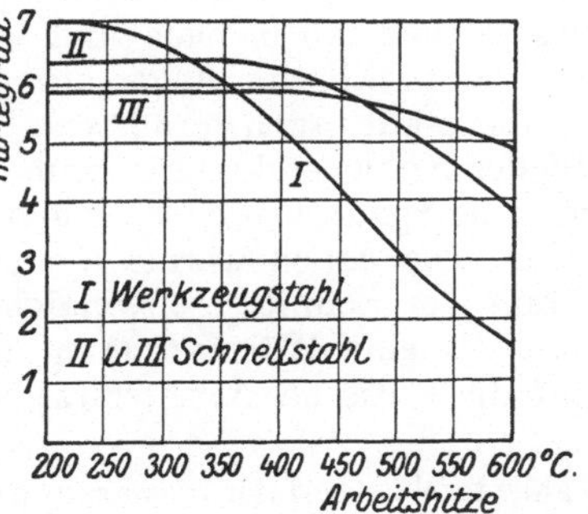

Abb. 3. Vergleich der Härtebeständigkeit bei Werkzeugstahl und Schnellstahl.

---

[1]) Maschinenbau, Sonderheft: Zerspanung 1926. S. 58.

Eisenkohlenstofflösung beständiger ist. Die Schnellstähle, d. h. C_r-W-Stähle, können daher in einem Luftstrom gehärtet werden, da sie keine freie Karbidkohle ausscheiden, die den Stahl weich machen würde. Der Schnellstahl hält daher auch Arbeitshitzen bis zu 500° C besser stand. Dies setzt aber voraus, daß man den Schnellstahl auf 1050 bis 1250° C, d. h. bis nahe an den Schmelzpunkt erhitzt und hierauf abschreckt (S. 40). Er wird dadurch ziemlich hart und hält diese Härte bis zur dunklen Rotglut bei. Sein Kennzeichen liegt daher in der Rotwarmhärte. Die Kennlinie I in Abb. 3 zeigt deutlich, daß der Werkzeugstahl I als Kohlenstahl zwar einen größeren Härtegrad hat als die beiden Schnellstähle II und III, ihn aber auch schneller verliert. Bis 315° C ist I härter, bis 465° C II und darüber hinaus III. Der weniger harte Schnellstahl III ist also schneidhaltiger als die härteren Stähle II und I. Die Kennlinien in Abb. 3 zeigen wieder recht deutlich, daß um 400° C der Kampf zwischen der Härte des Schnellstahles und der des Werkstoffes einsetzt. Bei Temperaturen über rd. 400° C läßt die Härte des Schnellstahles nach und wird von der des Werkstoffes besiegt.

Die praktische Folge der größeren Schneidhaltigkeit ist, daß der Schnellstahl auch größeren Schnittgeschwindigkeiten gewachsen ist als der Kohlenstahl. Die beim Drehen aufgewendete Arbeit A setzt sich in reine Spanarbeit $q \cdot k_s \cdot v$ und in die Arbeitswärme E um: $A = q \cdot k_s v + E$. Die Arbeitswärme E nimmt nach Herbert mit v^3 zu und setzt damit der Schnittgeschwindigkeit v eine Grenze. Bei höherem v tritt nämlich eine Wärmestauung ein, die die Schneidentemperatur rasch auf die kritische Arbeitshitze von $400 \div 500°$ C bringt.

Zahlentafel 2. Leistungsversuche mit Hartmetallwerkzeugen an Drehbänken[1]).

Nr. des Versuches	n der Spindel	Werkstück $\varnothing$ mm	v m/min	Spantiefe a in mm	Vorschub s mm	q mm²	G kg/st	N-Maschine PS	Spanleistung in stkg/PS	Arbeitsaufwand in PS/stkg	Bemerkung
\multicolumn{12}{l}{Schruppen von SM-Stahl mit $K_z = 50{-}60$ kg/mm²}
1	330	88	84	3	0,53	1,59	64,6	11,6	5,6	0,18	
2	338	100	106	3	0,53	1,59	81,5	10,2	8	0,13	
3	270	88	75	5	0,53	2,65	95,4	5,65	16,9	0,06	
4	205	112	72	5	1,06	5,3	183	17,2	10,6	0,09	Schneide glühend
\multicolumn{12}{l}{Schlichten von S.-M.-Stahl mit $K_z = 50{-}60$ kg/mm²}
5	763	75	180	0,5	0,27	0,14	12,1	17,2	—	—	
\multicolumn{12}{l}{Schruppen von Gußeisen}
6	112	119	42	3	1,06	3,2	60,5	7,4	8,2	0,12	trocken
7	139	119	52	8,5	0,53	4,5	105	7,4	14,2	0,07	naß
\multicolumn{12}{l}{Schlichten von Gußeisen}
8	212	105	70	0,5	0,27	0,135	4,25	4,2	—	—	
9	212	105	70	1,0	0,27	0,27	8,5	3,94	—	—	

[1]) Maschinenbau 1923. S. 407.

Zahlentafel 3. Vergleichsversuche zwischen Hartmetallfräsern und Schnellstahlfräsern.

Werkzeug	Abmessungen	Stoff des Werkstückes	v m/min	n min	a mm	s mm	s' mm	G kg/st	Mehrleistung in v H
Schnellstahl-Walzenfräser	75 mm $\varnothing$ $z = 12$ 45 mm breit	Werkzeug-stahl 80 kg/mm²	8	34	5	0,33	11,2	1,17	
Stellit-Walzenfräser	„	„	26—27	110—115	5	0,64	72	7,58	548
Messerkopf aus Schnellstahl	150 mm $\varnothing$ $z = 16$ 35 mm breit	Grauguß	18	38	15	1,84	70	16,2	
Stellit-Messerkopf	„	„	32	68	15	6,8	462	104,8	547

Wie aus den Zahlentafeln 13 bis 15 hervorgeht, liegen die praktisch zulässigen Schnittgeschwindigkeiten fürs Schruppdrehen mit Schnellstahl nur um 45—90 v H höher als die des Kohlenstahles.

Das Hartmetall, wie Akrit, Caedit, Stellit, ist in der Hauptsache ein C_r^2-K_o-Mischmetall mit etwa $25 \div 35$ v H C_r, $35 \div 55$ v H K_o, $8 \div 12$ v H W und kleinen Beimengungen von M_n, S_i und C. Der Schmelzpunkt liegt bei etwa 1300° C[1]). Der Vorzug des Hartmetalles besteht in der großen Hitzebeständigkeit bis 990° C. Bei 800° C hat es noch mehr als die Hälfte seiner Kalthärte. Es gewinnt die Kalthärte wieder, sobald man es abkühlen läßt. Schnellstahl muß man hingegen von neuem härten, wenn er auf 500° C erhitzt worden ist. Infolge ihrer großen Härtebeständigkeit können Hartmetallwerkzeuge viel größere Schnittgeschwindigkeiten aushalten, die beim Schruppen von S.-M.-Stahl von 50—60 kg Festigkeit über 100 m/min betragen und beim Schlichten sogar 180 m/min. Vielleicht verliert in dem Wettkampf der Härten das Werkstück bei den hohen Temperaturen an Härte. Die Zahlentafel 2 gibt Höchstwerte der Schnittgeschwindigkeiten an, die auf einer Sondermaschine erzielt worden sind. Bei unseren heutigen Werkzeugmaschinen wird man die Schnittgeschwindigkeit um etwa 70 v H gegenüber der der guten Schnellstähle steigern können bei gleicher Schnittdauer. Es darf jedoch nicht vergessen werden, daß zu einem Hochleistungswerkzeug auch eine Hochleistungsmaschine gehört, die es richtig ausnutzt. Dazu kommt, daß die Werkstatt auch genügend Gelegenheit dazu bietet. Andernfalls arbeiten hochwertige Werkzeuge unwirtschaftlich. Im allgemeinen wird man sich mit noch kleineren Schnittgeschwindigkeiten begnügen müssen, dafür aber die größere Schnittdauer der Schneiden ausnutzen. Dieser Umstand ist für Automaten besonders wertvoll, da man dadurch die Einrichtezeit je Stück wesentlich kürzen kann. In Abb. 4 sind Versuche wiedergegeben, die

---

[1]) Maschinenbau 1923/24. S. 235.

zeigen, wie Schnittgeschwindigkeiten und Schnittdauer bei Hartmetallwerkzeugen und gutem Schnellstahl sich verhalten. Bei einer Schnittdauer von 100 min hält der Schnellstahl III $v \sim 26$ m/min, das Hartmetall I $v \sim 39{,}5$ m/min und Hartmetall II $v \sim 35$ m/min aus. Die Zahlentafel 3 zeigt Vergleiche beim Fräsen.

Die Hartmetallwerkzeuge werden in Kokillen gegossen, und die Schneide wird angeschliffen. Es ist darauf zu achten, daß beim Nachschleifen die äußere harte Haut nicht verletzt wird, da der Kern nicht so schneidhaltig ist. Hartmetall ist spröde. Vollwerkzeuge müssen daher in langen Stahlhaltern mit Druckplatten festgespannt werden. Billiger ist es, Hartmetall als Plättchen aufzuschweißen. Reichliche Wasserkühlung erhöht die Leistung sehr.

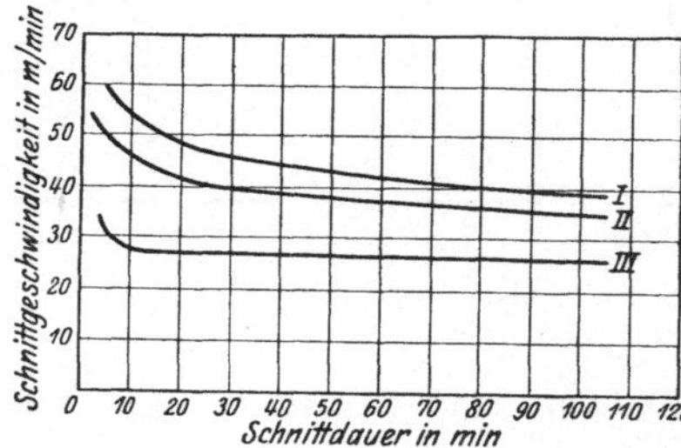

Abb. 4. Schnittzeiten bis zur Zerstörung der Schneide bei Hartmetall I und II und Schnellstahl III auf S.-M.-Stahl von 65 kg/mm² Festigkeit bei einem Spanquerschnitt von 2,5 × 0,833 mm.

Einen wesentlichen Einfluß auf die Wahl der Schnittgeschwindigkeiten hat die Schnittdauer der Werkzeuge, da abgenutzte Schneiden schlecht arbeiten und den Arbeitsbedarf der Maschine und mithin auch die Stromkosten erhöhen. Stumpfgewordene Schneiden müssen daher von neuem geschärft oder gar gehärtet, angelassen und geschliffen werden. Dieses Aufbereiten kostet Zeit und Geld und erfordert jedesmal, daß die Arbeit der Maschine unterbrochen wird. In der Zahlentafel 4 von Engel[1]) sind die Kosten für einen Stahlwechsel zusammengestellt.

Zahlentafel 4. Kosten eines Stahlwechsels.

Spitzenhöhe der Bank in mm	bis 200	bis 300	bis 400	bis 550	über 550
Schaftquerschnitt des Stahles in mm²	18 × 18	27 × 27	40 × 40	50 × 50	66 × 66
Zulässiger Spanquerschnitt q in mm²	bis 4	4 bis 9	9 bis 16	16 bis 25	über 25
Aufbereitungskosten eines Stahlwechsels in Pf.	12	14	17	21	28

Will man ein Werkzeug wirtschaftlich ausnutzen, so muß die Schnittdauer ein Vielfaches der Aufbereitungszeit oder ihrer Kosten sein. Der Schnellstahl 18 × 18 mm in Zahlentafel 4 erfordert an Aufbereitungskosten jedesmal 12 Pf. = 12 min. Arbeitszeit bei 60 Pf. Stundenlohn. Nach Taylor ist die Schnittdauer am vorteilhaftesten bei einem Vielfachen von 7, also bei 7 × 12 = 84 min. Er empfiehlt daher als Mittel-

---

[1]) Maschinenbau 1925. S. 1127.

wert $1\frac{1}{2}$ st für die Schnittdauer, vielfach wählt man sie nur 1 st. Allgemein gilt, daß die Schnittgeschwindigkeit um so geringer genommen werden muß, je größer die Schnittdauer sein soll. Nach Taylor nimmt die Schnittgeschwindigkeit mit der 8. Wurzel aus der Schnittdauer an einem $S.$-$M.$-Stahl von ~ 65 kg/mm² Festigkeit bei einem Span $2,5 \times 0,83$ mm ab. Ist z. B. für einen Schnellstahl bei 20 min Schnittdauer die Schnittgeschwindigkeit zu $v_{20} = 29$ m/min ermittelt, so würde für 90 min Schnittdauer die Schnittgeschwindigkeit

$$v_{90} = 29 \sqrt[8]{\frac{20}{90}} \sim 24 \text{ m/min, bei } 60 \text{ min } v_{60} = 29 \cdot \sqrt[8]{\frac{20}{60}} \sim 25 \text{ m/min.}$$

Die so errechneten Werte decken sich ziemlich gut mit der Schnittgeschwindigkeitslinie III in Abb. 4, die den Einfluß der Schnittdauer recht deutlich zeigt (s. S. 19 u. 44).

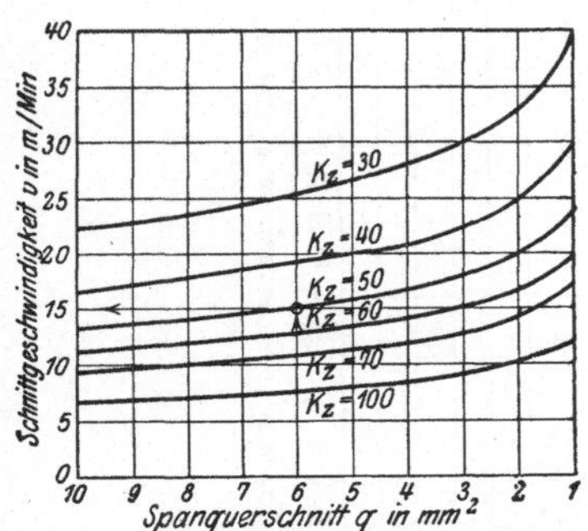

Abb. 5. Tafel für die Ermittlung von v aus q und K_z bei Stahl, Stahlguß, Temperguß, Messing.

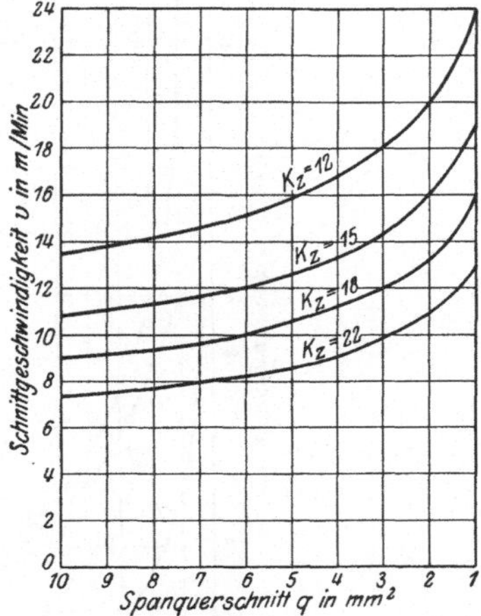

Abb. 6. Tafel für die Ermittlung von v aus q und K_z bei Gußeisen und harter Bronze.

Der Spanquerschnitt q beeinflußt die Schnittgeschwindigkeit insofern, als ein starker Span einen großen Schnittdruck verursacht. Die Reibungswiderstände an der Brust und am Rücken der Schneide werden größer und damit auch die Wärmemengen. Je größer q ist, um so kleiner muß man daher v wählen. Man darf jedoch nicht vergessen, daß starke Späne gute Abflußwege für die Wärme bieten. Zum Schnelldrehen gehört daher nicht nur eine höhere Schnittgeschwindigkeit, sondern auch ein starker Span.

Nach den Ermittlungen von Kestra[1] nimmt die Schnittgeschwindigkeit mit $\sqrt[4]{q}$ ab. Ist z. B. bei $q = 2$ mm² $v = 20$ m/min, so ist für

$$q = 16 \text{ mm}^2 \; v = 20 \sqrt[4]{\frac{2}{16}} = 12 \text{ m/min.}$$ Auf Grund langer Erfahrungen hat Kestra 2 Gleichungen aufgestellt, die den Vorzug haben, daß man die Schnittgeschwindigkeit v aus der Festigkeit K_z des Werkstoffes und dem Spanquerschnitt q berechnen kann.

---

[1] W. T. 1922 S. 649. Maschinenbau 1923. S. 172.

Für zähe Werkstoffe, wie Stahl, Stahlguß, Messing, Aluminium gilt:

$$v = \frac{1196}{K_z} \frac{1}{\sqrt[4]{q}} \sim \frac{1200}{K_z} \cdot \frac{1}{\sqrt[4]{q}} \; \text{m/min}$$

für spröde Werkstoffe, wie Gußeisen und harte Bronze:

$$v = \frac{286}{K_z} \cdot \frac{1}{\sqrt[4]{q}} \; \text{m/min.}$$

In den Abb. 5 und 6 sind die Gleichungen dargestellt. Für einen Span von 8 mm² wäre $v \sim 14$ m/min bei Maschinenstahl von 50 kg/mm²

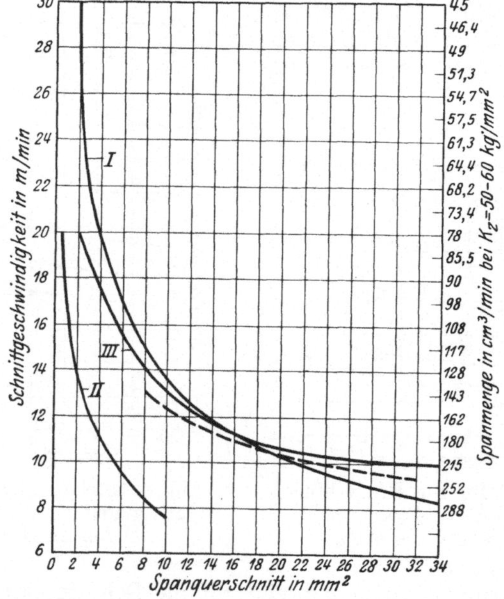

Abb. 7. Spanquerschnitte und Schnittgeschwindigkeiten für die Ausnutzung eines Schneidstahles mit 16 v H *W* auf Maschinenstahl von 50—60 kg/mm² (Linie I) und hartem Stahl von 70—80 kg/mm² (Linie II), sowie mittelhartem Gußeisen (Linie III).

Festigkeit und bei weichem Stahl mit $K_z = 30$ wäre $v \sim 23$ m/min, dagegen bei Gußeisen mit $K_z = 12$ kg/mm² $v \sim 14$ m/min.

Der Ausschuß für wirtschaftliche Fertigung[1] (*AWF*) hat für einen Schnellstahl mit 16 bis 18 v H Wolframgehalt mit der üblichen Schneidenform (Abb. 11) an Maschinenstahl von 50—60 kg/mm² Festigkeit untersucht, mit welcher Schnittgeschwindigkeit v man arbeiten muß, um bei den verschiedenen Spanquerschnitten das Werkzeug wirtschaftlich auszunutzen. In Abb. 7 sind die Ergebnisse zusammengestellt und rechts zugleich die Spanleistungen $q \cdot v$ in cm³/min angegeben. Hiernach würde bei einem Span von $q = 20$ mm² die wirtschaftliche Schnittgeschwindigkeit

---

[1] Z. V. d. I. 1925. S. 278.

$v = 10,2$ m/min sein und die Spanleistung etwa 200 cm³/min betragen. Die nach Kestra ermittelten Schnittgeschwindigkeiten stimmen bei großen Spanquerschnitten mit den Werten in Abb. 7 nicht schlecht überein, wenn man bedenkt, wie schwierig es ist, auf diesem Gebiete allgemein gültige Werte zu erhalten. In Abb. 7 ist die Schnittgeschwindigkeitslinie nach Kestra eingestrichelt, deren Werte

aus $v = \dfrac{1200}{55} \cdot \dfrac{1}{\sqrt[4]{q}} \sim \dfrac{22}{\sqrt[4]{q}}$ bestimmt sind. Recht gut stimmen die

Schnittgeschwindigkeiten mit denen in Abb. 7 überein, sobald man

sie berechnet aus der Gleichung $v = \dfrac{36}{\sqrt[\frac{7}{3}]{q}}$ für S.-M.-Stahl mit $K_z \sim 55$

und für Spanquerschnitte $q > 2$ mm². Für kleinere Spanquerschnitte gibt Engel[1]) erprobte Schnittgeschwindigkeiten für Maschinenstahl von

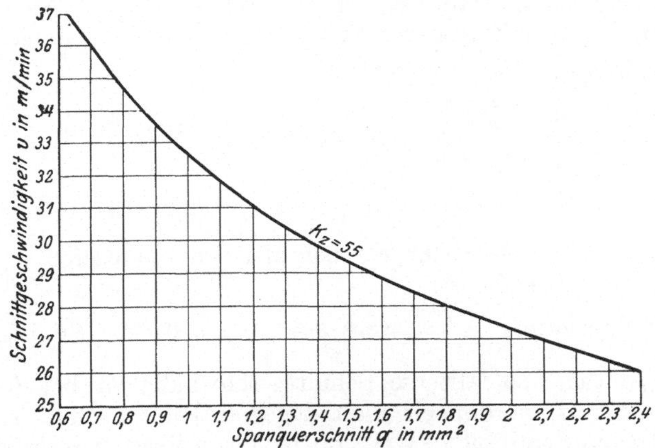

Abb. 8. Schnittgeschwindigkeiten für kleine Spanquerschnitte für Stahl mit $K_z \sim 55$ kg/mm².

55 kg/mm² Festigkeit an, die in Abb. 8 zu einer Schnittgeschwindigkeitslinie aufgetragen sind. Bei einem Span von 1,2 mm² gestattet der Schnellstahl eine Schnittgeschwindigkeit $v = 31$ m/min. Will man für kleinere Spanquerschnitte $q < 2,5$ mm² die Schnittgeschwindig-

keiten rechnerisch ermitteln, so gibt die Gleichung $v = \dfrac{32,5}{\sqrt[4]{q}}$ Werte,

die sich mit denen der Abb. 8 gut decken. Für harten Stahl mit

$K_z = 70 - 80$ läßt sich die Gleichung $v = \dfrac{17}{\sqrt[4]{q}}$ recht gut verwenden.

Bei mittelhartem Gußeisen mit $K_z = 12$ ergibt die Gleichung $v = \dfrac{24}{\sqrt[4]{q}}$ und

für Stahlguß $v = \dfrac{30}{\sqrt[\frac{8}{3}]{q}}$ brauchbare Werte für die Schnittgeschwindigkeit.

---

[1]) Maschinenbau 1925. S. 1128.

Kronenberg[1]) entwickelt die wirtschaftliche Schnittgeschwindigkeit aus der Beziehung $v = \dfrac{v_1}{\sqrt[x]{q}}$. Hierin bedeutet v_1 die Schnittgeschwindigkeit bei 1 mm² Spanquerschnitt. Die Wurzelkennziffer x ermittelt er nach den AWF — Richtwerten für Gußeisen zu $x = 3{,}6$ und für Stahl zu $x = 2{,}3$ bei $v_1 = 26$ m/min für Gußeisen und $v_1 = 36$ m/min für Stahl von 50—60 kg/mm² Festigkeit.

Nicht nur die Größe des Spanquerschnittes spielt eine Rolle bei der Wahl der Schnittgeschwindigkeit, sondern auch die Form des Spanes. Wird nämlich mit flachem Span gedreht, d. h. mit großem Vorschub s und kleiner Spantiefe a, so ist die Schneide auf 1 mm ihrer Angriffslänge ab viel stärker mit Wärme belastet als auf ab bei dem hohen Span, d. h. bei kleinem Vorschub s und großer Spantiefe (Abb. 9 u. 10). Diese Wärmebelastung der Schneide kann man noch vermindern durch die längere, schräge Schneide a_1b. Nach Taylor ändert sich die Schnittgeschwindigkeit im allgemeinen umgekehrt mit $\sqrt[2]{s}$ und mit $\sqrt[3]{a}$. Es ist demnach

$$\frac{v}{v_1} = \frac{\sqrt[2]{s_1}\,\sqrt[3]{a_1}}{\sqrt[2]{s}\,\sqrt[3]{a}} \quad \text{und} \quad v = v_1\,\sqrt[2]{\frac{s_1}{s}}\,\sqrt[3]{\frac{a_1}{a}}.$$

Bei gleichen Vorschüben, d. h. $s_1 = s$ und doppelter Spantiefe, d. h. $a = 2\,a_1$ wäre $v = \dfrac{v_1}{\sqrt[3]{2}} \sim 0{,}8\,v_1$, bei gleichen Spantiefen $a = a_1$ und doppeltem Vorschub $s = 2\,s_1$ wäre $v = \dfrac{v_1}{\sqrt[2]{2}} = 0{,}7\,v_1$. Verdoppelt man also die Spantiefe, so fällt die Schnittgeschwindigkeit bei dem hohen Span auf 80 v H, verdoppelt man dagegen den Vorschub, so fällt sie bei dem flachen Span auf 70 v H. Bei gleichem Spanquerschnitt würden sich die Verhältnisse wie folgt gestalten. Bei $q = 10$ mm² möge der hohe Span $s_1 = 2$ mm und $a_1 = 5$ mm haben, der flache Span dagegen $s_2 = 5$ und $a_2 = 2$ mm.

$$\frac{v_1}{v_2} = \sqrt[2]{\frac{s_2}{s_1}} \cdot \sqrt[3]{\frac{a_2}{a_1}} = \sqrt[2]{\frac{5}{2}}\,\sqrt[3]{\frac{2}{5}} = 1{,}16.$$

Bei dem hohen Span mit $a_1 = 5$ und $s_1 = 2$ würde daher das Werkzeug eine Schnittgeschwindigkeit ertragen, die um 16 v H höher ist als bei dem flachen Span mit 5 mm Vorschub und 2 mm Spantiefe. Der hohe Span läßt daher für das Werkzeug eine höhere Schnittgeschwindigkeit zu als der flache Span (Abb. 9 u. 10). Damit wird auch die Laufzeit $th = \dfrac{L \cdot \pi d}{v_{max} \cdot s}$ geringer. Allerdings wird der Zeitgewinn durch einen größeren Stromverbrauch erkauft (S. 52).

Die Form der Werkzeugschneide beeinträchtigt insofern die Schnittgeschwindigkeit, als der spitze Schruppstahl eine größere Reib-

---

[1]) Maschinenbau 1926. Sonderheft, S. 48.

fläche am Werkstück hat als der runde Stahl. Die Spitze ist besonders gefährdet, da sie stark mitarbeiten muß, während die runde Schneide durch ihre Form mehr geschont ist und daher auch sauberer arbeitet. Der Schruppstahl mit abgerundeter Schneide von $r \sim 2$ mm hält daher

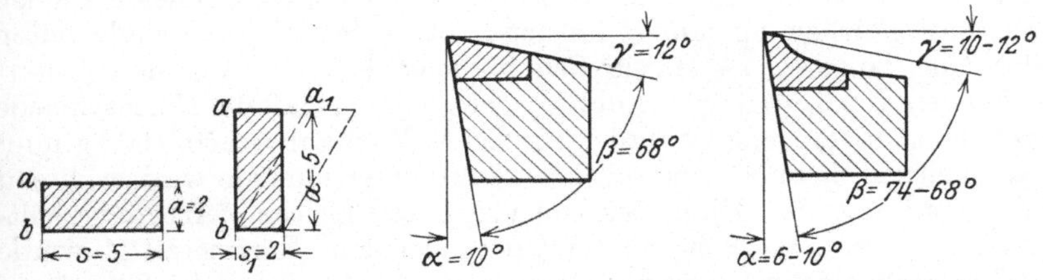

Abb. 9 u. 10. Flacher und hoher Span.   Abb. 11 u. 12. Normschneide und Klopstockschneide.

auch größere Schnittgeschwindigkeiten aus als die spitze Werkzeugschneide. Die Erfahrung lehrt, daß stark belastete Schnellstahlwerkzeuge mit einer Normschneide nach Abb. 11 kurz hinter der Schneide

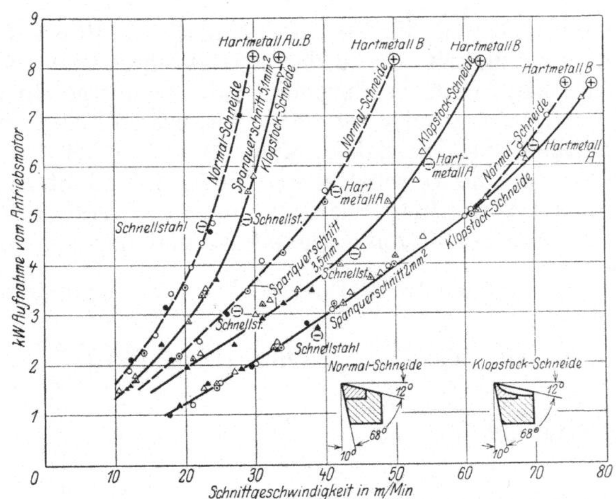

Abb. 13. Schnittleistung und Kraftverbrauch von Schnellstahl- und Hartmetall auf S.-M.-Stahl mit $K_z = 50-60$ kg, bei 3 mm Spantiefe und $q = 2$ mm², 3,5 mm², 5,1 mm² Spanquerschnitt.

Meßpunkte: a) Normschneide,   b) Klopstockschneide
Schnellstahl ●   ▲
Hartmetall A ⊙   △
     „   B ○   △
Stahlschneide zerstört ⊖ noch schneidfähig ⊕

auskolken. Diese Erscheinung erklärt sich dadurch, daß der Span an dieser Stelle auf die Schneide trifft, hier stark verdichtet, umgebogen und in weit gewundener Spirale abgeführt wird. Bei dieser großen Belastung wird der Stahl an der Stelle überhitzt und kolkt aus, der Span selbst zeigt die blaurote bis gelbe Glühfarbe.

Bei der Klopstock-Schneide, Abb. 12, ist dem Span durch eine entsprechende Aushöhlung der Weg gewiesen für einen glatten Spanfluß. Der Span läuft hierbei frei und in langer Locke ab, ohne daß er die sonst üblichen Anlauffarben hat, ein Beweis dafür, daß die Schneidentemperatur wesentlich niedriger ist. Werkzeuge mit Klopstockschneide können daher bei gleichen Spanquerschnitten größere Schnittgeschwindigkeiten oder eine längere, 2—3fache Schnittdauer haben. Aus den Untersuchungen von Ludwig[1]), Abb. 13, geht hervor, daß die Normschneide des Schnellstahles zerstört wird, wenn bei S. M.-Stahl von 50—60 kg/mm² Festigkeit ein Span 5,1 mm² mit $v \sim 22$ m/min genommen wird, während die Zerstörung der Klopstockschneide unter gleichen Arbeitsverhältnissen erst bei $v \sim 28$ m/min eintritt. Bei dem Hartmetall A wurde die Normschneide bei 3,5 mm² Span und $v = 41$ m/min, die Klopstockschneide hingegen erst bei $v = 54$ m/min zerstört. Bei dünnem Span von 2 mm² zeigen beide Schneidenformen bis $v = 60$ m/min keinen Unterschied, von da ab überragt die Klopstockschneide die Normschneide. Hippler[2]) sagt daher mit Recht: Die Verbesserung der Schneidenform bringt mehr Gewinn und Erfolg als die Verbesserung des Werkzeugstoffes.

Der Stoff des Werkstückes hat ebenfalls Einfluß auf die Größe der Schnittgeschwindigkeit. Je weicher und gleichmäßiger der Werkstoff ist, umso höher kann man im allgemeinen die Schnittgeschwindigkeiten wählen. Je härter, fester oder spröder er ist, um so kleiner muß v sein. Dies geht deutlich aus den Zahlentafeln 13 bis 15 bei den Schnittgeschwindigkeiten für die verschiedenen Gußeisen- und Stahlsorten hervor. Annehmbare Werte für v erhält man nach der vereinfachten Formel von Lindner[3]) aus der Zerreißfestigkeit K_z und der Bruchdehnung φ:

$$v = 10 + \frac{\varphi^2}{K_z} \text{ für Schnellstahlwerkzeuge bei 1 st Schnittdauer.}$$

Weicher Stahl mit $K_z = 40,\ \varphi = 25$ v H: $v = 10 + \dfrac{25^2}{40} = 26$ m/min

Mittelharter Stahl mit $K_z = 50,\ \varphi = 20$ v H: $v = 10 + \dfrac{20^2}{50} = 18$ m/min

Harter Stahl mit $K_z = 70 \div 80,\ \varphi = 10$ v H: $v = 10 + \dfrac{10^2}{75} = 12$ m/min

Die Gestalt des Werkstückes spielt bei der Wahl der Schnittgeschwindigkeit in vielen Fällen eine ausschlaggebende Rolle. Voraussetzung für brauchbare Arbeit ist, daß das Werkstück nicht schlägt. Werkstücke mit ausladenden Teilen oder unsymmetrischer Bauart müssen mit kleineren Geschwindigkeiten laufen. Dasselbe gilt bei dünnen und langen Werkstücken, wenn sie nicht schwingen sollen.

Sehr wichtig für ein wirtschaftliches Zerspanen ist eine ausgiebige Kühlung. Die beim Spanabheben sich entwickelnden Wärmemengen

---

[1]) W. T. 1925. S. 753.
[2]) Maschinenbau 1925, Sonderheft: Zerspanung S. 10.
[3]) Z. V. d. I. 1907. S. 1070.

sollen von dem Flüssigkeitsstrahl aufgenommen und von ihm an Werkzeugschlitten, Bett, Wasserschale, Rohrleitung und Luft abgegeben werden, damit das Kühlwasser wieder mit möglichst niedriger Temperatur an den Span kommt. Bei angestrengtem Dauerbetrieb soll die Temperatur höchstens um 8° steigen. Wesentlich für die Wirkung der Kühlung ist, daß ein kräftiger Wasserstrahl die Spanwurzel richtig trifft, weil hier die höchste Temperatur herrscht. Eine gute Kühlung wird sich daher wirtschaftlich nach drei Richtungen auswirken: 1. in einer erhöhten Schnittgeschwindigkeit und größeren Leistung der Maschine, 2. in einer größeren Schnittdauer, wenn z. B. die Maschine keine größere Leistung hergibt, 3. indem man ein hochwertiges Werkzeug durch ein geringwertiges ersetzen kann, z. B. Hartmetall durch gekühlten Schnellstahl und letzten durch gekühlten Werkzeugstahl.

Bei den Versuchen von Schlesinger sind bei einer Schnittiefe von 5,2 mm und einem Vorschub von 0,6 mm folgende Ergebnisse erzielt worden:

Bei mittelhartem Maschinenstahl von $50 \div 60$ kg/mm² Festigkeit und Schnellstahl (22 v H W, 12 v H V_a) beim Trockendrehen $v = 20$ m/min, beim Naßdrehen $v = 28,7$ m/min, demnach ein Gewinn von 43,5 v H. Selbst bei Gußeisen konnte die Schnittgeschwindigkeit $v = 22,7$ m/min ohne Wasserkühlung auf $v = 27,6$ m/min mit Wasserkühlung, d. h. um 21,6 v H erhöht werden. Als Kühlmittel beim Schruppen von Gußeisen kommt Sodawasser in 5 v H-Lösung in Betracht. Es darf jedoch nur die gewöhnliche kristallinische Soda genommen werden, die das Rosten verhindert. Beim Schruppen von weichem Stahl ist ein Ölzusatz zu empfehlen (etwa 1 kg Soda und $\frac{1}{4}$ kg Öl auf 16 l Wasser oder 2 kg grüne Seife und 3 kg Soda auf 100 l Wasser). Der Öl- oder Fettzusatz vermindert die Reibung des abfließenden Spanes an der Brust der Schneide und macht den Span selbst geschmeidig. Das Werkstück wird glatter und zwar um so mehr, je größer der Fettgehalt der Lösung ist.

Das Arbeitsverfahren kommt bei der Wahl der Schnittgeschwindigkeit durch Schruppen, Vordrehen und Schlichten zum Ausdruck. Beim Schruppen ist die Hauptaufgabe, eine große Menge Stoff in kürzester Zeit zu zerspanen. Das Spangewicht in kg/st oder die Spanmenge in cm³/min sind hier die Maßstäbe für die Schruppleistung. Wie bereits erwähnt, verlangt das Schnellschruppen eine mäßig hohe Schnittgeschwindigkeit und einen kräftigen Span, damit die Wärme gut abfließen kann. Von diesem Gesichtspunkte aus sind die Grenzgeschwindigkeiten in den Zahlentafeln 13 bis 15 gewählt. Das Kühlen mit einem kräftigen Flüssigkeitsstrahl aus Sodawasser oder verseiftem Öl in Wasser erhöht entweder die Schnittdauer oder steigert die Schnittgeschwindigkeit bis um 40 v H. Bei Hartmetallwerkzeugen ist das Naßdrehen Vorbedingung für eine gute Ausnutzung.

Das Schnellschruppen setzt, wie bereits erwähnt, einen starken Span voraus. Mit dem Spanquerschnitt q wächst auch der Schnittdruck $K = q k_s$ und mit ihm der Rückdruck auf das Werkstück. Eine volle Schruppleistung ist daher nur möglich, wenn das Werkstück genügend widerstandsfähig, d. h. stabil ist. Dies trifft bei Wellen aus Maschinenstahl von $50 \div 60$ kg/mm² im allgemeinen zu, wenn der Drehdurchmesser über 60 mm liegt und die Wellenlänge L nicht mehr als 12 D beträgt, also $\dfrac{L}{D} \leq 12$. Bei nicht stabilen Wellen muß man durch Werkstattversuche die wirtschaftlichen Schnittgeschwindigkeiten v und Spangrößen q und damit die Spanmenge qv cm³/min bestimmen, bei der die Arbeit gerade noch den Anforderungen entspricht und zwar für die verschiedenen Wellendurchmesser. Bei Wellen bis 40 mm Durchmesser und $K_z = 50 \div 60$ kg/mm² Festigkeit könnte man nach Zahlentafel 5 bei 3 mm Spantiefe und 0,35 mm Vorschub die Schruppgeschwindigkeit $v = 18$ m/min wählen, bei 5 mm Spantiefe und 0,25 mm Vorschub $v = 15$ m/min. Wäre z. B. eine Welle von 40 mm $\varnothing$ auf 28 mm $\varnothing$ zu schruppen, so wären 2 Schnitte mit je 3 mm Spantiefe und 0,35 mm Vorschub bei $v = 18$ m/min zu nehmen.

Zahlentafel 5[1]). Richtwerte für Schnittgeschwindigkeiten bei nicht stabilen Wellen von S.-M.-Stahl von $50 \div 60$ kg/mm² und Schnellstahl mit 18 v H W.

Wellen	10 bis 25 $\varnothing$		bis 40 $\varnothing$	
Spanmenge in cm³/min	13		20	
Spantiefe in mm	Schnittgeschwindigkeit v	Vorschub s	Schnittgeschwindigkeit v	Vorschub s
2	20	0,32	22	0,45
3	18	0,24	18	0,35
5	15	0,18	15	0,25

Zahlentafel 6[1]). Richtwerte für Schlichtgeschwindigkeiten bei Wellen aus S.-M.-Stahl von $50 \div 60$ kg/mm² und Schnellstahl mit 18 v H W.

Wellen $\varnothing$ in mm	bis 25				26 bis 50			51 bis 100		
	a	i	v	s	i	v	s	i	v	s
Drehen zum Schleifen	1	1	26	0,25	1	26	0,3	1	26	0,35
	2	1	22	0,25	1	22	0,3	1	24	0,35
	3	2	24	0,25	2	24	0,3	2	24	0,35
Schlichten ohne Passung	1	1	26	0,1	1	26	0,1	1	26	0,12
	2	2	26	0,25	2	26	0,3	2	26	0,35
			26	0,1		26	0,1		26	0,12
Schlichten nach Passung	1	2	24	0,1	2	24	0,1	2	24	0,12

a = gesamte Spantiefe; i = dazu erforderliche Schnittzahl.

Für das Schlichten sind in ähnlicher Weise Richtwerte festzulegen, doch ist hierbei nicht das Spanvolumen maßgebend, sondern lediglich

---

[1]) Refa-Mappe IV, 6.

die verlangte Genauigkeit des Arbeitsverfahrens, wie Drehen zum Schleifen, Schlichten ohne Passung und Schlichten nach Grenzlehren. Ist z. B. eine Welle von 40 mm $\varnothing$ zum Schleifen vorzudrehen, so kann dies bei 2 mm Spantiefe mit einem Schnitt bei $v = 22$ und $s = 0,3$ vor sich gehen, dagegen verlangt das Schlichten nach Passung schon bei 1 mm Spantiefe 2 Schnitte bei $v = 24$ und $s = 0,1$. Sind beim Schlichten größere Spantiefen zu nehmen, so wird zuerst bis auf 1 mm Übermaß nach Zahlentafel 5 vorgedreht und die Spantiefe von 1 mm nach Zahlentafel 6 genommen.

III. Richtlinien für die Ausnutzung von Werkzeug und Maschine.

Die Betrachtungen über die Wahl der Schnittgeschwindigkeiten zeugen von den großen Schwierigkeiten, mit denen die Forschungen auf diesem Gebiete verbunden sind. Sie sind auch nur unter dem einen Gesichtswinkel der wirtschaftlichen Ausnutzung der Werkzeuge angestellt. Wenig oder gar nicht berücksichtigt ist die Ausnutzung der Maschine. Will man aber von einer wirtschaftlichen Fertigung sprechen, so muß das Werkzeug die Maschine ausnutzen und die Maschine das Werkzeug. Dies setzt voraus, daß die an der Werkzeugschneide verfügbare Schnittarbeit $N_e = \dfrac{q \cdot k_s \cdot v}{60 \cdot 75}$ ständig in ihrer vollen Höhe in die größte Spanleistung $G_{max} = \dfrac{q\,v \cdot 60}{1000}\gamma$ umgesetzt wird und zwar bei dem höchsten Wirkungsgrad η_{max} der Maschine und bei größter Schnittdauer $t_{s\,max}$ des Werkzeuges. Damit erhält die Einheitsschnittarbeit ihren kleinsten Wert $\varepsilon_{min} = \dfrac{N_e}{G_{max}}$ in PS/stkg. Mit η_{max} werden die Stromkosten für den Antrieb der Maschine und mit der größten Schnittdauer $t_{s\,max}$ auch die Aufbereitungskosten für die Werkzeuge auf den Kleinstwert herabgedrückt. Die Vorbedingung für eine wirtschaftliche Ausnutzung von Maschine und Werkzeug ist meist gegeben, wenn man die Schnittgeschwindigkeit v nicht zu hoch wählt. Hohe Schnittgeschwindigkeiten v_{max} verlangen dünne Späne q_{min}, da ja $N_e = \dfrac{q_{min}\,v_{max}\,k_s}{60 \cdot 75} = \text{konst.}$ ist. Mit v_{max} wächst in hohem Maße die Erwärmung der Schneide. Die wirtschaftliche Schnittdauer des Werkzeuges ist daher gefährdet, weil dünne Späne die Wärme schlechter ableiten. Mit v steigt auch die Leerlaufarbeit N_l der Maschine auf $N_{l\,max}$, d. h. die Reibungsarbeit in den Getrieben wird größer (s. Zahlentafel 7). Damit fällt bei gleicher Spanleistung der Wirkungsgrad η auf $\eta_{min} = \dfrac{N_e}{N_e + N_{l\,max}} = \dfrac{N_e}{N_{i\,max}}$, wenn $N_{i\,max} = N_e + N_{l\,max}$ der größte Arbeitsaufwand der Maschine ist. Mit $N_{i\,max}$ steigt aber der Einheitsarbeitsbedarf der Maschine auf $\varepsilon_{max} = \dfrac{N_{i\,max}}{G}$ in PS/stkg und damit auch

2*

Zahlentafel 7. Versuchsergebnisse über wirtschaftliches Drehen an einer Stufenscheibenbank mit Einzelantrieb[1]).

Werkstoff	Schnittgeschwindigkeit v m/min	Spanleistung G kg/st	Vorschub s mm	Spantiefe a mm	Spanquerschnitt $q = s \cdot a$ mm²	Gesamtschnittdruck K kg	Einheitsschnittdruck $k_s = \dfrac{K}{q}$ kg/mm²	Nutzarbeit N_e PS	Leerlaufarbeit N_l PS	Arbeitsbedarf der Bank $N_i = N_e + N_l$	Wirkungsgrad $\eta = \dfrac{N_e}{N_i}$	Motorleistung $N_{mot} = \dfrac{N_i}{0,81}$	Arbeitsaufwand auf 1 kg/st Späne $\varepsilon = \dfrac{N_i}{G}$ in PS/stkg	Spanleistung auf 1 PS/st $g = \dfrac{G}{N_i}$ kg	Stromkosten für 1 kg/st Späne $e = \dfrac{0,736 \cdot N_{mot} \cdot 20}{G}$ in Pf.	Jahresstromkosten $E = 3000 \cdot eG$ in M.
Flußstahl I $K_z = 41$ $\gamma = 7,85$	11,4	27	0,785	6,4	5,02	676	135	1,7	0,36	2,06	0,825	2,54	0,076	13,1	1,39	1126
	15,8	27	0,785	4,7	3,68	495	135	1,7	0,46	2,16	0,785	2,67	0,08	12,5	1,46	1183
	19,1	27	0,785	3,8	3,08	402	133	1,7	0,56	2,26	0,755	2,79	0,084	11,9	1,52	1231
,,	11,2	18,5	0,169	20,3	3,42	695	204	1,7	0,36	2,06	0,825	2,54	0,111	9	2,02	1121
,,	15,4	18,5	0,169	15,2	2,55	500	196	1,7	0,46	2,16	0,785	2,67	0,117	8,6	2,13	1182
,,	19	18,5	0,169	12,4	2,1	405	194	1,7	0,56	2,26	0,755	2,79	0,122	8,2	2,22	1232
Flußstahl II $K_z = 48$ $\gamma = 7,85$	11,2	22,8	0,785	5,5	4,31	673	156	1,7	0,36	2,06	0,825	2,54	0,09	11	1,64	1122
	15,8	23,0	0,785	4,0	3,12	485	155	1,7	0,46	2,16	0,785	2,67	0,094	10,6	1,71	1180
	19,1	23,3	0 785	3,3	2,6	389	153	1,7	0,56	2,26	0,755	2,79	0,097	10,3	1,76	1230
	15 5	16,5	0,169	13,4	2,27	490	216	1,7	0,46	2,16	0,785	2,67	0,131	7,6	2,38	1178
	19,3	16,5	0,169	10,8	1,82	400	212	1,7	0,56	2,26	0,755	2,79	0,137	7,3	2,49	1233

[1]) Maschinenbau-Betrieb 1921, S. 810, Sack, Beitrag zur Erforschung der Wirtschaftlichkeit an Drehbänken.

die Stromkosten. Die oberen Grenzschnittgeschwindigkeiten sind daher für die Ausnutzung von Werkzeug und Maschine unwirtschaftlich. Die unteren Grenzwerte der Schnittgeschwindigkeiten bieten den Vorzug, daß man stärkere Späne ansetzen kann, da ja $N_e = \dfrac{q_{max}\, v_{min}\, k_s}{60 \cdot 75} = \text{konst.}$ ist. Mit v_{min} wird die Arbeitswärme an sich wesentlich geringer, dazu kommen die besseren Abflußwege bei starken Spänen q_{max}, so daß die Werkzeuge billiger, die Schnittdauer größer und die Aufbereitungskosten geringer werden. An der Maschine wird mit v_{min} die Leerlaufarbeit N_l kleiner, damit auch der Arbeitsaufwand $N_i = N_{i\,min} = N_e + N_{l\,min}$ und ebenso die Stromkosten. Der Wirkungsgrad wird somit größer, da jetzt $\eta = \dfrac{N_e}{N_e + N_{l\,min}} = \dfrac{N_e}{N_{i\,min}} = \eta_{max}$ wird. Maschine und Werkzeug arbeiten daher wirtschaftlich bei mäßig hohen Schnittgeschwindigkeiten. Den besten Beweis liefert ein Blick auf Zahlentafel 7. Bei $v \sim 11$ m/min ist $\eta_{max} = \dfrac{1{,}7}{1{,}7 + 0{,}36} = 0{,}825$ und die Stromkosten für 1 stkg Späne betragen $e = 1{,}39$ Pf., während bei $v \sim 19$ m/min $\eta_{min} = \dfrac{1{,}7}{1{,}7 + 0{,}56} = 0{,}755$ und $e = 1{,}52$ Pf. ist.

Der Einfluß des Spanquerschnittes auf die Ausnutzung von Maschine und Werkzeug besteht darin, daß die Schnittgeschwindigkeit v, wie bekannt, nach S. 12 mit z. B. $\sqrt[4]{q}$ abnimmt. Nach Zahlentafel 7 ist der Span von $q \sim 3$ mm² mit $v = 19$ m/min genommen worden und der Span von $q \sim 5$ mm² mit $v = 11{,}4$ m/min. Die Schnittgeschwindigkeiten sind hier also im umgekehrten Verhältnisse der Spanquerschnitte gewählt, weil $N_e = \text{konst.}$ ist. Je größer man den Spanquerschnitt q ansetzt, um so kleiner muß daher die Schnittgeschwindigkeit v genommen werden. Mit der Größe von q wird aber auch der Einheitsschnittdruck k_s kleiner. Bei $v = 11$ m/min ist nach Zahlentafel 7 bei $q = 5$ mm² $k_s = 135$ kg/mm², dagegen bei $q = 3{,}4$ mm² $k_s = 204$ kg/mm², d. h. um 51 v H höher. In der Gleichung für den Arbeitsbedarf der Maschine $N_i = \dfrac{q \cdot k_s \cdot v}{60 \cdot 75 \cdot \eta}$ haben wir daher bei q_{max} und v_{min} auch den Kleinstwert $k_{s\,min}$. Da mit dem Spanquerschnitt q nach Zahlentafel 7 auch der Wirkungsgrad ein η_{max} wird, so ist der Arbeitsbedarf der Maschine auf $N_{i\,min} = \dfrac{q_{max}\, k_{s\,min}\, v_{min}}{60 \cdot 75\, \eta_{max}}$ herabgedrückt. Damit fallen auch die Stromkosten e und E und die Spanleistung g für 1 PS/st steigt. Wie schon erwähnt, wird auch das Werkzeug durch die starken Späne bei v_{min} vor Überhitzung geschützt. Man kann daher auch billigere Werkzeuge verwenden. Starke Späne lassen daher Werkzeug und Maschine wirtschaftlich ausnutzen. Doch ist zu beachten, daß der Schnittdruck $K = q\, k_s$ größer wird und die Lager und Führungen der Maschine stärker belastet. Der Verschleiß wird jedoch kaum größer, wenn man bedenkt, daß die Geschwindigkeiten geringer sind.

Bei der Wahl von Schnittgeschwindigkeit und Spanquerschnitt bieten sich daher drei Wege für die Ausnutzung von Werkzeug und Maschine:

1. Hohe Schnittgeschwindigkeiten v_{max} und dünne Späne q_{min} verlangen höhere Stromkosten, hochwertige Werkzeuge und mithin auch größere Werkzeugkosten.

2. Niedrigere Schnittgeschwindigkeiten v_{min} und starke Späne q_{max} verursachen geringere Stromkosten, lassen billigere Werkzeuge zu, so daß auch die Werkzeugkosten auf den Kleinstwert herabsinken.

3. Hohe Schnittgeschwindigkeiten v_{max} und starke Späne q_{max} setzen voraus, daß das Werkzeug besonders hochwertig ist, damit es den hohen Arbeitshitzen an der Schneide standhält — Hartmetall. Die Maschine muß eine ausgesprochene Hochleistungsmaschine sein und das Arbeitsstück muß dem großen Schnittdruck widerstehen. Diesem Hochleistungsarbeitsverfahren muß selbstverständlich ein entsprechend hoher Umsatz zur Seite stehen, damit es auch wirtschaftlich ausgenutzt wird.

Da unsere heutigen Werkzeugmaschinen in ihrer Leistung begrenzt sind, so verfährt man wirtschaftlich, wenn man die Maschinen beim Schruppen nach dem 2. Verfahren mit niedrigeren Schnittgeschwindigkeiten und starken Spänen arbeiten läßt. Das Verfahren nach 1 kommt daher nur für das Schlichten in Betracht, bei dem die Spanmenge zurücktritt gegenüber der Genauigkeit der Arbeit und dem Gewinn an Laufzeit. Das billigere Werkzeug nach 2 würde daher eine größere Spanleistung haben als das hochwertige nach 1.

Von weit größerer Bedeutung für die Ausnutzung von Werkzeug und Maschine ist die Form des Spanes und der Werkzeugschneide. Bei der Spanform spielt bekanntlich das Verhältnis der Spantiefe zum Vorschube, also $\dfrac{a}{s}$, die größte Rolle. Setzt man einen hohen Span an, d. h. dreht man mit kleinem Vorschub und großer Spantiefe, so ist der Schnittdruck K größer als bei dem flachen Span von gleichem Querschnitt. Nach Zahlentafel 7 ist z. B. bei Flußstahl I für $q = 3,68$ mm² bei $s = 0,785$ mm und $a = 4,7$ mm $K = 495$ kg, dagegen bei $s = 0,169$ und $a = 20,3$ ist $K = 695$ kg, obwohl q nur 3,42 mm² beträgt. Ähnlich ist es bei Flußstahl II. Die Tatsache läßt sich dadurch erklären, daß der hohe Span gegen das Umbiegen und Fortbewegen an der Werkzeugschneide ein größeres Widerstandsmoment hat als der flache. Nach Abb. 9 wäre z. B. bei $q = 10$ mm²: $W_{max} = \dfrac{2 \cdot 5^2}{6} = 8,33$ mm³ und

$W_{min} = \dfrac{5 \cdot 2^2}{6} = 3,33$ mm³. Mit der Größe der Spantiefe nehmen daher Gesamtschnittdruck und Einheitsschnittdruck zu. Dies bestätigt auch die Erfahrung, daß die Drehzahl der Maschine bis um 10 v H abfällt, wenn man große Spantiefen, d. h. hohe Späne ansetzt. Zugleich sinkt auch die Spanleistung z. B. nach Zahlentafel 7 bei Flußstahl I von 27 auf 18,5 kg/st und bei Flußstahl II von 23 kg auf 16,5 kg/st. Die Einheitsschnittarbeit ε steigt daher bei Flußstahl I von $\varepsilon = 0,076$ auf

0,111 PS/stkg. Da sich andererseits flache Späne an der Werkzeugschneide leichter umbiegen und fortbewegen lassen, so wird die Maschine beim Drehen mit grobem Vorschub mehr leisten als mit feinem Vorschub. Mit der Vorschubgröße steigt die Spanleistung und es fällt ε, wie ein Blick in die Zahlentafel 7 zeigt. Auch die Stromkosten je kg/st Späne sinken bei größerem Vorschub und zwar bei $v = 19$ m/min von 2,22 Pf. auf 1,52 Pf. und bei $v = 11$ m/min von 2,02 auf 1,39 Pf. Infolge des kleineren Schnittdruckes wird auch die Maschine in ihren Lagern und Führungen schwächer belastet. Die Maschine wird daher bei großem Vorschube wirtschaftlicher arbeiten als bei kleinem. Hier scheint allerdings ein Gegensatz zwischen Maschine und Werkzeug zu bestehen, das bekanntlich bei kleiner Spantiefe und großem Vorschub auf 1 mm Schnittkante durch den Wärmefluß stärker beansprucht ist. Dieser Gegensatz wird aber um so mehr behoben, je mehr sich die Vorschubgröße s der Spantiefe a nähert, d. h. $\dfrac{a}{s} \geqq 1$, da mit der Spanbreite auch die Reibungswiderstände an der Schnittfläche wachsen und so K größer wird.

Die Form der Werkzeugschneide beeinflußt die Ausnutzung von Werkzeug und Maschine ganz wesentlich. Der rundnasige Schruppstahl ergibt bei gleicher Schnittarbeit N_e eine größere Spanleistung als der spitznasige. Nach Zahlentafel 8 liefert der Rundstahl bei $N_e = 1,7$ PS 27 kg/st Späne, der Spitzstahl nur 20 kg/st. Die Mehrleistung des Rundstahles beträgt daher 26 v H bei gleichem Vorschub. Die weitere Folge ist, daß auch die Einheitsschnittarbeit $\varepsilon = \dfrac{N_i}{G}$ kleiner wird, ebenso der Einheitsschnittdruck $k_s = \dfrac{K}{q}$ und die Stromkosten. Bei $q = 3,68$ mm² ist nach Zahlentafel 8 beim Spitzstahl $k_s = 178$ und beim Rundstahl nur $k_s = 133$ kg/mm². Die Stromkosten betragen bei $v = 11$ m/min beim Spitzstahl 1,87 Pf., beim Rundstahl hingegen nur 1,39 Pf. je kg/st Späne. Das Ausbringen des Spitzstahles beträgt je PS/st 9,7 kg Späne, beim Rundstahl 13,1 kg.

Zahlentafel 8[1]). Vergleich von Spitzstahl und Rundstahl auf Flußstahl I.

Schneidenform	v m/min	s mm	a mm	q mm²	η	K kg	k_s kg/mm²	a/s	G kg	$\varepsilon = N_i/G$ PS/stkg	Stromkosten e Pf./stkg	N_e PS	N_i	Spanleistung in kg je PS/st
spitz	11,6	0,785	4,7	3,68	0,825	655	178	6	20	0,103	1,87	1,7	2,06	9,7
„	16,1	0,785	3,4	2,66	0,795	458	172	4,35	20	0,108	1,97	1,7	2,16	9,3
„	19,3	0,785	3,1	2,41	0,755	412	170	3,84	20	0,113	2,05	1,7	2,26	8,8
rund	11,4	0,785	6,4	5,02	0,825	674	134	8,15	27	0,076	1,39	1,7	2,06	13,1
„	15,8	0,785	4,7	3,68	0,785	492	133	6	27	0,08	1,46	1,7	2,16	12,5
„	19,1	0,785	3,8	3,02	0,755	398	132	4,85	27	0,084	1,52	1,7	2,26	11,9

[1]) Maschinenbau 1921, S. 807.

Noch deutlicher tritt die Auswirkung der Schneidenform bei dem Klopstockstahl (Abb. 12) hervor. Nach den Untersuchungen von Ludwig[1], die in Abb. 14 wiedergegeben sind, verlangt die Normschneide auf einer Drehbank mit Spindelstockmotor (Band I, Abb. 52) bei einem Span von 6 mm² 4,6 kW am Antriebsmotor, dagegen die Klopstockschneide mit $\alpha = 6^{0}$, $\beta = 74^{0}$ etwa 3,5 kW und mit $\alpha = 10^{0}$, $\beta = 68^{0}$ etwa 3,25 kW. Der Arbeitsaufwand ist also um etwa 30 v H geringer, damit wird auch die Spanleistung auf 1 kWst größer. Bei dem 4 mm² Span verlangt die Normschneide etwa 2,8 kW, die Klopstockschneide 2,4 kW, d. h. 14,3 v H weniger. Natürlich wirkt sich die Form der Schneide bei stärkeren Spänen noch mehr aus. Durch weitere

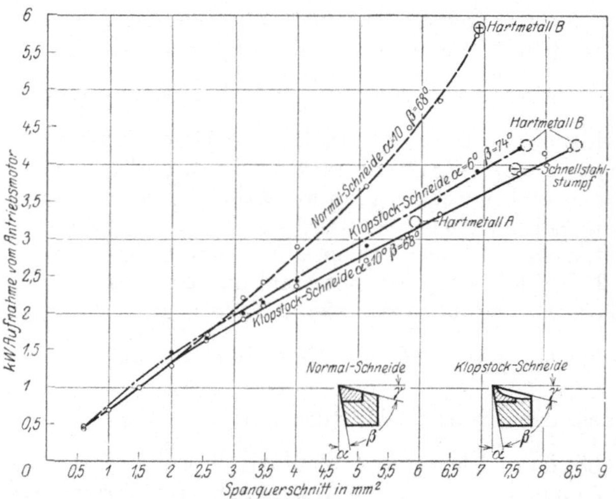

Abb. 14. Kraftverbrauch verschiedener Schneidenformen aus Schnellstahl und Hartmetall auf S.-M.-Stahl mit $K_z = 50—60$, Spantiefe 3 mm, Vorschub von 0,2 bis 2,8 mm gesteigert.
○ Schneide zerbrochen. ⊖ Schneide stumpf. ⊕ Schneide noch schneidfähig.

Versuche an einer Pumpenwelle aus S.-M.-Stahl von 50—60 kg/mm² Festigkeit wurde festgestellt, daß mit 1 kWst bei der Normschneide 13,4 kg und bei der Klopstockschneide 15,3 kg Späne bei gleichem Arbeitsaufwand erzielt wurden. Bei einem Strompreis von 20 Pf. für die kWst würde das Zerspanen von 1 kg/st mit der Normschneide 1,49 Pf. und mit der Klopstockschneide 1,31 Pf. kosten. Das bedeutet eine Ersparnis von 14 v H. Man kann daher sagen, daß mit der verbesserten Schneidenform die Spanleistung zunimmt und die Stromkosten fallen.

Selbstverständlich ist auch die Antriebsart der Werkzeug-maschine von besonderer Bedeutung, da in ihr der Wirkungsgrad zum Ausdruck kommt. Um hierüber Klarheit zu schaffen, hat Ludwig[2] 3 Drehbänke gleicher Bauart von 250 mm Spitzenhöhe untersucht.

---

[1] Ludwig, Beitrag zur wirtschaftlichen Spanabhebung. W. T. 1925. S. 753.
[2] Maschinenbau 1923. Heft 6.

Die Drehbank I mit Stufenscheibe hatte Gruppenantrieb. Der 2,6 kW-Motor mit $n = 800 \div 2000$ trieb mit einem ersten Riemen die Gruppentriebwerkswelle, mit einem 2. Riemen das Deckenvorgelege und mit einem 3. die Maschine. Die Drehbank II hatte Einscheibenantrieb. Ihre Einscheibe wurde von dem Motor durch einen Riemen betätigt, während die Drehbank III mit einem Spindelstockmotor ausgestattet war, bei dem die Kraftquelle der Spindel am nächsten sitzt, da die Umwege der beiden ersten Antriebsarten vermieden sind. Die Versuche wurden nach 2 Gesichtspunkten durchgeführt:

1. Der Arbeitsaufwand des Motors wurde auf 2,64 kWst gehalten. Die Zerspanungsleistung je kWst betrug bei der Stufenscheibenbank I 7,2 kg, bei der Einscheibenbank 8,3 kg und bei der Bank mit dem Spindelstockmotor 13,4 kg. Die Zerspanung von 1 kg/st kostet daher bei der Maschine I 2,78 Pf., bei II 2,41 Pf. und bei III 1,49 Pf.,

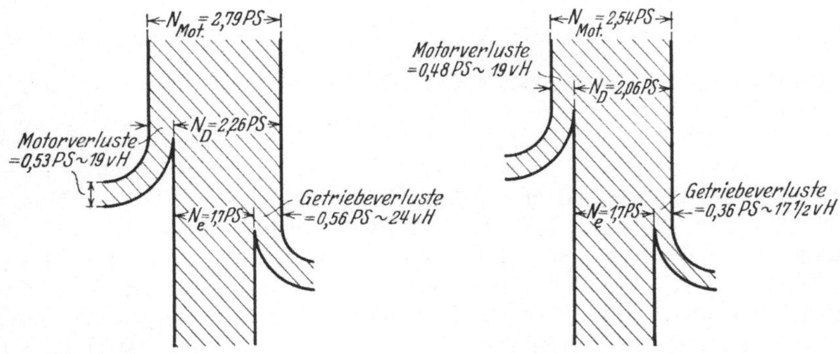

Abb. 15 u. 16.   Kraftfluß bei $v = 19$ und $v = 11$ m/min.

damit sind 13,3 und 46,4 v H gespart. Diese Zahlen reden recht deutlich von dem Einfluß der Antriebsart der Maschine auf die Stromkosten.

2. Die Spanleistung in kg/st wurde bei den 3 Maschinen gleich gehalten und der kW-Verbrauch gemessen. Das Ergebnis war, daß mit 1 kWst bei der Bank I 7,7 kg, bei II 8,7 kg und bei III 13,1 kg Späne erzielt wurden. Das Zerspanen von 1 kg/st kostet also 2,6—2,3—1,53 Pf.

Zusammenfassend kann man daher sagen:

Will man aus Werkzeug und Maschine die größte Spanleistung herausholen und zwar bei dem höchsten Wirkungsgrad der Maschine und der größten Schnittdauer des Werkzeuges, so muß man die Schnittgeschwindigkeit an den unteren Grenzwert halten, einen starken Span mit grobem Vorschub ansetzen und einen Rundstahl oder Klopstockstahl verwenden. Damit erhält man in der Arbeitsgleichung der Maschine

$$N_i = \frac{q \cdot k_s \cdot v}{60 \cdot 75\,\eta}$$ bei v_{min} für q und η die Größtwerte und für k_s den

Kleinstwert. Der Wirkungsgrad wird noch erhöht, wenn die Maschine den Motor in der Nähe der Hauptspindel hat. Man erzielt daher neben einer großen Schnittdauer bei einem weniger hochwertigen Werkzeuge die größte Spanleistung bei den geringsten Stromkosten und der kürzesten Laufzeit, so daß das Betriebskapital schneller umgesetzt wird.

Das Abdrehen von 27 kg/st. Flußstahlspänen verursacht bei $v = 19$ m/min nach Zahlentafel 7 an Stromkosten $27 \times 1,52 = 41$ Pf., hingegen bei $v = 11$ m/min nur $27 \times 1,39 = 37,5$ Pf., wenn man die kWst mit 20 Pf. ansetzt. Die jährlichen Stromkosten würden bei $v = 11$ m/min und 3000 Arbeitsstunden $37,5 \times 3000 = 1125$ M. und bei $v = 19$ m/min $41 \times 3000 = 1230$ M. betragen. Ohne eine Einbuße an Spanleistung zu erleiden, spart man jährlich 105 Mk. durch die kleinere Schnittgeschwindigkeit. Bei 50 Drehbänken wäre somit die Ersparnis 5250 M. in jedem Jahr. Bei Flußstahl II würde man bei den fast gleichen Stromkosten nur 23 kg/st Späne erzielen. Der Wirkungsgrad ist bei $v = 19$ m/min $\eta_{min} = 0,755$, dagegen bei $v = 11$ m/min $\eta = 0,825$. Über den Kraftfluß im Hauptantrieb gibt der Sankey-Kräfteflußplan in Abb. 15 u. 16 Aufschluß. Die Motorleistung ist für die Spanleistung von

$$27 \text{ kg/st. bei } v = 19 \text{ m/min } N_{mot} = \frac{N_i}{0,81} = \frac{2,26}{0,81} = 2,79 \text{ PS, wenn der}$$

Wirkungsgrad des Motors 0,81 ist. Die Motorverluste betragen daher $2,79 - 2,26 = 0,53$ PS oder 19 v H. Bei einer Nutzleistung von 1,7 PS sind die Getriebeverluste $2,26 - 1,70 = 0,56$ PS oder 24 v H. Bei $v = 11$ m/min ist bei gleicher Spanleistung die Motorleistung $N_{mot} = 2,54$ PS, der Arbeitsbedarf der Bank $N_i = 2,06$ PS, so daß die Motorverluste 0,48 PS oder 19 v H und die Getriebeverluste nur 0,36 PS oder $17\frac{1}{2}$ v H betragen. Bei den vorstehenden Berechnungen ist angenommen, daß die Reibungsverluste in leerlaufenden und belasteten Maschinen gleich sind. Dies trifft nicht zu, da mit der Belastung auch die Widerstände in den Getrieben zunehmen (S. 164). In Wirklichkeit wird die Nutzarbeit N_e etwas kleiner sein als 1,7 PS, ebenso der Wirkungsgrad. Doch bleiben die Stromkosten davon unberührt.

Wie bereits auf S. 2 hervorgehoben, muß das Endziel einer wirtschaftlichen Fertigung sein, den höchsten Gütegrad der Erzeugnisse mit den geringsten Bearbeitungskosten zu vereinen. Die reinen Zerspanungskosten für 1 kg/st Späne setzen sich zusammen aus dem Anteil an der Verzinsung z und Abschreibung a des Maschinenkapitals K, den Aufbereitungskosten W_z für das Werkzeug, dem Stundenlohn L und den Stromkosten $Str.$

$$Z = \frac{1}{G}\left(\frac{K\,(z+a)}{100 \cdot 3000} + W_z \cdot x + L + Str.\right) M/kgst.$$

Setzt man für eine Drehbank von 200 mm Spitzenhöhe $K = 3000$ M., Verzinsung $z = 10$ v H, Abschreibung $a = 10$ v H, Schnittdauer 1 st und nach Zahlentafel 4 $W_z = 0,12$ M., den Stromverbrauch 2,6 kW bei einem Strompreis von 0,20 M/kWst, so ist bei $G_{max} = 30$ kg/st Späne

$$Z = \frac{1}{30}\left(\frac{3000 \cdot 20}{100 \cdot 3000} + 0,12 + 0,60 + 0,52\right) = 0,048 \text{ M.} = 4,8 \text{ Pf.}$$

Sollen diese Zerspanungskosten bei größter Spanleistung den Kleinstwert erreichen, so ist dies nur möglich, wenn die oben entwickelten Richtlinien streng durchgeführt werden.

Engel[1]) hat die Zerspanungskosten aus Kraft, Lohn und Werkzeugbedarf untersucht und die Mindestkosten in M/m³ Späne in Abhängigkeit vom Spanquerschnitt in Abb. 17[1]) zusammengestellt. Der Verlauf der 3 Kennlinien zeigt, daß Spanquerschnitte $q < 8$ mm² unvorteilhaft sind. Bei Spänen von $q < 10$ mm² überwiegen die Löhne

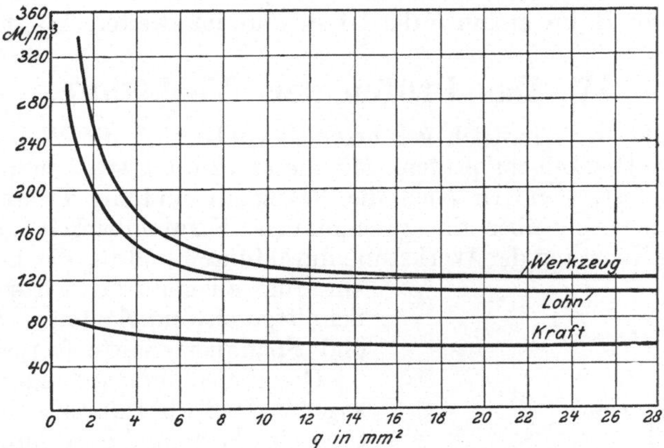

Abb. 17. Abhängigkeit der Werkzeug- und Kraftkosten, sowie Löhne vom Spanquerschnitt.

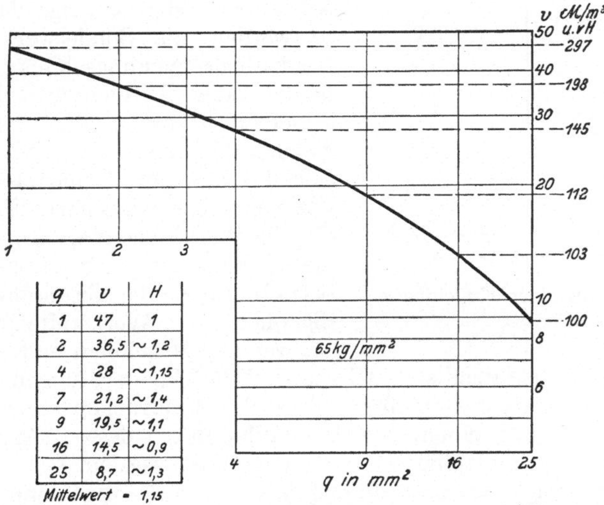

q	v	H
1	47	1
2	36,5	~1,2
4	28	~1,15
7	21,2	~1,4
9	19,5	~1,1
16	14,5	~0,9
25	8,7	~1,3

Mittelwert = 1,15

Abb. 18. Abhängigkeit der Schnittgeschwindigkeit v vom Spanquerschnitt q.

die Stromkosten, bei $q > 10$ mm² sind beide etwa gleich. Die Werkzeugkosten treten gegenüber den Kraftkosten und Löhnen zurück. Das Bild bestätigt auch, daß es für eine bestimmte Spanmenge wirtschaftlicher ist, mit großem Spanquerschnitt zu arbeiten als mit kleinem. Die Schnittgeschwindigkeiten sind in Abb. 18[1]) in Abhängigkeit vom

1) Maschinenbau 1926, Sonderheft: Zerspanung S. 42, Abb. 25 u. 26.

Spanquerschnitt zu einer „Linie der wirtschaftlichen Schnittgeschwindigkeiten" für Stahl von 65 kg/mm^2 aufgezeichnet. Zu einem Span von $q = 25$ mm^2 gehört als wirtschaftliche Schnittgeschwindigkeit $v \sim 9$ m/min und zu $q = 9$ mm^2 $v \sim 19$ m/min. Es würde aber 1 m^3 Späne bei $v \sim 19$ und $q = 9$ mm^2 an Löhnen, Kraft- und Werkzeugkosten 1,12 mal so teuer sein als bei $v \sim 9$ m/min und $q = 25$ mm^2. Dabei würde die Schnittdauer H im ersten Falle 1,1 st und im zweiten 1,3 st betragen.

IV. Das Prüfen der Werkstoffe.

In einem wirtschaftlich geführten Betriebe sind die Werkstoffe auf ihre Bearbeitbarkeit zu prüfen. Mit dieser Prüfung stellt man nicht nur die Härte fest, sondern auch die Festigkeit und die Dehnung. Man kann somit auch über die zweckmäßige Verwendbarkeit bestimmen, sowie eine Normung der Werkstoffe durchführen und für die Bearbeitung ein für allemal die wirtschaftlichen Schnittgeschwindigkeiten, Vorschübe und Spanquerschnitte festlegen.

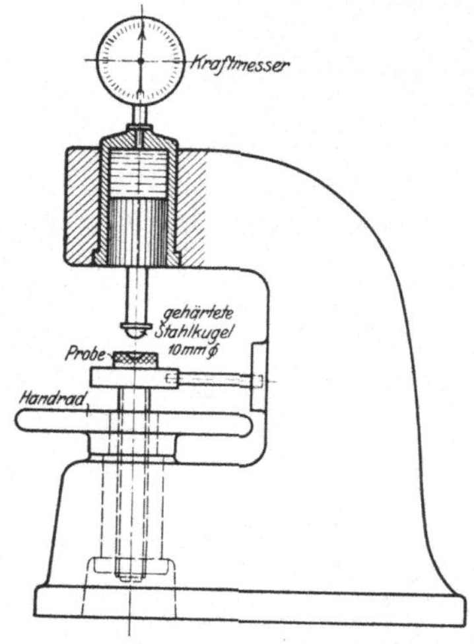

Abb. 19. Plan einer Kugeldruckpresse.

Geschmiedeter, gewalzter und gezogener Stahl hat durch seine Bearbeitung eine harte und feste Außenschicht, dagegen einen weicheren Kern. Fertigt man aus gezogenen Stahlstangen Schrauben oder sonstige Massenteile, so werden die Sonderwerkzeuge der Schraubenschneidmaschinen, Revolverbänke oder Automaten schnell verschleißen. Werden die Späne nicht gleichmäßig angesetzt, so verziehen sich die Stangen. Gehärtete Teile besitzen eine besonders harte Einsatzhaut, die die Werkzeuge stark angreift. Alle diese Erscheinungen verlangen, daß der Betrieb über die Eigenschaften und Eigenheiten der Werkstoffe unterrichtet ist, wenn er Maschinen und Werkzeuge wirtschaftlich ausnutzen soll. Hierzu sind die Härteprüfungen am besten geeignet, die werkstattsmäßig durch das Eindrücken einer Kugel — Druckhärte — mit einem kleinen Fallhammer, dessen Rückprall gemessen wird — Schlaghärte —, durchgeführt werden.

Bei der Druckhärtebestimmung von Brinell wird eine gehärtete Stahlkugel von 10 mm Durchmesser unter der Kugeldruckpresse (Abb. 19) durch Drehen des Handrades so tief in den zu prüfenden Werkstoff eingedrückt, bis der Kraftmesser den vorgeschriebenen Druck $P = 3000$ kg anzeigt. Die Brinellsche Härtezahl ist dann: $H = \dfrac{P}{O}$, wenn O die Oberfläche der eingedrückten Kalotte ist. Je kleiner O ist, um so größer ist daher die Härte und bei gleichem P auch die Härtezahl H. H kann also zum Vergleich der Härte der Werkstoffe dienen.

Um die Oberfläche O berechnen zu können, muß man den Durchmesser a des Kugeleindruckes — Kalotte — und die Eindringtiefe h messen oder $h = r - \sqrt{r^2 - \dfrac{a^2}{4}}$ berechnen. $O = \pi\left(\dfrac{a^2}{4} + h^2\right)$. Zwischen der Brinellschen Härtezahl H und der Zerreißfestigkeit K_z besteht nach Döhmer die Beziehung: $K_z = 0{,}343\,H + 4{,}8$ kg/mm² bei $P = 3000$ kg und 10 mm Kugel.

Beispiel: Der Kugeleindruck hat 4 mm $\varnothing$, Druck der Presse 3000 kg.

$$\text{Eindringtiefe } h = r - \sqrt{r^2 - \frac{a^2}{4}} = 5 - \sqrt{25 - 4} = 0{,}42 \text{ mm.}$$

$$\text{Oberfläche der Kalotte } O = \pi\left(\frac{a^2}{4} + h^2\right) = \pi\,(4 + 0{,}18) = 13{,}13 \text{ mm}^2.$$

$$\text{Härtezahl } H = \frac{P}{O} = \frac{3000}{13{,}13} = 228 \text{ kg/mm}^2,$$

$$\text{Zugfestigkeit } K_z = 0{,}343\,H + 4{,}8 = 0{,}343 \cdot 228 + 4{,}8 = 83 \text{ kg/mm}^2.$$

Die Brinellsche Druckhärtebestimmung hat sich gut bewährt, Schwierigkeiten macht sie bei schweren und sperrigen Stücken, die man unter die Presse bringen muß, deren Ausladung begrenzt ist. Aber auch diese Schwierigkeit ist überwunden, seitdem man die Brinellpresse schwenkbar wie eine Auslegerbohrmaschine baut.

Zur Bestimmung der Schlaghärte dient der Rückprallhammer oder das Skleroskop von A. F. Shore (Abb. 20). Dieser Härteprüfer besteht aus einer Glasröhre, in der ein 2,5 g schwerer Fallhammer mit Diamantspitze oben durch Fanghaken gehalten wird. Drückt man einen Gummiball zusammen, so löst sich der Haken aus und der Hammer fällt stets aus gleicher Höhe frei herab. Beim Aufschlagen auf den dichten Werkstoff springt der Hammer hoch und zwar um so höher, je härter die Probe ist. Die Höhe des Rückpralls kann somit als Maß für den Vergleich der Härte dienen. Shore hat zum Ablesen

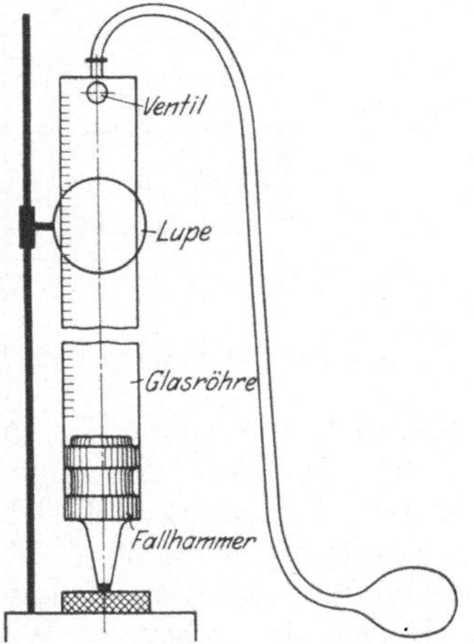

Abb. 20. Fallhammer nach Shore.

der Härte an der Röhre einen Maßstab angebracht, an dem der Rückprall beim gehärteten Kohlenstahl mit 100 Shore-Graden bezeichnet ist. Durch eine Lupe kann man die Rückprallhöhe oder den Härtegrad genau ablesen. Damit die Luft in der Röhre den Rückprall nicht beeinflußt, wird oben ein Ventil selbsttätig geöffnet. Schließt man das Ventil und saugt mit dem Gummiball die Luft an, so fliegt der Hammer in die Fanghaken zurück.

Die Firma Schuchardt u. Schütte, A.-G., Berlin C 2, bringt einen verbesserten Härteprüfer in den Handel. Die Glasröhre ist durch eine prismatische Führungsbahn ersetzt, auf der der Hammer an 3 Glasstreifen geführt und der Luftwiderstand somit ausgeschaltet ist. Durch

Niederdrücken eines Druckknopfes fällt der Hammer und prallt hoch. Eine besondere Vorrichtung wirft ihn in die Fanghaken zurück. Der Maßstab ist nach Shoregraden eingeteilt. Bei der Anwendung des Rückprallhammers ist zu beachten,

1. daß die Diamantspitze senkrecht auf die Fläche aufschlägt und an jeder Stelle nur einmal. Das Probestück muß man daher vor jedem Schlag etwas verschieben;

2. daß die Dicke des Probestückes mindestens 0,25 mm beträgt, andernfalls muß man mehrere Plättchen aufeinander legen;

3. zeigt ein Stück größere Unterschiede in der Härte, so soll man an dicht benachbarten Stellen die Härte bestimmen und so die harten und weichen Stellen der Oberfläche feststellen.

Mit dem Rückprallhammer kann man beim Stahl sehr leicht den Kohlenstoffgehalt, die Festigkeit und Dehnung bestimmen, denn schon bei 0,05 v H C ändert sich Härte, Festigkeit und Dehnung

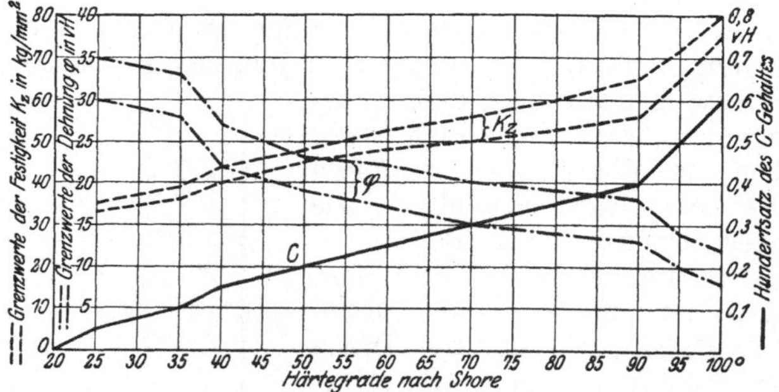

Abb. 21. Beziehung zwischen Härte, Festigkeit, Dehnung und C-Gehalt.

merklich, wenn man das Probestück härtet und unter dem Fallhammer prüft. Die Abb. 21 zeigt den Zusammenhang zwischen Kohlenstoffgehalt, Festigkeit und Dehnung. Gehärteter Stahl mit 70° Shore hat 0,3 v H C, $K_z = 50 \div 56$ kg/mm² Festigkeit und $\varphi = 15 \div 20$ v H Dehnung. Der Betrieb kann daher mit einer Untersuchung feststellen, wie sich der gehärtete Werkstoff am zweckmäßigsten bearbeiten läßt und ob er den Vorschriften auf Festigkeit und Dehnung genügt.

M. von Schwarz hat bei seinem Fallhärteprüfer (D.R.G.M.) die Brinellsche Kugel mit dem Shore-Fallhammer vereinigt (Abb. 22). Drückt man auf den Knopf K des Kugelschlaghammers, so läßt die Zange Z den Hammer B auf den Schlagbolzen S fallen. Durch die lebendige Kraft dringt die Kugel bis zu einer gewissen Tiefe in das Werkstück ein. Beim Schwenken fällt der Hammer in die Zange zurück. Der Schwarzsche Hammer ist also sehr einfach zu handhaben. Mit ihm gewonnene Ergebnisse sind in Abb. 23 eingetragen. Bei 3 mm Durchmesser des Kugeleindruckes ist die Härtezahl nach der Stahl-Eisen-Linie $H = 165$ kg/mm², nach der Kupfer-Messing-Linie $H = 44$ kg/mm².

Die Bearbeitbarkeit eines Werkstoffes hängt nicht allein von seiner Härte, sondern nach Heyn und Keßner auch von seiner Geschmeidigkeit ab, denn zähe Stoffe setzen dem Spanabheben größeren Widerstand entgegen als spröde. Den besten Aufschluß gibt hier der Bohrversuch auf der Härtebohrmaschine, wie sie von der Ludw. Loewe-Akt.-Ges., Berlin, gebaut wird. Das Wesen der Maschine ist in Abb. 24 wiedergegeben. Die Bohrspindel B erhält den Vorschub von dem Gewicht G. Der Bohrer wird daher bei weichem Guß mit größerem Vorschub eindringen als bei hartem. Das Verhältnis zwischen Lochtiefe und Umdrehungen des Bohrers wird von einem Schreibwerk aufgezeichnet. Die Umläufe der Bohrspindel werden durch die Zahnrädchen r, R auf die Schraubenspindel S übertragen, die den Zeiger Z mit dem Schreibstift an der Papiertrommel T entlangbewegt. Den Vorschub s überträgt der Faden f auf die Trommel T. Sie wird daher um so stärker gedreht, je größer der Vorschub s des Bohrers ist, d. h., je weicher der Werkstoff ist. Auf der Papiertrommel erscheint daher ein Schaubild, in dem die Senkrechte dieUmdrehungen und die Wagerechte die Bohrtiefe darstellt. Der Härtegrad ist durch die Winkel der aufgezeichneten schrägen Linien gegeben, d. h., je flacher die Linie, um so weicher der Stoff und je steiler, um so härter.

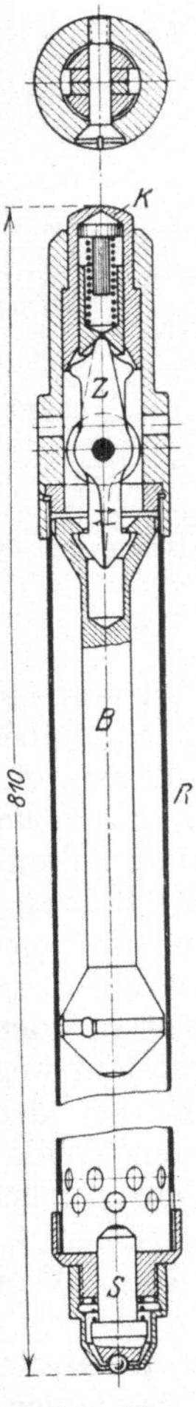

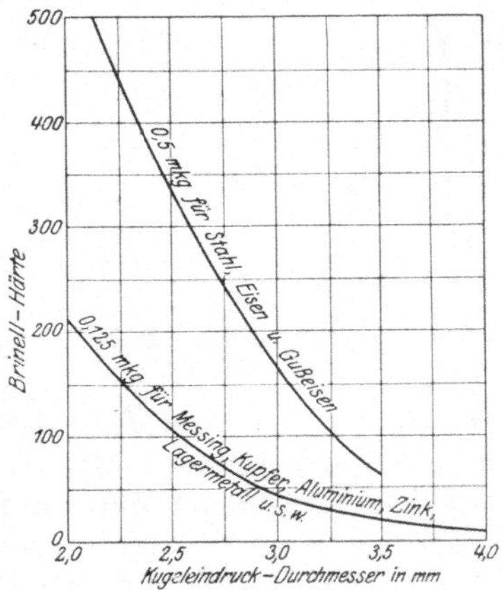

Abb. 23. Beziehung zwischen Kugeleindruck und Härte.

Abb. 22. Kugelschlaghammer von Schwarz.

von 55,5 mm,

Um einen Vergleich zu ermöglichen, wird zuerst ein Musterstück gebohrt (Linie N_2 in Abb. 25), hierauf die Proben und zuletzt nochmals das Muster (Linie N_1). Auf diese Weise wird die Abnutzung des Bohrers berücksichtigt. In Abb. 25 ist das Schaubild für eine Höhe von 70 mm gezeichnet. Die Kennlinie N_1 mißt eine Abweichung auf der Wagerechten von 45,2 mm und N_2 von 47,4 mm, also im Mittel 46,3 mm. Dieser Mittelwert möge einem Härtegrad von 100 entsprechen. Die Kennlinie GW (ganz weich) hat eine Abweichung sie ist also flacher, die Probe daher weicher und

$$\text{ihr Härtegrad } H = \frac{46,3 \cdot 100}{55,5} = 83,4.$$

In gleicher Weise errechnet man die in Abb. 25 für $M = $ mittelhart, $H = $ hart angegebenen Härtegrade der übrigen Proben und wählt nach der Tafel 15 die Schnittgeschwindigkeit v.

Man kann auch als Maßstab für die Bearbeitbarkeit die Bohrtiefe t_{100} in mm für 100 Umdrehungen des Bohrers benutzen oder die Drehzahl n des Bohrers für eine bestimmte Lochtiefe. In Abb. 26 ist die Kugeldruckhärte P 0,05, d. i. der Druck in kg, der erforderlich ist, eine 5 mm

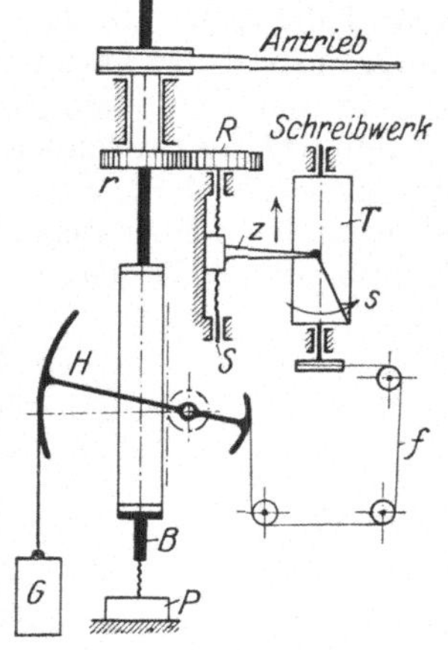

Abb. 24. Plan einer Härtebohrmaschine.

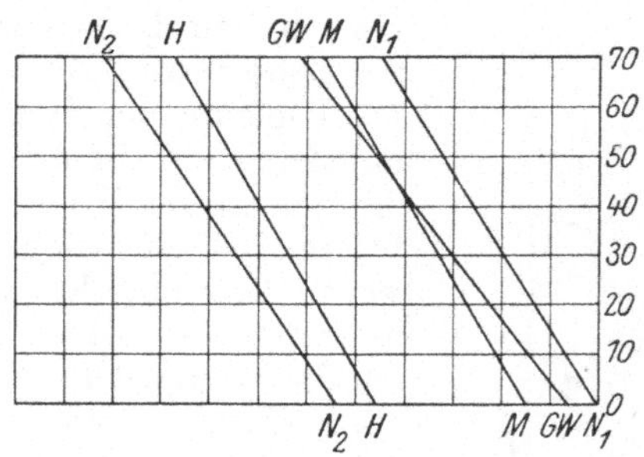

Abb. 25. Kennlinien für die Härte der Werkstoffe.

$GW = 83,4$, $M = 107,7$, $H = 110,2$.

Kugel 0,05 mm tief in den Werkstoff einzudrücken, der Bohrtiefe t_{100} gegenübergestellt. Dabei zeigt sich, daß spröde Werkstoffe, z. B. Gußeisen, eine große Bearbeitbarkeit t_{100} besitzen, da sich ihre Spanteilchen gänzlich voneinander trennen und dem Eindringen des Werkzeugs keinen weiteren Widerstand bieten. Bei zähen Werkstoffen haften die Spanteile mehr oder weniger aneinander, sie werden von dem Werkzeug gestaucht und weggeschoben, so daß sie dem Eindringen größeren Widerstand bieten, wie das ja auch die geringeren Bohrtiefen t_{100} bei Flußeisen in Abb. 26 andeuten.

Kugeldruckhärte P 0,05 in kg	Werkstoff	Bearbeitbarkeit t_{100} in mm
259,2	Flußeisen B.O.5	2,0
249,1	Gußeisen N.G.2.	4,59
243,5	Nickelstahl E 220.J.	2,34
225,2	Gußeisen N.G.1	4,19
205,0	Flußeisen A.3.	1,4
189,7	Flußeisen A 2.	1,76
173,5	Flußeisen B.O.3.	2,01
172,7	Messing M.19.	1,26
169,4	Tombak T.2.	1,095
143,0	Flußeisen B.O.1.	1,68
141,6	Deltametall D.1.	3,84
128,0	Flußeisen A.1.	1,17
124,5	Flußeisen B.R.E.1.	3,09
120,7	Messing M.R.F.1.	3,70
120,7	Messing M.R.H.1.	4,45
110,0	Kupfer K.3.	1,27
102,2	Messing M.R.D.1.	5,19

Abb. 26. Vergleich der Kugeldruckhärte und Bearbeitbarkeit verschiedener Werkstoffe.

Der Hauptwert der Härtebestimmung liegt für die wirtschaftliche Fertigung darin, daß man für die einzelnen Maschinenteile die zweckmässigste Härte ein für allemal festlegen kann. Diese Gebrauchshärte ist mit Rücksicht auf genügende Festigkeit und Dehnung, geringen Verschleiß und gute Bearbeitbarkeit zu wählen. Auf diese Weise ist eine Normung der Werkstoffe nach ihrem Verwendungszweck und ihrer Bearbeitbarkeit geschaffen, von der der Betrieb nicht abweichen darf.

Zahlentafel 9. Normung der Werkstoffe für den Kraftwagenbau [1]).

Maschinenteil	Werkstoff	Härtegrad nach Shore	Bemerkung
Gestell	Cr-Ni-Stahl	40—45	—
Gestell	C-Stahl	35—40	—
Achsen	Cr-Ni-Stahl	40—45	0,35 v H C
Federn	Va-Stahl	65—80	sehr gute Federn
Federn	C-Stahl	60—75	—
Kurbelwellen	Cr-Ni-Stahl	45—55	0,35 v H C
Triebwellen	Cr-Ni- oder Va-Stahl	50—55	—
Zahnräder	Cr-Ni-Stahl	80—85	0,45 v H C
Zahnräder	Ni-Stahl	70—80	3,5 v H Ni

V. Die Formgebung, Wärmebehandlung und das Prüfen der Werkzeugstoffe und Werkzeuge [2]).

a) Die Grundform der Werkzeuge.

Ein gutes Werkzeug ist die halbe Arbeit, sagt ein altes Wort des Praktikers. Ohne gute Werkzeuge ist bekanntlich eine wirtschaftliche Ausnutzung der Werkzeugmaschinen nicht möglich. Soll das Werkzeug selbst eine gute Leistung hergeben, so ist auf eine gute Lagerung im Stahlhalter, eine ungehemmte Spanabfuhr, reichliche Kühlung mit Seifenwasser oder Öl mit etwas Soda- oder Boraxzusatz, rechtzeitiges und richtiges Nachschleifen der Schneiden und gleichmäßiges Durchziehen der Maschinen zu achten. Will man dabei auch eine Höchstleistung der Maschine erzielen, so muß das Werkzeug der Werkzeugmaschine und ihrem Sonderzweck angepaßt sein. Die Werkzeugmaschine für allgemeine Zwecke muß daher, wo möglich, durch die Einzweckmaschine ersetzt werden, z. B. Schruppmaschine, Schlichtmaschine. Die Wirtschaftlichkeit muß daher schon beim Entwerfen der Werkzeuge einsetzen. Den teuren Edelstahl oder das Hartmetall sollte man nur bei den Schneiden verwenden und die massigen Stahlhalter aus weniger gutem Stoff fertigen. Schroffe Übergänge, scharf einspringende Ecken und scharfe Kanten sind Härteklippen, an denen die Fertigung der Werkzeuge scheitern kann. Durch möglichst gleichmäßige Querschnitte und gute Anrundungen soll man daher Härtefehlern vorbeugen. Sehr wesentlich für die Ausnutzung der Werkzeuge ist ihre Formgebung. Damit die beim Arbeiten auftretenden Wärmemengen rasch abfließen, muß man den Querschnitt der Werkzeuge und die glatt bearbeiteten Anlageflächen im Halter reichlich bemessen und die Schneiden am Werkstücke tief ansetzen lassen. Auf diese Weise werden gute Abflußwege für die Wärme geschaffen, und die Schneidhaltigkeit des Werkzeuges bleibt gewahrt.

---

[1]) Z. f. prakt. Masch.-Bau 1913. Heft 50.
[2]) Z. V. d. I. 1916, S. 705. Toussaint, Neuzeitliche Betriebsführung. Fritzen, Anstellen des Drehstahles. Maschinenbau 1925. S. 840.

Der freie Spanabfluß hängt beim Werkzeug sehr von seiner Grundform ab (Abb. 27—30), die sich aus den verschiedenen Winkeln ergibt. Der Winkel β zwischen dem Rücken und der Brust der Schneide ist der Keil- oder Meißelwinkel. Je kleiner β ist, um so schärfer ist die Schneide, aber auch um so weniger fest. Je fester und spröder der zu bearbeitende Werkstoff ist, um so größer muß daher β sein (Zahlentafel 10). Der Anstell- oder Freiwinkel α zwischen dem Rücken und der Anstellfläche des Werkstückes soll die reibende Fläche vermindern und Luft und Kühlflüssigkeit an die Schneide heranlassen. Von dem Schneidwinkel δ zwischen der Brust und Anstellfläche hängt die Schneidwirkung des Werkzeuges ab. Je weicher der zu bearbeitende Werkstoff ist, um so kleiner kann δ genommen werden, je härter und spröder der Werkstoff, um so größer muß δ sein. Unter dem Spanwinkel γ zwischen

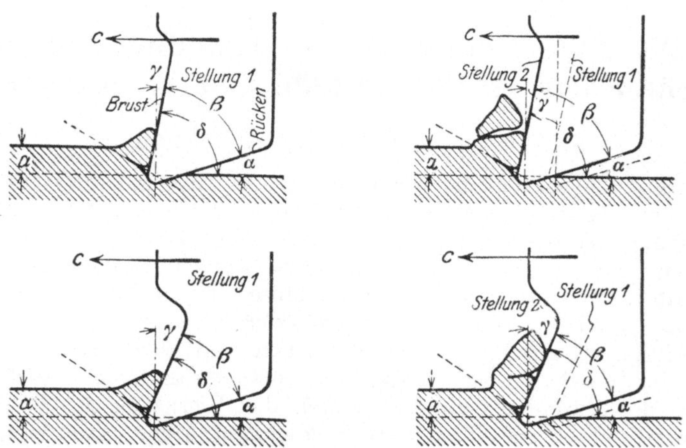

Abb. 27—30. Grundform des Hobelstahles.

Brust und Senkrechter zur Anstellfläche wird der Span von der Brust der Schneide abgeführt. Je größer γ, um so leichter laufen die Späne ab. Vor der Schneide reißt nämlich der Werkstoff bald ein, nachdem er mehr oder weniger zusammengedrückt worden ist. Bei sprödem Werkstoff werden **Brockenspäne** fortgeschleudert (Abb. 28), bei zähem schieben sich die lose aufeinandergeschweißten Späne an der Brust hoch und bilden den Schälspan, der aber innerlich zerrissen ist (Abb. 30). Am Rücken der Schneide wird das Werkstück zusammengepreßt; es bietet daher einen größeren Widerstand als der abfließende Span. Je kleiner man den Anstellwinkel α wählt, um so größer ist die gepreßte Fläche des Werkstückes und um so größer muß der Druck sein, mit dem man das Werkzeug anstellt. Gegen den Rücken wirkt daher ein starker Druck, der das Werkzeug aus dem Schnitt herausschiebt. Der Span wird somit kleiner, und das Werkzeug fängt an zu **rattern**. Ist der Schneidwinkel δ klein, so wird der Spanwinkel γ groß und der Span braucht nur wenig abgelenkt zu werden. Bei genügend zähem Werkstoff fließt er daher als Schälspan ab (Abb. 29 und 30). Der Keil- oder Meißelwinkel β muß bei spröden Stoffen größer sein als bei zähen. Aus doppeltem Grunde werden daher spröde Werkstoffe Brockenspäne geben. Je kleiner der Spanwinkel γ, um so größer ist der Schnittwiderstand und um so stärker drückt sich die Schneide in das Werkstück ein.

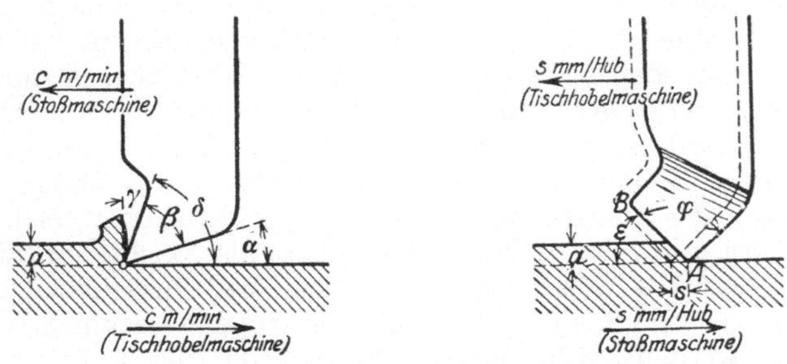

Abb. 31 und 32. Grundform des Hobelstahles.

Ist dabei der Anstellwinkel α groß, so wird die Schneide ziemlich tief eindringen, bevor sie genügend Anlage hat. Bei Schruppstählen soll man daher α tunlichst klein wählen, damit das Werkzeug nicht hakt. Zwischen dem Haken und Rattern liegt nun die wirtschaftliche Arbeitsweise des Werkzeuges. Damit die Hauptschneide AB des Hobelstahles auch die Hauptarbeit leistet und genügend breit ansetzt, steht sie

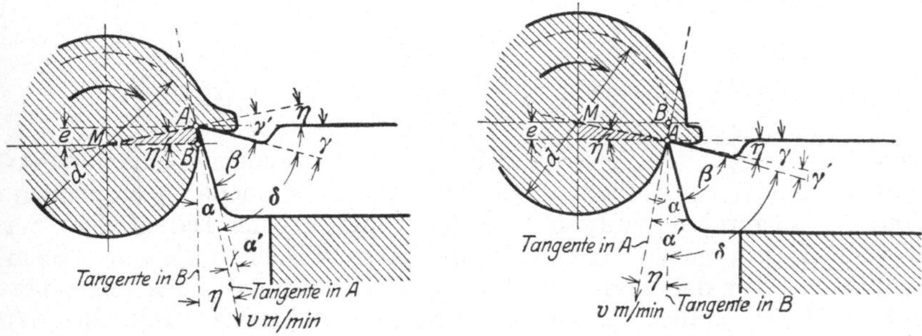

Abb. 33 und 34. Grundform und Anstellen des Drehstahles.

unter dem Seitenwinkel φ und wird unter dem Einstellwinkel ε angestellt (Abb. 31 und 32). Ihre untere Ecke ist gegen die obere erhöht, so daß der Span vom Werkstück abgebogen wird und frei abfließen kann.

Bei dem Drehstahl liegen die Winkelverhältnisse etwas verwickelter, da sich die Winkel α und γ je nach dem Anstellen stark ändern (Abb. 33 und 34). Setzt der Dreher das Werkzeug um den üblichen Betrag $e = \dfrac{d}{30}$ bis $\dfrac{d}{20}$ über Mitte an, so wird der Anstellwinkel α' zwischen Rücken und Tangente in A und ebenso der Schneidwinkel δ um 6° kleiner, da $\sin \eta = \dfrac{2\,d}{d \cdot 20} = 0{,}1$ ist. Um diesen Betrag $\eta = 6°$

wird aber auch der Spanwinkel γ' größer. Der Span wird also nicht so stark abgelenkt als beim Anstellen auf Spitzenhöhe. Die Zerspanungsarbeit fällt daher geringer aus. Die Folge des kleineren Schneidwinkels δ ist, daß die Schneide leichter in das Werkstück eindringt und infolge des kleinen Anstellwinkels α' gut anliegt und nicht zum Einhaken neigt. Das Werkzeug wird aber bei plötzlich wachsenden Widerständen an harten Stellen des Werkstückes durchfedern und rattern. Wird der Stahl unter Mitte angestellt, so werden Anstellwinkel α und Schneidwinkel δ um η^0 größer und der Spanwinkel um η^0 kleiner. Das Eindringen der Schneide in das Werkstück und das Abbiegen des Spanes wird schwieriger und erfordert mehr Arbeit. Der große Anstellwinkel α bringt die Gefahr des leichteren Einhakens mit sich. Das Überhöhen hat daher für die Wirtschaftlichkeit des Zerspanens große Vorzüge, die beim Schruppen ziemlich allgemein ausgenutzt werden. Ein gutes Kennzeichen für richtig gewählte Schneidwinkel bietet die Form des Spanes, der bei zu kleinem Span-

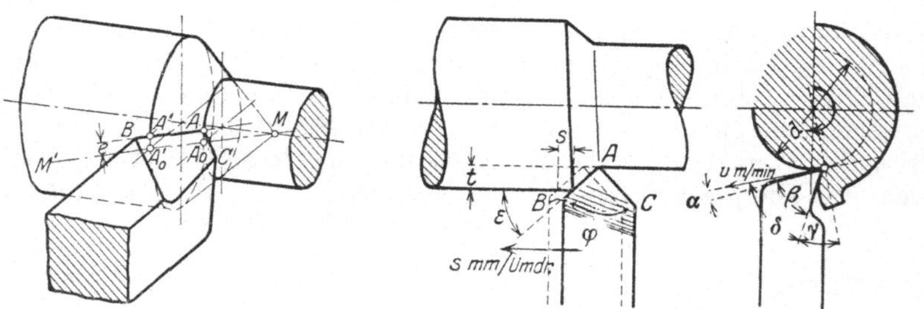

Abb. 35—37. Grundform der schrägen Schneide des Drehstahles.

winkel γ abbröckt, dagegen bei richtigem γ und genügend zähem Werkstoff als Schälspan abfließt. Das Unterhöhen ist nicht zu empfehlen. Wenn es angewandt wird, so muß die Schneide beim Durchfedern am Werkstück frei gehen und nicht die Arbeitsfläche verletzen. Beim Schlichten wird daher am zweckmäßigsten auf Spitzenhöhe angesetzt. Auf die Überhöhung des inneren Schneidenpunktes A (Abb. 35—37) verzichtet man zweckmäßig und macht die Hauptschneide bei Drehstählen wagerecht. Der Grund liegt in folgendem: Wird die Hauptschneide $A'A$ in Abb. 35 um e über die wagerechte Mantellinie $M'M$ verlegt, so bedeutet diese Verlegung für den inneren Schneidenpunkt A einen größeren Bruchteil für den zu A gehörigen Drehdurchmesser als bei B. Würde man hier A gegen B überhöhen, so könnte B unter der Mitte stehen und die ungünstigen Verhältnisse mit sich bringen. Im allgemeinen sind die Werte der Zahlentafel 10 zu empfehlen.

Die obigen Grundsätze gelten für alle Schneidwerkzeuge.

Die **Hartmetallwerkzeuge** sollen einen möglichst kleinen Anstellwinkel $\alpha = 4 \div 6^0$, einen Meißelwinkel $\beta = 75 \div 85^0$ für Stahl und Hartguß und $\beta = 68 \div 78^0$ für weichere Stahl- und Gußeisensorten haben. Für Drehstähle kann man wählen: $\alpha = 6^0$, $\beta = 75^0$ $\varepsilon = 45^0$ und Rundungshalbmesser $r = 2$ mm.

Zahlentafel 10. Werkzeugwinkel für Drehstähle nach Abb. 36 und 37 aus Schnellstahl.

Werkstoff	Werkzeugwinkel				
	Meißel-winkel β	Anstell-winkel α	Schneid-winkel $\delta = \alpha + \beta$	Span-winkel $\gamma = 90^0 - \delta^0$	Einstell-winkel ε
Kupfer, Aluminium, Blei	$45 \div 59^0$	$6 \div 10^0$	$55 \div 65^0$	$25 \div 35^0$	—
Weicher Stahl	$55 \div 64^0$	$6 \div 10^0$	$65 \div 70^0$	$20 \div 25^0$	50^0
Mittelharter Stahl und weicher Stahlguß	$62 \div 70^0$	$5 \div 8^0$	$70 \div 75^0$	$15 \div 20^0$	50^0
Harter Stahl, gewöhnlicher Stahlguß, Grauguß	$67 \div 75^0$	$5 \div 8^0$	$75 \div 80^0$	$10 \div 15^0$	30^0 40^0
Sehr harter Stahl, harter Guß, sprödes Messing	$74 \div 87^0$	$3 \div 6^0$	$80 \div 90^0$	$0 \div 10^0$	—

Wie bereits früher betont, ist es für die Ausnutzung der Werkzeuge und für die Sauberkeit der Arbeit wichtig, die spitze Schneide durch eine abgerundete Schneide von etwa $2 \div 3$ mm Rundungshalbmesser zu ersetzen. Die Leistung der Werkzeuge wird noch gesteigert durch die Klopstockschneide[1]) (Abb. 38 u. 39), die, wie bekannt, das Auskolken des Stahles hinter der Schneide durch eine entsprechende Aushöhlung verhindert. Längs der Hauptschneide ab und der Nebenschneide ac läuft ein schmaler Flächenstreifen, gegen den die Brust unter bestimmter Krümmung anläuft. Die Schneide hat gewissermaßen zwei Keilwinkel β_1 und β_2. $\beta_1 \sim 80^0$ gibt der Schneide die Widerstandsfähigkeit beim Anschneiden des Spanes und $\beta_2 \sim 20—30^0$ erleichtert darauf das Spanabfließen, indem der abgeschälte Span in die Aushöhlung gleitet und sich dort leichter umbiegt. Durch die besondere

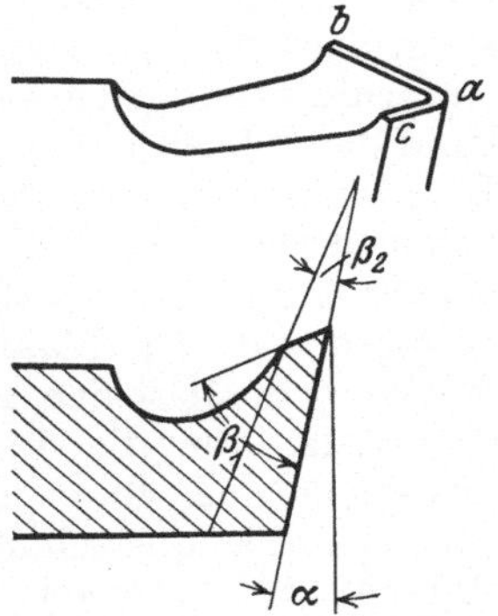

Abb. 38 u. 39. Klopstockschneide.

Art der Schneidenform fließen daher die Späne besser ab, so daß die Formänderungsarbeit und damit die Erwärmung der Schneide geringer wird. Das Werkzeug behält daher die Schneidfähigkeit länger bei, damit wird der Schnitt glatter und sauberer, der Arbeitsbedarf geringer und die Schnittdauer größer. Beim Bearbeiten von Chromnickelstahl von 85 kg/mm² Festigkeit wurden $15 \div 37$ v H an Antriebskraft gespart und beim Bearbeiten von Stahl von 45 kg/mm² Festigkeit $5 \div 20$ v H. Die Schnittdauer lag um 300 v H höher.

[1]) Z. V. d. I. 1925. S. 227; W. Hippler, Wissenschaftliche Gestaltung der Werkzeuge.

b) Die Wärmebehandlung der Werkzeugstoffe.

Von einschneidender Bedeutung für die Leistung eines Werkzeuges sind die Zusammensetzung und die Wärmebehandlung seines Stoffes. Wie schon auf S. 7 gesagt, ist der Werkzeugstoff entweder Kohlenstahl oder Schnellstahl oder neuerdings Hartmetall. Heute beherrscht wohl der Schnellstahl die Werkstätten, obschon das Hartmetall sich immer mehr die Wege bahnen wird. Der Kohlenstahl wird wegen der Billigkeit nur noch bei massigen und vielgestalteten Werkzeugen, z. B. bei Fräsern und feinen Schlichtwerkzeugen, wie Reibahlen, benutzt. In seiner Zusammensetzung besteht er aus 0,4 bis 1,6 v H C, 0,7 bis 0,15 v H Mn, 0,5 bis 0,1 v H Si. Je nach der Güte des Stahles soll der Gehalt an P zwischen 0,015 und 0,04 v H und der Gehalt an S zwischen denselben Grenzen liegen. Der Schnellstahl hat im Durchschnitt 0,6 bis 0,8 v H C, 5 bis 6 v H Cr, 17 bis 19 v H W und 0,1 bis 1 v H Va. Der Gehalt an Mn soll weniger als 0,15 v H betragen und ebenso der Gehalt an Si. Manche Schnellstähle weisen noch Zusätze von Mo, 1,6÷3,4 v H Ti und Ko auf. Diese Zusatzmetalle reinigen teils den Stahl von O und N, teils steigern sie die Härte. Der Hauptvorzug der Schnellstähle liegt bekanntlich in der größeren Hitzebeständigkeit, die bis dunkle Rotglut, d. h. 600° C, reicht. Die wirtschaftliche Folge ist, daß der Schnellstahl größeren Schnittgeschwindigkeiten und stärkeren Spänen standhält (S. 8). Damit steigt auch die Spanleistung auf die Einheit der Schneide, und die Zeitersparnisse betragen etwa 25 bis 30 v H. Wegen seiner größeren Festigkeit kann der Schnellstahl auch einen größeren Schnittdruck K aufnehmen. H. Fischer forderte daher von einer Schnelldrehbank, daß sie einen Schnittdruck $K = 13\,H$ (H = Spitzenhöhe in mm) aushält, während bei der allgemeinen Drehbank von gleicher Spitzenhöhe K nur bis 6,5 H betragen soll. Die Maschine muß das Werkzeug ausnutzen und das Werkzeug die Maschine, nur so ist die Wirtschaftsfrage ganz gelöst. Hierbei spielen für die Dreherei Schnittgeschwindigkeit, Vorschub und Spangröße und -form eine große Rolle. Nach Vogler kann bei ungünstigen Spanquerschnitten die Minderleistung einer Werkzeugmaschine 30 bis 40 v H betragen.

Von größter Bedeutung für die Leistung des Werkzeuges ist die Wärmebehandlung des Werkzeugstoffes. Hierbei sind die Vorschriften des Stahlwerkes streng zu beachten, da jeder Stahl anders behandelt sein will. Er wird in Stangen von passendem Querschnitt bezogen. Die einzelnen Längen werden je nach Vorschrift warm oder kalt abgeschrotet oder abgesägt. Zum Schmieden der Schneide soll der Stahl langsam und gleichmäßig und ohne Überhitzung angewärmt werden. Dies geschieht am besten im Holzkohlenfeuer, damit der Stahl an seiner Oberfläche keinen Schwefel aufnimmt, der beim Schmieden und Härten Risse verursacht. Wählt man ein Steinkohlenfeuer, so muß es gut durchgebrannt sein und innen eine Kokseinlage haben. Die Schmiedetemperatur der verschiedenen Stähle liegt zwischen 700° und 1100° C, bei Schnellstahl zwischen 1100° und 1200° C. Das Schmieden soll flott und kräftig erfolgen und namentlich bei harten Stählen ohne Stauchen der Schneide

vor sich gehen. Sinkt beim Schmieden die Temperatur auf dunkelkirsch-
rot (600⁰ bis 650⁰ C), so ist der Stahl nachzuwärmen. Da der Stahl
durch öfteres Anwärmen an seiner Oberfläche leidet, so ist an der
Schneide etwas Stoff wegzunehmen. Die so geschmiedeten Werkzeuge
haben durch die Art ihrer Bearbeitung Schmiedespannungen in sich aufgenommen, die man durch Glühen entfernen muß.

Das Ausglühen des Stahles erfordert die größte Vorsicht, wenn man
ein leistungsfähiges Werkzeug haben will. Das Korn wird dabei feiner
und der Stahl spannungslos. Nach der Kennlinie des C-Stahles in Abb. 40
soll das Erhitzen ganz allmählich vor sich gehen, erst von etwa 500⁰C ab
kann man rascher glühen. Da die Wärme erst in das Innere des Werkstoffes eindringen muß, so entstehen zwischen den heißen äußeren und
den weniger heißen inneren Teilen Spannungen, die um so größer und
gefährlicher werden, je stärker die Stähle, je größer der Unterschied
in der Temperatur zwischen dem Kern und dem Heizraum des Ofens

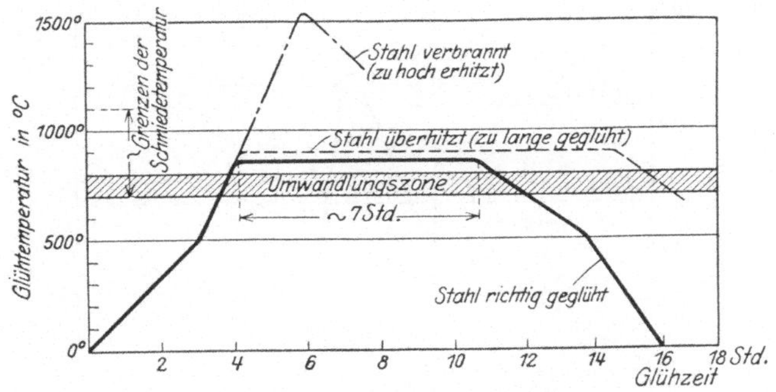

Abb. 40. Das Verhalten des Werkzeugstahles beim Glühen.

und je schlechter die Leitfähigkeit des Stoffes ist. Da Schnellstahl die
Wärme schlechter leitet als Werkzeugstahl, so muß er besonders vorsichtig
geglüht werden. Das langsame Vorwärmen wird bei ihm bis auf etwa
600⁰ bis 700⁰ gesteigert und zwar um so höher, je stärker die Abmessungen sind; bei ganz starken Stücken wärmt man sogar bis auf
etwa 900⁰ vor. Zwischen 700⁰ und 800⁰ lagert sich das Gefüge des
C-Stahles um, und die Spannungen verschwinden. Unmittelbar über dieser
Umwandlungszone erhält er sein feinstes Gefüge, darüber hinaus wird es
wieder gröber, weil der Stahl überhitzt ist. Wird das Erhitzen über 900⁰C
weiter getrieben, so verbrennt der Stahl. Der überhitzte Stahl läßt sich
durch sorgfältiges Durchschmieden in Kirschrotglut (bei etwa 750⁰) mit
nachfolgendem Glühen retten, dagegen ist der verbrannte Stahl verloren,
weil er brüchig ist wie Glas. Wie das Erhitzen, so muß auch das Abkühlen
ganz allmählich vor sich gehen. Das gilt besonders für die Umwandlungszone zwischen 800⁰ und 700⁰, wo sich der Martensit in Perlit
umwandelt. Von 400⁰ bis 500⁰ ab kann der Stahl rascher abkühlen.
Bei dem Glühen muß man vor allem den Stahl von dem Sauerstoff
der Luft fernhalten, da sonst der Kohlenstoff in den äußeren Schichten
verbrennt und der Stahl nachher nicht hart wird. Man frischt den

abgestandenen Stahl, d. h., den an der Oberfläche entkohlten Stahl, dadurch auf, daß man ihn einige Stunden in fein zerstoßener Holzkohle mit 1 bis 2 v H Blutlaugensalz auf 800° C glüht. Die genaue Beobachtung der Temperaturen verlangt selbstschreibende Pyrometer, damit der ganze Glühvorgang durch eine Linie gekennzeichnet wird. Nach dem Ausglühen werden viele Werkzeuge abgeschliffen, gedreht oder abgehobelt, um sie nach dem Härten auf einem Stein abzuziehen.

Das Härten erfordert große Erfahrung und Kenntnis der inneren Vorgänge. Für das Erhitzen auf die Härtetemperatur gilt dasselbe wie für das Ausglühen. Da der Stahl unmittelbar über der Umwandlungszone das feinste und härteste Gefüge hat, so muß er abgeschreckt werden, damit er die Umwandlungszone schnell durchläuft und das Kleingefüge keine Zeit hat, sich umzulagern. Je schneller man den Werkzeugstahl abkühlt, um so durchgreifender wird die Härte. Wie die Kennlinie für

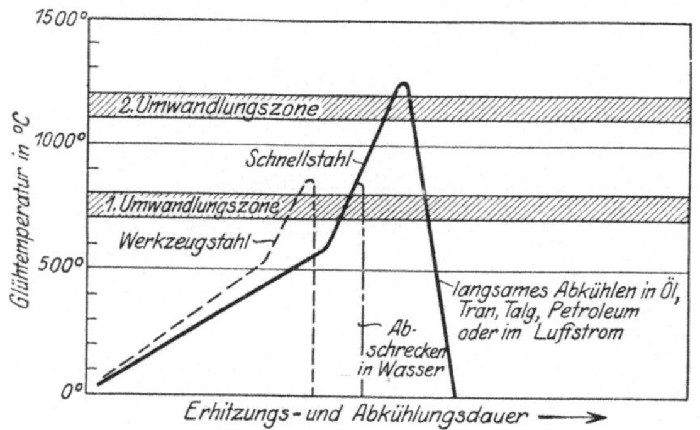

Abb. 41. Das Härten der Stähle.

Werkzeugstahl in Abb. 41 zeigt, muß man auch hier bis 500° allmählich erhitzen, damit keine Spannungen auftreten. Dann wird das Erhitzen über die Umwandlungszone beschleunigt und hierauf der C-Stahl meist in Wasser von 10° bis 30° abgeschreckt. Die Härte kann man durch Beimischen von Säuren, Metallsalzen, besonders Kochsalz, steigern und durch Öl, Tran, Talg abschwächen. Würde man den Schnellstahl in gleicher Weise härten, so würde seine Härtebeständigkeit nicht einmal die des Kohlenstahles erreichen. Soll der Schnellstahl ein Hochleistungsstahl werden, so ist Grundbedingung, daß man ihn über 1200° C hinaus erhitzt und dann langsam in Öl, Tran, Talg, Petroleum oder einem Luftstrom abkühlt. Das Gefüge durchläuft dabei die 2. Umwandlungszone, in der sich ein außerordentlich hartes Doppelkarbid bildet, das die Rotwarmhärte erzeugt. Dieser Schnellstahl kann sich rotglühend arbeiten, ohne daß er dabei merkbar an Härte verliert.

Der gehärtete Werkzeugstahl ist wegen seiner Glashärte für den Gebrauch zu spröde, er muß daher angelassen werden. Durch das Anlassen wird die Festigkeit und Zähigkeit wieder erhöht. Es soll sich möglichst rasch an das Härten anschließen, damit die Spannungen keine Risse verursachen. Zum Anlassen wird der Stahl ganz langsam auf 220⁰ bis 350⁰ C erwärmt. Sobald die gewünschte Anlauffarbe erscheint, wird er in Wasser abgeschreckt.

Das Hartmetall bedarf keiner Wärmebehandlung, wie Glühen, Abschrecken, Anlassen. Die Formgebung erfolgt durch Gießen und Schleifen. Das Aufschweißen oder Auflöten der Plättchen auf den Drehmeißel hat keinen Einfluß auf die Schneidhaltigkeit.

c) Das Prüfen der Werkzeugstoffe.

Ein leistungsfähiges Werkzeug muß als Kennzeichen einen hohen Härtegrad haben und ihn bei der stärksten Wärmebeanspruchung behalten. Beim Härten muß man daher die richtige Abschreckhitze und beim Anlassen die richtige Anlaßwärme anwenden, weil von beiden die Härte, Festigkeit, Dehnung und das Kleingefüge des Werkzeugstoffes abhängt. Will man beim Werkzeugstahl — Kohlenstahl — die zweckmäßigste Abschreckhitze finden, so muß man eine Reihe

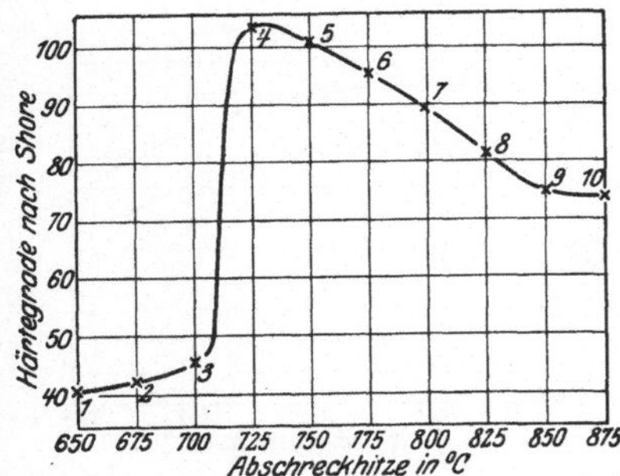

Abb. 42. Härtelinie für Werkzeugstahl.

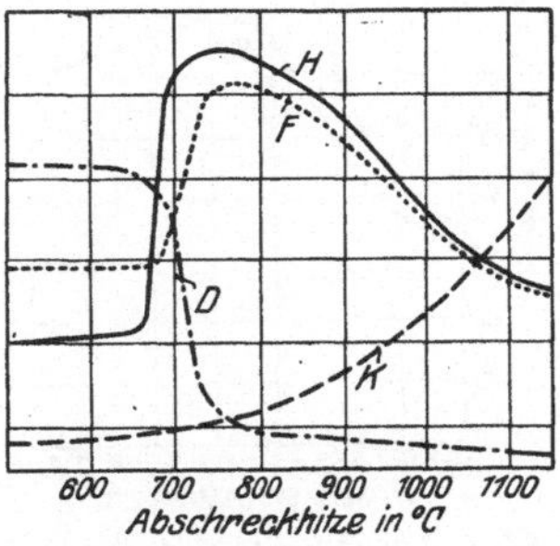

Abb. 43. Einfluß der Abschreckhitze auf Härte (H), Festigkeit (F), Dehnung (D) und Kleingefüge (K).

Stahlproben von derselben Güte mit z. B. 1 bis 10 beziffern, sie bei verschiedenen Hitzegraden abschrecken und ihre Härte mit dem Shorehammer bestimmen. Die Ergebnisse dieser Untersuchung trägt man, wie in Abb. 42, zu einer Härtelinie zusammen. Die Stahlprobe 3 ist auf 700⁰ C erhitzt und hierauf abgeschreckt worden, ihre Härte betrug 45⁰ Shore. Die Probe 8 wurde bei 825⁰ C abgeschreckt, die erzielte Härte war 82⁰ Shore. Die Härtelinie läßt klar erkennen, daß man die größte Härte von etwa 105⁰ Shore erreicht, wenn man auf 725⁰ C erhitzt und dann abschreckt. Die günstigste Abschrecktemperatur der vorliegenden Stahlmarke wäre daher 725⁰ C. Wie sehr die Abschreckhitze die Härte, Festigkeit, Dehnung und auch das Kleingefüge des Stahles beeinflußt, läßt sich aus dem Schaubilde in Abb. 43 ersehen. Die Härtelinie H besagt, daß die Härte bei der Abschreckhitze von etwa 750⁰ C ihren Höhepunkt erreicht, ebenso zeigt die Festigkeitslinie F hier die größte Festigkeit. Die Dehnungslinie D lehrt, daß die Dehnung des Stahles bis etwa 650⁰ am größten ist, dann mit steigender Hitze sehr stark fällt, weil Härte und Festigkeit rasch zunehmen. Das Bild zeigt aber auch, daß mit dem Überhitzen des Stahles über 750° C hinaus Härte, Festigkeit und auch Dehnung abnehmen, und das Kleingefüge — K-Linie — viel gröber wird, der Stahl daher spröder und brüchiger. Da der abgeschreckte, glasharte Werkzeugstahl sich nicht verwenden läßt, so muß er bekanntlich angelassen werden. Er verliert dabei zwar an Härte, gewinnt dafür aber bedeutend an Zähigkeit. War der Stahl aber überhitzt, so kann er nie die Härte und Zähigkeit eines richtig gehärteten Stoffes erreichen. Leistungsfähige Werkzeuge müssen deshalb nicht nur bei dem richtigen Hitzegrad abgeschreckt, sondern auch bei dem richtigen Hitzegrad angelassen werden. Den Beweis liefert ein Versuch nach Abb. 44. Zerschneidet man eine Stahlstange in 8 Stücke, schreckt jedes bei einem anderen Hitzegrad ab und mißt die Härte, so erhält man die Härtelinie H. Werden jetzt alle 8 Proben auf 300° C angelassen und auf ihre Härte geprüft, so erhält man die Anlaßlinie A. Beide Linien beweisen, daß man bei 730° die höchste Härte von

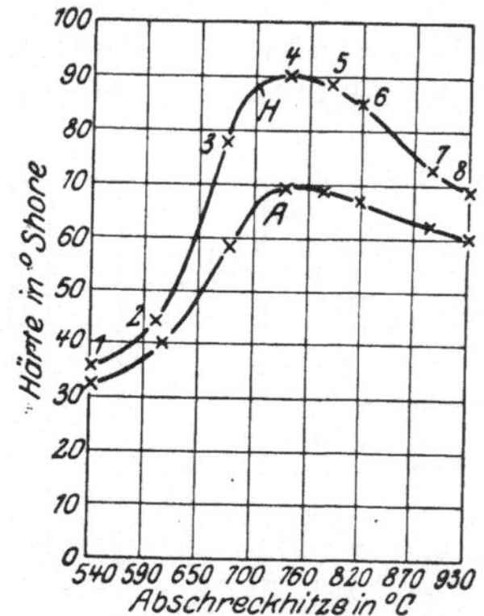

Abb. 44.   Abschrecken und Anlassen des Werkzeugstahles.

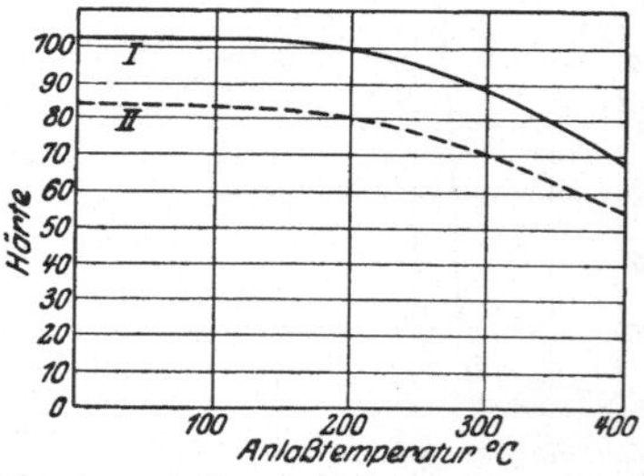

Abb. 45.   Anlassen von gutem (I) und überhitztem (II) Werkzeugstahl.

70° Shore, also auch die größte Leistung des Stahles erhält. Wird dagegen der Stahl auf 930° überhitzt (Probe 8), so beträgt die Härte nur noch 60° Shore und ist um etwa 15 v H gesunken. Die Härtelinie H und die Anlaßlinie A sind die Kennlinien oder die Charakteristik des Stahles. In welchem Maße die Härte beim Anlassen von gut gehärtetem und überhitztem Stahl durch die Anlaßwärme beeinflußt wird, kann man aus den Anlaßlinien I und II in Abb. 45 erkennen. Der Werkzeugstahl verliert seine Härte merklich, wenn er auf etwa 200° C erwärmt wird, bei 400° C ist er kaum noch fähig, weichen S.-M.-Stahl mit über 30 kg Festigkeit zu bearbeiten. Er ist daher sehr empfindlich gegen Hitzen, die an 200° C herankommen. Will man daher das Verhalten des Werkzeugstoffes bei der Arbeit prüfen, so muß man den Stahl auf verschiedene Wärmegrade anlassen und den Abfall der Härte mit dem Shorehammer feststellen. Die geeignetste Anlaßwärme zu finden, muß allerdings die Erfahrung lehren, da sie von dem Werkzeugstoff, der Werkzeugform, dem Werkstoff, der Schnittgeschwindigkeit, dem Spanquerschnitt, der Art der Kühlung und der Arbeitsmaschine selbst abhängt. Praktisch wird man daher in der Weise vorgehen müssen, daß man für die einzelnen Arbeiten der Reihen-. oder Massenfertigung die leistungsfähigsten Werkzeuge ausprobiert, ihre Härte mißt und ihre Anlaßwärme festlegt.

Der Schnellstahl wird in gleicher Weise geprüft. Wie aus Abb. 46 hervorgeht, hat der Werkzeugstahl I wegen seines höheren C-Gehaltes eine größere Härte als die Schnellstähle II bis IV. Die Härtelinie I zeigt aber auch, daß die Härte des Werkzeugstahles viel schneller verloren geht als bei den Schnellstählen, sobald die Erwärmung zunimmt. Bis 325° C ist der Werkzeugstahl I härter, bis rund 500° C der Schnellstahl II, über 500° C der Schnellstahl III. Die Härtelinie IV gibt an, daß Schnell-

stahl IV überhitzt wurde. Will man wissen, wie sich der Schnellstahl beim Arbeiten bewährt, so muß man auch ihn auf verschiedene Temperaturen erwärmen und auf Härte prüfen. Nach Abb. 46 wird der Schnellstahl II sich bei Arbeitshitzen bis zu 500° C besser bewähren als Stahl III. Wird aber bei derselben Arbeit die Schnittgeschwindigkeit erhöht und der Span stärker angestellt, so wird Stahl III den Stahl II übertreffen.

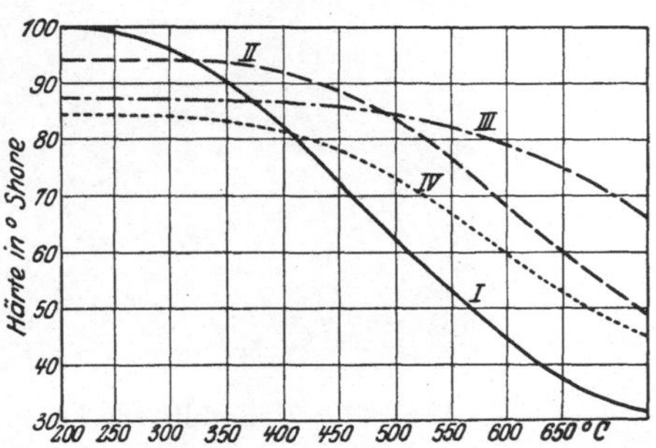

Abb. 46. Verhalten des Werkzeugstahles I und der Schnellstähle II—IV bei hohen Hitzegraden.

Will man Werkzeugmaschine und Werkzeug wirtschaftlich ausnutzen, so muß man den Werkzeugstoff eingehend für das Härten und Anlassen durchprobieren und studieren und dem Härter hiernach Anweisungen erteilen. Diese Arbeiten beanspruchen aber Zeit und Geld. Will man hier nicht unnütze Opfer bringen, so muß man ein für allemal Normen für die Werkstatt aufstellen, nach denen stets gearbeitet wird. Auf diese Weise erzielt man 1. leistungsfähige Werkzeuge und 2. wenig Ausschuß in der Härterei und 3. können die zweckmäßigsten Werkzeuge für die Massenarbeiten auf Vorrat gemacht werden, so daß der Betrieb nicht stockt.

d) Das Prüfen der Werkzeuge.

Die Werkzeuge werden am besten unter den gleichen Bedingungen geprüft, unter denen sie arbeiten sollen. Den Drehstahl prüft man zweckmäßig auf der Drehbank. Dabei ist als Kennzeichen zu merken, daß der Hauptschnittdruck K, der Rückdruck R in Richtung des Stahles, sowie die Vorschubkraft V in der Schaltrichtung stark steigen, sobald die Schneide des Stahles zerstört ist. Die Messung dieser Druckkräfte gibt daher Aufschluß über die vorteilhaftesten Schnittwinkel und Härteverfahren, die zweckmäßigste Schnittgeschwindigkeit und Spanquerschnitte, kurz über die Schnittdauer und Arbeitsweise des Stahles. Zu diesen Messungen stattet man die Drehbank mit einem Meßschlitten aus (Abb. 47). Mit Meßdosen wird der Druck in der Schnitt- und Vorschubrichtung und in der Richtung des Stahles gemessen und je an einem Kraftanzeiger angezeigt. Durch ein Schreibwerk wird der

Verlauf dieser Druckkräfte im Vergleich zur Versuchs- oder Schnittdauer aufgezeichnet. Sobald die Drucklinien im Schaubilde ansteigen
(Abb. 48), ist die Stahlschneide zerstört.

Abb. 47. Meßschlitten, Losenhausenwerk, Düsseldorf.

Ein anderes Prüfverfahren für die Schneidhaltigkeit der Werkzeuge
ist in Abb. 49 grundsätzlich dargestellt. Ein gegen Abscheren besonders widerstandsfähiges Stahlrohr R läuft unter dem Druck des Ge-

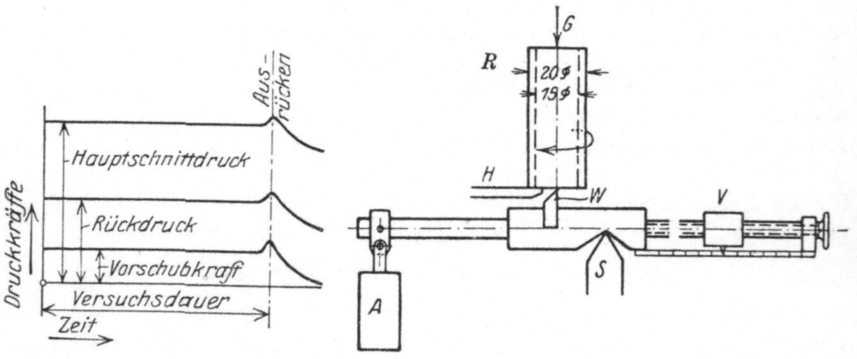

Abb. 48. Bestimmung der Schnittdauer eines Werkzeuges.

Abb. 49. Verfahren zum Prüfen
der Werkzeuge.

wichtes G auf der Auflage H. Das zu prüfende Werkzeug W sitzt in
einem Wagebalken, der auf der Schneide S ruht und durch das
Gewicht A ausgeglichen ist. Mit dem Verschiebegewicht V bringt man
die Schneide von W unter Druck gegen R. Dabei wird das Werkzeug
ganz feine Späne vom Rohre abtrennen, bis es stumpf ist und gleitet.
Das Rohr wird bei der Maschine durch eine senkrechte Spindel angetrieben, die auch auf eine schnellaufende Trommel wirkt. Die senkrechte Bewegung der Spindel wird durch einen Schreibstift entsprechend

der Abnutzung des Rohres aufgeschrieben. Auf dem Papier zeigen sich ansteigende Linien, die wagerecht verlaufen, sobald die abgenutzte Stahlschneide gleitet (Abb. 50). Je höher bei gleicher Geschwindigkeit die schräge Linie steigt, um so größer ist die Schneidhaltigkeit. Durch Vergleichen verschiedener Linien läßt sich ein gutes Bild über die Eigenschaften des Werkzeuges gewinnen. Die Einrichtung kann auch zum Bestimmen der günstigsten Härtegrade benutzt werden (WT 1910, S. 17).

Gottwein[1]) schlägt vor, die Schneide der Werkzeuge stets mit einer Arbeitstemperatur zu belasten, bei der das Werkzeug noch eine gute Schneidhaltigkeit hat. Diese Arbeitstemperatur liegt nach Hohage und Grützner[2]) bei 625° C. Zur Feststellung der Schneidentemperatur wählte Gottwein die in Abb. 51 dargestellte Versuchsanordnung. Schnellstahl d und Werkstück a

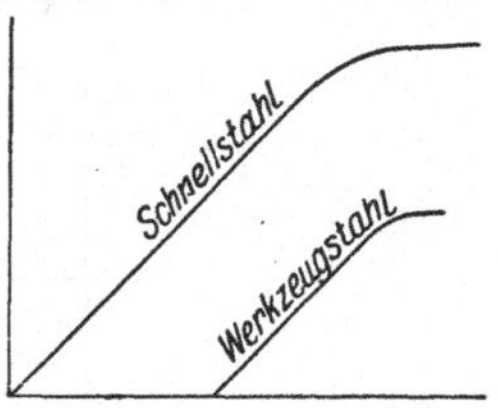

Abb. 50. Kennlinien für die Schneidhaltigkeit der Werkzeuge.

können als Thermoelement Drehstahl-Flußeisen aufgefaßt werden. Beim Drehen erwärmt sich die Angriffsstelle c und schickt einen Thermostrom durch den Stromkreis, dessen Stärke man am Ausschlag des Millivoltmeters mV ablesen kann. Um gute Ergebnisse zu erhalten, muß man die Temperatur der Kaltlötstelle k_1 zwischen Drehstahl d und Kupferdraht e möglichst niedrig und gleich halten. Zur Beobachtung dieser

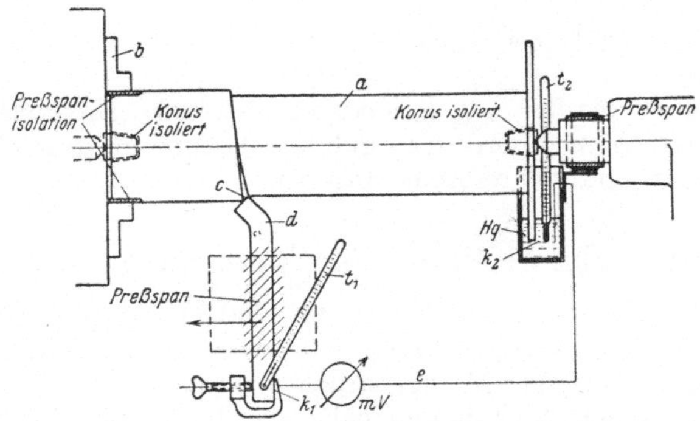

Abb. 51. Thermoelektrische Messung der Schneidentemperatur.

Temperatur steckt im Gegenende von d das Thermometer t_1. Die Kaltlötstelle k_2 zwischen Werkstück a und Kupferdraht e wird durch Quecksilber gebildet, in das der Draht e eintaucht und das Werkstück a mit einer angedrehten Scheibe faßt. Um Stromstöße zu vermeiden, sind sämtliche Einspannstellen mit Preßspan isoliert. Auf Grund einer vorsichtigen Eichung des Millivoltmeters läßt sich zu jedem Ausschlag die Temperatur der Schneide bestimmen. Will man die Höchstleistung des Werkzeuges ausnutzen, so muß man Schnittgeschwindigkeit, Vorschub

---

[1]) Maschinenbau 1925. S. 1129.
[2]) Monatsh. Krupp. Juni 1925.

und Schnittiefe stets so wählen, daß z. B. bei Schnellstahl die Schneidentemperatur 625⁰ C beträgt.

Die in Abb. 52 dargestellten Versuchsreihen mit einem Schnellstahl von $18 \div 20$ v H W an einem Werkstück aus Flußstahl von der Brinellhärte 103, $K_z = 40$ kg/mm² zeigen, daß bei einem Vorschub $s = 0,45$ mm und einer Spantiefe $t = 3$ mm die zulässige Höchsttemperatur der

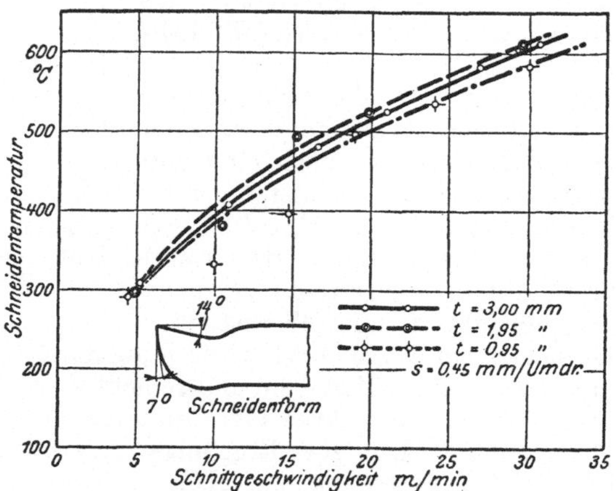

Abb. 52. Schnittgeschwindigkeit und Schneidentemperatur.

Schneide von 625⁰ bei einer Schnittgeschwindigkeit $v \sim 32$ m/min erreicht wird.

Die Bohrer werden auf besonderen Versuchsbohrtischen geprüft, die den senkrechten Bohrdruck und das Drehmoment mit Meßdosen, Kraftanzeigern und Schreibzeug angeben[1]).

e) Die Entwicklung der Metallbearbeitung.

Unter dem Zeichen des Schnellstahles haben sich in der Metallbearbeitung große Umwälzungen vollzogen. Vor allem zeigte sich in den Spanleistungen unserer Metallbearbeitungsmaschinen ein gewaltiger Fortschritt. In den 60er Jahren galt eine Drehbank, die in 1 st 5 kg Späne lieferte, als außergewöhnlich stark. Noch vor etwa 30 Jahren zerspanten unsere schwersten Bänke nicht mehr als 9 kg/st. Die heutigen Schnelldrehbänke liefern Spanmengen, die mehr als das 30- bis 50fache der letzten Spanleistungen betragen. Die schwerste Sonderdrehbank des Festlandes hat eine Spanleistung von 1300 bis 1400 kg bei einem gesamten Spanquerschnitt von 200 mm² und einer Festigkeit des Rohstoffes von 50 bis 60 kg/mm². Ein Vergleich des Arbeitsbedarfs macht das Bild noch klarer. Er betrug früher 3 bis 5 PS, heute 10 bis 20 PS und bei der schwersten Drehbank 120 PS! Man darf wohl annehmen, daß der Schnellstahl die Spanleistung für die Stahlschneide auf das Dreifache gesteigert hat. Dadurch wird bei gleicher

---

[1]) Z. V. d. I. 1923. S. 74.

Leistung eines Betriebes die Zahl der Maschinen, der Arbeiter und der Aufsichtsbeamten geringer, die Werkstatt an räumlicher Ausdehnung kleiner und die Triebwerke weniger. Die Maschineneinheiten können größer gewählt und besser durchgebildet werden. Damit fällt der Arbeitsverbrauch für jedes kg/st Späne. Rechnet man nach obiger Zahl bei 5 kg Späne in der Stunde einen Arbeitsbedarf der Maschine von 4 PS, so ist der Arbeitsbedarf für das stkg Späne 0,8 PS/st = 0,6 kWst und die Stromkosten 12 Pf. Bei der schweren Sonderdrehbank verursacht das stkg $\dfrac{120\,\text{PS}}{1400\,\text{kg}} = 0{,}086\ \text{PS/st} = 0{,}063\text{k Wst}$ und 0,126 Pf. Stromkosten. Die Hartmetallwerkzeuge werden der Zukunft wohl noch neue Wege zeigen, wenn es gelingt, Werkzeuge von größerer Zähigkeit zu fertigen.

Unter dem Wahrzeichen des Schnelldrehens haben sich in der Metallbearbeitung neue Richtlinien entwickelt, die man kurz zusammenfassen kann mit:

1. Schruppen als Ersatz fürs Schmieden,
2. Vorschruppen zur Ersparnis von Frachtkosten.
3. Herausschälen der Massenteile aus dem Vollen.
4. Schruppen auf der Drehbank und Schlichten auf der Schleifmaschine.
5. Ausgiebige Verwendung hochwertiger Baustoffe.

Die Geschichte der Metallbearbeitung lehrt, daß noch vor wenigen Jahrzehnten in der Schmiede und Gießerei auf möglichst genaue Abmessungen hin gearbeitet wurde. Auf der Maschine wurden nur die Paß- und Gleitflächen bearbeitet. Heute werden die Schmiedestücke roh geschmiedet und auf leistungsfähigen Maschinen geschruppt, weil das Schruppen billiger ist als das Schmieden. Dabei werden Schichten bis zu 70 mm im Durchmesser heruntergeschruppt. Das Fertiggewicht sinkt dann auf 50 bis 25 v H des Rohgewichtes. Um an Fracht zu sparen, werden heute auf den Hüttenwerken die roh geschmiedeten Schmiedestücke vorgedreht. Die Zahlentafel 11 gibt hierfür einige Beweise.

Zahlentafel 11.
Vergleich zwischen Schmiedegewicht und Rohgewicht.

Arbeitsstück	Rohgewicht ab Schmiede kg	Fertiggewicht kg	Spangewicht kg
Druckwelle 180 mm Schaftdurchmesser	1250	483	767
Desgl. 540 „ „	23500	11850	11650

Die Stahlgießereien gießen heute in rohen Abmessungen, weil dadurch häufig die Form der Gußstücke einfacher wird. Bei dem leistungsfähigen Schnellstahl ist es billiger, den überflüssigen Stoff zu zerspanen als schwierige Modelle herzustellen, die hohe Formerlöhne beanspruchen und die Ausschußgefahr erhöhen. So erforderte das Schruppen eines Schwungrades aus Stahlguß von 3600 mm Durchmesser und 390 mm Breite bei Verwendung von Werkzeugstahl 220 st und bei Schnellstahl nur 145 st, mithin war der Zeitgewinn 75 st oder 45 M. Lohnersparnis. Die Guß- und Schmiedezugabe beträgt daher heute für die Bearbeitung durchweg 5—7 mm.

VI. Die Wahl der Schnittgeschwindigkeit.

Will man den kategorischen Imperativ „gut und billig" in die Tat umsetzen, so muß man aus den Werkzeugmaschinen und Werkzeugen die jeweilige Höchstleistung herausholen. Die Leistung einer Werkzeugmaschine als Schruppmaschine wird durch das Spangewicht G in kg/st oder durch die Spanmenge V in cm³/min gemessen. Die Spanleistung ist daher:

$$G = \frac{q \cdot v}{1000} \cdot \gamma \cdot 60 \text{ kg/st}$$

$$V = q \cdot v \cdot \text{cm}^3/\text{min}.$$

Hierin ist q der Spanquerschnitt in mm², v die Schnittgeschwindigkeit in m/min und γ das Einheitsgewicht in kg. Die Gleichung lehrt, daß die Leistung der Maschine mit der Schnittgeschwindigkeit v und dem Spanquerschnitt q wächst. Will man die Maschine ausnutzen, so muß man daher eine wirtschaftliche Schnittgeschwindigkeit wählen und einen starken Span ansetzen.

Welche Ersparnisse mit einer richtigen Schnittgeschwindigkeit erzielt werden, lehrt nachstehende Rechnung:

Es sind 60 Wellen aus hartem Werkstoff von 210 mm Durchmesser bei 2000 mm Schaltweg, $v = 12$ m/min Schnittgeschwindigkeit, 2 mm Vorschub und 6 mm Spantiefe zu schruppen.

Errechnete Umläufe der Maschine $n = \dfrac{v}{\pi d} = \dfrac{12}{\pi \cdot 0{,}21} = 18{,}2.$

Errechnete Laufzeit der Maschine $t_h = \dfrac{L}{n \cdot s} \cdot z = \dfrac{2000}{18{,}2 \cdot 2} \cdot 60 = 55$ st.

Errechnetes Spangewicht $G = \dfrac{q \cdot v}{1000} \cdot \gamma \cdot 60 = \dfrac{12 \cdot 12 \cdot 7{,}85 \cdot 60}{1000} = 67{,}4$ kg/st.

Für die Bearbeitung der 60 Wellen stehen folgende Maschinen zur Verfügung:

Zahlentafel 12. Der Einfluß der Schnittgeschwindigkeit auf die Laufzeit der Maschinen und die Lohnverluste.

Maschine Nr.	Passende Umlaufzahl	Wirkliche Schnittgeschwindigkeit	Erforderliche Laufzeit		Zeitverlust		Lohnverluste bei 60 Pf. Stundenlohn	Verluste einschl. 150 v H Geschäftsunkosten
	n	m/min	st	min	st	min	in M.	in M.
I	16,5	10,9	60	30	5	30	3,30	8,25
II	14,5	9,6	69	—	14	—	8,40	21,00
III	15,6	10,3	64	—	9	—	5,40	13,50
IV	18	11,9	55	30	—	30	0,30	0,75

Das Beispiel in Zahlentafel 12 lehrt, daß zur Vermeidung von Zeit- und Lohnverlusten die Werkzeugmaschine stets mit richtiger Umlaufzahl laufen muß. Damit Maschine und Werkzeug wirtschaftlich ausgenutzt werden, soll man mit mäßig hoher Schnittgeschwindigkeit und starkem Span arbeiten. Wie bereits früher besprochen, hängt die Wahl der Schnittgeschwindigkeit von sehr vielen Umständen ab, so daß man

Zahlentafel 13. Praktisch erprobte Schnittgeschwindigkeiten in m/min fürs Drehen und Fräsen.

| Rohstoff | Beschaffenheit des Rohstoffes | Schnittgeschwindigkeiten in m/min fürs Drehen | | | | Schnittgeschwindigkeiten fürs Fräsen, insbesondere Schruppfräsen |
| | | bei Werkzeugstahl fürs | | bei Schnellstahl fürs | | |
		Schruppen	Schlichten	Schruppen	Schlichten	
Gußeisen	weich	14	18	20	24	17—20
	mittel	10	14	15	20	12—17
	hart	7	10	10	16	8—11
Stahlguß	weich	11	17	16	24	13—15
	mittel	9	14	13	20	10—13
	hart	7	11	10	15	7—10
Temperguß	weich	12	20	20	28	20—22
	mittel	10	18	17	25	17—20
	hart	7	16	12	22	14—17
Stahl	weich Festigkeit 30–40 kg/mm²	12	22	20	30	28—22
	mittel 40–60 kg/mm²	11	17	16	26	22—16
	hart 60–80 kg/mm²	9	11	14	21	16—9
Werkzeugstahl	weich	10	12	15	18	14—10
	mittel	7	8	12	15	10—6
	hart	5	6	9	12	5
Bronze und Messing	weich	30	40	40	70	35—30
	mittel	23	32	30	60	30—24
	hart	16	18	20	45	24—18

Zahlentafel 14. Schnittgeschwindigkeiten in m/min fürs Bohren, Aufreiben und Gewindeschneiden. Werkzeuge aus Schnellstahl.

| Werkstoff | Beschaffenheit | Bohren mit | | | Aufreiben | Gewindeschneiden mit | |
		Spiralbohrern	Senkern	Bohrmessern		Schneideisen und Gewindebohrern	Formstahl
Gußeisen	weich	25	20	20	10	6	8
	mittel	18	14	15	7	4	6
	hart	10	8	10	5	3	4
Stahlguß	weich	25	20	20	8	6	8
	mittel	18	14	15	6	5	6
	hart	10	8	10	3	3	4
Temperguß	weich	25	20	20	8	8	8
	mittel	18	14	15	6	6	6
	hart	10	8	10	4	4	4
Stahl	30—40 kg/mm²	28	20	24	8	7	8
	40—60 kg/mm²	23	18	20	6	6	6
	60—80 kg/mm²	20	15	17	3	2	4
Werkzeugstahl	weich	16	12	14	5	5	5
	mittel	13	10	12	3	4	4
	hart	10	8	10	2	3	3
Bronze und Messing	weich	60	40	40	18	16	10
	mittel	50	30	30	16	14	8
	hart	40	25	25	11	10	6

Zahlentafel 15. Grenzwerte für Schnittgeschwindigkeiten.

Maschinenart	Arbeits-verfahren	Gußeisen				Stahlguß		Temperguß		Stahl						Messing und Rotguß			
		Gewöhnlich		Hart						30—40 kg/mm² Festigkeit		50—70 kg/mm² Festigkeit		80—90 kg/mm² Festigkeit		Gewöhnlich		Hart	
		Werkzeugstahl	Schnellstahl	Werkzeugstahl	Schnellstahl	Werkzeugstahl	Schnellstahl	Werkzeugstahl	Schnellstahl	Werkzeugstahl	Schnellstahl	Werkzeugstahl	Schnellstahl	Werkzeugstahl	Schnellstahl	Werkzeugstahl	Schnellstahl	Werkzeugstahl	Schnellstahl
Drehbänke	Schruppen	6—12	14—20	4—6	8—10	6—12	12—18	8—14	15—22	12—16	20—30	10—14	16—24	6—10	12—18	25—35	30—40	15—22	20—30
	Schlichten	12—18	18—24	8—10	14—18	10—18	16—24	14—20	20—28	14—20	28—32	12—18	22—28	8—12	16—20	30—40	40—50	25—28	30—40
	Reiben	3—6	4—10	2—3	2—4	2—4	4—8	3—6	4—10	3—6	8—10	3—5	4—8	2—3	2—4	10—15	14—20	8—10	10—12
	Gewinde-schneiden¹)	5—8	10—15	3—6	6—10	5—8	10—15	5—8	10—15	10—12	14—18	6—10	12—16	4—7	10—12	18—22	20—30	10—15	18—22
Revolverbänke und Automaten	Schruppen	6—12	14—20	4—6	8—10	6—12	12—18	8—14	15—22	14—18	25—30	12—18	18—25	8—10	12—18	25—35	30—40	15—22	20—30
	Schlichten	12—18	18—24	8—10	14—18	10—18	16—24	14—20	20—28	15—20	28—32	15—18	22—28	8—12	16—20	30—40	40—50	25—28	30—40
	Reiben	3—5	4—10	—	2—4	2—4	4—8	3—6	4—10	3—6	8—10	3—5	4—8	1—2	2—4	10—15	14—18	8—10	10—12
	Gewinde-schneiden²)	2—5	4—8	2—3	2—4	2—4	4—8	2—4	4—8	3—6	6—10	2—5	5—8	—	2—3	8—15	10—18	6—8	8—12
Bohrmaschinen und Bohrwerke	Spiral-bohrer	8—12	16—24	4—8	8—12	6—12	16—22	8—14	18—24	12—18	22—30	10—18	18—25	8—12	15—20	25—35	30—40	15—22	20—30
	Bohrstange	6—12	14—20	4—6	8—12	6—12	12—18	8—14	14—20	12—16	16—22	8—12	12—18	6—8	10—12	20—25	25—30	15—20	18—25
	Reiben	3—6	4—10	—	2—4	2—4	4—8	3—6	4—10	3—6	8—10	3—5	4—8	2—3	2—4	10—15	14—20	8—10	10—12
	Flächen-drehen	6—12	12—18	4—6	8—10	6—12	12—18	8—14	14—20	12—16	20—25	10—14	15—20	6—10	12—18	20—30	25—35	12—18	15—25
	Gewinde-schneiden	2—5	4—8	2—3	2—4	2—4	4—8	2—4	4—8	3—6	6—10	2—5	5—8	—	2—4	8—15	10—18	6—8	8—12

Schnittgeschwindigkeit in m/min bei

Fräsmaschinen — Lang- u. Planfräsen	10—16	18—30	8—10	10—16	8—14	16—25	10—16	18—30	18—22	24—30	12—18	15—25	6—10	12—18	30—40	45—60	20—30	35—50
Fräsmaschinen — Rund-schruppen	8—14	15—25	6—8	8—12	6—12	14—22	8—14	16—25	16—20	20—26	10—16	14—22	6—10	10—15	25—35	30—50	15—25	25—35
Fräsmaschinen — Zahn-schruppen	8—12	14—20	4—6	8—10	5—10	12—20	8—12	14—22	10—16	16—24	8—14	12—20	4—8	8—12	18—25	30—40	15—18	25—30
Fräsmaschinen — Schlichten	12—20	24—38	8—12	14—18	10—18	18—28	12—18	20—35	20—25	35—45	14—18	24—32	8—12	16—22	40—50	50—70	25—35	40—60
Fräsmaschinen — Gewinde-fräsen	—	—	—	—	—	—	—	—	10—15	16—20	6—10	12—18	2—4	6—12	—	—	—	—
Hobel- und Stoßmaschinen	8—10	10—15	7—9	10—12	8—10	10—15	8—10	10—15	8—12	12—16	8—10	10—14	7—9	10—12	12—18	15—20	10—15	12—18

	Stahl					Gußeisen				
	Umfangsgeschwindigkeit			Anstellung der Schleifscheibe	Vorschub der Schleifscheibe bei einer Umdrehung des Arbeitsstückes	Umfangsgeschwindigkeit			Anstellung der Schleifscheibe	Vorschub der Schleifscheibe bei einer Umdrehung des Arbeitsstückes
	des Arbeitsstückes bei		der Schleifscheibe			des Arbeitsstückes bei		der Schleifscheibe		
	Durchmesser bis 50 mm m/min	Durchmesser bis 150 mm m/min	m/s	mm		Durchmesser bis 50 mm m/min	Durchmesser bis 150 mm m/min	m/s	mm	
Rund-Schleifmaschinen	10—12	15	25—35	0,01—0,05	$^1/_2 - ^3/_4$ d. Scheibenbreite	12—15	18—20	25	0,01—0,1	$^3/_4 - ^5/_6$ d. Scheibenbreite

[1]) Mit Stahl. [2]) Mit Schneideisen oder Gewindebohrer.

4*

sich zweckmäßig an praktisch erprobte Werte hält, wie sie in den Zahlentafeln 13 bis 15 für die verschiedenen Werkstoffe, Werkzeuge und Arbeitsverfahren angegeben sind. Dabei muß man noch auf die Länge und die Form des Werkstückes, sowie das Ansetzen einer Stützbrille und eine ausgiebige Kühlung der Schneide Rücksicht nehmen.

Die neueren Schnellhobelmaschinen haben meist 3 bis 6 Schnittgeschwindigkeiten. Sie schruppen mit einem Schnellstahl bei $12 \div 20$ m/min Schnittgeschwindigkeit und schlichten mit $8 \div 12$ m/min, während die älteren Maschinen mit etwa 5,4 m/min schruppen und schlichten.

Die Praxis nutzt die Schneidhaltigkeit des Schnellstahles auch in der Weise aus, daß sie bei geringeren Spanquerschnitten höhere Schnittgeschwindigkeiten anwendet. Doch setzt hierbei die starke Wärmebelastung der Schneide der Schnittgeschwindigkeit eine Grenze, wie die Zahlentafeln 5 u. 6 zeigen. Gegenüber dem Werkzeugstahl sind damit entschieden schon Vorzüge erreicht. Die Laufzeit wird kürzer und damit die Leistung der Maschine erhöht. Das häufige Auswechseln, Nachschleifen und Einstellen der Stähle fällt fort. Die Zeitverluste durch die häufige Unterbrechung der Arbeit werden geringer, und der Arbeitsbedarf der Maschine ist gleichmäßiger. Doch kann man das Verfahren keine volle Ausnutzung des Stahles nennen, es ist vielmehr nur ein Hilfsmittel bei zu schwachen Maschinen, Werkstücken oder beim Vordrehen, Schlichten.

Wie die Zahlentafeln 13 bis 15 zeigen, sind die Schnittgeschwindigkeiten in hohem Maße von der Härte und Festigkeit der Werkstoffe und der Schneidhaltigkeit der Werkzeuge abhängig. Die Wirtschaftlichkeit verlangt daher, sich über diese Eigenschaften Klarheit zu verschaffen und danach die Maßnahmen im Betriebe zu treffen. Vor allem ist eine große Gleichmäßigkeit in den Werkstoffen und Werkzeugen anzustreben, damit der Betrieb nicht immer neue Erfahrungen sammeln muß. Dies erfordert eine regelmäßige Überwachung der eingehenden Rohstoffe (S. 28).

VII. Die Wahl des Vorschubes.

Vom Standpunkte der wirtschaftlichen Ausnutzung des Werkzeuges hat die Größe des Vorschubes s, gleiche Spanquerschnitte q vorausgesetzt, den Einfluß, daß, wie bereits erwähnt, die lange Schneidkante bei kleinem Vorschube und mithin großer Spantiefe einer größeren Geschwindigkeit standhält oder eine größere Schnittdauer sichert, weil sie in ihrer Einheit nicht so stark belastet ist. Für die Ausnutzung des Werkzeuges wären daher ein kleiner Vorschub und eine große Spantiefe zweckmäßig. Anders verhält es sich bekanntlich mit der Ausnutzung der Maschine. Wie bereits auf S. 22 erläutert, verlangt bei dem kleinen Vorschub der hohe Span viel mehr Kraft zum Umbiegen und Fortbewegen als der flache Span. Soll die gleiche Spanleistung erzielt werden, so wird bei dem hohen Span die Maschine stärker belastet und die Stromkosten höher als bei dem flachen Span. Klopstock[1]) hat gerade den Einfluß

---

[1]) W. T. 1923. S. 645; Klopstock, Die Untersuchung der Dreharbeit.

der Spanform auf die wirtschaftliche Ausnutzung der Maschine weitgehend untersucht. Die Ergebnisse sind in Abb. 53 zu einem Schaubilde zusammengestellt. Der Arbeitsbedarf des Motors bei den verschiedenen Spanquerschnitten ist als Brutto- oder Rohleistung eingetragen. Die abgebremste Netto- oder Reinleistung des Motors ist als Arbeitsbedarf der Drehbank oder Getriebeleistung aufgeführt. Die Unterschiede zwischen der Roh- und Reinleistung oder zwischen der Brutto- und Getriebeleistung sind daher die Motorverluste, die durch die obere gestrichelte Fläche gekennzeichnet sind. Durch Abbremsen der Spindel der Drehbank ist die Schnittleistung ermittelt worden. Die Getriebeverluste sind daher die Unterschiede zwischen Getriebe- und Schnittleistung und durch die untere gestrichelte Fläche angegeben.

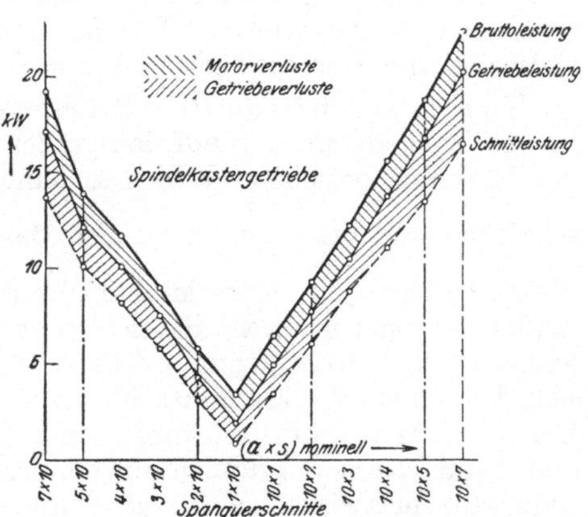

Abb. 53. Spanform und Arbeitsaufwand.

Die linke Seite des Schaubildes ist nach fallender Spantiefe $a = 7$ bis 1 mm bei gleichem Vorschub $s = 10$ mm geordnet, die rechte Seite nach steigendem Vorschub $s = 1$ bis 7 mm bei gleicher Spantiefe $a = 10$ mm. Die Versuche zeigen, daß der flache Span $a \cdot s = 2 \times 10$ bei Stahl und

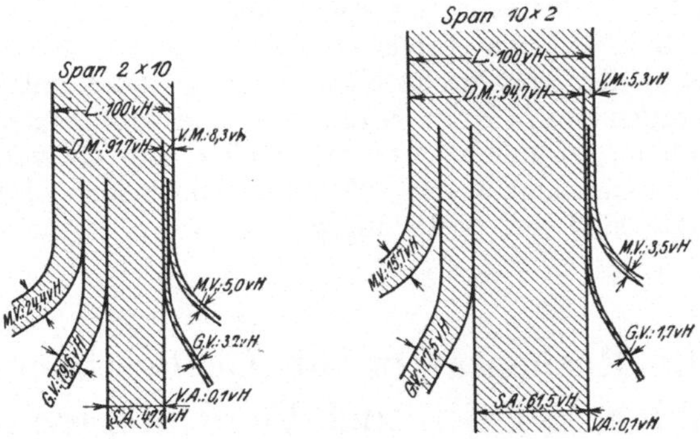

Abb. 54 u. 55. Kraftfluß bei $q = 2 \times 10$ und $q = 10 \times 2$.

$v = 12$ m/min eine Rohleistung des Motors von 5,8 kW verlangt, während der gleich große hohe Span von $a \cdot s = 10 \times 2$ etwa 9,2 kW erfordert. Die aufzuwendende Schnittleistung beträgt bei dem flachen Span 2,8 kW, bei dem hohen Span dagegen 6 kW, so daß das kg/st Späne bei flachem Span 1,03 Pf., bei hohem Span 1,63 Pf. kostet. Auffällig ist, daß die Maschine bei dem flachen Span von $a \cdot s = 1 \cdot 10$ mm nur die Hälfte der kW erfordert als bei dem hohen Span $10 \cdot 1$ mm. In gleicher Weise wie beim Hauptantrieb ist auch der Vorschubantrieb untersucht worden. Der Kraftfluß der gesamten Antriebsverhältnisse ist für die verschiedenen Spanformen in den Sankey-Kraftplänen der Abb. 54 u. 55 gegenübergestellt. Bei dem Span 2×10 mm betragen beim Hauptantrieb die Motorverluste $MV = 24,4$ v H und die Getriebeverluste $GV = 19,6$ v H, bei dem Vorschubantrieb sind die Motorverluste $MV = 5$ v H und die Getriebeverluste $GV = 3,2$ v H, die Schnittarbeit $SA = 47,7$ v H und die Vorschubarbeit $VA = 0,1$ v H.

Bei dem hohen Span 10×2 mm sind die Verluste in v H nur scheinbar geringer, da sie sich auf den größeren Arbeitsbedarf des Motors und der Maschine beziehen. Will man daher Maschine und Werkzeug wirtschaftlich ausnutzen, so muß sich das Verhältnis $\dfrac{a}{s}$ mindestens dem Werte 1 nähern, d. h. die Maschine muß mit grobem Vorschub arbeiten. Leider versagen in dieser Hinsicht manche Drehbänke, da ihr Verschubwechsel nicht weit genug reicht. Die Größe des Vorschubes richtet sich bei einer Werkzeugmaschine im allgemeinen nach ihrer Stärke. Der Einheitsvorschub schwankt beim Bohren und Fräsen zwischen 0,2 und 1 mm, beim Schruppen auf der Drehbank zwischen 0,5 und 4 mm, beim Hobeln zwischen 0,5 und 3 mm und beim Schleifen zwischen $^1/_5$ und $^9/_{10}$ der Schleifscheibenbreite bei einer Umdrehung des Werkstückes. Die Wahl der Vorschubgröße hängt aber auch von der Festigkeit, dem Durchmesser und der Form des Werkstückes ab. Je fester der Werkstoff ist, um so kleiner wählt man den Vorschub, zumal bei langen und dünnen Stücken, z. B. bei nicht stabilen Wellen, die sich unter dem Druck des Stahles verbiegen würden. Zum Drehen mit großem Vorschub gehört daher stets ein stabiles Werkstück, das den Schnittdruck aushält. Auch der Arbeitsvorgang spielt bei der Wahl des Vorschubes eine Rolle, ob z. B. eine stabile oder nicht stabile Welle geschruppt oder zum Schleifen vorgedreht oder gar ohne oder mit Passung geschlichtet werden soll. Beim Schlichten sind Schnittgeschwindigkeit und Vorschub immer nur so groß zu wählen, daß die vorgeschriebene Sauberkeit und Genauigkeit der Arbeitsflächen erreicht wird. Praktisch erprobte Werte sind auf S. 18 angegeben.

VIII. Die Rechentafeln für die Bestimmung der Drehzahlen, Schnitt- und Vorschubgeschwindigkeiten, sowie der Hauptzeit der Maschinen.

a) Die Strahlen-Rechentafeln.

1. Die Rechentafel für die Ermittlung der Umläufe der Maschine.

Das Beispiel auf S. 48 lehrt, wie wichtig für die Ausnutzung der Maschine die Beziehung zwischen Schnittgeschwindigkeit, Werkstück- oder Werkzeugdurchmesser und Umlaufzahl der Maschine ist. Um mit diesen stets wiederkehrenden Rechnungen keine Zeit zu vergeuden, muß der Betrieb eine Rechentafel haben, aus der er zu dem Durchmesser d und der Schnittgeschwindigkeit v die wirtschaftliche Umlaufzahl n ablesen kann. Die Rechentafel in Abb. 56 ist aus der Gleichung $v = d\pi n$ hergeleitet. Zugrundegelegt ist eine Drehbank von 230 mm Spitzenhöhe und 490 mm größtem Drehdurchmesser über dem Bett. Die Reihe der Umläufe ist $8{,}6 - 13{,}3 - 20{,}8 - 33{,}5 - 52 - 81 - 129 - 200 - 311$.

Die umgeschriebene Gleichung $\dfrac{v}{d} = \pi \cdot n$ ist die einer Geraden, die durch den Nullpunkt der beiden Achsen geht. Für das Aufzeichnen der Rechentafel trägt man auf der wagerechten Achse die Durchmesser d in mm auf und auf der senkrechten Achse die Schnittgeschwindigkeit v in m/min. Mit den Umläufen $n_1 = 8{,}6$, $n_2 = 13{,}3 \ldots\ldots$ errechnet man die Werte für v, z. B. für $d = 100$ mm $= 0{,}1$ m.

Werte für v bei $d = 100$ mm $= 0{,}1$ m.

$$
\begin{aligned}
n_1 &= 8{,}6 & v_1 &= \pi \cdot 0{,}1 \cdot 8{,}6 = 2{,}7 \quad \text{m/min.} \\
n_2 &= 13{,}3 & v_2 &= \pi \cdot 0{,}1 \cdot 13{,}3 = 4{,}17 \quad \text{,,} \\
n_3 &= 20{,}8 & v_3 &= \pi \cdot 0{,}1 \cdot 20{,}8 = 6{,}53 \quad \text{,,} \\
&\;\;\vdots & &\;\;\vdots
\end{aligned}
$$

Diese Werte $v_1 \div v_9$ sind als Lote bei $d = 100$ mm aufzutragen und durch ihre Endpunkte die schräglaufenden n-Linien zu ziehen.

Das Eintragen der n-Linien läßt sich noch vereinfachen, wenn man die Auftragslinien A_1 und A_2 bei $d = 31{,}83$ mm $\varnothing$ und $d = 318{,}3$ mm $\varnothing$ benutzt. Für A_1 gilt $v = \dfrac{\pi \cdot 31{,}83\,n}{1000} = \dfrac{n}{10}$ und für A_2 ist daher $v = n$. Die kleinen Umlaufzahlen trägt man daher auf A_2 und die größeren mit $\dfrac{n}{10}$ auf A_1 ab.

Beispiel: Ein Werkstück von 250 mm $\varnothing$ soll bei $v = 20$ m/min Schnittgeschwindigkeit gedreht werden. Welche Drehzahl n der Maschine ist einzustellen? Die Linie (1) in $d = 250$ trifft in der Nähe von $v = 20$ die n-Linie $n_3 = 20{,}8$. Auf $n_3 = 20{,}8$, d. h. Riemen auf Stufe III mit Vorgelegen 2 und 3, ist die Drehbank einzustellen. Die wirkliche Schnittgeschwindigkeit ist nach Linie (2) in Abb. 56 etwa 16,5 m/min, so daß die Maschine mit einem Geschwindigkeitsverlust von 3,5 m/min arbeitet, d. h. mit 17,5 v H.

Aus der Rechentafel läßt sich für jeden Durchmesser d die zugehörige Schnittgeschwindigkeit v ablesen. Ist z. B. weicher Stahl mit $v = 20 - 30$ m/min zu bearbeiten, so zieht man von den Schnittpunkten der n-Linien mit $v = 30$ die stark ausgezogene Geschwindigkeitssäge oder Sägeplan, der zu jedem d das v anzeigt, z. B. für $d = 100$ ist $v = 25{,}5$ m/min.

Die beste Ausnutzung einer Werkzeugmaschine erreicht man, wenn die Schnittgeschwindigkeit dem Werkstoff, dem Werkzeug und der Genauigkeit und Sauberkeit der Arbeit im Betrieb angepaßt werden kann und zwar ohne Zeitverlust und Gefahr für die Maschine. Diese Forderung erfüllt am besten der regelbare Antriebsmotor, der eine feinstufige Regelung der Umläufe der Maschine zuläßt.

Jeder Gleichstromnebenschlußmotor mit Wendepolen läßt bei gleichbleibender Leistung seine Umlaufzahl feinstufig regeln, wenn man in den Feldkreis einen Widerstand einschaltet. Dadurch wird der Magnetisierungsstrom schwächer und die Zahl der Kraftlinien, die durch den Anker gehen, geringer. Der Anker muß daher bei dem geschwächten Feld schneller laufen, damit die von ihm erzeugte Gegenspannung der

Netzspannung das Gleichgewicht hält. Wird das magnetische Feld dagegen verstärkt, so erzeugt der Anker eine höhere Spannung und

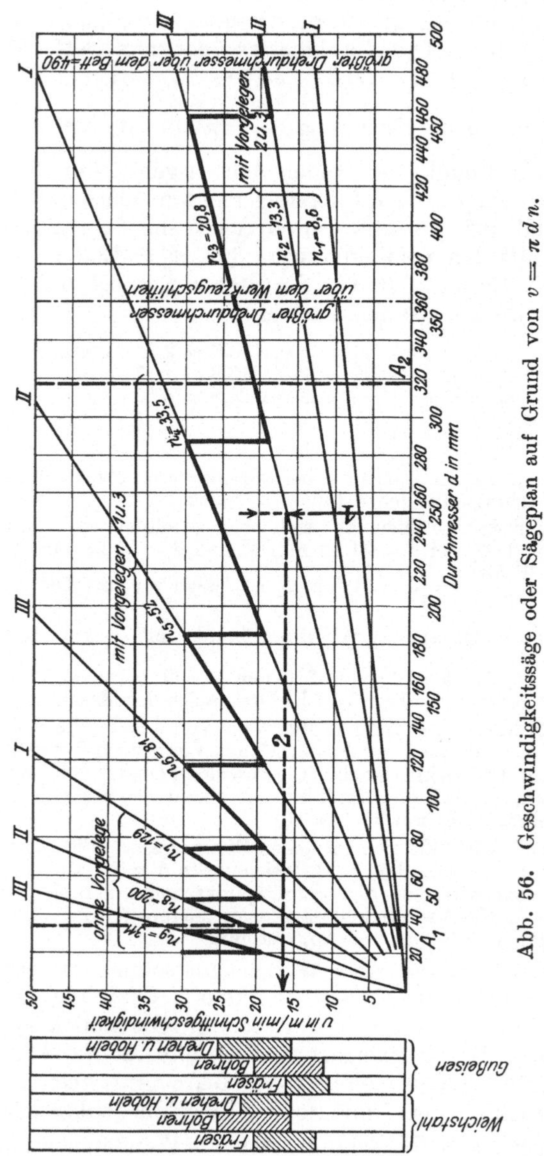

Abb. 56. Geschwindigkeitssäge oder Sägeplan auf Grund von $v = \pi d n$.

wird dabei so weit abgebremst, bis die Netzspannung erreicht ist, indem er Strom an das Netz abgibt. Die Stromstärke im Feldkreis beträgt etwa 5 v H der Vollaststromstärke des Motors. Diesen Nebenschlußstrom regelt man verlustlos durch das Einschalten kleinerer oder größerer

Widerstände, indem man eine Kurbel über eine Anzahl Kontaktknöpfe bewegt. Mit dieser Regelung erzielt man eine feingestufte **Drehzahltreppe**, die eine gute Anpassungsfähigkeit der Schnittgeschwindigkeit mit sich bringt. Der Regelbereich liegt etwa zwischen den Grenzen

1 : 3 bis 1 : 4, d. h. bei n_{max} des Motors $= 1200$ wäre $n_{min} = \dfrac{1}{3} \cdot 1200$

$= 400$ oder $\dfrac{1}{4} \cdot 1200 = 300$. Gegenüber der grobstufigen Regelung der Schnittgeschwindigkeit, wie sie der Stufenscheiben- und der Stufenräderantrieb mit sich bringt, hat die feinstufige Regelbarkeit eine Mehrleistung aufzuweisen, die sich rechnerisch leicht ermitteln läßt. Hat z. B. eine Drehbank $n_1 = 6$ und $n_{12} = 252$, so ist der Regelbereich

$R = \dfrac{n_{12}}{n_1} = \dfrac{252}{6} = 42$. Nach der geometrischen Reihe ist $n_{12} = n_1\, q^{11}$

und die Grundzahl (Quotient) der Reihe $\log q = \dfrac{\log R}{11}$, somit $q = 1{,}40$.

Der Geschwindigkeitszuwachs z je Stufe wäre $z = \dfrac{n_2 - n_1}{n_1} = \dfrac{n_1\, q - n_1}{n_1} =$

$q - 1 = 1{,}40 - 1 = 0{,}40 = 40$ v H und der Abfall $A = \dfrac{n_2 - n_1}{n_2} =$

$\dfrac{n_1\, q - n_1}{n_1\, q} = 1 - \dfrac{1}{q} = 0{,}30 = 30$ v H. Um diesen Betrag kann in Einzelfällen die wirkliche Schnittgeschwindigkeit unter der wirtschaftlichen liegen. Nimmt man an, daß zwischen je zwei Stufen alle Geschwindigkeiten gleich häufig vorkommen, so wird die Minderleistung der Bank $\dfrac{30}{2} = 15$ v H betragen. Wird dagegen die Bank mit $R = 42$ von einem Stufenmotor angetrieben, dessen Regelbereich $r = 3$ ist bei 30 Zwischenstufen, so ist die Zahl z der Rädervorgelege $z = \dfrac{\log R}{\log r} \sim 3$, da $r^z = R$ sein muß. Die Gesamtzahl der Abstufungen ist demnach $3 \times 30 = 90$ und $\log q = \dfrac{\log R}{90}$, somit $q = 1{,}043$

Der Geschwindigkeitszuwachs ist daher 4,3 v H, der Abfall $A = 1 - \dfrac{1}{q}$

$= 4{,}1$ v H und die Minderleistung nur noch 2,05 v H. Hierbei ist vorausgesetzt, daß der Arbeiter stets die richtige Stufe der Scheiben oder die richtige Schaltung am Räderkasten wählt. Mit dem Umschalten sind aber Zeitverluste verbunden und die Bearbeitungsvorschriften immer nur für den durchschnittlichen Werkstoff angegeben. Bei der elektrisch betriebenen Maschine kann man die Geschwindigkeiten hingegen ohne Zeitverlust genau einregeln. Beobachtet man dabei den Strommesser (Amperemeter), so läßt sich auch der günstigste Vorschub einstellen. Die Schnitt- und Vorschubgeschwindigkeit kann man mit einer Handkurbel am Werkzeugschlitten bequem einregeln. Natürlich verlangt das Einregeln einen Mann von gutem Können und Wollen.

Der Geschwindigkeitsplan oder der Sägeplan in der Abb. 57 ist zum Vergleich für 2 Antriebe aufgestellt. Die strichpunktierten n-Linien stellen die 12 geometrisch geordneten Umläufe einer Maschine mit Stufenscheiben- oder Einscheibenantrieb dar (Abb. 37, Bd. I), die 30 ausgezogenen n-Linien sind die Drehzahlen einer Werkzeugmaschine mit regelbarem Antriebsmotor nach Abb. 52, Bd. I. Das Schaubild zeigt recht deutlich, wie grobstufig der Arbeitsbereich der Drehzahlen bei der ersten Maschine ist und wie feinstufig bei der zweiten. Bei der elektrisch betriebenen Maschine sind mit $n_1 = 10$ die Drehdurchmesser von 356 bis 400 mm, mit $n_2 = 11,3$ die Drehdurchmesser von

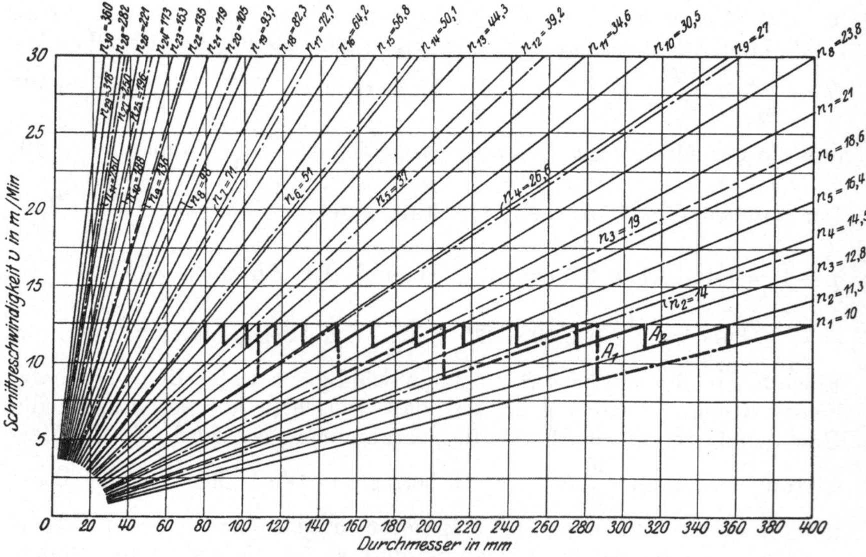

Abb. 57. Vergleich des Stufenscheibenantriebes —·— mit dem regelbaren Antriebsmotor ——

312 bis 356 mm und mit $n_3 = 12,8$ diejenigen von 276 bis 312 mm zu drehen, während bei der Stufenscheiben- oder Einscheibenmaschine der Arbeitsbereich für $n_1 = 10$ die Drehdurchmesser von 286 bis 400 mm umfaßt und für $n_2 = 14$ von 206 bis 286 mm. Der größte Geschwindigkeitsabfall A_1 beträgt bei der Einscheibenmaschine etwa $A_1 = 3,5$ m/min, bei der mit Einzelantrieb nur etwa $A_2 = 1,5$ m/min, also 28 v H gegen 12 v H und im Mittel 14 v H gegen 6 v H. Die Spitzen der Sägezähne liegen alle auf einer Geraden als Kennzeichen dafür, daß die Drehzahlen geometrisch geordnet sind. Infolgedessen ist auch der Geschwindigkeitszuwachs je Stufe gleich.

2. Die Rechentafel für die Ermittlung der Vorschubgeschwindigkeit in mm/min.

Die Gleichung $t_h = \dfrac{L}{s}$ lehrt, daß die Laufzeit der Maschine um so kleiner, die Leistung der Maschine also um so größer wird, je größer die

Vorschubgeschwindigkeit s' in mm/min ist. Für die Ausnutzung der Maschine muß man daher die Vorschubgeschwindigkeit s' kennen, die in Beziehung zum Einheitsvorschub s und zur Drehzahl n der Maschine steht: $\quad s' = n \cdot s$ mm/min.

Mit der Gleichung $\dfrac{s'}{s} = n$ ist die Rechentafel in Abb. 58 aufgestellt.

Auf der wagerechten Achse sind die Einheitsvorschübe s in mm und auf der senkrechten die Vorschubgeschwindigkeiten s' in mm aufgetragen. Die Richtung der n-Linien erhält man aus den Loten s' für z. B. $s = 2$ mm.

$$
\begin{aligned}
n_1 &= 8{,}6 & s' &= n_1 \cdot s = 17{,}2 \\
n_2 &= 13{,}3 & s' &= n_2 \cdot s = 26{,}6 \\
n_3 &= 20{,}8 & s' &= n_3 \cdot s = 41{,}6 \\
&\;\;\vdots & &\quad\vdots
\end{aligned}
$$

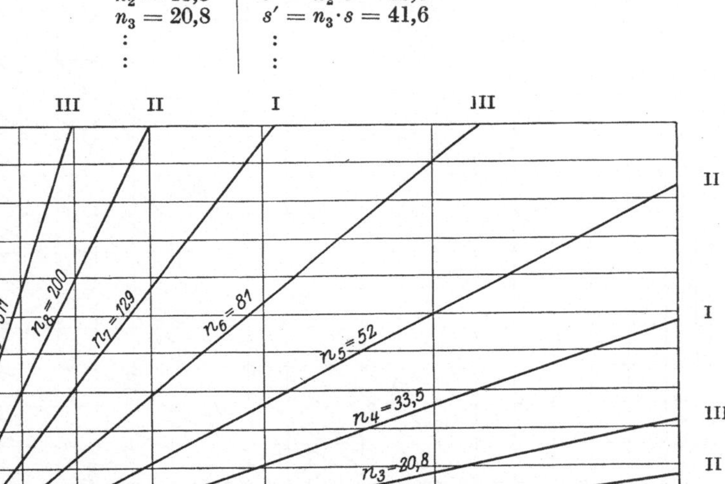

Abb. 58. Rechentafel für die Ermittlung der Vorschubgeschwindigkeit s' in mm/min

Beispiel: Die Bank läuft mit $n_3 = 20{,}8$ und mit $s = 0{,}9$ mm. Wie groß ist s'?

Lösung: Die s-Linie 0,9 schneidet die n-Linie 20,8 in der Höhe $s' = 19$ mm. Der Vorschubgeschwindigkeitsplan gibt für jede Riemenlage mit und ohne Vorgelege die Schaltwege in mm/min an. Bei $n_3 = 20{,}8$ ist bei $s = 0{,}25$ $s'_{min} = 5{,}2$ mm/min und bei $s = 2$ mm $s'_{max} = 41{,}6$ mm/min, bei $n_5 = 52$ ist $s'_{min} = 13$ und $s_{max} = 104$ mm/min. Diese Werte sind zugleich die Drehlängen, Bohrtiefen, Fräslängen/min.

3. Die Rechentafel für die Bestimmung der Hauptzeit der Maschine.

Die Hauptzeit oder Laufzeit umfaßt lediglich die Zeit, während der die Maschine läuft. Sie gibt daher den besten Anhalt für die Leistung, die Preisbildung und die Festlegung der Lieferzeit. Je kürzer die Laufzeit der Maschine ist, um so geringer wird im allgemeinen der Stücklohn. Das beste Mittel zur Kürzung der Laufzeit einer Werkzeugmaschine ist neben wirtschaftlichen Schnitt- und Vorschubgeschwindigkeiten das gleichzeitige Arbeiten mit mehreren Werkzeugen, wodurch die Laufzeit in der Regel auf die der längsten Einzelarbeitszeit beschränkt wird (S. 139). Die Ermittlung der Laufzeit hat aber nicht nur für die Preisbildung und Lieferzeit Wert, sondern auch für die Betriebsleitung, die

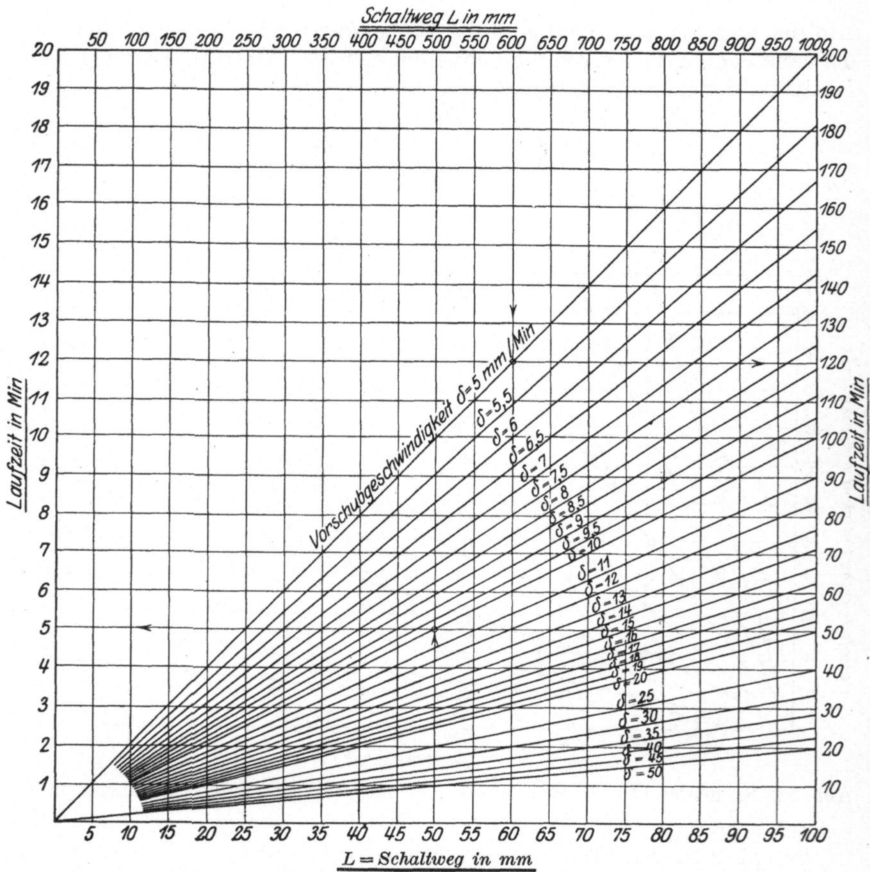

Abb. 59. Rechentafel für die Ermittlung der Laufzeit einer Werkzeugmaschine bei s' oder $\delta = 5$ bis 50 mm/min.

wissen muß, wann sie über die Maschine wieder verfügen kann. Um diese Ermittlungen ohne große Zeit- und Arbeitsvergeudung vornehmen zu können, sind wieder Rechentafeln aufzustellen.

Die Laufzeit der Maschine läßt sich aus der Gleichung $t_h = \dfrac{L \cdot i}{s'}$ ermitteln. Für die Aufstellung der Rechentafel für $i = 1$ gilt wieder die Gleichung einer Geraden $\dfrac{L}{t_h} = s'$. In Abb. 59 ist auf der wagerechten Achse der Schaltweg L in mm und auf der senkrechten Achse

die Laufzeit der Maschine in min aufgetragen. Die Richtung der
δ- oder s'-Linien ergibt sich hier aus:

$$L = s' \cdot t_h \text{ für z. B. } t_h = 10 \text{ min.}$$

$$
\begin{array}{c|c}
s' = 5 & L = 5 \;\cdot 10 = 50 \text{ mm} \\
s' = 5,5 & L = 5,5 \cdot 10 = 55 \text{ mm} \\
s' = 6 & L = 6 \;\cdot 10 = 60 \text{ mm} \\
s' = 6,5 & L = 6,5 \cdot 10 = 65 \text{ mm} \\
\vdots & \vdots
\end{array}
$$

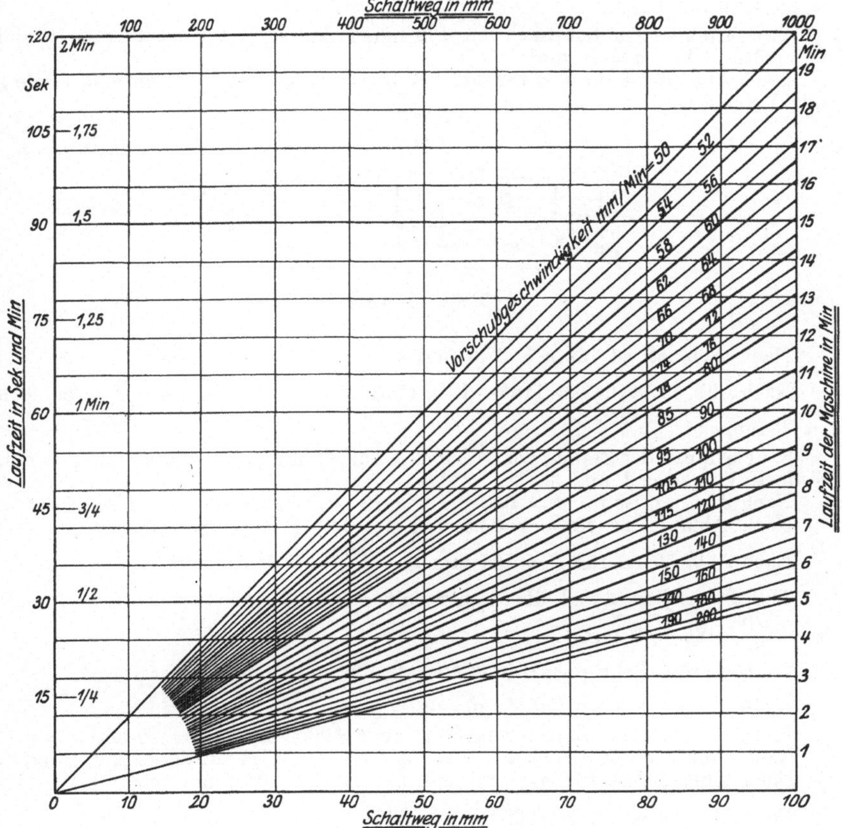

Abb. 60. Rechentafel für die Ermittlung der Laufzeit
bei $s' = 50$ bis 200 mm/min.

Diese Werte für L sind auf der t_h-Linie $= 10$ aufgetragen und
durch die Punkte die s'- oder δ-Linien gezogen. Die Rechentafel ist
oben erweitert für Schaltwege bis 1000 mm, damit werden die Laufzeiten verzehnfacht. Zu den unteren Schaltwegen gehören die linken
Laufzeiten (einmal unterstrichen) und zu den oberen Schaltwegen die
rechts angegebenen Zeiten (zweimal unterstrichen). Abb. 60 bringt eine
ähnliche Tafel für Vorschubgeschwindigkeiten von 50 bis 200 mm/min.

Beispiel: Die in Abb. 61 dargestellte Formwelle aus S.-M.-Stahl mit $K_z =$ 50—60 kg/mm² ist zu schruppen und zu schlichten.

Wie groß ist die Laufzeit der Maschine?

a) Schruppen:

1. Schruppen der ganzen Welle von 152 mm $\varnothing$ auf 132 mm $\varnothing$ bei $v = 15$ und $s = 0{,}9$, also $q = 9$ mm².

Nach Abb. 56 ist für $d = 152$ und $v = 15$ Drehzahl $n_4 = 33{,}5$, d. h. Stufe I mit Vorgelegen 1 und 3.

Nach Abb. 58 ist für $n = 33{,}5$ und $s = 0{,}9$ $s' = 30$ mm/min.

Nach Abb. 59 ist für $L = 1365 + 10 = 1375$ die Laufzeit $t_h = \dfrac{L}{s'} = \dfrac{900}{30} + \dfrac{475}{30}$
$= 30 + 16 = 46$ min.

2. Schruppen der Schenkel von 132 mm $\varnothing$ auf 102 mm $\varnothing$ mit $v = 15$ und $s = 0{,}6$ $a = 15$, $q = 9$ mm².

Nach Abb. 56 ist für $d = 132$ und $v = 15$ $n_4 = 33{,}5$ bei $v \sim 13$ m/min, Stufe I mit Vorgelegen 1 und 3.

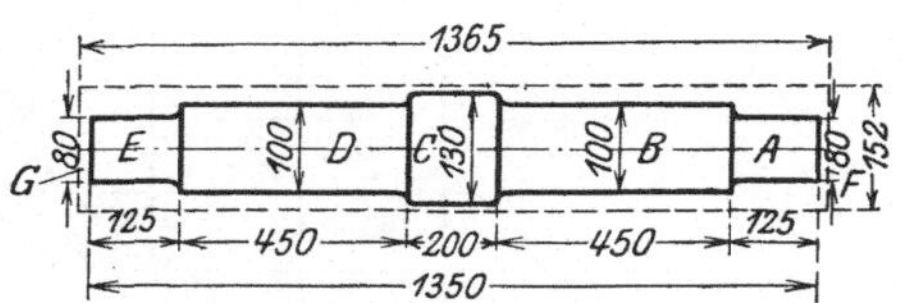

Abb. 61. Formwelle.

Nach Abb. 58 ist für $n = 33{,}5$ und $s = 0{,}6$ $s' = 20$ mm/min.

Nach Abb. 59 ist für $L = 1165 + 10 = 1175$ $t_h = \dfrac{1175}{20} = \dfrac{1000}{20} + \dfrac{175}{20} = 50 + 9$
$= 59$ min.

3. Schruppen der Zapfen von 102 mm $\varnothing$ auf 82 mm $\varnothing$ bei $v = 15$ und $s = 0{,}9$, Stufe I, Vorgelege 1 und 3.

Nach Abb. 56 ist für $d = 102$ und $v = 15$ $n_4 = 33{,}5$ bei $v = 11$ m/min.

Nach Abb. 58 ist für $n = 33{,}5$ und $s = 0{,}9$ $s' = 30$ mm/min.

Nach Abb. 59 ist für $L = 265$ mm $t_h = \dfrac{265}{30} = 8{,}8 \sim 9$ min.

4. 2 Stirnseiten 2 mal überdrehen mit $n = 33{,}5$ und $s = 0{,}6$ und $s' = 20$
$t_h = \dfrac{170}{20} = 8{,}5 = 9$ min.

Laufzeit fürs Schruppen: $46 + 59 + 9 + 9 = 123$ min.

b) Schlichten nach Zahlentafel 6:

1. Vordrehen der 2 Zapfen von 82 $\varnothing$ zum Schleifen mit $v = 26$ und $s = 0{,}4$. Nach Abb. 56 ist für $d = 82$ u. $v = 26$ $n_6 = 81$, Stufe III mit Vorgelegen 1 und 3.

Nach Abb. 58 ist für $n_6 = 81$ und $s = 0{,}4$ $s' = 32{,}4$ mm/min.

Nach Abb. 59 ist für $L = 250 + 6 = 256$ $t_h = \dfrac{256}{32{,}4} = 8$ min.

2. Die 2 Schenkel ohne Passung von 102 auf 100 $\varnothing$, Drehen mit $v = 26$ und $s = 0{,}4$ mit 2 Schnitten.

Nach Abb. 56 ist für $d = 102$ und $v = 26$ $n_6 = 81$, Stufe III mit Vorgelege 1 und 3, bei $v \sim 25{,}5$ m/min.

Nach Abb. 58 ist für $n_6 = 81$ und $s = 0{,}4$ $s' = 32{,}4$ mm/min.

Nach Abb. 59 ist für $L = 4 \cdot 455 = 1820$ $t_h = \dfrac{1820}{32{,}4} = 56$ min.

3. Hals von 132 $\varnothing$ vordrehen zum Schleifen mit $v = 22$ und $s = 0{,}4$.

Nach Abb. 56 ist für $d = 132$ u. $v = 22$ $n_5 = 52$ bei $v = 21$ m/min.

Nach Abb. 58 ist für $n_5 = 52$ und $s = 0{,}4$ $s' = 20{,}8$ mm/min.

Nach Abb. 59 ist für $L = 205$ $t_h = \dfrac{205}{20{,}8} \sim 10$ min.

Laufzeit fürs Schlichten: $8 + 56 + 10 = 74$.
Gesamtlaufzeit der Maschine $123 + 74 =$ 197 min.
Zuschlag für 4 Ansätze 3 „
200 „
Wegen des Drehzahlabfalles 10 v H Zuschlag 20 „
220 min.

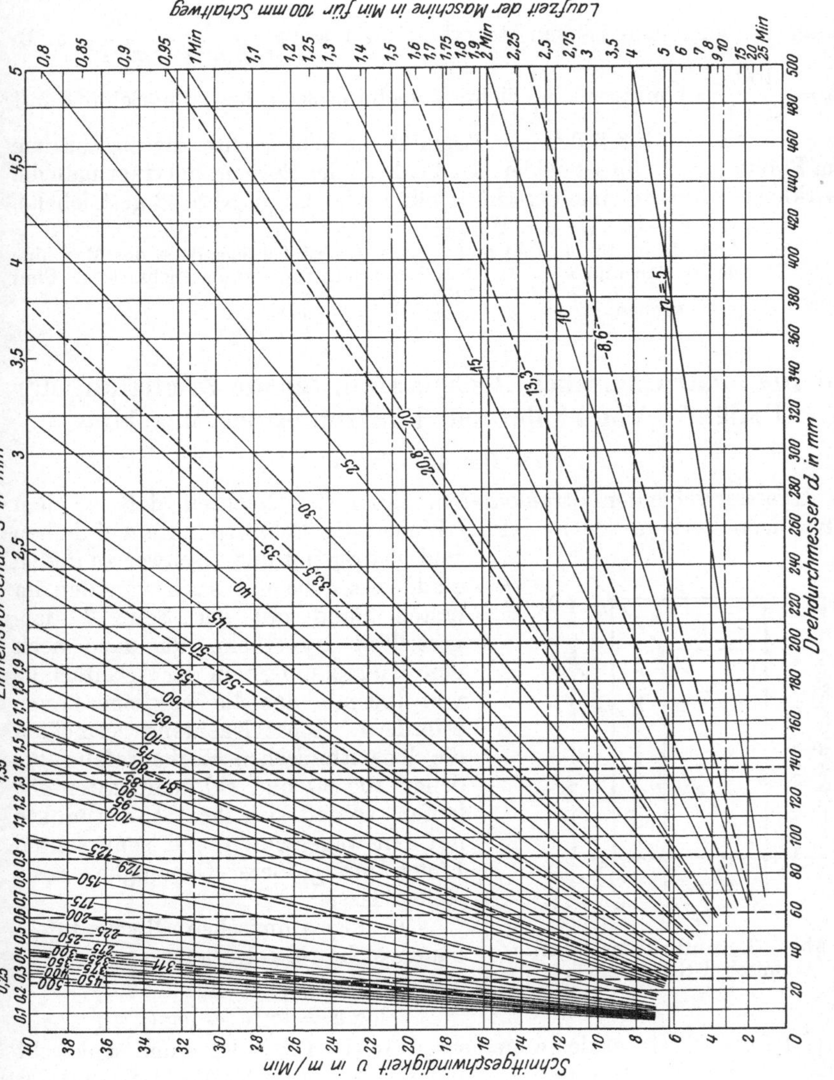

Abb. 62. Rechentafel für die Ermittlung der Laufzeit der Maschine aus d, v und s für 100 mm Schaltweg.

Es läßt sich nicht leugnen, daß es umständlich ist, die Laufzeit mit 3 Rechentafeln zu bestimmen. Eine Erleichterung wäre jedenfalls geschaffen, wenn man die 3 Tafeln zu einer einzigen vereinigte. Diese

Aufgabe ist in Abb. 62 gelöst. Wie in Abb. 56 sind auf der unteren wagerechten Achse die Drehdurchmesser d aufgetragen und auf linken senkrechten die Schnittgeschwindigkeiten v. Die obere wagerechte Achse zeigt die Einheitsvorschübe s bis 5 mm, also jeweils $s = \dfrac{1}{100}\, d$. Die rechte Zeitlinie ist auf einen Schaltweg von 100 mm beschränkt. Die Lage der einzelnen Zeitpunkte erhält man aus $t_h = \dfrac{L}{n \cdot s} = \dfrac{100}{n \cdot s}$, z. B.

$$t_h = \frac{100}{25 \cdot 4} = 1 \text{ min},$$ d. h., ziehe Vorschublinie 4 bis zum Schnitt mit $n = 25$, hierauf durch den Schnittpunkt die Wagerechte, die die Zeitlinie im Punkte $t_h = 1$ min schneidet. In das Netz der Rechentafel trägt man die wirklichen Umläufe und Vorschübe mit Farbe ein (in Abb. 62 gestrichelt).

Beispiel: $d = 90$ mm $v = 25$ m/min.

Nach Abb. 62 ist für $d = 90$ und $v = 25$ das nächstliegende n der Maschine $n_8 = 81$, für $s = 0,6$ und $n_6 = 81$ ist $t_h = 2,1$ min für 100 mm Schaltweg. Sind 1200 Länge zu drehen, so ist $t_h = \dfrac{1210 \cdot 2,1}{100} = 25$ min.

b) Die logarithmischen Rechentafeln für die Ermittlung der Umläufe, Vorschübe und Laufzeiten der Maschine.

1. Die 45⁰-Tafeln.

Die vorstehenden Strahlentafeln haben den Nachteil, daß bei dem strahligen Verlauf der n- und s'-Linien die Schnittpunkte bei hohen und niedrigen n und s' schwer zu finden sind. Dasselbe gilt auch von den im ersten Band auf der Seite 7 dargestellten Hyperbeln, die dazu noch eine Umrechnung von der Arbeitslänge von 100 mm auf die wirkliche Länge erfordern. Diese Nachteile vermeiden die logarithmischen Rechentafeln, bei denen die n- und s'-Linien unter 45⁰ laufen, so daß sich ihre Schnittpunkte mit den wagerechten und senkrechten Linien mit größerer Genauigkeit feststellen lassen.

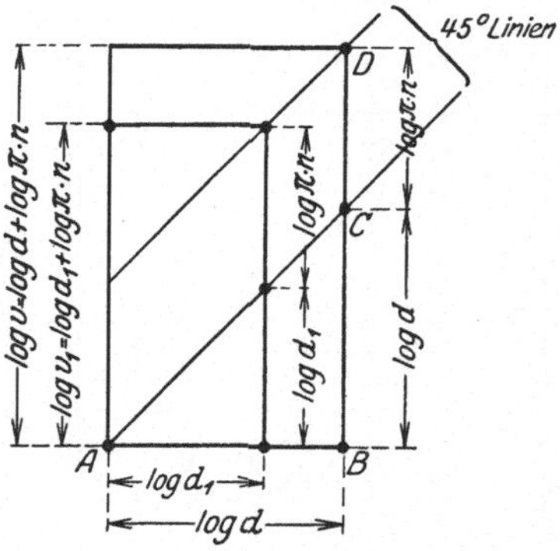

Abb. 63. Aufbau der logarithmischen Rechentafeln.

Die logarithmischen Rechentafeln bauen sich wie folgt auf:

$$v = d \cdot \pi \cdot n$$
$$\log v = \log d + \log (\pi n).$$

In Abb. 63 ist auf der wagerechten Achse $A\,B = \log d$ und senkrecht dazu $B\,C = \log d$ abgetragen, so daß der Strahl $A\,C$ unter 45⁰ läuft. Auf der Senkrechten in B ist $C\,D = \log (\pi n)$ angetragen und durch D wiederum eine 45⁰-Linie gezogen. Es ist dann in Abb. 63

$$\log v \ = \log d \ + \log (\pi n) \text{ und}$$
$$\log v_1 = \log d_1 + \log (\pi n).$$

An die Stelle des früheren Vervielfachens $v = d \cdot \pi \cdot n$ ist hier das logarithmische Zusammenzählen $\log v = \log d + \log (\pi\, n)$ getreten.

Bei der logarithmischen Rechentafel in Abb. 64 sind auf der wagerechten Achse die Logarithmen der Drehdurchmesser d und auf der senkrechten Achse die Logarithmen der Schnittgeschwindigkeiten v aufgetragen. Die Lage der unter 45^0 laufenden n-Linien erhält man, indem man z. B. für $d = 100$ mm $= 0,1$ m die Lote berechnet. Es ist dann:

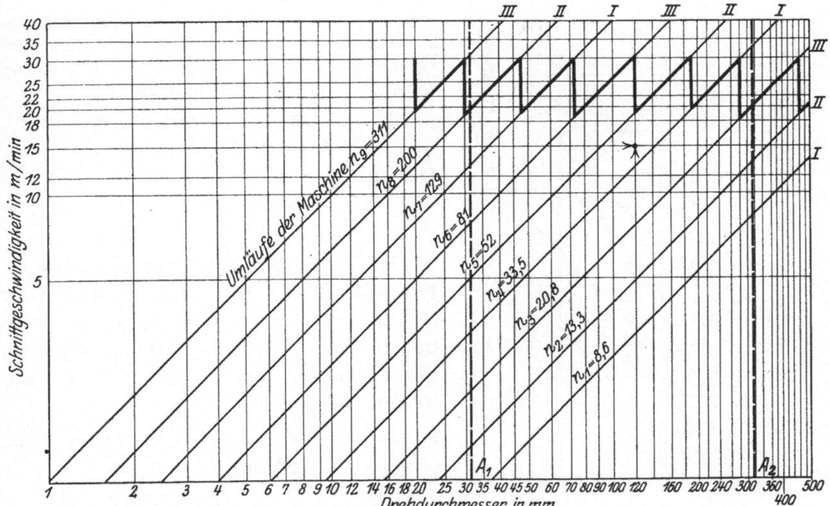

Abb. 64. Logarithmische Rechentafel für die Ermittlung der Umläufe n aus v und d.

$$\log v = \log 0,1 + \log \pi\, n = -1 + \log \pi\, n.$$
$$\log v_1 = -1 + \log \pi\, n_1 = -1 + \log (\pi\, 8,6) = 0,43$$
$$\log v_2 = -1 + \log (\pi \cdot 13,3) = 0,62$$
$$\log v_3 = -1 + \log (\pi \cdot 20,8) = 0,81$$
$$\vdots \qquad\qquad \vdots \qquad \vdots$$

Diese Werte für *log v* sind in Abb. 64 auf der Senkrechten für $d = 100$ mm aufgetragen und durch die Punkte die n-Linien unter 45^0 gezogen. Das Eintragen der n-Linien läßt sich auch hier vereinfachen durch die Auftragslinie A_1 bei $d = 31,83$ und A_2 bei $318,3$. Auf A_1 wären die hohen Umlaufzahlen mit $\dfrac{n}{10}$ und auf A_2 die kleinen mit n aufzutragen.

Beispiel: Für $d = 120$ mm und $v = 15$ m/min ist die zugehörige Umlaufzahl $n_4 = 33,5$.

Die logarithmische Rechentafel für die Bestimmung der Vorschubgeschwindigkeit läßt sich in gleicher Weise entwickeln. Es war $s' = s \cdot n$, mithin $\log s' = \log s + \log n$. In Abb. 65 sind auf der wagerechten Achse die Logarithmen der Einheitsvorschübe $0,25$—$0,4$—$0,6$ —$0,9$—$1,35$—2 mm aufgetragen und auf der senkrechten Achse die Logarithmen der Vorschubgeschwindigkeiten s' von 1 bis 500 mm. Die

Lage der n-Linien erhält man aus $\log s' = \log s + \log n$, z. B. für $s = 1$ mm

$$\log s'_1 = \log\ \ 8{,}6 = 0{,}93$$
$$\log s'_2 = \log 13{,}3 = 1{,}12$$
$$\log s'_3 = \log 20{,}8 = 1{,}32$$

$$\vdots \qquad \vdots \qquad \vdots$$

Diese Werte von $\log s'$ trägt man bei $s = 1$ als Lote auf und zieht durch die Endpunkte die n-Linien unter 45^0.

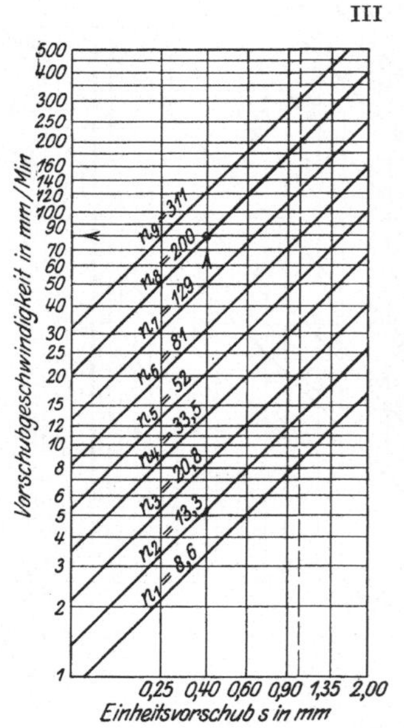

Abb. 65. Logarithmische Rechentafel für die Ermittlung der Vorschubgeschwindigkeit s' in mm/min.

Beispiel: Eine Werkzeugmaschine hat $s = 0{,}4$ und $n = 200$, so ist nach der Rechentafel in Abb. 65 die Vorschubgeschwindigkeit $s' = 80$ mm/min.

Die logarithmische Zeittafel in Abb. 66 leitet man ab aus der Gleichung:

$$L = s' \cdot t_h$$
$$\log L = \log s' + \log t_h.$$

In Abb. 66 sind auf der wagerechten Achse die Logarithmen der Schaltwege L bis 500 mm und auf der senkrechten Achse die Laufzeiten bis 100 min aufgetragen. Setzt man in der Gleichung

$\log L = \log s' + \log t_h$ die Zeit $t_h = 1$,
so ist $\log L = \log s'$

z. B. $s' = 5$ $\ \mid\ $ $\log L = \log 5 = 0{,}7$
$s' = 6$ $\ \mid\ $ $\log L = \log 6 = 0{,}8$

d. h. auf der wagerechten Achse sind in 5, 6, 7 usw. die s'-Linien unter 45^0 zu ziehen.

Beispiel: Die Maschine hat mit einer Vorschubgeschwindigkeit $s' = 20$ mm/min eine Länge von 200 mm Schaltweg zu drehen. Nach Abb. 66 ist für $L = 200$ und $s' = 20$ die Zeit $t_h = 10$ min.

Die 3 logarithmischen Rechentafeln lassen sich ebenfalls zu einer einzigen vereinigen, wenn man den Schaltweg begrenzt, z. B. auf 100 mm. Dies ist in Abb. 67 vorgenommen, deren Rechentafel im Sinne der Abb. 62 aufgestellt ist. Man benutzt sie in der Weise, daß man zuerst durch die d- und v-Linie nach Abb. 68 das n bestimmt und hierauf mit der s- und n-Linie die Zeit oder t_h für 100 mm Schaltweg.

Der AWF hat eine ähnliche Rechentafel aufgestellt (Abb. 69). Im Vergleich zu Abb. 67 ist sie um 90^0 gedreht, so daß die Schnittgeschwindigkeiten v auf der X-Achse und die Drehdurchmesser d auf der Y-Achse abgetragen sind. Das Einzeichnen der n-Linien geschieht auf den Auftragslinien A_1 und A_2 wie in Abb. 56 u. 64. Um das Netz von zu vielen Linien zu entlasten, ist die rechte Y-Achse als Zeitlinie benutzt, dabei ist die Zeiteinteilung im Verhältnis $\dfrac{1}{200}$ von d getroffen.

Zum schnellen Eintragen der Vorschübe ist der Auftragspunkt A_3 auf der oberen Wagerechten gewählt. Man findet ihn wie folgt:

Für $L = 10$, $n = 10$ und $s = 1$ ist die Laufzeit $t_h = \dfrac{L}{n \cdot s} = \dfrac{10}{10 \cdot 1}$

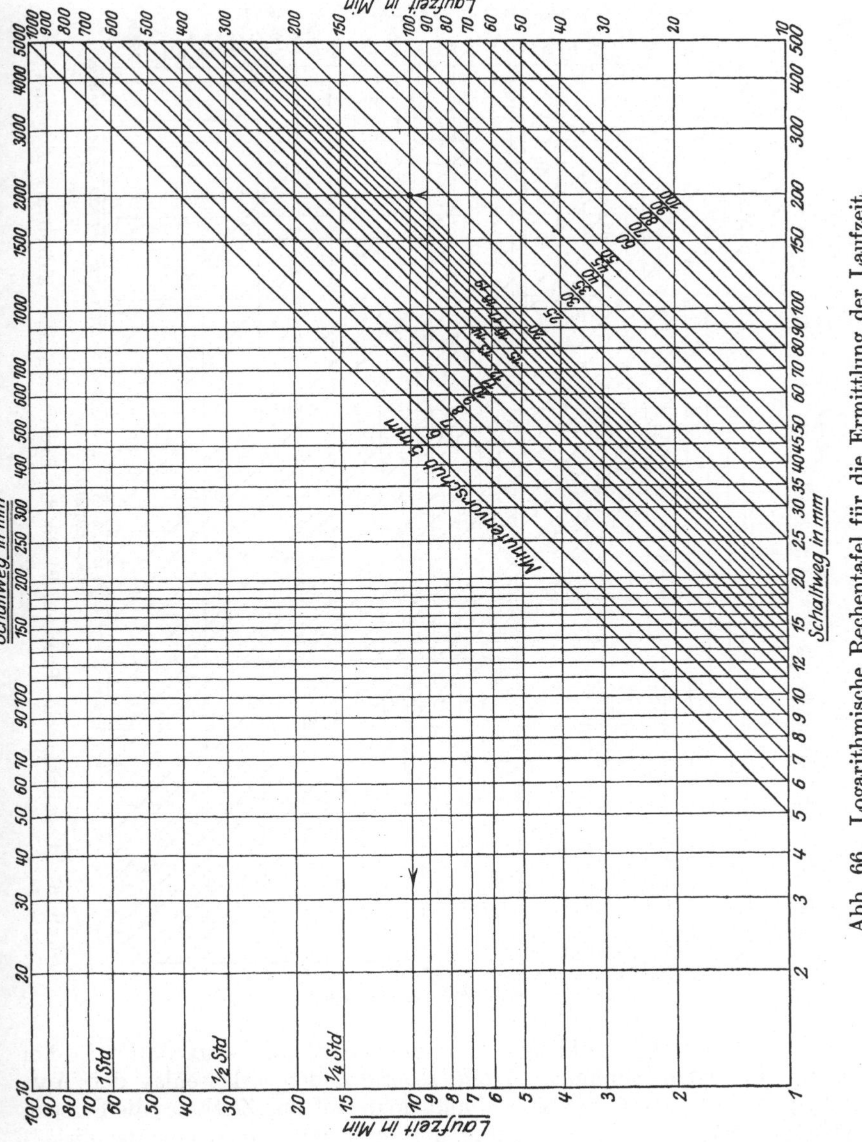

Abb. 66. Logarithmische Rechentafel für die Ermittlung der Laufzeit.

$= 1$ min; man hat also durch $t_h = 1$ min die Wagerechte zu ziehen bis zum Schnitt mit $n = 10$, die Senkrechte durch den Schnittpunkt ergibt oben die Lage des Punktes $s = 1$. Für $L = 10$, $n = 5$ und $s = 2$

ist $t_h = \dfrac{10}{5 \cdot 2} = 1$ min, d. h., zieht man die Wagerechte durch $t_h = 1$ bis zum Schnitt mit $n = 5$ und durch den Schnittpunkt die Senkrechte, so erhält man oben die Lage für $s = 2$. Nimmt man auf der Zeitlinie

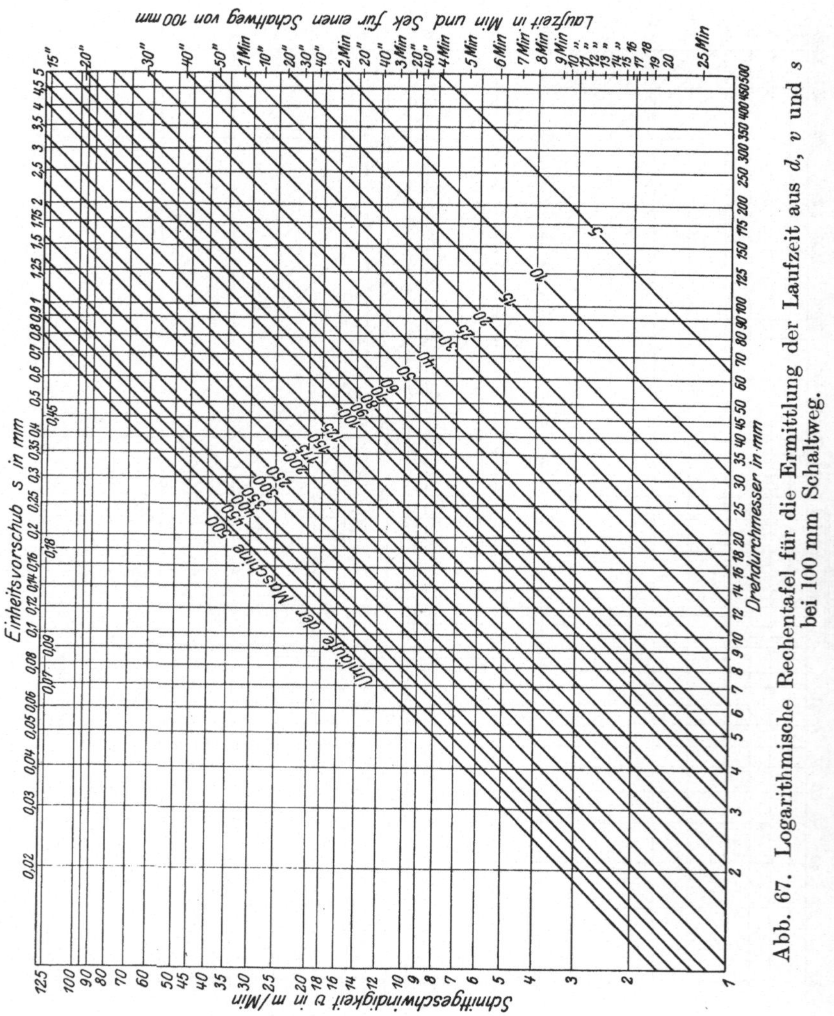

Abb. 67. Logarithmische Rechentafel für die Ermittlung der Laufzeit aus d, v und s bei 100 mm Schaltweg.

die Strecke von $t_h = 5$ bis $t_h = 1$ in den Zirkel und setzt damit in den eben gefundenen Punkt $s = 1$ ein, so ergibt der Zirkelschlag den Auftragspunkt A_3. Zum Beweise nimmt man auf der Zeitlinie die Strecke von $t_h = 5$ bis $t_h = 2$ in den Zirkel und setzt damit in A_3 ein; der Zirkelschlag muß dann durch $s = 2$ gehen. Um den Vorschub $s = 0,25$ einzutragen, braucht man jetzt nur die Zeitstrecke von 5 bis 0,25 in den Zirkel zu nehmen und von A_3 aus abzutragen, dann ist damit die Lage von $s = 0,25$ gefunden. Auf diese Weise lassen sich sämtliche Vorschübe in das Netz übertragen.

Kleinere Vorschübe muß man mit 10 malnehmen, damit der Punkt noch in das Netz hineinfällt und große durch 10 teilen.

Beispiel: Für $s = 0,03$ wird gesetzt $s = 0,03 \cdot 10 = 0,3$. Man greift die Zeitstrecke von 5 bis 0,3 ab und trägt sie von A_3 aus auf der Vorschublinie ab. Die Laufzeit ist in Wirklichkeit zehnmal so groß als die abgelesene, da der Vorschub verzehnfacht war.

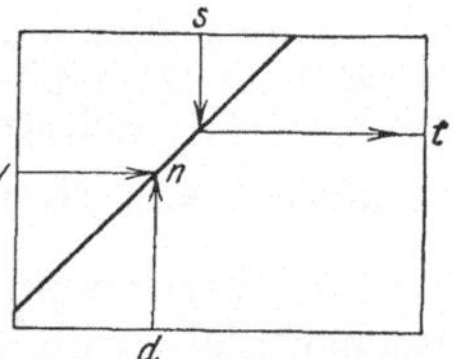

Abb. 68. Anwendungsplan für die Tafel in Abb. 67.

Beispiel: $s = 5$ ersetzt durch $s = 5 : 10 = 0,5$, also Zeitstrecke von 5 bis 0,5 in den Zirkel und von A_3 aus abtragen, die abgelesene Zeit ist durch 10 zu teilen, weil der Vorschub nur $^1/_{10}$ von s angesetzt war.

Beispiel: Für $d = 125$, $v = 15 \div 22$ m/min, $s = 0,9$ und 250 mm Länge ist die Laufzeit zu bestimmen.

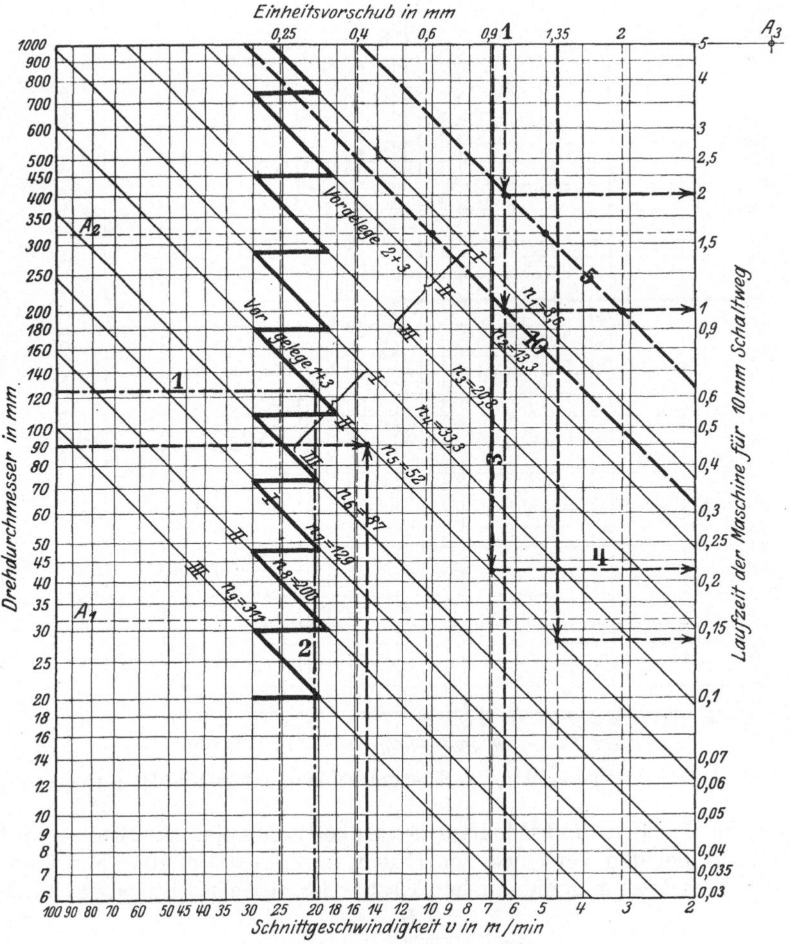

Abb. 69. AWF = Rechentafel für Werkzeugmaschinen mit kreisender Hauptbewegung.

Lösung: Durch $d = 125$ ziehe Linie (1) bis $n_5 = 52$ und durch den Schnittpunkt Linie (2), ergibt $v = 20,5$ m/min, Linie 3 durch $s = 0,9$ bis zum Schnitt mit $n_5 = 52$, durch letzten Schnittpunkt Linie 4, ergibt $t_h = 0,22$ min für 10 mm Schaltweg, also Gesamtlaufzeit $t_h = \dfrac{250 \cdot 0,22}{10} = 5,5$ min.

Für Werkzeugmaschinen mit gerader Hauptbewegung findet man die Rechentafel (Abb. 70) in der Weise, daß man mit der Stoppuhr die

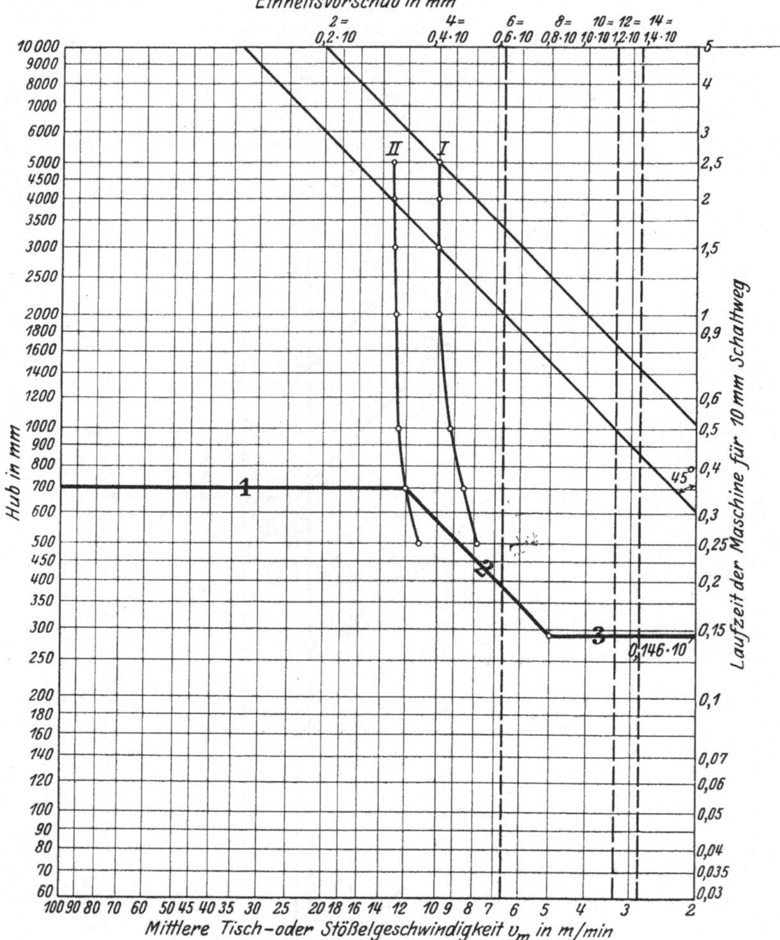

Abb. 70. AWF = Rechentafel für Werkzeugmaschinen mit gerader Hauptbewegung.

Zeiten für den Hin- und Rücklauf des Hobeltisches oder des Stößels mißt und zwar bei den verschiedenen Hüben (s. Zahlentafel 16). Mit diesen Werten berechnet man die mittlere Tisch- oder Stößelgeschwindigkeit aus:

$$v_m = \frac{2 \cdot H}{t_a + t_r} \text{ m/min,}$$

hierin ist H der Hobelhub in m und $t_a + t_r$ die Zeit für einen Doppelhub

Zahlentafel 16. Zusammenstellung der Zeitaufnahmen.

Hub in mm	Riemen auf Scheibe I: langsam			Riemen auf Scheibe II: schnell		
	Zeit für 1 Doppelhub $t_a + t_r$ min	Anzahl der Doppelhübe/min $n = \dfrac{1}{t_a + t_r}$	Mittl. Tischgeschwindigkeit $v_m = \dfrac{2H}{t_a + t_r}$ in m/min	Zeit für 1 Doppelhub $t_a + t_r$ min	Anzahl der Doppelhübe/min $n = \dfrac{1}{t_a + t_r}$	Mittl. Tischgeschwindigkeit $v_m = \dfrac{2H}{t_a + t_r}$ in m/min
500	0,128	7,8	7,8	0,09	11,1	11,1
700	0,165	6,1	8,5	0,117	8,55	12,0
1000	0,218	4,6	9,2	0,16	6,25	12,5
2000	0,400	2,5	10	0,308	3,25	13
3000	0,600	1,66	10	0,461	2,17	13
4000	0,800	1,25	10	0,617	1,62	13
5000	1,0	1	10	0,769	1,3	13

in min. Die errechneten Geschwindigkeiten trägt man auf den zugehörigen H-Linien für die beiden Hobelscheiben I und II in das logarithmische Netz ein, so daß hierdurch die beiden Linien I und II der mittleren Tischgeschwindigkeit entstehen. Von ihnen ist die Linie I für harte und spröde Werkstoffe, die Linie II dagegen für weiche Werkstoffe bestimmt. Die Vorschübe werden bei dieser Rechentafel wiederum von dem Auftragspunkte A_3 aus abgetragen. Die Lage des Punktes A_3 läßt sich wie folgt bestimmen:

Die Laufzeit der Hobelmaschine ist:

$$t_h = \frac{B}{n \cdot s}, \text{ wenn } n \text{ die Zahl der Doppelhübe/min ist.}$$

$$v_m = 2H \cdot n; \quad n = \frac{v_m}{2H}$$

also $t_h = \dfrac{2H}{v_m} \cdot \dfrac{B}{s}$.

Für $B = 10$ mm Hobelbreite ist

$$t_h = \frac{2 \cdot H \cdot 10}{v_m \cdot s}; \quad s \text{ in mm}$$

Beispiel: $H = 3000$ mm $= 3$ m, $s = 6$ mm, $v_m = 10$ m/min nach Zahlentafel 16:

$$t_h = \frac{2 \cdot 3}{10} \cdot \frac{10}{6} = 1 \text{ min.}$$

Diese Gleichung wird in der Weise in das Netz übertragen, daß man 1) durch $H = 3000$ eine Wagerechte zieht bis zum Schnitt mit der Geschwindigkeitslinie I, 2) durch den Schnittpunkt eine 45°-Linie und 3) durch $th = 1$ min auf der rechten Zeitlinie eine Wagerechte bis zum Schnitt mit der 45°-Linie. Zieht man durch den letzten Schnittpunkt die Senkrechte, so erhält man auf der oberen Vorschublinie die Lage des Vorschubes $s = 6$. Nimmt man nun auf der Zeitlinie die Strecke von 5 bis 0,6 $= 6 : 10$ in den Zirkel und trägt sie von dem obigen Punkte $s = 6$ auf der Vorschublinie nach rechts ab, so bekommt man den Auftragspunkt A_3. In gleicher Weise würde sich die Lage von A_3 ergeben bei $H = 5000$ mm $= 5$ m, $v_m = 10$ m/min und $s = 4$, also

$$t_h = \frac{2 \cdot H}{v_m} \cdot \frac{B}{s} = \frac{2 \cdot 5}{10} \cdot \frac{10}{4} = 2{,}5 \text{ min.}$$

Man zieht also durch $H = 5000$ eine Wagerechte bis zum Schnitt mit I, hierdurch eine 45⁰-Linie und durch $t_h = 2{,}5$ eine Wagerechte bis zum Schnitt mit der 45⁰-Linie. Die Senkrechte durch den letzten Schnittpunkt ergibt die Lage des Vorschubes $s = 4$. Nimmt man nun auf der Zeitlinie die Strecke von 5 bis $0{,}4 = 4 : 10$ in den Zirkel und trägt sie von dem Vorschubpunkt $s = 4$ ab, so muß derselbe Auftragspunkt A_3 entstehen als Beweis für die Richtigkeit der Auftragung. Das Eintragen der wirklichen Vorschübe $0{,}2 - 0{,}4 - 0{,}6$ geschieht in der bekannten Weise, doch ist zu beachten, daß man die zugehörigen Zeitablesungen verzehnfachen muß, weil der Vorschub in Abb. 70 den zehnfachen Wert hat.

Beispiel: Ein weiches Gußstück von 500 mm Länge ist mit Scheibe II und einem Vorschub $s = 0{,}8$ mm zu hobeln.

Lösung: Linie 1 von $H = 700$ bis Schnitt mit II, durch Schnittpunkt 45⁰-Linie 2 bis zum Schnitt mit $s = 0{,}8$, durch letzten Schnittpunkt Wagerechte 3 ergibt auf der Zeitlinie $t_h = 0{,}146 \times 10 = 1{,}46$ min für 10 mm Hobelbreite oder auch

$$t_h = \frac{2 \cdot 0{,}7 \cdot 10}{12 \cdot 0{,}8} = 1{,}46 \text{ min.}$$

2. Die Fluchtlinien-Tafeln.

Trägt man in Abb. 71 auf den Linien a und b die Logarithmen der einzelnen Zahlen auf und zieht die Fluchtlinien, so erhält man den Logarithmus der Vervielfachung $a \cdot b = c$ auf der mittleren Linie c in halbem Maßstabe, z. B. Fluchtlinie von 3 nach 2 schneidet auf c den log 6 in halber Größe ab und Fluchtlinie von 5 nach 2 den log 10 ebenfalls in halber Größe.

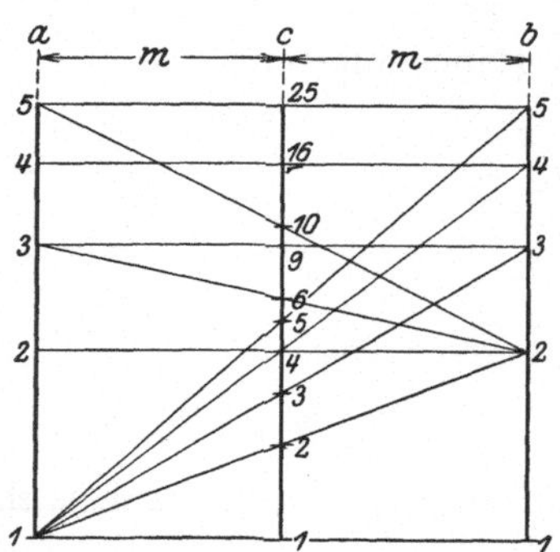

Abb. 71. Aufbau der Flucht-linientafel.

a) Fluchtlinientafeln für Werk-zeugmaschinen mit kreisender Hauptbewegung.

Das vorstehende Fluchtlinien-Verfahren ist in Abb. 72 benutzt zur Bestimmung der Umläufe n, der Vorschubgeschwindigkeit s' und der Laufzeit t_h. Auf der d-Linie sind die Logarithmen der Drehdurchmesser, Lochdurchmesser, Fräserdurchmesser, der Durchmesser des zu schleifenden Werkstückes von $10 \div 500$ mm aufgetragen und auf der n-Linie die Logarithmen der Drehzahlen von $10 \div 500$. Auf der mittleren v-Linie finden wir die Logarithmen der Schnittgeschwindigkeiten verzeichnet und zwar in halbem Maßstabe. Die d-, n- und v-Linien stellen also die Gleichung: $v = d \cdot \pi \cdot n$ dar. Um den Zusammenhang zu bekommen, zieht man die Fluchtlinie von $d = 318{,}3$ mm nach $n = 100$, die die v-Linie in $v = 100$ m/min schneiden muß, weil $v = \dfrac{318{,}3\, \pi \cdot 100}{1000} = 100$ m/min ist.

Auf der s-Linie sind die Logarithmen der Einheitsvorschübe von $0,05 \div 2,5$ mm verzeichnet und zwar in gleichem Maßstabe wie die Logarithmen der Umläufe n auf der n-Linie. Die mittlere s'-Linie zeigt daher die Vorschubgeschwindigkeit $s' = n \cdot s$ wieder in halber Größe an.

Auf der t_h-Linie sind in gleichem Maßstabe wie s' die Logarithmen der Laufzeiten von $1 \div 300$ min aufgetragen und auf der mittleren L-Linie die Drehlängen, Bohrtiefen, Fräslängen, Hobelbreiten, also die Schaltwege der Maschine und zwar hier in $^1/_4$ Größe.

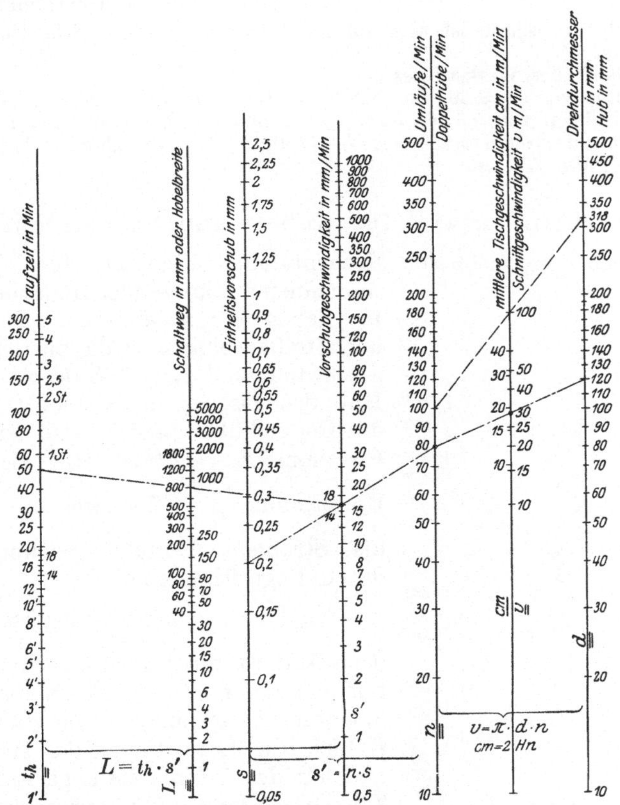

Abb. 72. Fluchtlinientafel für die Ermittlung von n, s' und t_h.

Die s'-, t_h- und L-Linien stellen also die Gleichung: $L = s' \cdot t_h$ dar. In diese Tafel trägt man zweckmäßig die Umläufe und Vorschübe der vorhandenen Maschinen ein und hebt sie besonders hervor.

Beispiel: Werkstückdurchmesser 120 mm, Länge 800 mm, $v = 30$ m/min und $s = 0,2$ mm Vorschub.

Lösung: 1. Fluchtlinie von $d = 120$ nach $v = 30$ ergibt $n = 80$. Die Maschine ist demnach auf $n = 80$ einzustellen.

2. Fluchtlinie von $n = 80$ nach $s = 0,2$ ergibt $s' = 16$ mm/min. Die Maschine dreht also in 1 min 16 mm Länge.

3. Fluchtlinie von $s' = 16$ über $L = 800$ ergibt $t_h = 50$ min.

Die Maschinenlaufzeit beträgt daher $t_h = 50$ min.

Diese Rechentafeln gelten für alle Werkzeugmaschinen mit kreisender Hauptbewegung, die als Schnitt- oder Umfangsgeschwindigkeit die Gleichung $v = \pi \cdot d \cdot n$ haben.

Beispiel: Auf einer Rundschleifmaschine ist eine Welle von 50 mm Ø und 1500 mm Länge bei einer Umfangsgeschwindigkeit von 10 m/min zu schleifen. Der Vorschub beträgt 10 mm bei einer Umdrehung des Werkstückes. Das Schleifrad hat einen Durchmesser von 500 mm und soll mit $v = 25$ m/s laufen.

1. Umläufe der Schleifscheibe.
Fluchtlinie von $d = 500$ über $v = 25$ m ergibt $n = $ 16 Umdr./s.
                                       $= 960$ Umdr./min.

Die Schleifmaschine ist also auf 960 Umdrehungen der Schleifscheibe einzustellen.

2. Umläufe des Werkstückes.
Fluchtlinie von $d = 50$ mm über $v = 10$ m/min ergibt $n = 65$ Umdr./min.

3. Fluchtlinien von $n = 65$ nach $s = 10$ mm ergibt $s' = 650$ mm/min.

4. Fluchtlinie von $s' = 650$ über $L = 1500$ ergibt $t_h = 2{,}3$ min. Jeder Schleifgang dauert also 2,3 min.

β) Fluchtlinientafel für Hobel- und Stoßmaschinen.

Die bisher gezeichneten Rechentafeln gelten nur für Werkzeugmaschinen mit kreisender Hauptbewegung, bei denen $v = \pi \cdot d \cdot n$ ist. Bei Hobel- und Stoßmaschinen ist die mittlere Tischgeschwindigkeit $v_m = 2 \cdot H \cdot n$, wenn H der Hub des Tisches in m und n die Zahl der Doppelhübe min ist. Auf Grund der Gleichung $v_m = 2\,H \cdot n$ läßt sich durch Umformung $\dfrac{v_m}{H} = 2\,n$, wie in Abb. 56, die Strahlenrechentafel zeichnen oder durch Logarithmieren

$$\log v_m = \log H + \log 2\,n$$

nach Abb. 64 die logarithmische Rechentafel entwerfen. In Abb. 73 ist die Fluchtlinientafel gezeichnet, indem man auf der H-Linie die Logarithmen der Hubgrößen und auf der n-Linie die Logarithmen der Zahl der Doppelhübe aufgetragen hat. Auf der mittleren Linie ist dann die mittlere Tischgeschwindigkeit v_m in halbem Maßstabe aufgezeichnet. Den Zusammenhang zwischen diesen 3 Linien findet man für $H = 250$ mm und $n = 2$

$$v_m = \frac{2 \cdot H \cdot n}{1000} = \frac{2 \cdot 250 \cdot 2}{1000} = 1 \ \text{m/min}.$$

Die Fluchtlinie von $H = 250$ nach $n = 2$ muß daher die v_m-Linie in $v_m = 1$ m/min schneiden.

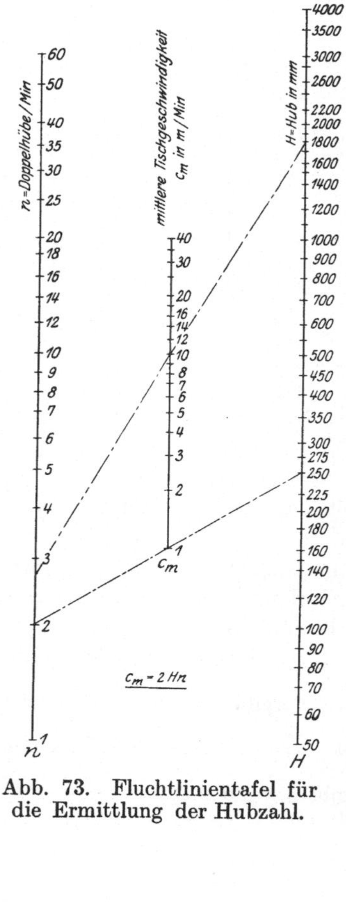

Abb. 73. Fluchtlinientafel für die Ermittlung der Hubzahl.

Der Gebrauch der Rechentafel setzt voraus, daß entweder 1. für jede Hubgröße H die Zahl n der Doppelhübe bestimmt worden ist, so daß man mit der Fluchtlinie von H nach n die mittlere Tischgeschwindigkeit ablesen kann, — ist z. B. bei $H = 1800$ $n = 2,8$, so ist nach der Fluchtlinie von $n = 2,8$ nach $H = 1800$ $v_m = 10$ m/min —, oder 2. die mittlere Tischgeschwindigkeit v_m bekannt ist. Die mittlere Tischgeschwindigkeit v_m läßt sich aus der Hobelgeschwindigkeit v_a und der Rücklaufgeschwindigkeit v_r ermitteln. Die Zeit für einen Doppelhub ist:

$$t = \frac{H}{v_a} + \frac{H}{v_r} = \text{Hobelzeit} + \text{Rücklaufzeit}.$$

Die Rücklaufgeschwindigkeit ist: $v_r = m \cdot v_a = $ Beschleunigung $\times$ Hobelgeschwindigkeit.

Es wird dann

$$t = \frac{H}{v_a}\left(1 + \frac{1}{m}\right)(H \text{ in m}; \ v_a \text{ in m/min}).$$

Doppelhubzahl: $n = \dfrac{1}{t} = \dfrac{v_a}{H} \cdot \dfrac{1}{1 + \dfrac{1}{m}}.$

Mittlere Tischgeschwindigkeit: $v_m = 2 \cdot H \cdot n = 2H\,\dfrac{v_a}{H} \cdot \dfrac{1}{1 + \dfrac{1}{m}}$

$$v_m = v_a \cdot \frac{2}{1 + \dfrac{1}{m}}$$

z. B. die Rücklaufgeschwindigkeit wird auf das Doppelte beschleunigt, $v_a = 9$ m/min, $m = 2$:

$$v_m = 9 \cdot \frac{2}{1 + \dfrac{1}{2}} = 9 \cdot \frac{2}{1,5} = 12 \text{ m/min.}$$

Werte für die Beschleunigung m,
$\quad m \leqq 2$ bei großen Maschinen,
$\quad m = 2,5$ bei mittleren Maschinen,
$\quad m = 3$ bei kleineren Maschinen.
$\quad$Hub $H = L + 2w$, hierin $L = $ Hobellänge, $w = $ Überweg.
Werte für die Überwege w:
$\quad w = 100$ mm bei $H \leqq 2$ m,
$\quad w = 100 \div 125$ mm bei $H \leqq 4$ m,
$\quad w = 125 \div 150$ mm bei $H \leqq 6$ m,
$\quad w = 150 \div 175$ mm bei $H \leqq 8$ m.

Beispiel: Ein Gußstück von 1600 mm Länge ist bei 9 m Schnittgeschwindigkeit und einem Vorschub von 1,5 mm zu hobeln. Der Rücklauf wird auf das Doppelte beschleunigt. Die zu hobelnde Breite sei 120 mm. Die Maschine erfordert zum Umsteuern jederseits einen Überweg $w = 100$ mm.

Hub $H = L + 2w = 1600 + 2 \cdot 100 = 1800$ mm.

Mittlere Tischgeschwindigkeit $v_m = v_a \cdot \dfrac{2}{1 + \dfrac{1}{m}} = 9 \cdot \dfrac{2}{1 + \dfrac{1}{2}} = 12$ m/min.

Fluchtlinie in Abb. 73 von $H = 1800$ über $v_m = 12$ ergibt $n = 3,3$. Die Maschine würde also 3,3 Doppelhübe/min machen. In Abb. 72 ergibt Fluchtlinie von $n = 33$ nach $s = 0,15 : s' = 5$ mm.

Fluchtlinie von $s' = 5$ über $L = 120$ ergibt $t_h = 24$ min. Das Hobeln würde also 24 min Laufzeit der Maschine beanspruchen. Es ist jedoch zu beachten, daß bei der Rechnung die Zeitverluste durch das Umsteuern nicht berücksichtigt sind. Die Hobelmaschine macht bei $H = 1800$ nur $n = 2,8$ Doppelhübe. Legt man daher von $n = 28$ über $s = 0,15$ die erste Fluchtlinie und die zweite vom Schnittpunkt der ersten Fluchtlinie mit der s'-Linie über 120 mm Hobelbreite, so erhält man als tatsächliche Laufzeit $t_h = 28,5$ min, d. s. ~ 19 v H mehr.

Bei der Fluchtlinientafel für eine Hobelmaschine lehnt man sich zweckmäßig gleich an die wirklichen Geschwindigkeitsverhältnisse an, indem man mit der Stoppuhr bei den verschiedenen Hubgrößen die Zeit für z. B. 10 Doppelhübe bestimmt und hieraus die Anzahl n der Doppelhübe/min berechnet. Die Zeitaufnahme ergab folgende Werte, von denen v_m aus H und n bestimmt wurde.

Hub H in mm	400	500	600	700	800	900	100 0	1200	1400	1600	1800
Anzahl der Doppelhube n	9,2	7,5	6,7	6	5,4	5,2	4,8	4	3,5	3,2	2,8
Mittlere Tischgeschwindigkeit v_m	7,4	7,5	8	8,4	8,6	9,4	9,6	9,6	9,8	10,2	10,1

Die Doppelhübe n sind in Abb. 74 auf der rechten Senkrechten logarithmisch aufgetragen, aber statt n die zugehörigen Hubgrößen H ein-

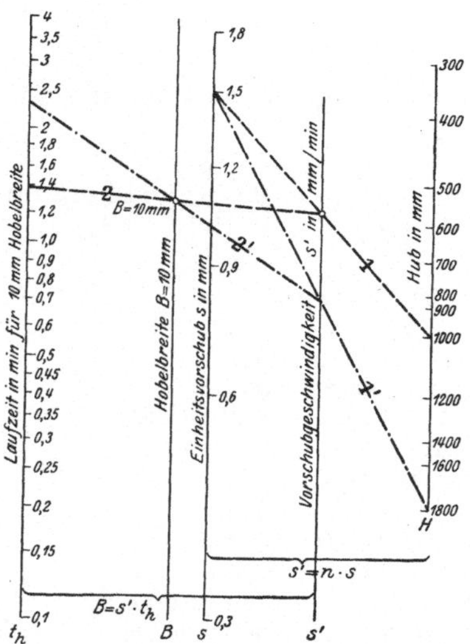

Abb. 74. Fluchtlinientafel für Hobelmaschinen.

geschrieben. Auf der B-Linie ist nur der Punkt $B = 10$ mm angegeben, so daß die Fluchtlinientafel nur die wirkliche Laufzeit für 10 mm Hobelbreite angibt.

Beispiel: Auf der Hobelmaschine soll an einem Gußstück mit 1000 mm Hub und 1,5 mm Vorschub eine Leiste von 60 mm Breite gehobelt werden.

Lösung: Fluchtlinie 1 von $H = 1000$ nach $s = 1,5$. Fluchtlinie 2 von Schnittpunkt der Fluchtlinie 1 mit s' durch $B = 10$ ergibt $t_h = 1,39$ min. Demnach Laufzeit der Maschine $t_h = \dfrac{60 \cdot 1,39}{10} = 8,34 \sim 8^1/_2$ min.

IX. Das Prüfen einer Werkzeugmaschine auf wirtschaftliche Schnittgeschwindigkeiten.

Soll eine Werkzeugmaschine richtig ausgenutzt werden, so muß sie so gebaut sein, daß man bei den in Betracht kommenden Werkzeugen, Werkstoffen, Werkstücken und Arbeitsverfahren die wirtschaftlichen Schnittgeschwindigkeiten anwenden kann. Diese Frage wird am besten an Hand der Geschwindigkeitssäge in Abb. 75 entschieden, die einer alten Stufenscheibenbank entstammt. Die wirtschaftlichen Schnittgeschwindigkeiten für weichen Stahl mit $K_z = 30-40$ kg/mm² liegen zwischen

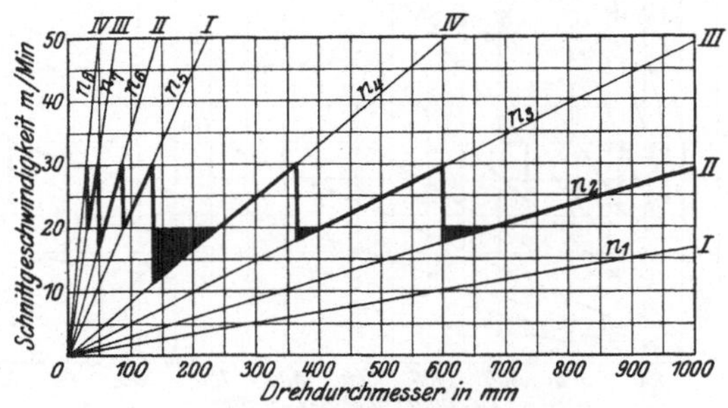

Abb. 75. Geschwindigkeitssäge einer alten Drehbank.

$v = 20$ und $v = 30$ m/min. Die Geschwindigkeitssäge innerhalb dieser Grenzwerte ist nicht geschlossen. Die schwarzen Felder deuten auf große Geschwindigkeitsverluste hin. Der größte Geschwindigkeitsabfall ist von $v = 30$ auf $v = 12$, also 18 m/min oder 60 v H. Die Drehbank nutzt daher die wirtschaftlichen Schnittgeschwindigkeiten innerhalb der Grenzwerte $v = 20$ und $v = 30$ in den Arbeitsbereichen von 135 bis 240, 365 bis 415 und von 600 bis 675 mm nicht aus. Werden z. B. Werkstücke von 150 mm $\varnothing$ bearbeitet, so kann die Maschine die mit $v = 20$ oder gar $v = 30$ m/min errechnete Laufzeit nicht einhalten. Der Dreher muß daher Zuschläge auf die errechnete Stückzeit erhalten, die auf Kosten der unwirtschaftlichen Maschine zu buchen sind.

Im Gegensatz zu der alten Stufenscheibenbank in Abb. 75 bringt die Abb. 76 die Geschwindigkeitssäge einer neuen Drehbank. Die Säge zeigt innerhalb der Grenzgeschwindigkeiten $v = 30$ und $v = 20$ m/min ein geschlossenes Bild, so daß die Maschine die wirtschaftlichen Grenzwerte nicht unterschreitet und daher auch die Laufzeiten besser einhält. Von ausschlaggebender Bedeutung für die Ausnutzung der wirtschaftlichen Schnittgeschwindigkeiten einer Werkzeugmaschine ist die Abstufung der Drehzahlreihe, die bekanntlich geometrisch

geordnet sein soll. Will man die Grenzgeschwindigkeiten nicht unter-
schreiten, so muß der Geschwindigkeitsabfall $v_{max} - v_{min} \leqq 30 - 20 \leqq$
10 m/min sein. Für $d = 350$ mm ist $v_{min} = \pi d \cdot n_5$ und $v_{max} = \pi d n_6$
also $v_{max} - v_{min} = \pi d n_6 - \pi d n_5$. Hierin ist nach der geometrischen Reihe $n_6 = n_5 q$. Es ist daher $v_{max} - v_{min} = \pi d n_5 q - \pi d n_5 =$

$$\pi d n_5 (q - 1) = v_{min} (q - 1) \text{ und } q \leqq \frac{v_{max} - v_{min}}{v_{min}} + 1 \leqq \frac{v_{max}}{v_{min}} \leqq \frac{30}{20} \leqq 1{,}5$$

bei weichem Stahl mit $Kz = 30 - 40$ kg/mm². Die Grundzahl der
geometrischen Reihe muß daher $q \leqq 1{,}5$ sein. Ist die geometrische
Reihe mit $q = 1{,}5$ gebildet, so liegen alle Sägespitzen auf der
unteren Grenzgeschwindigkeit $v = 20$ m/min, bei $q < 1{,}5$ über der
Grenzlinie $v = 20$. Die Geschwindigkeitssäge läßt daher leicht erkennen, ob die Drehzahlreihe genau geometrisch abgestuft ist. Als
Merkmal hierfür müssen alle Sägespitzen auf einer Geraden liegen, wie
dies in Abb. 76 der Fall ist. Betrachtet man unter diesem Gesichtswinkel

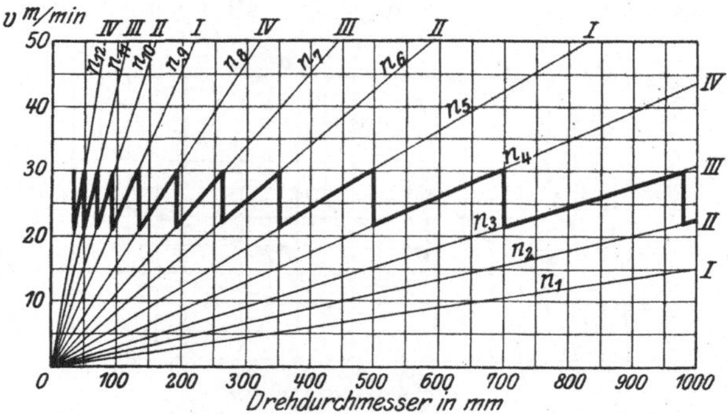

Abb. 76. Geschwindigkeitssäge einer neueren Drehbank.

die in Abb. 56 und 64 eingezeichneten Geschwindigkeitssägen, so werden
die wirtschaftlichen Schnittgeschwindigkeiten nicht überall von der
Maschine ausgenutzt, wenn auch die untere Grenzgeschwindigkeit $v = 20$
nur unwesentlich unterschritten wird. Jedenfalls ist die Grundzahl der
geometrischen Reihe und mithin die Abstufung der Scheibe und der
Vorgelege etwas reichlich gewählt. Der Geschwindigkeitsabfall ist nicht
überall ganz gleich, so daß die geometrische Reihe nicht streng durchgeführt wurde. Doch läßt sich dies nicht immer praktisch erreichen.
Nach den Untersuchungen von Baltz[1]) wird eine mit Räderkasten
ausgestattete Drehbank mit einem Stufensprung von $\varphi \sim 1{,}3$ die
Schnittgeschwindigkeiten vollständig ausnutzen können.

Wie bereits auf S. 58 angedeutet, läßt sich mit der Geschwindigkeitssäge auch der Arbeitsbereich der einzelnen Stufen festlegen. Der
Betrieb hat somit die Möglichkeit, dem Dreher eine Ausnutzungstafel
nach Abb. 77 in die Hand zu geben, aus der er zu jedem Drehdurchmesser die Lage des Riemens und die Schaltung der Vorgelege entnehmen kann. Damit ist die wirtschaftliche Ausnutzung der Maschine
gesichert, soweit die Schnittgeschwindigkeit in Betracht kommt.

---

[1]) Maschinenbau 1926, Sonderheft Zerspannung S. 19.

Abb. 77.　Ausnutzungstafel für eine Drehbank nach Abb. 56.

Drehzahl der Maschine	III II I	Vorgelege	Drehdurchmesser in mm bei		
			weichem Stahl $v = 20 - 30$		
8,6	I	2 und 3	—		
13,3	II	2 und 3	460—490		
20,8	III	2 und 3	290—460		
33,5	I	1 und 3	180—290		
52	II	1 und 3	120—180		
81	III	1 und 3	75—120		
129	I	—	50—75		
200	II	—	30—50		
311	III	—	—30		

Auch der Fluchtlinienplan kann zur Untersuchung des wirtschaftlichen Arbeitens einer Maschine benutzt werden, wie dies in

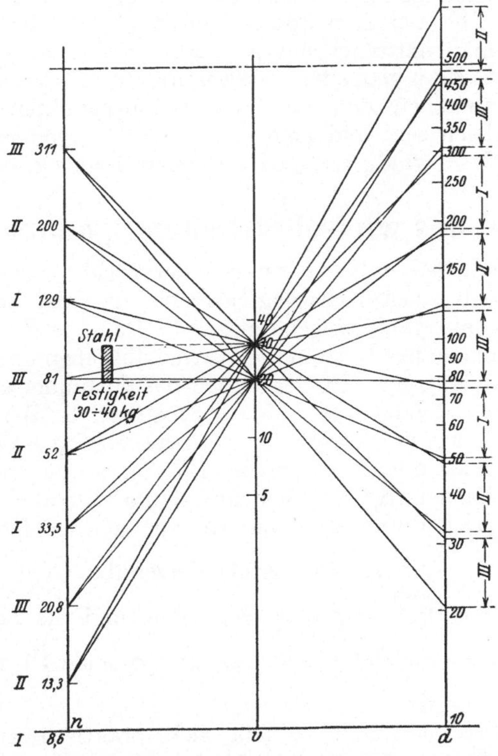

Abb. 78.　Prüfen einer Drehbank auf wirtschaftliche Schnittgeschwindigkeiten nach dem Fluchtlinienplan.

Abb. 78 für weichen Stahl mit $K_z = 30 \div 40$ kg/mm² und $v = 20 \div 30$ m/min durchgeführt ist. Man hat hierzu von jeder Drehzahl die Fluchtlinien durch $v = 20$ m und $v = 30$ m zu ziehen. Sie schließen auf der d-Linie die Drehdurchmesser ein, die mit $v = 20 \div 30$ m gedreht werden können. Nach Abb. 78 können mit $n = 20{,}8$ Werkstücke von $310 \div 460$ mm Durchmesser gedreht werden und mit $n = 33{,}5$ Werkstücke von $180 \div 290$ mm Durchmesser. Bei den Drehdurchmessern von $290 \div 310$ wird die Geschwindigkeit $v < 20$ m/min, d. h. die Bank nutzt die Schnittgeschwindigkeit nicht voll aus. Den größten Geschwindigkeitsverlust erhält man durch eine Fluchtlinie von $d = 290$ nach $n = 20{,}8$, die die v-Linie in $v \sim 19$ schneidet. Der Geschwindigkeitsverlust ist daher 11 m/min $= 36{,}7$ v H.

Würden die Schnittgeschwindigkeiten $v = 20 \div 30$ m/min von der Maschine überall voll ausgenutzt, so würden sich auf der d-Linie die Fluchtlinie von $n = 20{,}8$ über $v = 20$ und die von $n = 33{,}5$ über $v = 30$ in demselben Punkte schneiden. Dasselbe gilt auch für alle anderen Stellen. Der größte Geschwindigkeitsverlust wäre in diesem Falle 10 m/min $= 33{,}3$ v H.

Wäre der Schnittgeschwindigkeitsverlust < 10 m/min, so würde auf der d-Linie der Schnittpunkt der Fluchtlinie von $n = 33{,}5$ über $v = 30$ oberhalb des Schnittpunktes der Fluchtlinie von $n = 20{,}8$ über $v = 20$ liegen. Die zwischen diesen Schnittpunkten liegenden Durchmesser könnte man entweder mit $n = 20{,}8$ oder $n = 33{,}5$ drehen.

Sind die Umläufe n geometrisch abgestuft, so müssen auf der n-Linie die Abstände zwischen den einzelnen Schnittpunkten der n-Linien untereinander gleich sein und zwar $= \log q$. Die weitere Folge würde sein, daß die Geschwindigkeitsverluste überall gleich wären.

X. Die Wahl des wirtschaftlichen Spanquerschnittes.

Wie aus den früheren Betrachtungen hervorgeht, verlangt der wirtschaftliche Betrieb einer Werkzeugmaschine, daß der zulässige Spanquerschnitt voll und ganz ausgenutzt wird. Denn je größer der Spanquerschnitt ist, um so besser kann die Wärme abfließen und die Maschine das Werkzeug ausnutzen. Mit der Größe des Spanquerschnittes q fällt die Schnittgeschwindigkeit v (s. Abb. 7 u. 8), so daß der Wirkungsgrad der Maschine steigt und die Stromkosten geringer werden (s. Zahlentafel 7). Bei starkem Span kann man entsprechend $q = a \cdot s$ mit grobem Vorschub s_{max}, d. h. mit flachem Span drehen und damit einmal einen geringeren Arbeitsbedarf erzielen und zum andern eine geringe Laufzeit für den Schnittgang $t_h = \dfrac{L}{n \cdot s_{max}} \, i$. Sind große Vorschübe nicht verfügbar, so kann man die Spantiefe a größer einstellen und die Schnittzahl auf $i_{min} = \dfrac{z}{a_{max}}$ verringern, wenn z das zu zerspanende Übermaß bezogen auf den Halbmesser ist.

Der volle Spanquerschnitt q läßt sich praktisch nur ausnutzen, wenn das Werkstück stabil ist, d. h. den großen Schnittdruck $K = q k_s$ aushält. Bei Wellen über 60 $\varnothing$ muß daher $L \leqq 12 \, D$ sein. Bei nicht stabilen Wellen muß man sich daher mit geringeren Spanquerschnitten begnügen und bei ihnen die Schnittgeschwindigkeiten so groß wählen, daß die Schnittdauer des Werkzeuges etwa 1 st beträgt (s. S. 18). Sehr wesentlichen Einfluß auf die Größe des Spanquerschnittes hat auch das Arbeitsverfahren, denn je größer die geforderte Genauigkeit ist, um so kleiner muß man den Span anstellen. Einen Ausgleich sucht man auch hierbei durch die höhere Schnittgeschwindigkeit zu schaffen. Ein Blick auf die Werte a, i und s auf S. 18 zeigt, daß beim Vordrehen zum Schleifen von Wellen von 51 bis 100 $\varnothing$ $q_{max} = 2 \cdot 0{,}35 = 0{,}7$ mm² bei $v = 24$ m/min, beim Schlichten ohne Passung $q_{max} = 1 \cdot 0{,}35 = 0{,}35$ mm² bei $v = 26$ m/min und beim Schlichten nach Passung $q_{max} = 0{,}5 \cdot 0{,}12 = 0{,}06$ mm² bei $v = 24$ m/min. Eine gut wirkende Kühlung, die den Span an der Wurzel trifft, gestattet, die Werte um etwa 20 v H zu erhöhen. Auch die Form der Werkzeugschneide spielt bei der Wahl des Spanquerschnittes mit. Nach Zahlentafel 8 hält die runde Schneide einem stärkeren Spane stand als die spitze. Die Klopstockschneide ist noch stärkeren Belastungen gewachsen, weil sich die Späne ohne großen Kraftaufwand abrollen.

Bei stabilen Werkstücken gibt bei der Wahl des Spanquerschnittes die Leistungsfähigkeit der Maschine den Ausschlag, weil sie ja die Leistung des Werkzeuges ausbeuten soll.

Die Auswertung einer Werkzeugmaschine läßt sich rechnerisch und versuchsmäßig durchführen.

a) Die rechnerische Auswertung des Spanquerschnittes.

Bei der rechnerischen Ermittlung des Spanquerschnittes muß man von der Riemenleistung oder der Motorleistung der Maschine ausgehen. Ist die Durchzugskraft des Riemens P kg und die Riemengeschwindigkeit v_R m/s, so ist die Riemenleistung $P \cdot v_R$ mkg/s und die an der Schneide des Werkzeuges verfügbare Schnittarbeit $N_e = \dfrac{P v_R}{75} \cdot \eta$ in PS, wenn η der Wirkungsgrad der Maschine ist (Bd. I, S. 226).

Die Durchzugskraft P des Riemens bestimmt man aus:

$$P = p \cdot b \ \text{(kg)},$$

wenn p die Einheitszugkraft in kg/mm und b die Riemenbreite in mm ist. Im Werkzeugmaschinenbau wählt man bei kleinen Maschinen $p = 0{,}6$ bis $0{,}8$ kg/mm, bei mittleren $p = 1{,}1$ bis $1{,}2$ kg/mm und bei schweren Maschinen $p = 1{,}6$ bis $1{,}9$ kg/mm.

Der AWF hat folgende Werte ermittelt:

Zahlentafel 17. Riemenzugkräfte.

Riemenbreite in mm	60	70	85	100	120	150
Einheitszugkraft p in kg/mm . . .	1,2	1,2	1,3	1,5	1,5	1,6
Durchzugkraft P in kg	72	84	110	150	180	240

Die Riemengeschwindigkeit ist bekanntlich $v_R = \dfrac{\pi D n}{60}$, wenn D der Scheibendurchmesser in m und n die zugehörige Drehzahl ist.

Aus der verfügbaren Schnittleistung kann man den Spanquerschnitt q ermitteln aus der Beziehung (Bd. I, S. 220)

$$N_e = \frac{K \cdot v}{60 \cdot 75} = \frac{q \cdot k_s \cdot v}{60 \cdot 75}.$$

Wenig Klarheit herrscht über den Einheitsschnittdruck k_s, von dem die Zahlentafel 18 die bekanntesten Werte angibt.

Zahlentafel 18. Werte für den Einheitsschnittdruck.

Forscher	Einheitsschnittdruck k_s in kg/mm² bei			Stahlguß $K_z = 68, \; \varphi = 30$ v H
	Gußeisen	weichem Stahl	Stahl	
Fischer	$70 \div 120$	120—170	$160 \div 240$	—
Nicolson	$75 \div 133$	—	$170 \div 240$	—
Taylor	$50 \div 140$	—	$170 \div 210$	130
	weich und $s_{max} - 50$			
	weich und $s_{min} - 75$			
	hart und $s_{max} - 115$			
	hart und $s_{min} - 140$			

Die k_s-Zahlen können nur als Vergleichswerte dienen, da sie in hohem Maße von dem Werkstoff, der Spanform und der Schneidenform beeinflußt werden.

Da heute für die Baustoffe stets eine bestimmte Zerreißfestigkeit K_z vorgeschrieben wird, so ist es für die Rechnung bequem, aus der Zerreißfestigkeit K_z den Einheitsschnittdruck ermitteln zu können:

$$k_s = a \, K_z.$$

Die Stoffzahl a ist hierin $a = 2{,}5 \div 3{,}2$ für Stahl,
$$a = 4 \div 6 \text{ für Gußeisen.}$$

Wie der Einheitsschnittdruck k_s, so hängt natürlich auch die Stoffzahl a sehr von der Form der Schneide und des Spanes ab, d. h. ob mit hohem oder flachem Span gearbeitet wird. Die Stoffzahl a wird daher wesentlich von der Größe des Vorschubes und der Spantiefe beeinflußt werden.

Taylor[1]) ermittelte aus seinen Versuchen für den Einheitsschnittdruck

$$\text{bei mittelhartem Stahl:} \quad k_s = \frac{200}{s^{1/15}}$$

$$\text{bei hartem Gußeisen:} \quad k_s = \frac{138}{t^{1/15} \cdot s^{1/4}}$$

$$\text{bei weichem Gußeisen:} \quad k_s = \frac{88}{t^{1/15} \cdot s^{1/4}}.$$

---

[1]) Z. V. D. I. 1907. S. 1070.

In Abb. 79 sind die Werte k_s aufgezeichnet. Bei mittelhartem Stahl fällt k_s mit wachsendem Vorschub und liegt zwischen 182 und 220 kg/mm². Nimmt man für mittelharten Stahl nach Taylor $K_z = 50$ kg/mm² an, so wäre die Stoffzahl $a = \dfrac{4}{s^{1/15}}$.

Werte für a nach Taylor bei $s = 0{,}25 - 0{,}5 - 1{,}0 - 2{,}0$ mm,
$$a = 4{,}4 - 4{,}2 - 4 - 3{,}8 \text{ mm}.$$

Die Stoffzahlen liegen daher nach Taylor höher, als man sie anzunehmen pflegt. Nimmt man bei weichem Gußeisen $K_z = 9$ kg/mm²

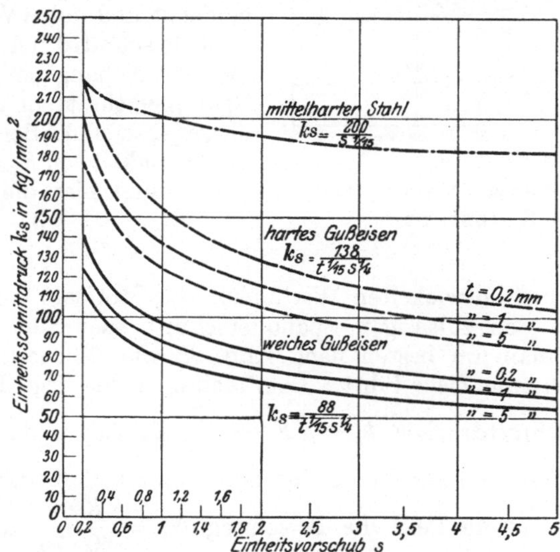

Abb. 79. Abhängigkeit des Einheitsschnittdruckes k_s vom Vorschub s.

und bei hartem $K_z = 13$ kg/mm², so ist die Stoffzahl für Gußeisen etwa $a = \dfrac{10}{t^{1/15} \cdot s^{1/4}}$. Taylor hat allerdings in erster Linie das Werkzeug ausgenutzt, weniger die Maschine. Sack[1]) vereinigte bei seinen Untersuchungen die Höchstleistung der Maschine mit der Höchstleistung des Werkzeuges, wie es der wirtschaftliche Betrieb verlangt. Hierbei stellte sich nach Zahlentafel 7 heraus, daß bei gleichbleibender Schnittleistung N_e und bei gleichem Vorschub der Einheitsschnittdruck k_s nahezu seinen Wert beibehält, selbst wenn man die Schnittiefe ändert, d. h. $k_s = $ konst. bei $s = $ konst. Auf Grund dieser Erkenntnis ist bei Flußstahl $k_s = f(s)$, wie es ja auch Taylor fand. Aus den Versuchsergebnissen von Sack erhält man brauchbare Stoffzahlen bei Stahl aus $a = \dfrac{3}{s^{1/4}}$.

Werte für a nach Sack bei $s = 0{,}25 - 0{,}5 - 1{,}0 - 2 \quad - 3{,}0$,
$$a = 4{,}3 \quad - 3{,}6 - 3 \quad - 2{,}5 - 2{,}3.$$

---

[1]) Maschinenbau 1921. S. 800.

Klopstock[1]) hat den Einheitsschnittdruck k_s lediglich unter dem Einfluß des Spanquerschnittes untersucht. Die k_s-Werte sind in Abb. 80 zusammengestellt. Bei weichem Stahl mit $K_z = 45$ liegt k_s zwischen 130 und 200 kg/mm², bei Gußeisen zwischen 50 und 80 kg/mm².

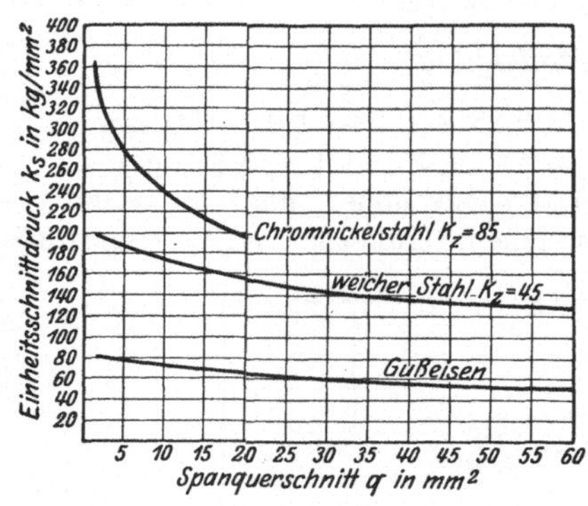

Abb. 80. Abhängigkeit von k_s und q nach Klopstock.

Der *AWF* hat mit der genormten Werkzeugschneide Versuche an Maschinenstahl mit $K_z = 50-60$ kg/mm² Festigkeit gemacht und dabei Werte für den Einheitsschnittdruck ermittelt, die in Abhängigkeit von dem Spanquerschnitt in Abb. 81 wiedergegeben sind. Bei einer mittleren Festigkeit von $K_z = 55$ kg/mm² erhält man hier die Stoffzahl

$$a = \frac{3}{\sqrt[7]{q}}.$$

Mit den eben entwickelten Werten für die Stoffzahl a läßt sich die Drehbank auf den zulässigen Spanquerschnitt auswerten. Für diesen Zweck stellt man am besten nach Abb. 82 eine Rechentafel auf, die am schnellsten zum Ziele führt. Dem rechten Felde liegt die Gleichung des Einheitsschnittdruckes $k_s = a\,K_z = \frac{3}{s^{1/4}}\,K_z$ zugrunde. Das linke obere Feld stellt die Gleichung für den Gesamtschnittdruck $K = q\,k_s$ dar und das untere Feld die Beziehung $N_e = \dfrac{K \cdot v}{60 \cdot 75}$. Die Maschine wurde in den verschiedenen Riemenlagen I bis IV ohne Vorgelege und

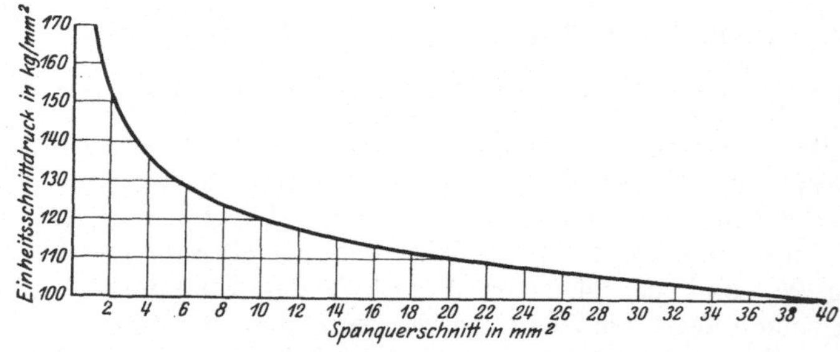

Abb. 81. Abhängigkeit von Einheitsschnittdruck und Spanquerschnitt bei Stahl mit $K_z = 50-60$ kg/mm² nach den Richtwerten des *AWF*.

(I) bis (IV) mit Vorgelegen abgebremst und die erzielten Werte als Nutzleistungen in die Tafel aufgenommen.

Beispiel: Es ist weicher Stahl von 40 kg Festigkeit bei $v = 20$ m/min und $s = 0,7$ mm zu drehen. Riemen auf Stufe (II) mit Vorgelegen.

---

[1]) W. T. 1923. S. 645.

Lösung: Linie 1 in $K_z = 40$ bis zum Schnitt mit der s - Linie 0,7, von hier Linie 2 bis zum Schnitt mit der Linie 3 aus dem Schnittpunkte von v - Linie 20 mit der Stufenlinie (II), Spanquerschnitt $q = 2,8$ mm², demnach $s = 0,7$ mm und $a = 4$ mm.

Aus Abb. 7 ist bekannt, daß zu jedem Spanquerschnitt q eine bestimmte Schnittgeschwindigkeit gehört, wenn das Werkzeug eine Schnittdauer von 1 st aushalten soll. Dieser Forderung wird die Rechentafel in

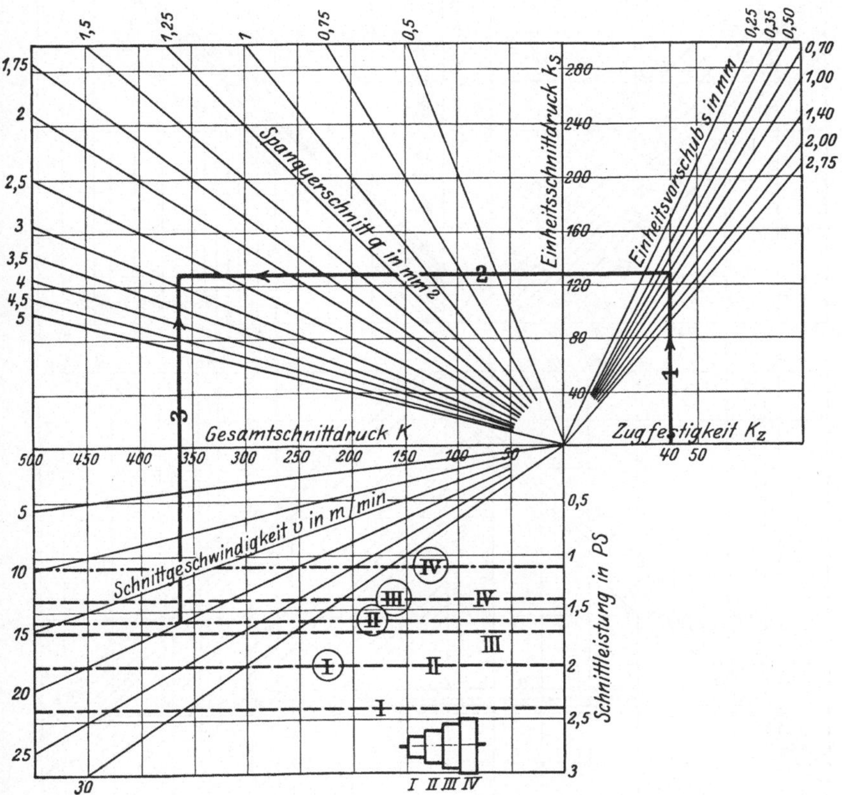

Abb. 82. Auswertungstafel für eine Drehbank.

Abb. 82 nicht gerecht, wohl aber die Rechentafel in Abb. 83 nach den *AWF*-Richtwerten. In das logarithmische Netz des rechten oberen Feldes ist zu jedem Spanquerschnitt der Schnittdruck

$$K = q \cdot k_s = q \cdot a \cdot K_z = q \frac{3}{\sqrt[7]{q}} K_z = 3\, q^{6/7}\, K_z$$

für Stahl von 50—60 kg/mm² Festigkeit eingetragen. Dem linken oberen Feld liegt die Gleichung der Schnittarbeit $A = K\,v$ mkg/min oder $\log A = \log K + \log v$ zugrunde. Dabei ist zu jedem Spanquerschnitt die zugehörige wirtschaftliche Schnittgeschwindigkeit v durch die schräge Geschwindigkeitslinie W_z gekennzeichnet. Das rechte untere Feld stellt die

Gleichung der Riemenleistung $Pv_R \cdot 60$ kgm/min oder $\log (60\,P) + \log v_R$ dar und das linke untere Feld die verfügbare Schnittarbeit $Pv_R \cdot 60 \cdot \eta$, so daß auf der linken X-Achse die Gleichung besteht: Verfügbare Schnitt-

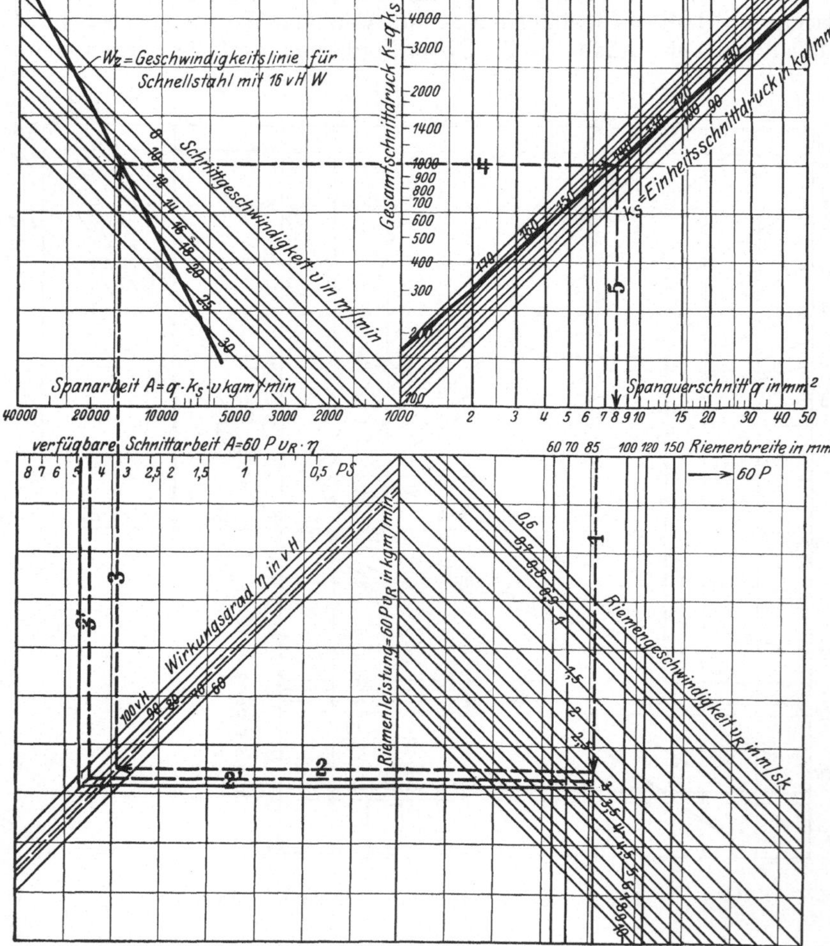

Abb. 83. Auswertungstafel nach den Richtwerten des *AWF*.

arbeit = Spanarbeit, d. h. $P\,v_R\,60\,\eta. = K\,v = q \cdot k_s\,v = q \cdot a \cdot K_z\,v = 3\,q^{6}/_{7}\,K_z\,v$ kgm/min.

In der Auswertungstafel (Abb. 84[1])) des *AWF* sind die vier Felder zu zwei zusammengezogen, die auf der Gleichung beruhen:

$$P \cdot v_R = \frac{q\,k_s\,v}{60 \cdot \eta} \quad \text{oder}$$

$$\log P + \log v_R = \log q + \log v + \log k_s - (\log 60 + \log \eta).$$

[1]) Z. V. D. I. 1925. S. 382.

Zieht man in Abb. 85 auf der X-Achse, auf der die Riemengeschwindigkeiten v_R in m/s logarithmisch abgetragen sind, in v_R die Senkrechte 1 bis zum Schnitt mit der P-Linie und durch diesen Schnittpunkt die 45⁰-Linie, so schneidet sie auf der X-Achse die linke Seite der Gleichung $\log P + \log v_R$ ab. Die Linie 3 durch q bis zum Schnitt mit der Werkzeuglinie W_z und die 45⁰-Linie 4 schneidet auf

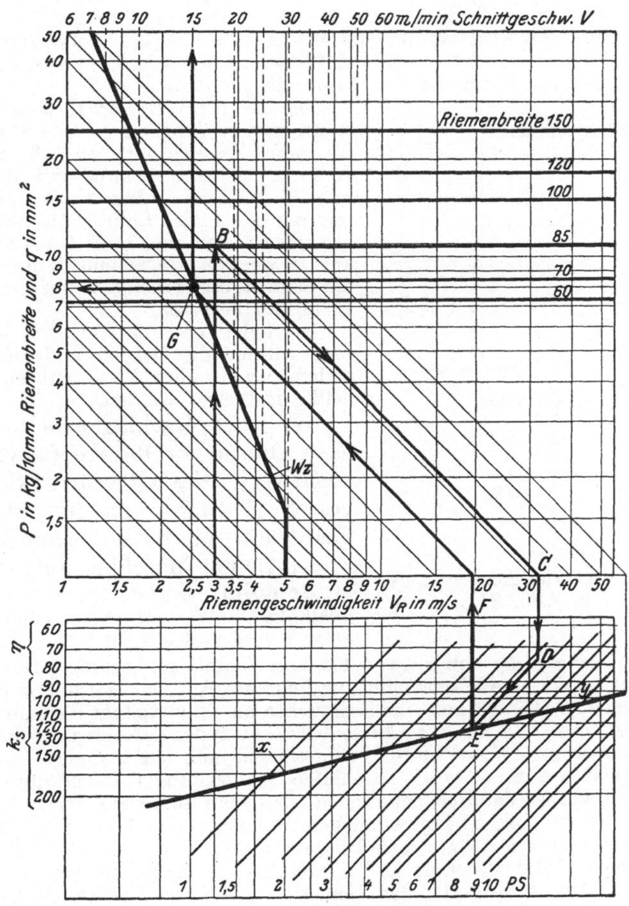

Abb. 84. *AWF* - Auswertungstafel.

der X-Achse den Wert $\log v + \log q$ ab. Im unteren Felde ist Linie $5 = \log k_s$. Zieht man durch ihren Schnittpunkt eine 45⁰-Linie bis zum Schnitt mit der η-Linie, so ist die Strecke $AB = \log k_s - (\log 60 + \log \eta)$, so daß obige Gleichung erfüllt ist.

In Abb. 84 ist nun statt des Riemenzuges P gleich die Riemenbreite eingetragen, um die Maschine leichter auswählen zu können. Die W_z-Linie ist aus Abb. 7 übernommen, indem man auch hier zu jedem Spanquerschnitt die wirtschaftliche Schnittgeschwindigkeit übertrug.

Beispiel: Eine Drehbank von 85 mm Riemenbreite und 3 m/s Riemengeschwindigkeit soll Stahl von 50—60 kg/mm² Festigkeit bei voller Ausnutzung des Werkzeuges mit 18 v H Wolfram und der Maschinenleistung schruppen. Wirkungsgrad sei $\eta = 0,75$.

Lösung nach Abb. 84. In $v_R = 3$ Senkrechte bis zum Schnittpunkte B auf der 85-mm-Linie. Von B 45⁰-Linie bis zum Schnittpunkte C auf der X-Achse, so daß die Strecke $1 \div C = \log v_R + \log P$ ist. Von C Senkrechte bis zum Schnittpunkte D auf der η-Linie 75 v H, von D 45⁰-Linie bis zum Schnittpunkte E auf der k_s-Linie, von E Senkrechte bis F, so daß die Strecke FC den Wert $\log k_s - (\log 60 + \log \eta)$ darstellt. Die 45⁰-Linie von F bis zum Schnittpunkte G auf der W_z-Linie zeigt, daß Bank und Werkzeug wirtschaftlich ausgenutzt sind, wenn ein Span von 8 mm² bei $v = 15$ m/min genommen wird.

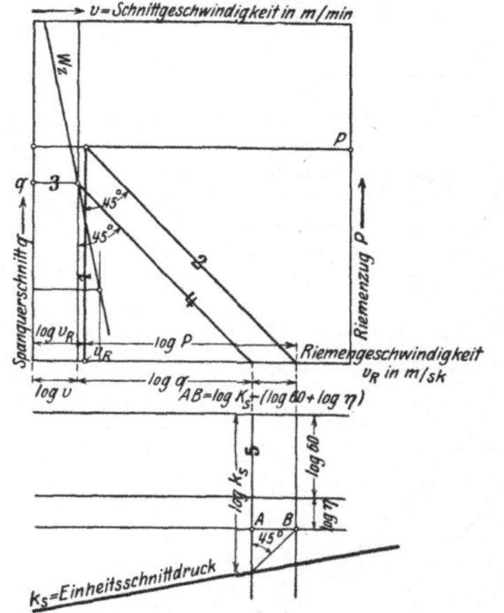

Abb. 85. Aufbau der Auswertungstafel in Abb. 84.

Die gleichen Werte erhält man in Abb. 83, wenn man zu der Riemenbreite 85 die Linie 1 bis zum Schnitt mit $v_R = 3$ zieht, die Linie 2 bis zum Schnitt mit der η-Linie von 75 v H, die Linie 3 bis zum Schnitt mit der W_z-Linie, Linie 4 bis zum Schnitt mit der k_s-Linie und Linie 5 bis zur q-Linie, auf der der Spanquerschnitt 8 mm², während die Schnittgeschwindigkeit auf der W_z-Linie 15 m/min beträgt.

Bei jedem anderen Werkstoff und Werkzeug würden die k_s-Linie und die W_z-Linie anders liegen. Ihre Werte müßten versuchsmäßig festgelegt werden.

Hegener[1]) schlägt eine Rechentafel nach Abb. 86 vor, die ebenfalls nach den Richtwerten des AWF für das Schruppen von S.-M.-Stahl von 50—60 kg/mm² Festigkeit mit einem Schnellstahl bei $\eta = 0,75$ der Maschine aufgestellt ist.

Beispiel: Suche den wirtschaftlichen Spanquerschnitt für eine Drehbank mit $v_R = 4$ m/s und $b = 70$ mm.

Lösung: Ziehe Linie von $v_R = 4$ bis zum Schnitt mit schräger Linie $b = 70$, durch Schnittpunkt eine Wagerechte, die links anzeigt $v = 14,7$ m/min und rechts die Spanmenge $= 125$ cm³/min, die Senkrechte im Schnittpunkt der schrägen $q \cdot v$-Linie gibt unten $q = 8,5$ mm² an. Beim Aufzeichnen der Tafel sind auf der X-Achse die Spanquerschnitte logarithmisch aufgetragen, auf der Y-Achse die Schnittgeschwindigkeiten und rechts die zugehörige Spanleistung V in cm³/min. Die ausgezogene Schräge ist dadurch entstanden, daß man zu jedem Spanquerschnitt q die wirtschaftliche Schnittgeschwindigkeit v nach Abb. 7 eintrug. Die obere X-Achse zeigt die Riemengeschwindigkeiten v_R in m/s und die Y-Nebenachse den Arbeitsbedarf der Maschine in PS oder kW, während die gestrichelten 45⁰-Linien $^1/_{15}$ der Durchzugskräfte der Riemen — gekennzeichnet durch die Riemenbreite — angeben. Mithin ist hier die Gleichung

$$N = \frac{Pv_R}{75} \text{ oder } \log N = \log\left(\frac{P}{75}\right) + \log v_R \qquad \text{dargestellt.}$$

Kropf und Liebau[1]) benutzen bei ihrer Auswertungstafel, Abb. 87, das Netz der AWF-Karte nach Abb. 69.

Auf der unteren X-Achse sind von 10 bis 50 in Abb. 69 die 0,6 fachen Schnittgeschwindigkeiten $v = 6 \div 30$ m/min aufgetragen, oben von $10 \div 60$ die 0,1 fachen Werte von $v_R = 1 \div 6$ m/s und von $6 \div 10$ die 0,1 fachen Werte $\eta = 0,6 \div 1$, schließlich von 5,7 bis 10 die 10 fachen Werte des Einheitsschnittdruckes $k_s = 57 \div 100$ kg/mm². Auf der Y-Achse bedeuten die Zahlen 1 bis 50

---

[1]) Maschinenbau 1926, Sonderheft: Zerspanung, S. 1 u. 43.

Abb. 86.

<table>
<tr><td rowspan="2">ADB[1])
Refa[2])</td><td>Richtwerte für das Schruppen von S.-M.-Stahl
von 50—60 kg/mm² Festigkeit (57. 50. 11. DIN 1611)
Werkzeug: Schnellstahl
Wirtschaftliche Ausnutzung von Werkzeug und
Maschine</td><td>V—14
Entwurf</td></tr>
</table>

Schneidwinkel: $\alpha = 6^0$; $\beta = 65^0$; $\gamma = 19^0$; $\varepsilon = 45^0$	Wirkungsgrad der Maschine: $\eta = 0,75$

Richtwerte setzen stabile Werkstücke voraus. Die Werte gelten ohne Kühlung für 60 min Schnittdauer; sie enthalten keinerlei Zuschläge, sie stellen die reine Leistung von Maschine und Werkzeug dar.

Beispiel: Finde den größten Querschnitt für Maschinen mit $b = 70$ mm Riemenbreite bei $v_R = 4$ m/s Riemengeschwindigkeit.

Lösung: Folge $v_R = 4$ m/s bis zum Schnitt mit Linie $b = 70$ mm; gehe wagrecht bis zum Schnitt mit der $v \cdot q$-(Schnittgeschwindigkeit $\times$ Spanquerschnitt) Linie. Es ergibt senkrecht $q = 8,5$ mm²; links wagrecht $v = 14,7$ m/min; rechts wagrecht $v \cdot q = 125$ cm³/min, 4,3 PS oder 3,15 kW Kraftverbrauch.

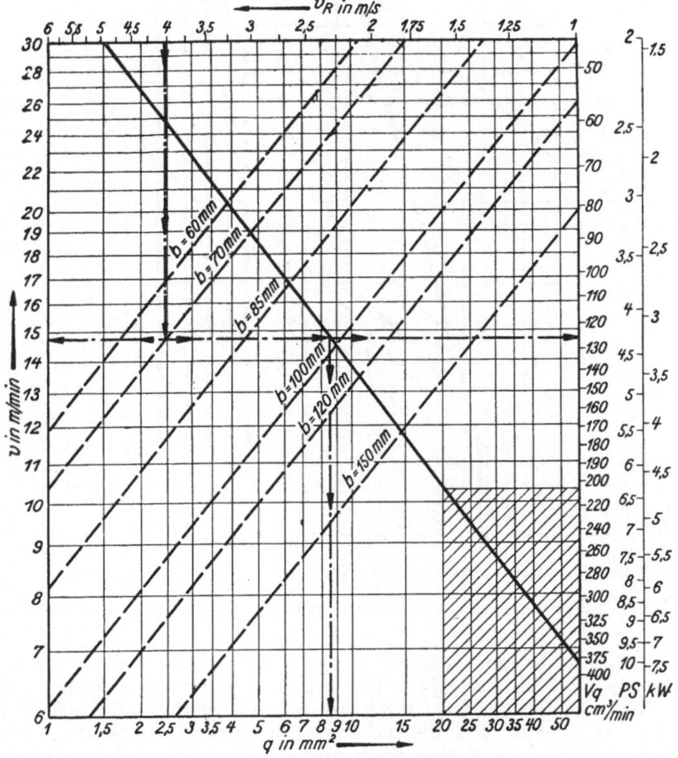

Aufgestellt unter Benutzung der Zahlentafel AWF 101.

[1]) Arbeitsgemeinschaft deutscher Betriebsingenieure.
[2]) Reichsausschuß für Arbeitszeitermittlung.

die gleich großen Spanquerschnitte $q = 1 \div 50$ mm² und zugleich die 10 fachen Durchzugskräfte der Riemen $P = p \cdot b = 10$ bis 500 kg. Nach diesen Angaben st das Netz in Abb. 87 geändert. Jetzt trägt man nach den *AWF*-Richtwerten für Gußeisen bei q = 1 mm² v = 23 m/min und bei $q = 50$ mm² v = 8 m/min auf und zieht die gebrochene *v*-Linie. Durch den Knickpunkt der *v*-Linie zieht

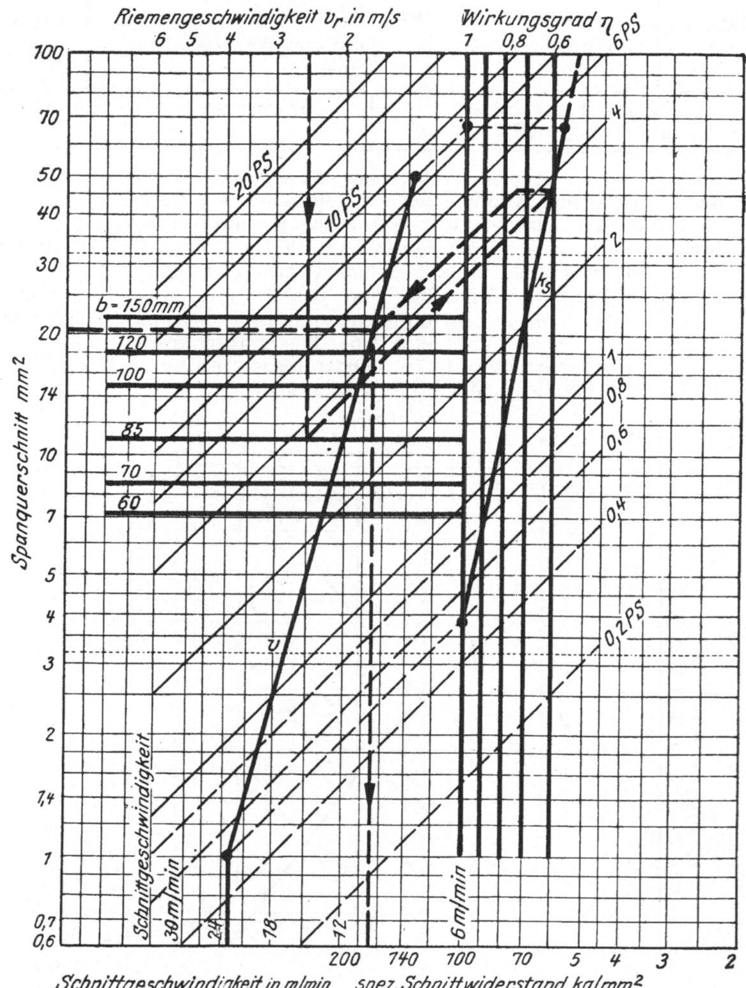

Abb. 87. Rechentafel für Grauguß mit 140÷180 kg/mm² Brinellhärte.

man eine 45⁰-Linie bis zur k_s-Linie = 100, ebenso durch den oberen Endpunkt und trägt nun die Richtwerte $k_s = 100$ und $k_s = 57$ ein und zeichnet die schräge k_s-Linie. Auf den Senkrechten durch $v_R = 1$ m/s werden die Punkte 75 kg für $N = 1$ usw. angemerkt und die PS-Schrägen unter 45⁰ gezogen. Nach dem eingetragenen Beispiel kann eine Bank mit $v_R = 2{,}5$ m/s und $b = 85$ mm einen Span von $q \sim 20$ mm² bei $v \sim 9{,}5$ m/min bewältigen.

Aus den Rechentafeln in Abb. 83 bis 87 kann man zu jeder Riemenbreite und Riemengeschwindigkeit die wirtschaftliche Schnittgeschwindigkeit v

Zahlentafel 19[1]). Richtwerte für Schnittgeschwindigkeit und Spanquerschnitt für das Schruppen von S.-M.-Stahl von 50÷60 kg/mm² Festigkeit unter gleichzeitiger Ausnutzung von Werkzeug und Maschine.

Werkzeug: Schnellstahl mit 16 v H Wolfram
Spanwinkel = 19°, Anstellwinkel = 6°
Einstellwinkel = 45°, Meißelwinkel = 65°

	Als Wirkungsgrad der Maschine ist 0,75 angenommen					Richtwerte für Dreherei Nr. 1
Breite des Antriebriemens mm	60	70	85	100	120	150
Riemenbeanspruchung p kg/mm	1,2	1,2	1,3	1,5	1,5	1,6
Durchzugskraft des Riemens kg	72	84	110	150	180	240

Querschnitt, Schnittgeschwindigkeit und Spanmenge für Schruppen, bezogen auf eine Riemengeschwindigkeit v_R = 1 bis 6 m/s

Spanquerschnitt q mm² × Schnittgeschwindigkeit v m/min = Spanmenge qv cm³/min

v_R	q	v	qv	q	v	qv	q	v	qv	q	v	qv	q	v	qv	q	v	qv
1	0,6	30	18	0,7	30	21	1	30	30	1,5	30	45	2,1	26	55	3,9	20	78
1,5	1	30	30	1,2	30	36	1,9	28	53	3,5	21	75	5,1	18,1	92	9,4	13,8	130
2	1,4	30	42	1,9	27	51	3,5	21,7	76	6,6	16	106	9,6	14	134	17,6	10,7	188
2,5	2,2	26	57	3,2	22	70	5,7	17,5	100	10,7	13,2	141	15,5	11,5	179	28,5	8,7	248
3	3,3	22,5	74	4,5	19	86	8,3	15	126	15,8	11,2	177	23	9,7	222	43	7,4	318
3,5	4,5	19	85,5	6,3	16,5	104	11,7	12,9	151	22,5	9,8	220	32,5	8,5	276			
4	6	17	102	8,3	14,7	122	15,5	11,5	178	29,5	8,8	260	43	7,5	323			
4,5	7,7	15,4	119	10,7	13,2	142	20,5	10,4	214	38	7,8	296	56	6,8	381			
5	9,6	14	135	13,4	12,1	162	26	9,5	247	48	7,1	340						
6	14,2	12	170	20,5	10,3	211	38	7,8	296									

Die Werte über dem starken Strich ergeben nur die Ausnutzung des Werkzeuges

Die Benutzung der Richtwerte setzt stabile Werkstücke voraus.

---

[1]) Z. V. D. I. 1925, S. 383.

Zahlentafel 20[1]).   Richtwerte für Schnittgeschwindigkeit und Spanquerschnitt für Drehen zum Schleifen, Schlichten, Gewindeschneiden und Bohren in der Dreherei.

Werkzeug: Schnellstahl mit 16 v H Wolfram — Werkstoff: S.-M.-Stahl von 50÷60 kg/mm² Festigkeit	a = Spantiefe in mm — s = Vorschub in mm/Uml.	v = Schnittgeschwindigkeit in m/min — q = Spanquerschnitt in mm²								Richtwerte für Dreherei Nr. 2	
Werkstück	Dmr. mm bis	25	50	100	150	200	300	400	500	600	
Drehen zum Schleifen bei a = 1 bis 2	v	27	27	27	27	27	27	27	27	27	—
	s	0,3	0,3	0,4	0,5	0,6	0,7	0,8	0,9	0,9	—
Schlichten ohne Passung bei a = 0,5	v	27	27	27	27	27	27	27	27	27	—
	s	0,1	0,1	0,1	0,12	0,15	0,15	0,18	0,2	0,2	—
Schlichten mit Passung bei a 0,3	v	22	22	22	22	22	22	22	22	22	—
	s	0,1	0,1	0,1	0,12	0,15	0,15	0,18	0,2	0,2	—
Schlichten mit und ohne breiten Stahl	v	—	—	5	5	5	5	5	5	5	—
	s	—	—	2	2	3	3	4	4	4	—
Spitzgewinde vorschneiden	v	8	8	8	8	8	8	—	—	—	—
„ fertigschneiden	v (mit Kühlung)	6	6	6	6	6	6	—	—	—	—
Trapezgewinde vorschneiden	v	6	6	6	6	6	6	—	—	—	—
„ fertigschneiden	v	4	4	4	4	4	4	—	—	—	—
Reiben mit Reibahle	v (mit Kühlung)	5	5	5	—	—	—	—	—	—	—
	s	0,6	0,7	0,8	—	—	—	—	—	—	—
Schlichten mit Bohrstahl	v	20	20	20	20	20	20	20	20	20	20
	s	0,05	0,08	0,1	0,1	0,15	0,15	0,18	0,2	0,2	—
	Dmr.	20	25	30	50	80	100	130	150	180	200
Vorbohren mit Bohrstahl	v	18	19	20	23	20,6	19	16,6	15	12,6	11
	a	1,1	1,14	1,27	1,74	2,5	3,06	3,96	4,51	5,4	6
	s	0,2	0,21	0,22	0,23	0,28	0,32	0,38	0,43	0,52	0,6
	q	0,22	0,24	0,28	0,4	0,7	0,98	1,5	1,94	2,8	3,6
	Dmr.	25	35	40	45	50	60	70			
Bohren mit Spiralbohrer vom Reitstock aus vollem Werkstoff	v (mit Kühlung)	20	19	19	18	18	16	16	—	—	—
	s	0,1	0,1	0,1	0,1	0,1	0,1	0,1	—	—	—

[1]) Z. V. D. I. 1925. S. 282.

und den Spanquerschnitt entnehmen und sie zu einer Zahlentafel 19 zusammenstellen. Die Richtwerte gelten ohne Kühlung für eine Schnittdauer von 60 min, mit Kühlung können sie um 25 v H erhöht werden.

Beispiel: Nach Zahlentafel 19 ist für eine Maschine mit 85 mm Riemenbreite
bei $v_R = 2$　m/s　$q = 3{,}5$ mm² bei $v = 21{,}7$ m/min
„　$v_R = 2{,}5$　„　$q = 5{,}7$　„　　„　$v = 17{,}5$　„
„　$v_R = 3$　　„　$q = 8{,}3$　„　　„　$v = 15$　　„

Jetzt prüft man, welcher Schnittgeschwindigkeit man auf der Drehbank bei dem vorliegenden Drehdurchmesser von 90 mm am nächsten kommt. Nach der Rechentafel in Abb. 69 ist bei $n = 52$ $v = 15$ m/min, d. h. die Maschine müßte mit Riemen auf Stufe II und Vorgelegen 1 und 3 betrieben werden. Der wirtschaftliche Spanquerschnitt ist dabei 8,3 mm². Soll das Werkstück von 90 auf 78 mm ⌀ gedreht werden, so ist bei einem Schnittgang ($i = 1$) die Spantiefe

$$a = \frac{90 - 78}{2} = 6 \text{ mm und der Vorschub } s = \frac{q}{a} = \frac{8{,}3}{6} = 1{,}38 \text{ mm.}$$

Die Maschine hat als nächstliegenden Vorschub $s = 1{,}35$ mm. Hierfür ist nach Abb. 69 die Laufzeit für 10 mm Schaltweg 0,14 min.

Die in Zahlentafel 19 aufgeführten Richtwerte geben für das Schruppen stabiler Werkstücke brauchbare Unterlagen für die Ermittlung der Laufzeit in der Einzel- und Reihenfertigung. Für die übrigen Arbeitsverfahren können die Richtwerte in Zahlentafel 20 benutzt werden, die allerdings nicht die Maschine ausnutzen, sondern nur das Werkzeug. In der Massenfertigung wird man die wirtschaftlichen Schnittgeschwindigkeiten und Spanquerschnitte durch Versuche festlegen müssen.

Beispiel: Die oben geschruppte Welle von 78 mm ⌀ soll auf Passung geschlichtet werden.

Nach Zahlentafel 20 sind die Richtwerte $v = 22$ m/min, Spantiefe $a = 0{,}3$ mm Vorschub $s = 0{,}1$ mm. Nach der Zeittafel in Abb. 69 ist für $d = 78$ und $v = 22$ m/min $n_6 = 87$, d. h. Stufe III mit Vorgelegen 1 und 3 zu wählen. Der Vorschub 0,1 mm ergibt bei $s = 1 = 0{,}1 \cdot 10$ und $n = 87$ eine Laufzeit von $0{,}115 \cdot 10 = 1{,}15$ min für 10 mm Schaltweg.

b) Die versuchsmäßige Auswertung des Spanquerschnittes.

Bei der praktischen Auswertung einer Werkzeugmaschine geht man in der Weise vor, daß man eine bestimmte Spantiefe einstellt und dabei den Vorschub immer größer wählt, bis der Riemen nicht mehr durchzieht. Die Höchstbelastung liegt beim vorletzten Spanquerschnitt, bei dem die Maschine noch durchzog. Für den Dauerbetrieb wird man den zulässigen Spanquerschnitt zweckmäßig um etwa 20 v H kleiner wählen.

Zahlentafel 21. Auswertung einer Drehbank.

Riemen-breite mm	Werk-stück = ⌀ von mm	auf mm	Werk-zeug	Span-tiefe a mm	Vor-schub s mm	Span-quer-schnitt q mm²	Schnittge-schwindig-keit v in m/min	Span-menge in cm³/min	Be-merkung	Zulässiger Span-querschnitt in mm²
—	130	100	Schnellstahl mit 16 v H W ohne Kühlung	15	0,6	9	15	—	—	—
85	130	100		15	0,8	12	15	180	—	12—20 v H = 9,6
—	130	100		15	1,2	18	14,5	—	zog nicht durch	—

Auf Grund dieses Ergebnisses könnte der rechnungsmäßig ermittelte Spanquerschnitt von z. B. $q = 8$ auf 9,6 mm², d. h. um 20 v H erhöht werden.

XI. Die Auswertung der Werkzeugmaschinen.

a) Mit kreisender Hauptbewegung.

Die wirtschaftliche Ausnutzung der Werkzeugmaschinen verlangt, wie bereits gezeigt, daß der Werkstatt bei den verschiedenen Arbeiten jedesmal die Umlaufzahl n, der Vorschub s und die Spantiefe a vorgeschrieben wird. Die Kenntnis dieser Größen ist daher bei jeder Arbeitsmaschine Grundbedingung für einen wirtschaftlichen Betrieb.

1. Das rechnerische Verfahren.

α) Die Umläufe und Vorschübe.

Die rechnerische Ermittlung der Umläufe beruht auf dem Grundsatz, daß sich die Umläufe umgekehrt wie die Durchmesser der Riemscheiben oder Zähnezahlen der Räder verhalten, d. h. für Riemenlage IV ohne Vorgelege (Abb. 88)

$$\frac{n_{12}}{n} = \frac{D_1}{D_4} \quad \text{und} \quad n_{12} = \frac{D_1}{D_4} \cdot n.$$

Für die Berechnung der Längsvorschübe gilt die Beziehung $s = x \cdot \pi d$, wenn d der Durchmesser des Zahnstangenritzels ist und x seine Drehzahl, bezogen auf einen Umlauf der Drehspindel. Die Planvorschübe erhält man aus $s = x \cdot h$ bei h mm Steigung der Planspindel und x Umläufen bei einem Umlauf der Drehspindel.

1. Beispiel: Für die in den Abb. 88 und 90 dargestellte Drehbank sind die Umläufe und Vorschübe zu ermitteln.

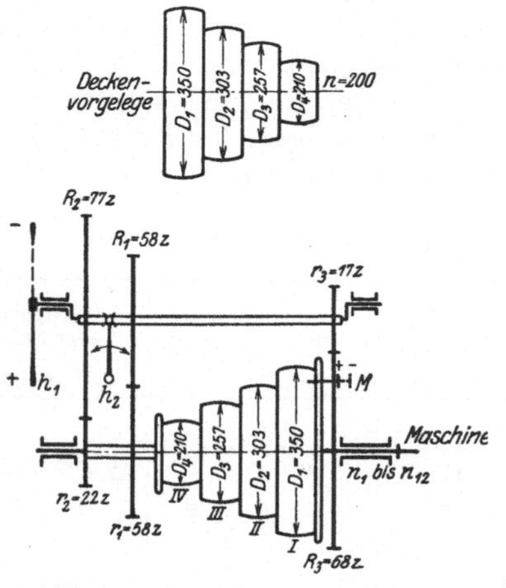

Abb. 88. Antrieb einer Drehbank.

a) Umläufe ohne Vorgelege:

Stufe IV: $n_{12} = \dfrac{350}{210} \cdot 200 = 333$

„ III: $n_{11} = \dfrac{303}{257} \cdot 200 = 236$

„ II: $n_{10} = \dfrac{257}{303} \cdot 200 = 170$

„ I: $n_9 = \dfrac{210}{350} \cdot 200 = 120$

Bei Riemenlage IV und eingeschwenkten Vorgelegen $\dfrac{r_1}{R_1} \cdot \dfrac{r_3}{R_3}$ ist

$$\frac{n_8}{n} = \frac{D_1}{D_4} \cdot \frac{r_1}{R_1} \cdot \frac{r_3}{R_3} = \frac{350}{210} \cdot \frac{58}{58} \cdot \frac{17}{68}$$

also $\quad n_8 = \dfrac{350}{210} \cdot 200 \cdot \dfrac{1}{4} = n_{12} \cdot \dfrac{1}{4}.$

b) Umläufe mit Vorgelegen $\dfrac{r_1}{R_1} \cdot \dfrac{r_3}{R_3}$ (M auf $-$, h_1 auf $+$, $h_2 =$ •⁄)

$$\text{Stufe IV:} \quad n_8 = n_{12} \cdot \frac{1}{4} = 333 \cdot \frac{1}{4} = \sim 83$$

$$\text{,, \quad III:} \quad n_7 = 236 \cdot \frac{1}{4} = 59$$

$$\text{,, \quad II:} \quad n_6 = 170 \cdot \frac{1}{4} = \sim 43$$

$$\text{,, \quad I:} \quad n_5 = 120 \cdot \frac{1}{4} = 30.$$

c) Umläufe mit Vorgelegen $\dfrac{r_2}{R_2} \cdot \dfrac{r_3}{R_3} = \dfrac{22}{77} \cdot \dfrac{17}{68} = \dfrac{1}{14}$

(M auf $-$, h_1 auf $+$, $h_2 =$ ＼•)

$$\text{Stufe IV:} \quad n_4 = 333 \cdot \frac{1}{14} = 24$$

$$\text{,, \quad III:} \quad n_3 = 236 \cdot \frac{1}{14} = 17$$

$$\text{,, \quad II:} \quad n_2 = 170 \cdot \frac{1}{14} = 12$$

$$\text{,, \quad I:} \quad n_1 = 120 \cdot \frac{1}{14} = 9.$$

Ist die Reihe der Umläufe geometrisch abgestuft?

Grundzahl der Reihe $q = \sqrt[11]{\dfrac{333}{9}} = 1{,}3888$.

Geometrische Reihe der theoretischen Umläufe: $n_1 = 9$, $n_2 = 9 \cdot 1{,}388 = 12{,}5$, $n_3 = 9 \cdot 1{,}388^2 = 17{,}4$, $n_4 = 9 \cdot 1{,}388^3 = 24{,}2$ —— $n_5 = 33{,}4$, $n_6 = 46{,}4$, $n_7 = 64{,}4$, $n_8 = 89{,}3$ — $n_9 = 124{,}2$, $n_{10} = 172{,}4$, $n_{11} = 239{,}4$, $n_{12} = 331{,}5$.
Vergleicht man mit dieser Reihe die wirklichen Umläufe der Maschine, so ersieht man, daß bei n_5 bis n_8 die Abweichungen 7 bis 10 v H betragen. Die Übersetzung $\dfrac{r_1}{R_1} \dfrac{r_3}{R_3}$ ist deshalb nicht besonders günstig gewählt.

Nutzt die Maschine die Schnittgeschwindigkeit wirtschaftlich aus? Nach S. 78 ist das Kennzeichen für die wirtschaftliche Ausbeutung der Schnittgeschwindigkeiten $q \leqq \dfrac{v_1}{v_2}$. Prüft man die Maschine auf diese Bedingung für die einzelnen Werkstoffe und Schnellstahl auf Grund der Grenzgeschwindigkeiten in Zahlentafel 15, S. 50, so zeigt sich, daß bei hartem Gußeisen und gewöhnlichem Messing die Bedingung nicht erfüllt ist:

$$\text{gewöhnliches Gußeisen} \quad q = \frac{20}{14} = 1{,}428$$

$$\text{hartes Gußeisen} \quad q = \frac{10}{8} = 1{,}25$$

$$\text{Stahlguß} \quad q = \frac{18}{12} = 1{,}5$$

$$\text{Temperguß} \quad q = \frac{22}{15} = 1{,}466$$

$$\text{weicher Stahl} \quad q = \frac{30}{20} = 1{,}5$$

$$\text{mittelharter Stahl} \quad q = \frac{24}{16} = 1{,}5$$

$$\text{harter Stahl} \qquad q = \frac{18}{12} = 1{,}5$$

$$\text{gew. Messing} \qquad q = \frac{40}{30} = 1{,}33$$

$$\text{hartes Messing} \qquad q = \frac{30}{20} = 1{,}5.$$

Die rechnerische Ermittlung der Längsvorschübe: Beim Langdrehen läuft in Abb. 89 das Rad r_{21} an der Zahnstange entlang und verschiebt den Werkzeugschlitten bei jeder Umdrehung der Drehspindel um $s = 2 \cdot r_{21}\,\pi\,x$, wenn x die Umläufe von r_{21} sind. Nach Abb. 89 ist: $\dfrac{x}{1} = \dfrac{r_1}{r_3} \cdot \dfrac{r_4}{r_6}\left(\dfrac{r_7}{r_8}\right) \cdot \dfrac{r_{15}}{r_{16}} \cdot \dfrac{r_{17}}{r_{18}} \cdot \dfrac{r_{19}}{r_{20}}.$

$$\text{Ziehkeil auf } 1: s_1 = 70\,\pi \cdot \frac{22}{22} \cdot \frac{36}{33}\left(\frac{12}{60}\right)\frac{20}{80} \cdot \frac{15}{90} \cdot \frac{15}{120} = 0{,}25 \text{ mm}$$

$$\text{,, \quad ,, } 2: s_2 = \text{,, \ ,,} \cdot \text{,, } \cdot \text{,, }\left(\frac{24}{48}\right) \text{,, } \cdot \text{,, } \cdot \text{,, } = 0{,}62 \text{ mm}$$

$$\text{,, \quad ,, } 3: s_3 = \text{,, \ ,,} \cdot \text{,, } \cdot \text{,, }\left(\frac{36}{36}\right) \text{,, } \cdot \text{,, } \cdot \text{,, } = 1{,}25 \text{ mm}$$

$$\text{,, \quad ,, } 4: s_4 = \text{,, \ ,,} \cdot \text{,, } \cdot \text{,, }\left(\frac{48}{24}\right) \text{,, } \cdot \text{,, } \cdot \text{,, } = 2{,}5 \text{ mm.}$$

Bei der rechnerischen Ermittlung der Planvorschübe bedeutet x die Umläufe der Planspindel mit der Steigung $h = 5$ mm; es ist dann

$$s = x \cdot h. \quad \text{Hierin } \frac{x}{1} = \frac{r_1}{r_3} \cdot \frac{r_4}{r_6}\left(\frac{r_7}{r_8}\right)\frac{r_{15}}{r_{16}} \cdot \frac{r_{17}}{r_{22}}.$$

$$\text{Ziehkeil auf } 1: s_1 = 5 \cdot \frac{22}{22} \cdot \frac{36}{33} \cdot \left(\frac{12}{60}\right) \cdot \frac{20}{80} \cdot \frac{15}{17} = 0{,}24 \text{ mm}$$

$$\text{,, \quad ,, } 2: s_2 = 5 \cdot \text{,, } \cdot \text{,, }\left(\frac{24}{48}\right) \cdot \text{,, } \cdot \text{,, } = 0{,}60 \text{ mm}$$

$$\text{,, \quad ,, } 3: s_3 = 5 \cdot \text{,, } \cdot \text{,, }\left(\frac{36}{36}\right) \cdot \text{,, } \cdot \text{,, } = 1{,}20 \text{ mm}$$

$$\text{,, \quad ,, } 4: s_4 = 5 \cdot \text{,, } \cdot \text{,, }\left(\frac{48}{24}\right) \cdot \text{,, } \quad \text{,, } = 2{,}4 \text{ mm.}$$

Es soll nachgeprüft werden, ob die Längs- und Planvorschübe geometrisch abgestuft sind.

$$s_1 = 0{,}25; \quad s_4 = 2{,}5$$
$$q = \sqrt[3]{\frac{2{,}5}{0{,}25}} = \sqrt[3]{10} = 2{,}154.$$

		geometrische	wirkl. Vorschübe
	$s_1 = 0{,}25$	$= 0{,}25$ mm	$0{,}25$ mm
Langdrehen	$s_2 = 0{,}25 \cdot 2{,}154 = 0{,}54$ mm		$0{,}63$ mm
	$s_3 = 0{,}25 \cdot 2{,}154^2 = 1{,}16$ mm		$1{,}25$ mm
	$s_4 = 0{,}25 \cdot 2{,}154^3 = 2{,}5$ mm		$2{,}5$ mm

$$q = \sqrt[3]{\frac{2{,}4}{0{,}24}} = \underline{2{,}154}$$

		geometrische	wirkl. Vorschübe
	$s_1 = 0{,}24$	$= 0{,}24$ mm	$0{,}24$ mm
Plandrehen	$s_2 = 0{,}24 \cdot 2{,}154 = 0{,}52$ mm		$0{,}6$ mm
	$s_3 = 0{,}24 \cdot 2{,}154^2 = 1{,}11$ mm		$1{,}2$ mm
	$s_4 = 0{,}24 \cdot 2{,}154^3 = 2{,}4$ mm		$2{,}4$ mm

Die Vorschübe sind annehmbar abgestuft.

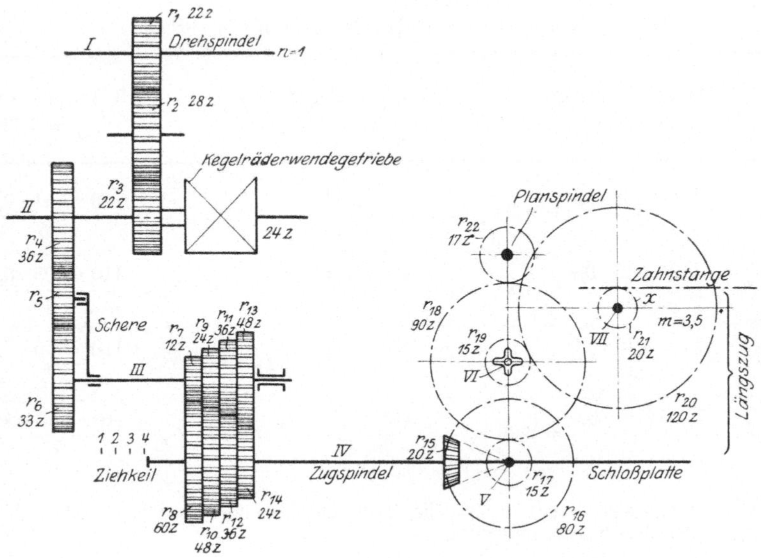

Abb. 89. Vorschubantrieb.

β) Die Spanleistung.

Für die Ermittlung der Spanleistung gilt nach S. 82 die Gleichung

$$\frac{P \cdot v_R \cdot \eta}{75} = \frac{q \cdot k_s \cdot v}{60 \cdot 75}.$$

Hierin die Riemengeschwindigkeit $v_R = \dfrac{\pi D n}{60}$ m/s, n gemessen mit dem Zähler.

Riemengeschwindigkeiten v_R in m/s.

auf Stufe	Ohne Vorgelege	Mit Vorgelegen 1:4	Mit Vorgelegen 1:14
V	$v_R = \dfrac{\pi \cdot 0,210 \cdot 330}{60} = 3,63$	$v_R = \dfrac{\pi \cdot 0,210 \cdot 82 \cdot 4}{60} = 3,61$	$v_R = \dfrac{\pi \cdot 0,210 \cdot 23 \cdot 14}{60} = 3,54$
II	$v_R = \dfrac{\pi \cdot 0,257 \cdot 235}{60} = 3,16$	$v_R = \dfrac{\pi \cdot 0,257 \cdot 58 \cdot 4}{60} = 3,12$	$v_R = \dfrac{\pi \cdot 0,257 \cdot 16,2 \cdot 14}{60} = 3,05$
I	$v_R = \dfrac{\pi \cdot 0,303 \cdot 170}{60} = 2,70$	$v_R = \dfrac{\pi \cdot 0,303 \cdot 42 \cdot 4}{60} = 2,66$	$v_R = \dfrac{\pi \cdot 0,303 \cdot 11,5 \cdot 14}{60} = 2,55$
I	$v_R = \dfrac{\pi \cdot 0,350 \cdot 120}{60} = 2,20$	$v_R = \dfrac{\pi \cdot 0,350 \cdot 29 \cdot 4}{60} = 2,13$	$v_R = \dfrac{\pi \cdot 0,350 \cdot 8,5 \cdot 14}{60} = 2,18$

Nutzleistung der Maschine $N_e = \dfrac{P \cdot v_R \eta}{75}$ bei einer Riemenbreite von 85 mm, einer Durchzugskraft $P = 1,3 \cdot 85 \sim 110$ kg und einem Wirkungsgrad $\eta = 0,9$ ohne Vorgelage, $\eta = 0,8$ mit Vorgelege 1 : 4 und $\eta = 0,75$ mit Vorgelege 1 : 14.

Nutzleistung der Maschine in PS.

Riemen auf Stufe	Ohne Vorgelege $\eta = 0,9$	Mit Vorgelegen 1:4 $\eta = 0,8$	Mit Vorgelegen 1:14 $\eta = 0,75$
IV	$N_e = \dfrac{110 \cdot 3,63 \cdot 0,9}{75} = 4,79$	$N_e = \dfrac{110 \cdot 3,61 \cdot 0,8}{75} = 4,23$	$N_e = \dfrac{110 \cdot 3,54 \cdot 0,75}{75} = 3,$
III	$N_e = \dfrac{110 \cdot 3,16 \cdot 0,9}{75} = 4,17$	$N_e = \dfrac{110 \cdot 3,12 \cdot 0,8}{75} = 3,66$	$N_e = \dfrac{110 \cdot 3,05 \cdot 0,75}{75} = 3,$
II	$N_e = \dfrac{110 \cdot 2,70 \cdot 0,9}{75} = 3,56$	$N_e = \dfrac{110 \cdot 2,66 \cdot 0,8}{75} = 3,12$	$N_e = \dfrac{110 \cdot 2,55 \cdot 0,75}{75} = 2,$
I	$N_e = \dfrac{110 \cdot 2,20 \cdot 0,9}{75} = 2,90$	$N_e = \dfrac{110 \cdot 2,13 \cdot 0,8}{75} = 2,50$	$N_e = \dfrac{110 \cdot 2,18 \cdot 0,75}{75} = 2,$

Die Spanquerschnitte, die die Bank auf den einzelnen Stufen bewältigen kann, lassen sich bestimmen aus:

$$N_e = \frac{q \cdot k_s \cdot v}{60 \cdot 75}; \text{ hierin ist nach S. 84 } k_s = a\,K_z = \frac{3}{q^{1/7}} \cdot K_z \text{ und nach S. 13}$$

$v = \dfrac{2000}{K_z \cdot q^{3/7}}$ für Stahl von 50—60 kg/mm² und Schnellstahl mit 16—18 v H W. Mit diesen Werten erhält man für den Spanquerschnitt

$q = 0,5\sqrt[3]{N_e^{\,7}}$ und die zugehörige Schnittgeschwindigkeit des Werkzeuges: $v = \dfrac{36}{\sqrt[7]{q^3}}$.

Spanquerschnitte in mm² und Schnittgeschwindigkeit in m/min für Stahl von 50—60 kg/mm² und Schnellstahl mit 16 ÷ 18 v H W.

Riemen auf Stufe	Ohne Vorgelege		Mit Vorgelegen 1:4		Mit Vorgelegen 1:14	
	Spanquerschnitt mm²	Schnittgeschwindigkeit m/min	Spanquerschnitt mm²	Schnittgeschwindigkeit m/min	Spanquerschnitt mm²	Schnittgeschwindigkeit m/min
IV	$q = 0,5\sqrt[3]{4,79^{7}}$ $= 19,3$	$v = \dfrac{36}{\sqrt[7]{19,3^3}} = 10,1$	$q = 14,5$	$v = 11,4$	$q = 11,9$	$v = 12,4$
III	$q = 0,5\sqrt[3]{4,17^{7}}$ $= 14$	$v = \dfrac{36}{\sqrt[7]{14^3}} = 11,6$	$q = 10,3$	$v = 13,2$	$q = 8,5$	$v = 14,4$
II	$q = 0,5\sqrt[3]{3,56^{7}}$ $= 9,7$	$v = \dfrac{36}{\sqrt[7]{9,7^3}} = 13,6$	$q = 7,2$	$v = 15,5$	$q = 5,6$	$v = 17,2$
I	$q = 0,5\sqrt[3]{2,9^{7}}$ $= 6$	$v = \dfrac{36}{\sqrt[7]{6^3}} = 16,7$	$q = 4,3$	$v = 19$	$q = 3,9$	$v = 20$

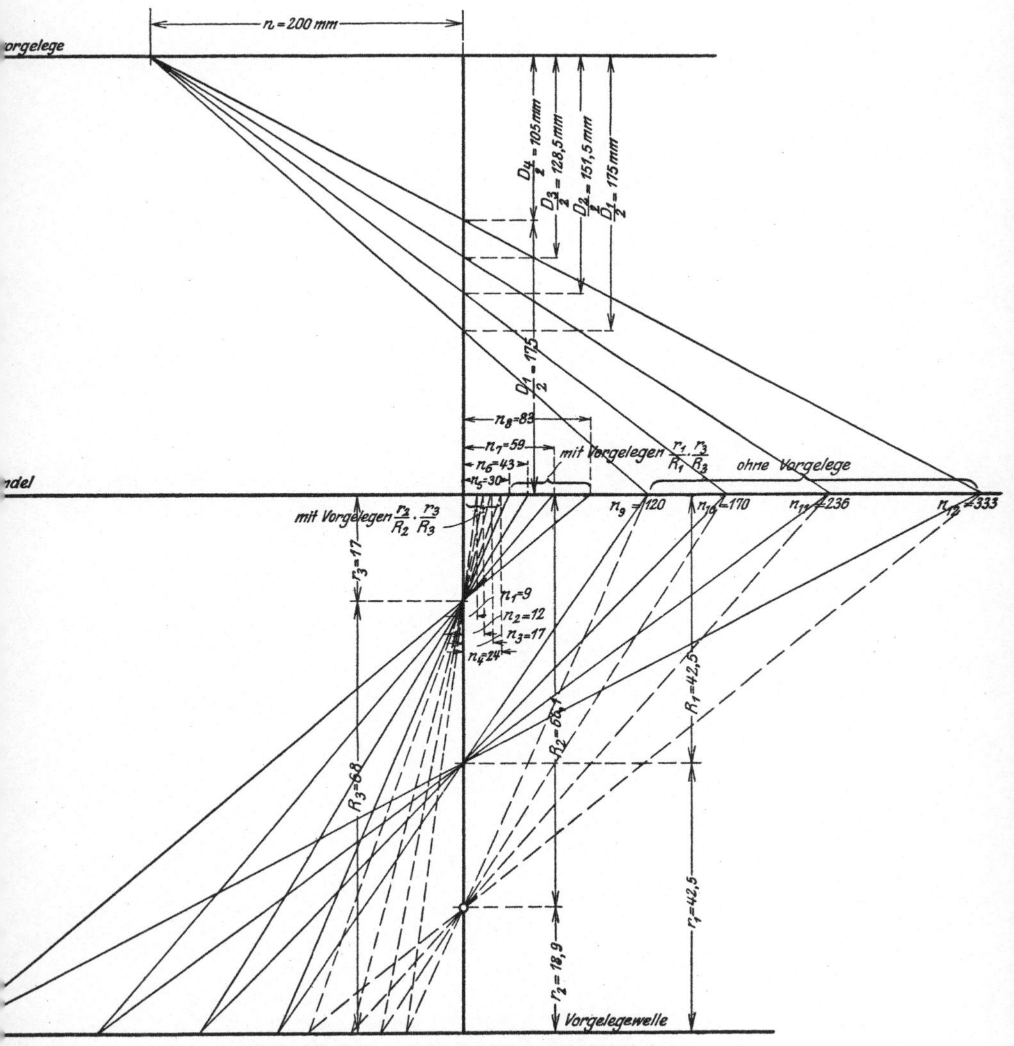

Abb. 90. Zeichnerische Ermittlung der Umläufe.

Bei diesen Spanquerschnitten und Schnittgeschwindigkeiten wird sowohl das Werkzeug als auch die Maschine ausgenutzt. Doch ist dies immer nur bei ganz bestimmten Drehdurchmessern möglich, bei den übrigen wird entweder die Maschine oder das Werkzeug nicht ausgenutzt.

2. Das zeichnerische Verfahren.

Die zeichnerische Ermittlung der Umläufe ist in Abb. 90 dargestellt. Die Mittellinien des Deckenvorgeleges und der Drehspindel sind hier im Abstande $\dfrac{D_4 + D_1}{2} = \dfrac{350 + 210}{2} = 280$ mm gezeichnet, die Halbmesser der Scheiben aber umgekehrt aufgetragen. Nach Abb. 88 ist daher $\dfrac{n_{12}}{n} = \dfrac{D_1}{D_4}$. Die 4 Strahlen von $n = 200$ durch die Endpunkte von $\dfrac{D_4}{2}$, $\dfrac{D_3}{2}$, $\dfrac{D_2}{2}$ und $\dfrac{D_1}{2}$ schneiden daher auf der Mittellinie der Drehspindel die Umläufe n_9, n_{10}, n_{11} und n_{12} ab. Diese Umläufe werden im umgekehrten Verhältnis von $\dfrac{r_1}{R_1}$ auf die Vorgelegewelle und von hier wieder im umgekehrten Verhältnis von $\dfrac{r_3}{R_3}$ auf die Drehspindel übertragen. Die zugehörigen Strahlen sind in Abb. 90 ausgezogen. Sie ergeben die Umläufe n_8, n_7, n_6 und n_5 auf der Drehspindel. Die gestrichelten Strahlen zeigen die kleinsten Umläufe n_1, n_2, n_3, n_4 an, die man mit $\dfrac{r_2}{R_2}$ und $\dfrac{r_3}{R_3}$ erhält.

Den geometrischen Aufbau der Drehzahlreihe kann man nach Abb. 91 nachprüfen, indem man nach Band I, S. 225, die Strecke $\log n_{12} - \log n_1$ in 11 Teile teilt oder zu jedem $\log n$ den $\log q$ hinzuzählt. Dabei zeigen sich auch hier die vorhin erwähnten Abweichungen bei den Vorgelegen 1 : 4.

Es soll nunmehr zeichnerisch untersucht werden, ob die Drehbank die wirtschaftliche Schnittgeschwindigkeit richtig ausnutzt. Hierzu ist in Abb. 92 die Geschwindigkeitssäge gezeichnet. Sie zeigt, daß bei weichem Stahl mit $K_z = 30$—40 kg/mm² die Schnittgeschwindigkeiten $v = 20$—30 m/min gut ausgenutzt werden, denn die Sägespitzen liegen sämtlich über $v = 20$ m/min. Der größte Geschwindigkeitsabfall ist rd 9 m/min $= 30$ v H, der kleinste rd 6 m/min $= 20$ v H. Die Verschiedenheit der Sägezähne läßt auch hier erkennen, daß die Umläufe nicht genau geometrisch abgestuft sind. Auch bei mittelhartem Stahl mit $K_z = 50$ bis 70 kg/mm² zeigt die strichpunktierte Geschwindigkeitssäge zwischen $v = 16$ bis 24 m/min, daß die Bank die Schnittgeschwindigkeiten voll ausnutzt. In gleicher Weise kann man die Maschine für die anderen Werkstoffe untersuchen, deren wirtschaftliche Schnittgeschwindigkeiten aus Zahlentafel 15 zu entnehmen sind.

Infolge des Riemenrutsches wird die Maschine die Drehzahlen in voller Höhe nicht hergeben. Um die wirklichen Geschwindigkeitsverhältnisse nachprüfen zu können, nimmt man die Umläufe an der Maschine mit dem Drehzahlzähler auf. Dabei dürfen Unterschiede von 5 bis 7 v H nicht überschritten werden, da sonst der Riemen überlastet ist. Das Nachprüfen der Drehzahlen ergibt: $n_1 = 8{,}5$, $n_2 = 11{,}5$, $n_3 = 16{,}2$, $n_4 = 23$, $n_5 = 29$, $n_6 = 42$, $n_7 = 58$, $n_8 = 82$, $n_9 = 120$, $n_{10} = 170$, $n_{11} = 235$, $n_{12} = 330$. Überträgt man die wirklichen Drehzahlen in Abb. 92 und zeichnet die zugehörige Geschwindigkeitssäge, so verschiebt sie sich nur unwesentlich, wie die zwischen $v = 30$ und $v = 20$ eingestrichelte Säge zeigt. Die Geschwindigkeitsverhältnisse werden daher durch den Riemenrutsch nur wenig beeinflußt.

Die zeichnerische Ermittlung der Vorschübe ist in Abb. 93 für die Längsvorschübe durchgeführt. Zwischen den einzelnen Wellen und Bolzen I bis VII sind die Zähnezahlen umgekehrt aufgetragen und die Strahlen gezogen. Um meßbare Größen zu erhalten, sind auf V und VI die ermittelten Werte auf der Gegenseite vergrößert. In Abb. 91a sind sie, wie bekannt, auf ihren geometrischen Aufbau nachgeprüft. Dabei zeigen sich unerhebliche Abweichungen.

Will man auch die Spanleistung der Maschine zeichnerisch auswerten, so kann dies nach der Auswertungstafel in Abb. 83 geschehen. Bei

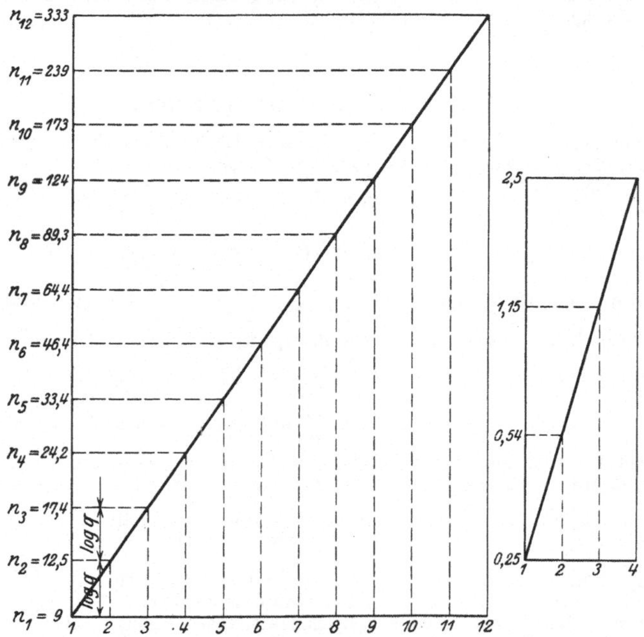

Abb. 91 u. 91a. Prüfen der Umläufe und Vorschübe auf geometrische Abstufung.

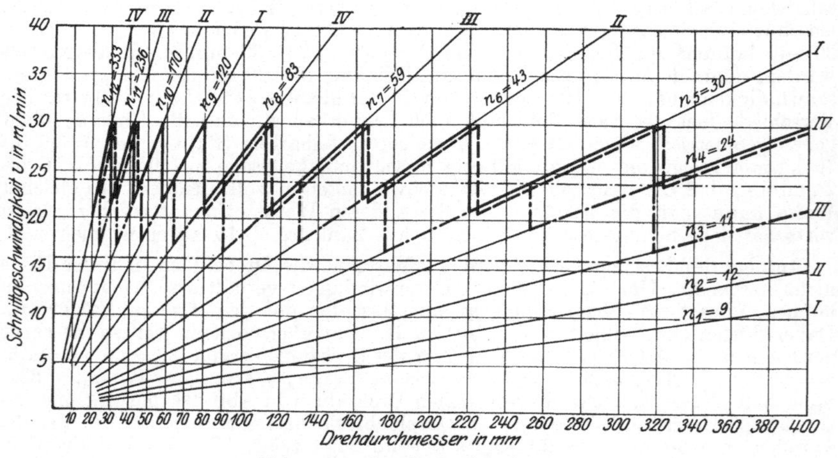

Abb. 92. Geschwindigkeitssäge.

der Riemenbreite von 85 mm und der Riemengeschwindigkeit für die Stufe IV $v_R = 3{,}6$ m/s beträgt nach den Linienzügen 1 2′ 3′ die Nutzleistung der Maschine bei $\eta = 0{,}9$ $N_e = 4{,}8$ PS. Die weitere Auswertung ist in Abb. 94 durchgeführt. In dem rechten oberen Felde

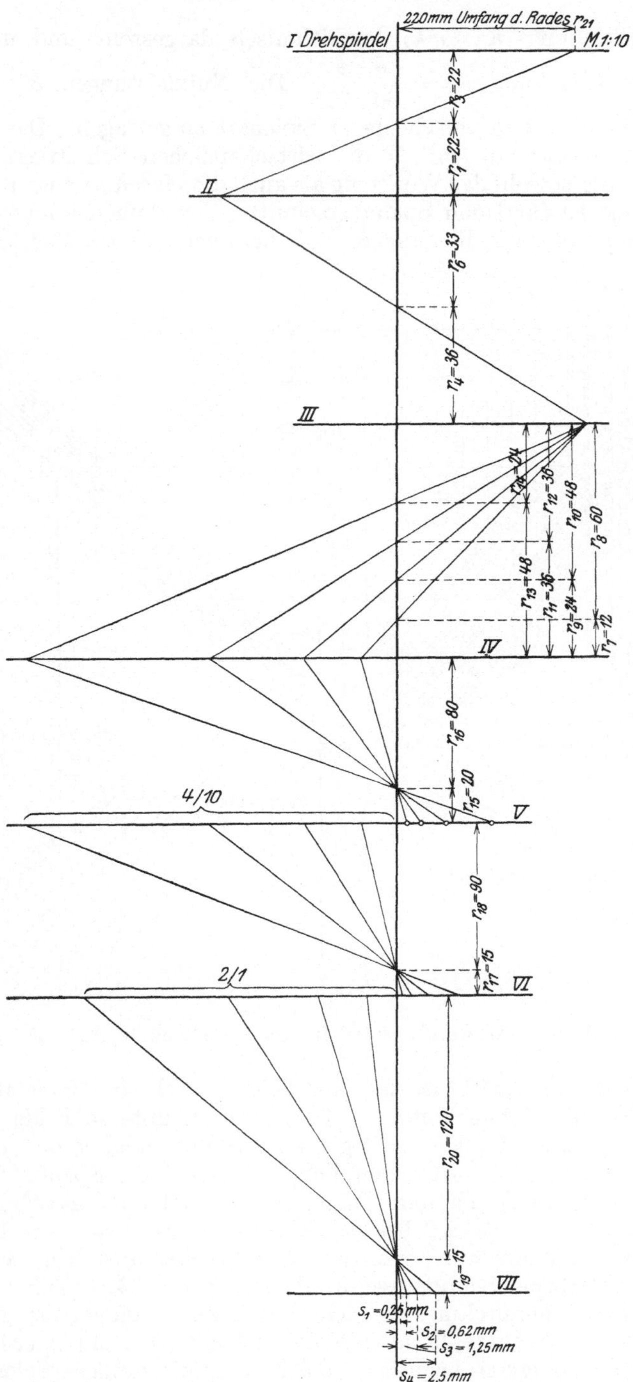

Abb. 93. Zeichnerische Ermittlung der Vorschübe.

ist die Gleichung $K = q\,k_s$ logarithmisch dargestellt und im linken Felde die Gleichung $N_e = \dfrac{K \cdot v}{60 \cdot 75}$. Die Nutzleistungen N_e der einzelnen Stufen sind in verschiedener Strichart eingetragen. Die W_z-Linie gibt auch hier wie in Abb. 83 die wirtschaftlichen Schnittgeschwindigkeiten an, die sowohl das Werkzeug als auch die Maschine ausnutzen. Mit der k_s-Linie ist für jeden Spanquerschnitt q der Einheitsschnittdruck k_s genau festgelegt. Die W_z- und k_s-Linie beziehen sich auf Maschinenstahl

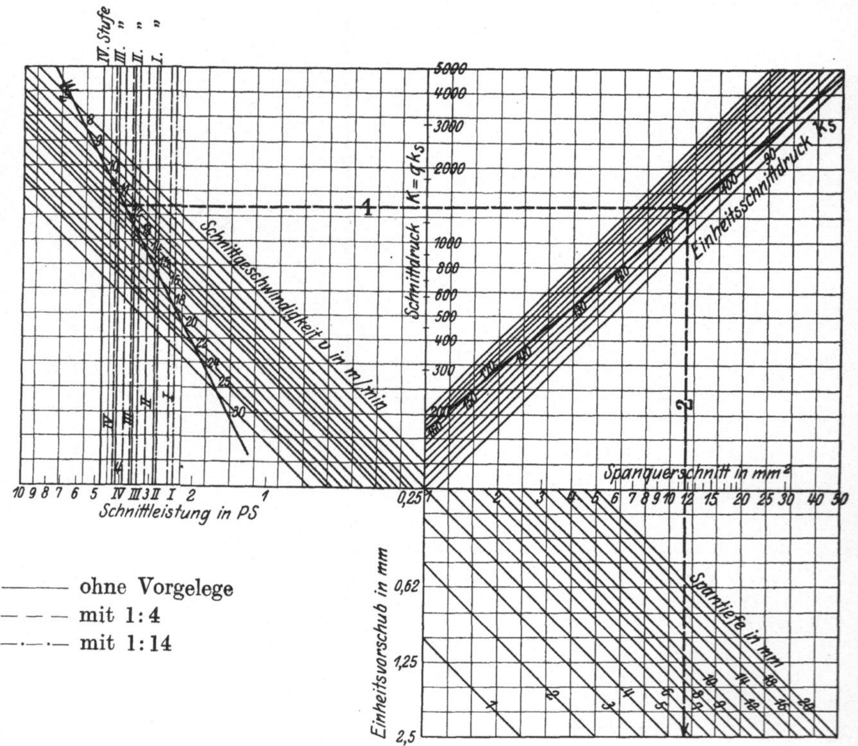

Abb. 94. Auswertungstafel für die Drehbank in Abb. 88.

von 50 bis 60 kg/mm² Festigkeit und Schnellstahl von 16 bis 18 v H W bei der üblichen Schneidenform. Dem rechten unteren Felde liegt die Gleichung $q = a\,s$ oder $\log q = \log s + \log a$ zugrunde, so daß man hier zu jedem Spanquerschnitt q den Vorschub s und die Spantiefe ablesen kann. Mit der Stufe IV und Vorgelegen 1:14 könnte man nach dem Linienzug IV —·—·— 1,2 bei $v = 12{,}4$ m/min einen Span von 11,9 mm² und bei $s = 2{,}5$ mm eine Spantiefe $a = 4{,}8$ mm anstellen. Läßt sich die wirtschaftliche Schnittgeschwindigkeit $v = 12{,}4$ m/min bei dem vorliegenden Drehdurchmesser nicht ausnutzen, weil an der Maschine die passende Drehzahl fehlt, so muß man sich entweder mit einer kleineren Schnittgeschwindigkeit begnügen, dafür aber die größere Schnittdauer ausnutzen oder man wählt eine größere Schnittgeschwindigkeit und

gleicht die Mehrbelastung der Schneide durch eine wirksame Wasserkühlung aus. Der letzte Weg setzt allerdings voraus, daß die Maschine
auf der betreffenden Stufe die größere Nutzleistung hergibt.

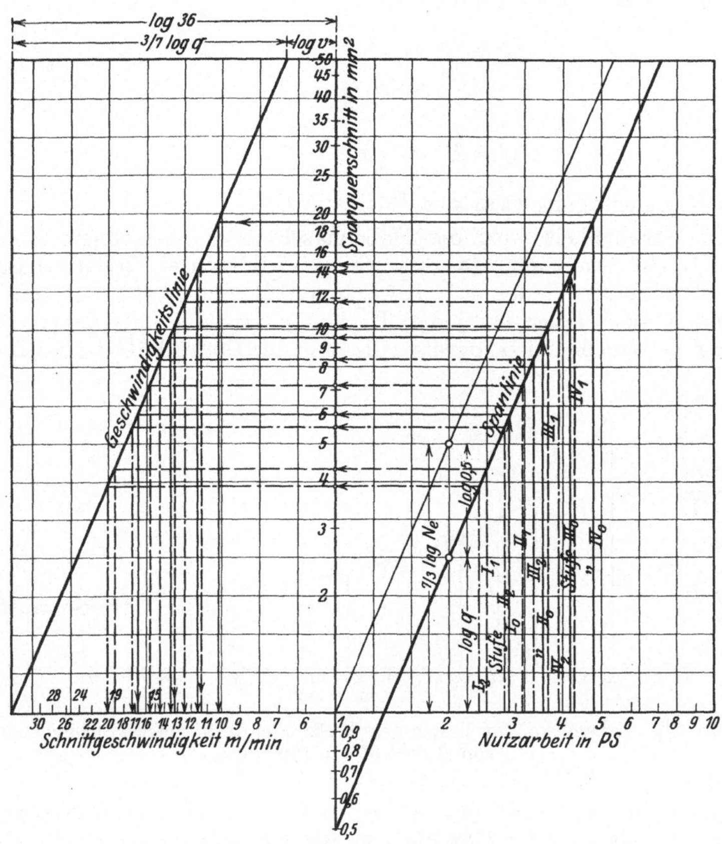

Abb. 95. Auswertungstafel für die Drehbank in Abb. 88.

Die Auswertungstafel wird einfacher, wenn man, wie in Abb. 95, die
Gleichungen $q = 0,5\, N_e^{7/3}$ und $v = \dfrac{36}{q^{3/7}}$ logarithmisch aufträgt. Mit drei
Linienzügen kann man hier zu jeder Stufe den wirtschaftlichen Spanquerschnitt und die wirtschaftliche Schnittgeschwindigkeit für Maschinenstahl mit $K_z = 50-60$ kg/mm² und Schnellstahl mit $16-18$ v H W entnehmen. Für Stufe IV_2 ist auch hier $q = 11,9$ mm² und $v = 12,4$ m/min.

b) Mit gerader Hauptbewegung.

1. Mit Zahnstangen- und Schraubenantrieb.

Die Geschwindigkeits- und Vorschubverhältnisse lassen sich bei
der Tischhobelmaschine in ähnlicher Weise ermitteln. Die Schnitt-

geschwindigkeiten und die Rücklaufgeschwindigkeit sind in Band I auf Seite 46 aus dem Antriebe des Tisches rechnerisch ermittelt. Die zeichnerische Ermittlung müßte im Sinne der Abb. 90 erfolgen. Die Hubzahl/min n war nach Seite 9, Bd. I,

$$n = \frac{c_H}{H} \cdot \frac{1}{1 + \dfrac{1}{m}}$$

$$c_H = H \cdot n \cdot \left(1 + \frac{1}{m}\right),$$

$m =$ Beschleunigungsgrad des Rücklaufes.

In Wirklichkeit wird die Hobelmaschine die berechnete Zahl der Hübe nicht erreichen, da mit jedem Hubwechsel Beschleunigungen und Verzögerungen der sich bewegenden Massen verbunden sind. Es empfiehlt sich daher bei jeder Tischhobelmaschine mit der Stoppuhr bei den verschiedenen Hubgrößen die Zahl der Doppelhübe zu bestimmen.

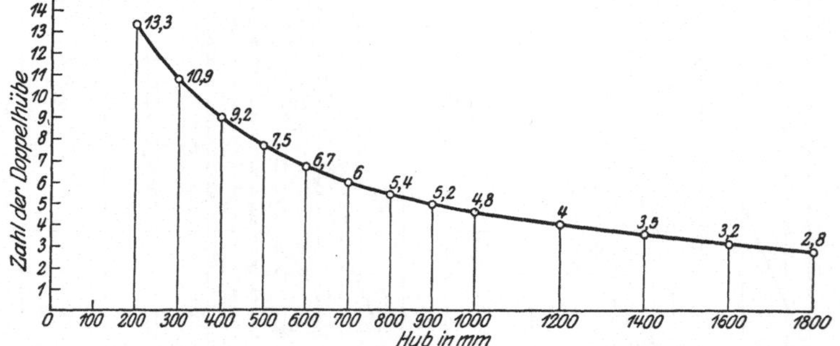

Abb. 96. Versuchsmäßig bestimmte Hubzahlen/min einer Hobelmaschine von 650 × 650 × 1800 mm.

Dies kann in der Weise geschehen, daß man z. B. bei $H = 600$, 700, 800 .... mm mit der Uhr die Zeit für 10 Doppelhübe bestimmt und hieraus die Hubzahl/min berechnet. Die Maschine wird dabei zweckmäßig mit einem passenden Werkstück belastet. In Abb. 96 ist für eine Hobelmaschine von 650 × 650 × 1800 die Hublinie gezeichnet, indem man auf der wagerechten Achse die Hubgrößen in mm und auf der senkrechten Achse die Hubzahlen aufgetragen hat.

Die Vorschübe lassen sich ebenfalls durch Versuche feststellen, indem man die Schaltklinke um 1 Zahn schalten und die Maschine n Hübe ausführen läßt. Wird dabei der Hobelschlitten um 25 mm geschaltet und zählt man währenddessen 50 Arbeitshübe, so ist der Vorschub $\dfrac{25}{50} = 0{,}5$ mm für jeden Zahn, um den das Schaltrad geschaltet wird (Bd. I, S. 5).

Beispiel: Ein Gußstück von 1600 mm Länge und 120 mm Breite soll auf der Hobelmaschine 1800 × 650 × 650 gehobelt werden.

$$H = L + 2 \cdot 100 = 1600 + 200 = 1800 \text{ mm}.$$

In Abb. 96 ist bei $H = 1800$ $n = 2{,}8$, d. h. die Maschine macht 2,8 Doppel-hübe/min. Nach Abb. 72 ist bei $s = 1{,}5$ mm und $n = 2{,}8$ oder $s = 0{,}15$ und $n = 28$ die Vorschubgeschwindigkeit $s' = 4{,}2$ mm/min.

Bei $s' = 4{,}2$ mm und $L = 120$ mm Hobelbreite ist nach Abb. 72 $t_h = 28$ min oder nach Abb. 74 durch die Fluchtlinien $1'\,2'\,t_h = \dfrac{2{,}3 \cdot 120}{10} = 28$ min. Die mittlere Tischgeschwindigkeit ist nach Abb. 73 $v_m = 10$ m/min.

Dieselben Berechnungen gelten auch für Stößelhobel- und Stoß-maschinen mit Zahnstangen oder Schraubenantrieb.

2. Mit Kurbelschwingenantrieb,

Beim Antrieb der Hobel- oder Stoßmaschinen durch eine Schwing-oder Umlaufschleife ändert sich die Schnittgeschwindigkeit mit der Größe des Hubes und dem Verlegen des Riemens von einer Stufe auf die andere.

Die mittlere Schnittgeschwindigkeit ist nach Bd. I, S. 50:

$$v_a = \frac{360\,H\,n}{\alpha} \text{ m/min.}$$

Die mittlere Rücklaufgeschwindigkeit:

$$v_r = \frac{360\,H\,n}{\beta} \text{ m/min;}$$

hierin $H = $ Hub in m, $n = $ Umläufe/min der Kurbel.

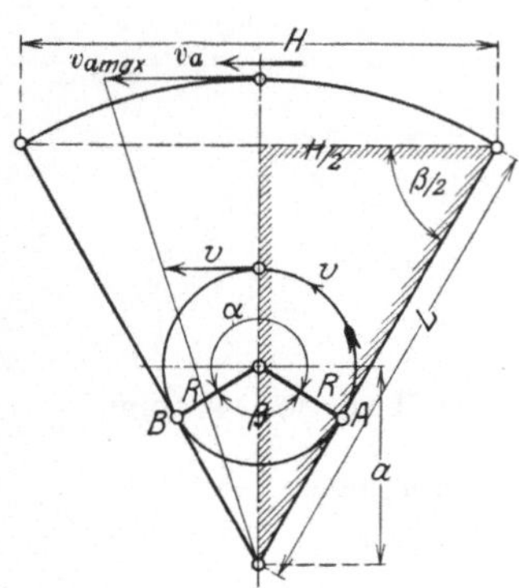

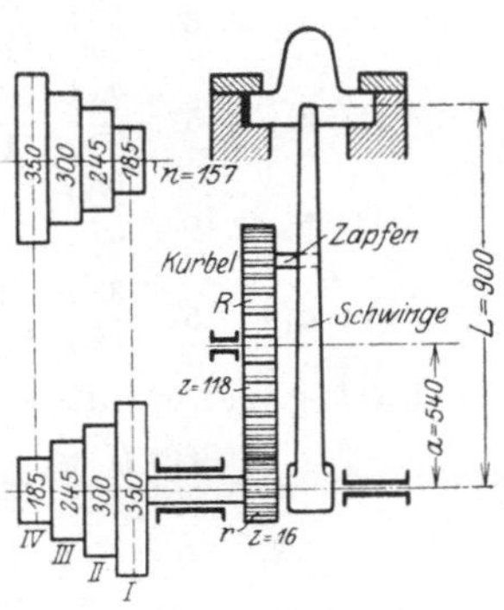

Abb. 97. Plan der Kurbelschwinge.   Abb. 98. Schwingenantrieb des Stößels.

Die Kurbelwinkel α und β:

$$\alpha + \beta = 360^0; \quad \alpha = 360^0 - \beta \quad \text{und} \quad \cos\frac{\beta}{2} = \frac{H}{2\,L}.$$

Das Geschwindigkeitsverhältnis:

$$\frac{v_a}{v_r} = \frac{360\,H \cdot n \cdot \beta}{360\,H \cdot n\,\alpha} = \frac{\beta}{\alpha}.$$

Um die Bewegungsverhältnisse besser beurteilen zu können, empfiehlt es sich, noch die größte Geschwindigkeit $v_{a_{max}}$ des Stößels festzustellen, weil dieser Wert die mittlere Schnittgeschwindigkeit manchmal erheblich überschreitet. Die höchste Geschwindigkeit erreicht der Stößel in der Hubmitte, wo die Kurbelgeschwindigkeit v ganz auf die Schwinge zur Wirkung kommt. Nach Abb. 97 ist

$$\frac{v_{a_{max}}}{v} = \frac{L}{a+R};$$

demnach ist die größte Stößelgeschwindigkeit beim Hobeln:

$$v_{a_{max}} = v \cdot \frac{L}{a+R} \ \text{m/min}$$

und die größte Rücklaufgeschwindigkeit:

$$\frac{v_{r_{max}}}{v} = \frac{L}{a-R}, \quad v_{r_{max}} = v \cdot \frac{L}{a-R} \ \text{m/min}.$$

Kurbelhalbmesser R aus: $\cos\dfrac{\beta}{2} = \dfrac{R}{a}$

$$R = a \cos\frac{\beta}{2} = \frac{a \cdot H}{2 \cdot L}.$$

Beispiel: Für eine Stößelhobelmaschine mit einem Antrieb nach Abb. 97 und 98 sind die Geschwindigkeitsverhältnisse zu berechnen.

1. Umläufe der Kurbel R oder die Zahl der Doppelhübe des Stößels.

$$\text{I:}\ n_1 = 157 \cdot \frac{185}{350} \cdot \frac{16}{118} = 11$$

$$\text{II:}\ n_2 = 157 \cdot \frac{245}{300} \cdot \frac{16}{118} = 17$$

$$\text{III:}\ n_3 = 157 \cdot \frac{300}{245} \cdot \frac{16}{118} = 26$$

$$\text{IV:}\ n_4 = 157 \cdot \frac{350}{185} \cdot \frac{16}{118} = 40.$$

2. Schnittgeschwindigkeit bei größtem Hub von 400 mm.

$$\text{Stufe}\quad \text{I:}\ v_a = \frac{360 \cdot H \cdot n_1}{a} = \frac{360 \cdot 0{,}4 \cdot 11}{206} \sim 7{,}8 \ \text{m/min}.$$

$$\cos\frac{\beta}{2} = \frac{H}{2L} = \frac{400}{2 \cdot 900} = 0{,}2222$$

$$\frac{\beta}{2} = 77^0\ 10'$$

$$\beta = 154^0\ 20' = \sim 154^0$$

$$a = 206^0$$

$$\text{''}\quad \text{II:}\ v_a = \frac{360 \cdot H \cdot n_2}{a} = \frac{360 \cdot 0{,}4 \cdot 17}{206} \sim 12 \ \text{m/min}.$$

$$\text{''}\quad \text{III:}\ v_a = \frac{360 \cdot H \cdot n_3}{a} = \frac{360 \cdot 0{,}4 \cdot 26}{206} \sim 18 \ \text{m/min}.$$

$$\text{''}\quad \text{IV:}\ v_a = \frac{360 \cdot H \cdot n_4}{a} = \frac{360 \cdot 0{,}4 \cdot 40}{206} \sim 28 \ \text{m/min}.$$

3. Schnittgeschwindigkeiten bei einem Hub $H = 100$ mm.

$$\cos \frac{\beta}{2} = \frac{H}{2L} = \frac{100}{2 \cdot 900} = \frac{1}{18} = 0,0556$$

$$\frac{\beta}{2} = 86^0 50'$$

$$\beta \sim 174^0$$
$$a = 186^0$$

$$\text{Stufe} \quad \text{I:} \quad v_a = \frac{360 \cdot 0,10 \cdot 11}{186} \sim 2,1 \text{ m/min.}$$

$$\text{„} \quad \text{II:} \quad v_a = \frac{360 \cdot 0,10 \cdot 17}{186} \sim 3,3 \text{ m/min.}$$

$$\text{„} \quad \text{III:} \quad v_a = \frac{360 \cdot 0,10 \cdot 26}{186} \sim 5 \text{ m/min.}$$

$$\text{„} \quad \text{IV:} \quad v_a = \frac{360 \cdot 0,10 \cdot 40}{186} \sim 7,7 \text{ m/min.}$$

In gleicher Weise kann man für andere Hubgrößen die Schnittgeschwindigkeiten berechnen.

4. Größte Hobelgeschwindigkeiten bei $H = 400$ mm.

$$v_{a\,max} = v \cdot \frac{L}{a + R}$$

Kurbelgeschwindigkeit: $v = 2R \cdot \pi \cdot n$. Hierin ist

$$R = \frac{a \cdot H}{2L} = \frac{540 \cdot 400}{2 \cdot 900} = 120 \text{ mm.}$$

$$\text{Stufe} \quad \text{I:} \quad v_1 = 2 \cdot 0,12 \cdot \pi \cdot 11 = 8,3 \text{ m/min.}$$
$$\text{„} \quad \text{II:} \quad v_2 = 2 \cdot 0,12 \cdot \pi \cdot 17 = 13 \text{ m/min.}$$
$$\text{„} \quad \text{III:} \quad v_3 = 2 \cdot 0,12 \cdot \pi \cdot 26 = 20 \text{ m/min.}$$
$$\text{„} \quad \text{IV:} \quad v_4 = 2 \cdot 0,12 \cdot \pi \cdot 40 = 30 \text{ m/min.}$$

$$\text{Stufe} \quad \text{I:} \quad v_{a\,max} = \frac{8,3 \cdot 900}{540 + 120} = 11,5 \text{ m/min.}$$

$$\text{„} \quad \text{II:} \quad v_{a\,max} = \frac{13 \cdot 15}{11} = 17,9 \text{ m/min.}$$

$$\text{„} \quad \text{III:} \quad v_{a\,max} = \frac{20 \cdot 15}{11} = 26,9 \text{ m/min.}$$

$$\text{„} \quad \text{IV:} \quad v_{a\,max} = \frac{30 \cdot 15}{11} = 41,4 \text{ m/min.}$$

Vergleicht man die größten Stößelgeschwindigkeiten mit den mittleren, so zeigen sich bei 400 mm Hub Unterschiede von etwa 50 v H. Bei der Auswahl der Schnittgeschwindigkeit muß man daher vorsichtig sein.

Den besten Überblick über den wirklichen Verlauf der Stößelgeschwindigkeiten gewährt die zeichnerische Darstellung, die, wie in Bd. I, S. 52, hier in Abb. 99 für den größten Hub von 400 mm und die Stufen I und IV durchgeführt ist. Die Geschwindigkeitslinie für Stufe IV zeigt klar, daß sie bei $H = 400$ nicht in Frage kommt, da v_a zu stark ansteigt und fällt. Die Stufe I hat einen weit günstigeren Verlauf der Schnittgeschwindigkeit. Sie kann daher für $H = 400$ mm nur in Betracht

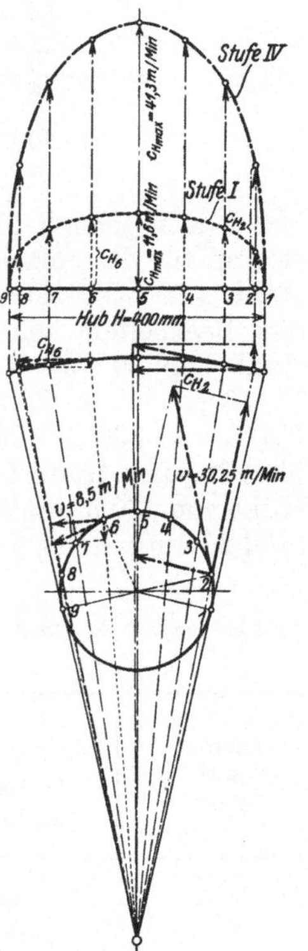

Abb. 99. Zeichnerische Ermittlung der Stößelgeschwindigkeiten.

kommen. Will man die Stößelhobelmaschine richtig auswerten, so berechnet man, wie vorstehend, die mittleren Hobelgeschwindigkeiten für Hübe von 100, 200, 300, 400 mm und trägt die ermittelten Werte als Lote zu den Hubgrößen auf. Auf diese Weise erhält man für jede Stufe eine schräge Linie, die Stufenlinie. Aus dem Schaubilde in Abb. 100

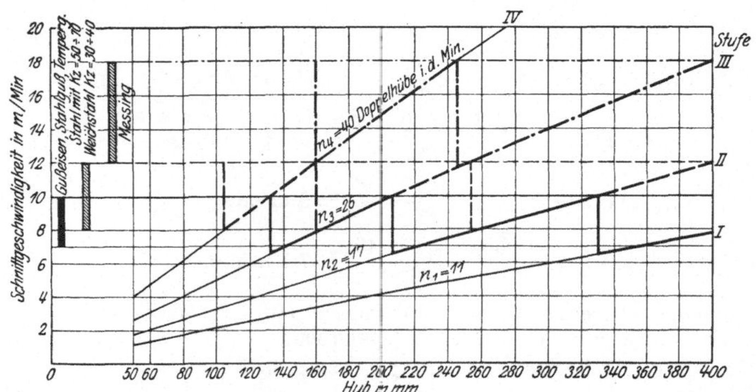

Abb. 100. Tafel für die Ermittlung der Antriebsstufe.

lassen sich schnell die Hübe ablesen, die bei den verschiedenen Werkstoffen für die einzelnen Stufen in Frage kommen. Besteht der Hobelstahl aus Werkzeugstahl, so kommen nach der Zahlentafel 15 für das Bearbeiten von Gußeisen, Stahlguß, Temperguß und Maschinenstahl von 50 bis 70 kg/mm² Festigkeit Schnittgeschwindigkeiten von 7—10 m/min in Betracht. Abb. 100 zeigt nun, daß die Stufe I für die Hübe von 330 ÷ 400 mm zu wählen ist, die Stufe II für Hübe von 210 bis 330 mm, Stufe III für Hübe von 130 bis 210 mm und Stufe IV für Hübe von 130 mm und weniger. In dieser Weise ist die Hubtafel in Zahlentafel 22 aufgestellt, die für die Ausnutzung der Maschine unentbehrlich ist.

Zahlentafel 22 zur Ermittlung der Hubgrößen bei einem Hobelstahl aus Werkzeugstahl.

Riemen auf Stufe	Größter Hub in mm bei			
	Gußeisen Temperguß	Stahlguß Maschinenstahl $K_z = 50—70$	Weichstahl $K_z = 30—40$	Messing
I	400	400	—	—
II	330	330	400	—
III	210	210	250	400
IV	130	130	160	250

Beispiel: Ein Gußstück von 300 mm Länge und 220 mm Breite ist bei 7 m/min Schnittgeschwindigkeit und 1,5 mm Vorschub zu hobeln.

Nach Abb. 100 ist für $300 + 2 \cdot 25 = 350$ mm Hub die Hubzahl $n_1 = 11$ (Stufe I).
Nach Abb. 72 ist für $n = 11$ und $s = 1,5$: $s' = 16,5$ mm/min.
Nach Abb. 72 ist für $s' = 16,5$ und $B = 220$: $t_h = 14$ min.

Die zulässigen Spanquerschnitte werden am besten durch Versuche bestimmt und zwar für die verschiedenen Stufen, Hübe und Werkstoffe.

c) Die versuchsmäßige Ermittlung der Geschwindigkeitsverhältnisse.

Die Geschwindigkeitsverhältnisse können auch durch einen Versuch ermittelt werden. Man läßt dabei die Maschine selbst die Geschwindigkeitslinien aufschreiben. Hierfür ist nach Abb. 101 in

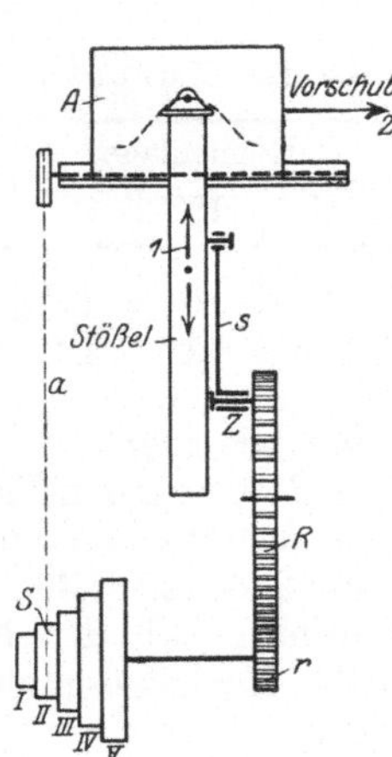
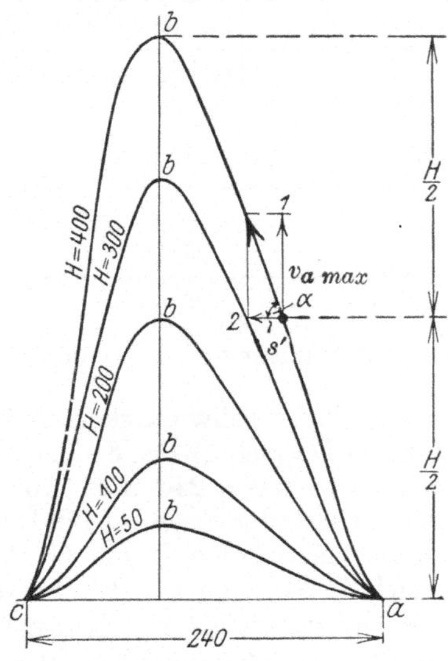

Abb. 101. Antrieb des Stößels.　　Abb. 102. Geschwindigkeitslinien des Stößels.

dem Hobelkopf der Schreibstift eingespannt und auf dem Arbeitstisch A ein Brett mit einem Bogen Papier befestigt. Die Stufenscheibe S bewegt mit dem Rädervorgelege $\dfrac{r}{R}$ und der Kurbelschubstange s den Stößel in Richtung 1 und verschiebt mit dem Riemen a den Arbeitstisch A nach 2. Bei dieser gleichzeitigen Bewegung nach 1 und 2 schreibt der Stift die in Abb. 102 dargestellten Geschwindigkeitslinien auf, sobald man den Kurbelzapfen Z auf die verschiedenen Hubgrößen einstellt. Die Linien von a bis b (Abb. 102) zeigen den Verlauf der Geschwindigkeiten beim Hobeln und die Linien von b bis c beim Rücklauf. Aus diesen Geschwindigkeitslinien lassen sich nun die Stößelgeschwindigkeiten ermitteln. Soll z. B. die höchste Stößelgeschwindigkeit bei $H = 400$ mm gefunden werden, so ist in der Hubmitte an die Geschwindigkeitslinie die Berührungslinie zu ziehen und die Geschwindigkeit c nach 1 und 2 zu zerlegen. Dann ist nach Abb. 102

$$\operatorname{tang} \alpha = \frac{v_{a\,max}}{s'}$$

und die größte Geschwindigkeit des Stößels:

$$v_{a\,max} = s' \cdot \operatorname{tang} \alpha.$$

Die Winkel α sind jedesmal in der Hubmitte zu messen und zwar als Winkel zwischen Berührungslinie und Richtung 2. Zur Bestimmung der Vorschubgeschwindigkeit s' in Richtung 2 des Tisches muß auch die Zahl der Doppelhübe des Stößels gezählt werden.

Zahlentafel 23.

Zusammenstellung der gemessenen Winkel[1].

Hub in mm . . .	50	75	100	125	150	175	200	225	250	275	300	325	350	375	400
α in °	26	37	45	51	56	59	63	65	68	69	70,5	72	73	74	75

Zahl der Doppelhübe/min oder Umläufe der Kurbel[1].

	Riemenlage				
	I	II	III	IV	V
Doppelhübe	150	60	30	15	6
Vorschubgeschwindigkeit s' in m/min . .	36	14,4	7,2	3,6	1,44

Die Vorschubgeschwindigkeit s' berechnet man wie folgt:

Bei jedem Doppelhub des Stößels verschiebt der Riemen a den Tisch A um die Strecke $a\,c = 240$ mm (Abb. 102). Liegt der Riemen auf der Scheibe I, so wird der Tisch bei 150 Doppelhüben um $240 \cdot 150 = 36$ m/min verschoben, bei Scheibe II um $60 \cdot 240 = 14,4$ m/min. Mit den in der Zahlentafel 23 angegebenen Werten lassen sich die Höchstgeschwindigkeiten bei den verschiedenen Hubgrößen berechnen.

Z. B. für $H = 100$ mm und Scheibe I:
$$v_{a\,max} = s' \cdot \tan\alpha = 36 \cdot \tan 45° = 36 \text{ m/min.}$$
Für $H = 100$ mm und Scheibe V:
$$v_{a\,max} = s' \cdot \tan\alpha = 1,44 \cdot \tan 45° = 1,44 \text{ m/min.}$$
Für $H = 400$ mm und Scheibe I:
$$v_{a\,max} = s' \cdot \tan\alpha = 36 \tan 75° = 36 \cdot 3,73 = 134,3 \text{ m/min.}$$

Zahlentafel 24 für die Ermittlung der Antriebsstufe.

Riemen auf Stufe	Größter Hub in mm bei			
	Gußeisen Temperguß	Weichstahl $K_z = 30{-}40$	Stahlguß, Maschinenstahl $K_z = 50{-}70$	Messing
I	—	—	—	70
II	100	125	100	180
III	200	240	200	375
IV	400	400	400	400
V	—	—	—	—

[1] W. T. 1910, S. 257.

Diese Geschwindigkeit von 134 m/min darf praktisch nicht zugelassen werden. Mit der Gleichung $v_{a\,max} = s' \cdot \operatorname{tang} \alpha$ und den in den Tafeln angegebenen Werten für v und α lassen sich $5 \cdot 15 = 75$ Werte für

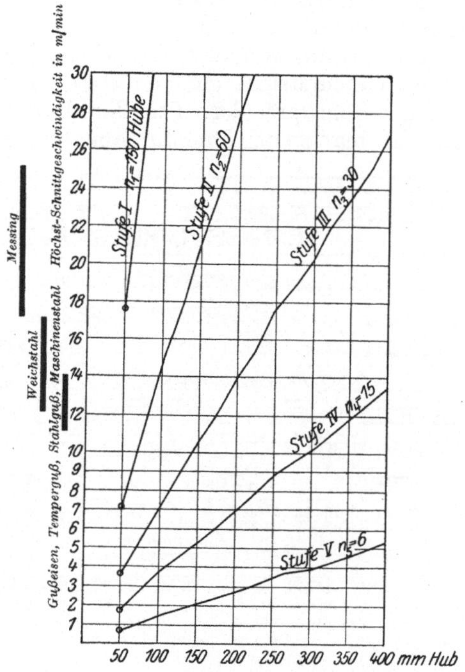

Abb. 103. Tafel zur Ermittlung der Antriebsstufe aus Hub und Schnittgeschwindigkeit.

$v_{a\,max}$ bestimmen, die in Abb. 103 dargestellt sind. Um einen Ausgleich mit den Höchstgeschwindigkeiten zu schaffen, muß man die zulässigen Geschwindigkeiten entsprechend höher bemessen.

XII. Die Auswahl einer wirtschaftlichen Werkzeugmaschine.

Will man für eine vorliegende Arbeit die günstigste Maschine der Werkstatt aussuchen, so muß dies mit Rücksicht auf eine wirtschaftliche Schnitt- und Vorschubgeschwindigkeit, eine einfache Handhabung und genaue Arbeitserzeugnisse erfolgen. Damit werden die Schnittzeiten der Maschine t_h und die Griffzeiten t_n für die Nebenarbeiten auf das Kleinstmaß gebracht, ohne daß die Maschine zu stark belastet wird. Nach diesen Gesichtspunkten ist die Bankbestimmungstafel von Kronenberg in Abb. 104[1]) entworfen. Sie enthält die Hauptmaße, Nummern und die Genauigkeitsklasse der Drehbänke der Dreherei. Die Bank

---

1) Betrieb 1921. S. 552.

Nr. 172 hat 250 mm Spitzenhöhe, 1300 mm Spitzenweite und die Genauigkeitsklasse 3. In der Bildfläche jeder Bank sind entsprechend der Zahl ihrer Spindelgeschwindigkeiten für Schrupparbeiten Schruppfelder und für Schlichtarbeiten Schlichtstriche eingezeichnet. Die römischen Ziffern bedeuten die Stufe der Scheibe, z. B. I_0 = Stufe I ohne Vorgelege, II_1 = Stufe II mit 1. Vorgelege, III_2 = Stufe III mit 2. Vorgelege. Die Schlichtstriche gehören stets zu den links darunter stehenden Stufen der Schruppfelder. Die Bankbestimmungstafel erhält man in der Weise, daß man zu den Drehdurchmessern die aus der Abb. 76

BANKBESTIMMUNGSTAFEL

Hauptabmessungen	Bank Nr.	Genauigkeits-Kl.	Schrupp-/Schlichtfelder
250 × 1300	172	3	I_1 0,85 ǀ II_1 1,0 ǀ III_1 1,2 ǀ I_2 0,95 ǀ II_2 1,1 ǀ III_2 1,3
200 × 900	171	3	I_1 1,5 ǀ II_1 1,7 ǀ III_1 2,1 ǀ I_2 1,7 ǀ II_2 1,9 ǀ III_2 2,3
280 × 1000	164	3	I_0 2,3 ǀ II_0 2,5 ǀ III_0 2,9 ǀ IV_0 3,6 ǀ I_1 2,5 ǀ II_1 2,8 ǀ III_1 3,3 ǀ I_2 2,5 ǀ II_2 2,8 ǀ III_2 3,3 ǀ IV_2 4,0
300(540) × 2000	152	1	I_0 0,9 ǀ II_0 0,9 ǀ III_0 0,9 ǀ IV_0 0,9 ǀ V_0 0,9 ǀ VI_0 0,9 ǀ VII_0 0,9 ǀ VIII_0 0,9 ǀ I_m 1,05 ǀ II_m 1,05 ǀ III_m 1,05 ǀ IV_m 1,05 ǀ V_m 1,05 ǀ VI_m 1,05 ǀ VII_m 1,05 ǀ VIII_m 1,05
260(400) × 1500	125	2	I_0 1,8 ǀ II_0 2,1 ǀ III_0 2,5 ǀ IV_0 2,9 ǀ I_1 2,0 ǀ II_1 2,3 ǀ III_1 2,8 ǀ IV_1 3,3 ǀ I_2 2,0 ǀ II_2 2,3 ǀ III_2 2,8 ǀ IV_2 3,3
260(440) × 1500	113	2	I_0 1,3 ǀ II_0 1,5 ǀ III_0 1,7 ǀ IV_0 2,0 ǀ I_1 1,4 ǀ II_1 1,7 ǀ III_1 1,9 ǀ IV_1 2,3 ǀ I_2 1,6 ǀ II_2 1,8 ǀ III_2 2,1 ǀ IV_2 2,5
250(400) × 2000	90	4	I_0 3,4 ǀ II_0 3,9 ǀ III_0 4,9 ǀ IV_0 6,5 ǀ I_m 3,8 ǀ II_m 4,3 ǀ III_m 5,5 ǀ IV_m 7,2
250(400) × 1500	89	1	I_0 2,9 ǀ II_0 3,5 ǀ III_0 4,4 ǀ IV_0 5,2 ǀ I_m 3,2 ǀ II_m 3,9 ǀ III_m 4,9 ǀ IV_m 6,3
395(645) × 3000	80	3	Besetzt bis 18. 4
300(520) × 3000	59	4	I_0 3,5 ǀ II_0 4,1 ǀ III_0 5,2 ǀ IV_0 7,4 ǀ I_m 3,9 ǀ II_m 4,5 ǀ III_m 6,0 ǀ IV_m 8,8

Arbeitsmasse Gußeisen: 10 — 20 — 30 — 40 — 50 — 100 — 200 — 300 — 400 — 500 — 1000 — 2000

Maschinenzeit in Minuten für 100 mm Länge: 0,05 — 0,1 — 0,2 — 0,3 — 0,4 — 0,5 — 1 — 1,5 — 2 — 3 — 4 — 5 — 10

Geschützt gemäß Urheberrecht.

Abb. 104. Bankbestimmungstafel von Kronenberg.

abzulesenden Arbeitsbereiche der einzelnen Stufen in die Bankfelder einträgt.

Wird z. B. zu dem Durchmesser von 140 mm bei Gußeisen die günstigste Maschine gesucht, so stellt man den rechten Draht auf 140 mm des Maßstabes ein und sieht nach, welche Schruppfelder von ihm durchschnitten werden. Zur engeren Auswahl stehen nach Abb. 104

Bank-Nr.	Stufe	Beizahl
125	III_1	2,8
152	VIII_0	0,9
164	III_1	3,3
171	I_2	1,7
172	I_2	0,96

Alle anderen Maschinen scheiden aus, da sie keine wirtschaftliche Schnittgeschwindigkeit haben. Von den 5 Maschinen ist diejenige die günstigste, die die kleinste Beizahl hat, weil diese Zahl einen Anhalt über die Griffzeiten gibt, die ja im Bau der Bank begründet sind. Die

Bank Nr. 152 ist danach die gegebene und, wenn sie besetzt ist, Bank Nr. 172. Hat man mehr als 5 mm Spantiefe zu bewältigen, z. B. von 140 mm $\emptyset$ auf 120 mm $\emptyset$ zu drehen, so zieht man den zweiten Draht durch 120 mm $\emptyset$. Man sieht jetzt, daß die ganze Spanschicht auf der Bank Nr. 172 nicht genommen werden kann, da der 2. Draht die gleichen oder zusammenhängenden Felder des 1. Drahtes nicht durchschneidet. Die Maschine hat also zu großen Stufensprung. In der Einzelfertigung wird man eine zwischen den beiden Drähten liegende Maschine, z. B. Nr. 152 mit der Beizahl 0,9, nehmen. Auf dieser Maschine kann der ganze Span wirtschaftlich abgehoben werden. In der Massenfertigung verteilt man die Arbeiten auf eine Schruppbank und eine Schlichtbank. Erstere würde mit dem 1. Draht und letztere mit dem 2. Draht ausgesucht, der durch ihre Schlichtstriche geht.   Nach Abb. 104 käme

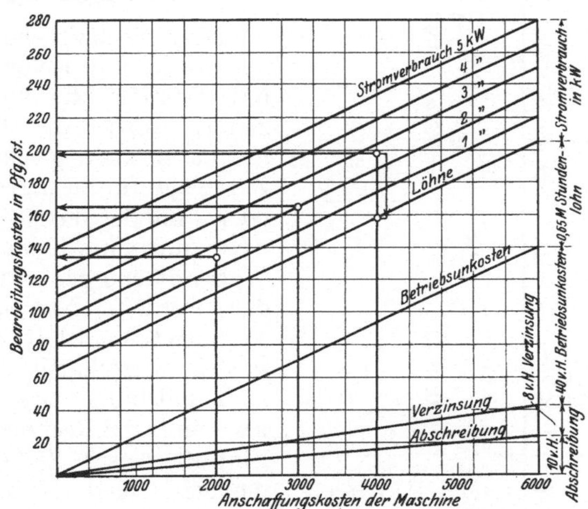

Abb. 105.   Zerspanungskosten in Pf/st.

Bank 152 mit $\mathrm{VII_0}$ und der kleinsten Genauigkeitsziffer 1 in Betracht. Auf der Tafel steht unten noch ein Zeitmaßstab für 100 mm Drehlänge. Um die Stückzeit zu bekommen, ist die abgelesene Zeit mit $^1/_{100}$ der Drehlänge und der Beiziffer zu vervielfachen.

In vielen Fällen läßt eine Überschlagsrechnung erkennen, ob man bei Massenarbeiten auf einer teueren Sondermaschine wirtschaftlicher arbeitet als auf einer billigeren Normmaschine. Gesetzt den Fall, daß das Drehen eines Massenstückes auf der Sondermaschine 45 min, auf der gewöhnlichen Drehbank dagegen 60 min dauert, so würde sich der in Zahlentafel 25 auf S. 114 angeführte Vergleich ergeben, wenn die Maschinen in 10 Jahren abgeschrieben werden.

Den besten Überblick über die stündlichen Bearbeitungskosten gewährt die Abb. 105, indem die Abschreibung, Verzinsung, die Betriebskosten für Werkzeuge, Spannvorrichtungen, Meßwerkzeuge in Hundertsätzen und dazu die Löhne und die Stromkosten eingetragen sind. Man kann daher zu dem Anschaffungspreis der Maschine auf der

Zahlentafel 25.   Vergleich zwischen Drehbank und Sondermaschine.

Maschinen-art	Anschaffungs-preis M.	10 v H Abschreibung/st bei 2500 Arbeits-stunden i. Jahr	8 v H Verzinsung/st	40 v H sonstige Un-kosten/st	Stunden-lohn M.	Kraftkosten/st, je Stück = 2 KW (1 kW st = 0,15 M.)	Gesamt-kosten für 1 Arbeits-stunde M.	Jahres-leistung Stückzahl	Kosten je Stück M.	Ersparnis je Stück M.	Nach wieviel Arbeitsstücken sind die Mehrkosten durch die Ersparnisse gedeckt?	In welcher Zeit sind die Mehrkosten durch die Ersparnisse gedeckt?
Sonder-Drehbank	4000	$\frac{4000}{10\cdot2500}=0,16$ M.	$\frac{4000\cdot8}{2500\cdot100}=0,13$ M.	$\frac{4000\cdot40}{2500\cdot100}=0,64$	0,65	$\frac{2\cdot0,15\cdot60}{45}=0,40$ M.	1,98	$\frac{2500\cdot60}{45}=3333$	$1,98\cdot\frac{3}{4}=1,49$	$1,65-1,49=0,16$	$\frac{4000-3000}{0,16}=6250$	$\frac{6250}{3333}\sim2$ Jahren
Gewöhnl. Drehbank	3000	$\frac{3000}{10\cdot2500}=0,12$ M.	$\frac{3000\cdot8}{2500\cdot100}=0,10$ M.	0,48	0,65	$2\cdot0,15=0,30$ M.	1,65	2500	1,65	—	—	—

Senkrechten die stündlichen Unkosten für die Bearbeitung ablesen, z. B. bei 4000 M. Anschaffungspreis sind die Bearbeitungsunkosten 198 Pf/st, bei 3000 M. 165 Pf/st und bei 2000 M. 135 Pf/st.

XIII. Die Einrichte-, Neben- und Verlustzeiten sowie Ausgleichzuschläge.

Die wirtschaftliche Ausnutzung der Werkzeugmaschinen verlangt, daß die Einrichte- und die Nebenzeiten, sowie die Verlustzeiten möglichst klein gehalten werden. Zuschläge für zu harte Werkstoffe oder minderwertige Werkzeuge usw. müssen durch eine gute Werkstättenorganisation vermieden werden. Nur unter dieser Voraussetzung ist der erste Grundsatz der wirtschaftlichen Fertigung „gut und billig" zu verwirklichen. Eine einfache Rechnung zeigt den Einfluß dieser Zeiten und Zuschläge. Sind z. B. in großer Reihenfertigung 500 Werkstücke zu bearbeiten bei je 20 min Nebenzeit, 60 min Einrichtezeit und 30 min Laufzeit, so ist nach S. 5 bei 15 v H Verlustzeitzuschlag, die Gesamtzeit der Fertigung $T_z = 1,15 (t_{ee} + z (t_h + t_n)] = 1,15 [60 + 500 (30 + 20)] = \sim 480$ st. Beträgt nun der Stundenlohn 0,60 M. und ist hierauf wegen mangelhafter Werkzeuge ein Aufschlag von 25 v H zu machen, so betragen die Löhne der Fertigung = 480 · 0,75 = 360,00 M. Ruhen hierauf noch 200 v H Geschäftsunkosten, so betragen die Selbstkosten der Fertigung 1080 M. Gelingt es durch Verbesserungen an Maschine und Spannvorrichtungen, sowie im Betriebe die Nebenzeit auf 15 min, die Laufzeit auf 25, die Einrichtezeit auf 40 min und die Verlustzeiten auf 10 v H herabzudrücken und durch bessere Werkzeuge die Zuschläge zu beseitigen, so wäre die Gesamtzeit der Fertigung $T_z = 1{,}10\,[40 + 500\,(25 + 15)] = \sim 367$ st. Die Löhne wären somit $0{,}6 \cdot 367 \sim 220$ M. und die Selbstkosten 660 M. Es wären somit bei diesem Auftrage 420 M. an Selbstkosten gespart. Hier heißt es also: „Spare an Zeit!"

a) Die Einrichtezeit.

Die eigentliche Einrichtezeit t_{ee} umfaßt zunächst die Zeiten, die der Arbeiter für das Besorgen der Unterlagen für den neuen Arbeitsauftrag aufwenden muß, wie das Holen und Lesen der Zeichnung und der Zeitkarte, sowie das Heranholen der Werkzeuge und Spannvorrichtungen vom Werkzeuglager. Klare Zeichnungen — Einblattsystem — und zentrale Lage der Werkzeugausgabe mit einer übersichtlichen Lagerung aller Schneid-, Meß- und Spannwerkzeuge tragen daher zur wesentlichen Kürzung der Einrichtezeit bei. Die Einrichtezeit soll auch den Zeitaufwand für das Herrichten der Maschine abgelten, sei es für Spitzen-, Dorn- oder Futterarbeiten oder sei es für Arbeiten an der Planscheibe. Hier spielt also die handliche Bauart der Maschinen, der Futter und Planscheiben die Hauptrolle und zwar um so mehr, je häufiger die Werkstücke wechseln. Gerade in der Einzelfertigung muß man daher auf Handlichkeit der Maschinen und Spannwerkzeuge sehen, da die Einrichtezeit auf die 1 bis 3 Einzelstücke zu verrechnen ist. Was aber für die Einzelfertigung gilt, muß in noch höherem Maße die Reihen- und Massenfertigung beanspruchen, die viel mehr vom Marktpreise abhängig ist. Das Schärfen und Einspannen der Werkzeuge, sowie ihr Ausrichten auf die Mitte des Werkstückes fällt ebenfalls unter die Einrichtezeit. Die Werkzeuge werden meist vorgeschärft vom Lager geliefert, so daß man in der Werkstatt die Werkzeugmaschinen zu Gruppen zusammenfassen und für jede eine Werkzeugschleifmaschine aufstellen muß. Sollen durch unnützes Warten keine Zeitverluste entstehen, so darf man die Zahl der Schleifmaschinen nicht zu klein nehmen. Will man die Zeitverluste für das Schärfen der Werkzeuge bei der Ausnutzung der Maschine ganz ausschalten, so muß man diese Arbeiten der Werkzeugschleiferei überweisen. Der Dreher muß dann stets einen gewissen Vorrat an scharfen Werkzeugen haben. Der Zeitaufwand für das Schärfen richtet sich nach der Art der Werkzeuge, ob Schrupp- oder Schlichtstähle, ob Bohrer oder Fräser. Die Zeit für das Einspannen hängt wieder von der Handlichkeit der Werkzeugschlitten ab. Richtwerte oder Grundzeiten für das Einrichten werden am besten durch Zeitaufnahmen gewonnen, die man hier und da durch Stichproben nachprüfen läßt. Hierbei faßt man zweckmäßig alle Zeiten zu einer Einrichtezeit zusammen, die für Heranholen der Unterlagen und Werkzeuge, sowie für das Herrichten der Maschine und Spannvorrichtung für das Werkstück erforderlich ist und ebenso die Zeiten, die zum Schärfen, Einspannen und Ausrichten der Werkzeuge nötig sind.

Zeittafel 26[1]). Einrichtezeiten für die Dreherei.

a) für Vorarbeiten und Einrichten des Spindelstockes:

1. für gewöhnliche Spitzenarbeit . . . . 7,5 min
2. für genaue Spitzenarbeit . . . . 8,5 „
3. für gewöhnliche Dornarbeit 8   „
4. für genaue Dornarbeit . . . . 10,5 „
5. für Dreibackenfutterarbeit . . . . 8,5 „
6. für Klemmfutterarbeit 9   „
7. für Planscheibenarbeit . . . . 14,5 „

b) für das Einrichten des Werkzeugschlittens:

1. für den 1. Durchmesser schruppen 2   min
2. für den 1. Durchmesser schruppen und schlichten . . 4   „
3. für 2 Endflächen hochziehen . . . . 2,5 „
4. für den 1. Ansatz mit Einstich oder Rundung drehen 3   „
5. für jeden weiteren Ansatz 1   „
6. für Kegeldrehen mit versetztem Reitstock oder mit Leit-
   lineal einschl. Schnittprobe 12   „

b) Die Nebenzeit.

Die Kürzung der Nebenzeit t_n setzt eine eingehende Untersuchung aller Handgriffe voraus, die zum Spannen und Ausrichten der Werkstücke, zum Ansetzen der Werkzeuge, sowie zum Messen, Ein- und Ausrücken der Maschine usw. erforderlich sind. Hier kann man nur durch zeitsparende Einrichtungen an der Maschine, durch Zerlegen des Fertigungsauftrages in einzelne Teilfertigungen und den anschließenden Zusammenbau, sowie durch Anlernen der Arbeiter zu wirtschaftlichem Arbeiten Erfolg haben. Die Art und Güte der Maschine, die Betriebsorganisation und die Eignung des Arbeiters spielen demnach eine große Rolle.

Allgemein betrachtet hat das Unterteilen der Arbeit noch den Vorzug, daß man die Arbeitsstufen einzeln kritisch betrachten und über Mittel nachdenken kann, die Arbeitsweise wirtschaftlicher zu gestalten. Gelingt es durch eine geeignete Vorrichtung die Nebenarbeiten auch nur um 10 min zu kürzen, so ist damit bei 0,60 M. Stundenlohn je Stück 0,10 M. gewonnen. Kostet die Vorrichtung z. B. 45 M., so ist sie bereits bei 450 Arbeitsstücken durch die Lohnersparnisse allein gedeckt. Dazu kommt ein Zeitgewinn von 75 st, während der die Maschine Nutzarbeit leisten kann.

Für die Arbeitsunterteilung oder Arbeitsanalyse hat der AWF eine bestimmte Gliederung festgelegt. Der Fertigungsauftrag (Abb. 106 und 107) umfaßt den Gesamtumfang der Fertigung, die in einzelne Teilfertigungen zerlegt wird. Für jede Teilfertigung stellt man einen Fertigungsplan auf, der alle Arbeitsgänge aufzählt, die die Fertigung eines Einzelteiles erfordert. Dabei sind zu einem Arbeitsgang diejenigen Arbeiten zusammengefaßt, die von einem Arbeiter oder von einer Gruppe Arbeiter auf einem Arbeitsplatze erledigt

---

[1]) Nach Refa-Mappe IV, 8.

werden. Jeder Arbeitsgang zerfällt in Arbeitsstufen, d. s. Teilarbeiten, die man ohne Ausspannen des Werkstückes auf einer Maschine
oder an einem Arbeitsplatz ausführen kann. Die Arbeitsstufen setzen

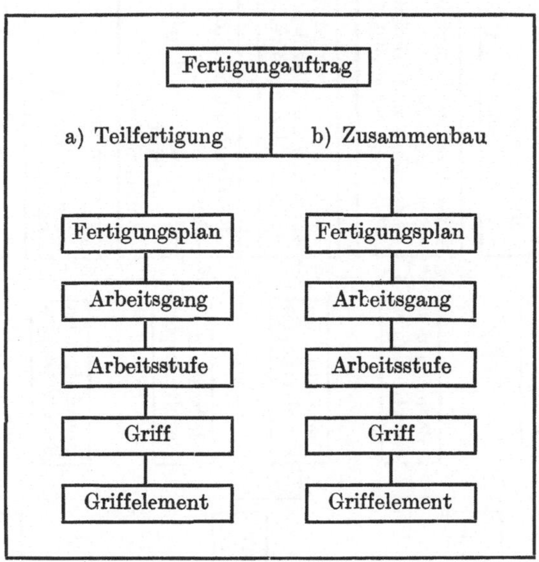

Abb. 106. Gliederung des Fertigungsauftrages.

sich aus Griffen zusammen, die eine in sich abgeschlossene Betätigung
des Arbeiters darstellen, z. B. Einspannen des Werkstückes, Bedienen
des Revolverkopfes. Zur Ausführung der Griffe sind Teilgriffe oder

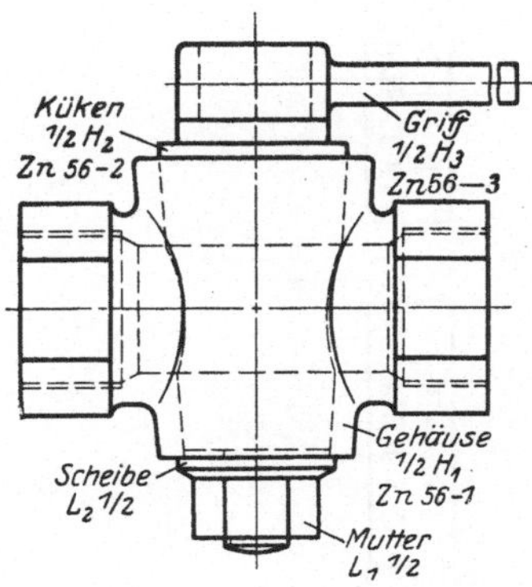

Abb. 108. Absperrhahn.

Griffelemente zu verrichten, die aus dem kleinsten meßbaren Teil
einer Arbeitsverrichtung bestehen, die höchstens eine in sich abgeschlossene Bewegung bedeuten, z. B. Spannfutter öffnen. Wie für jede

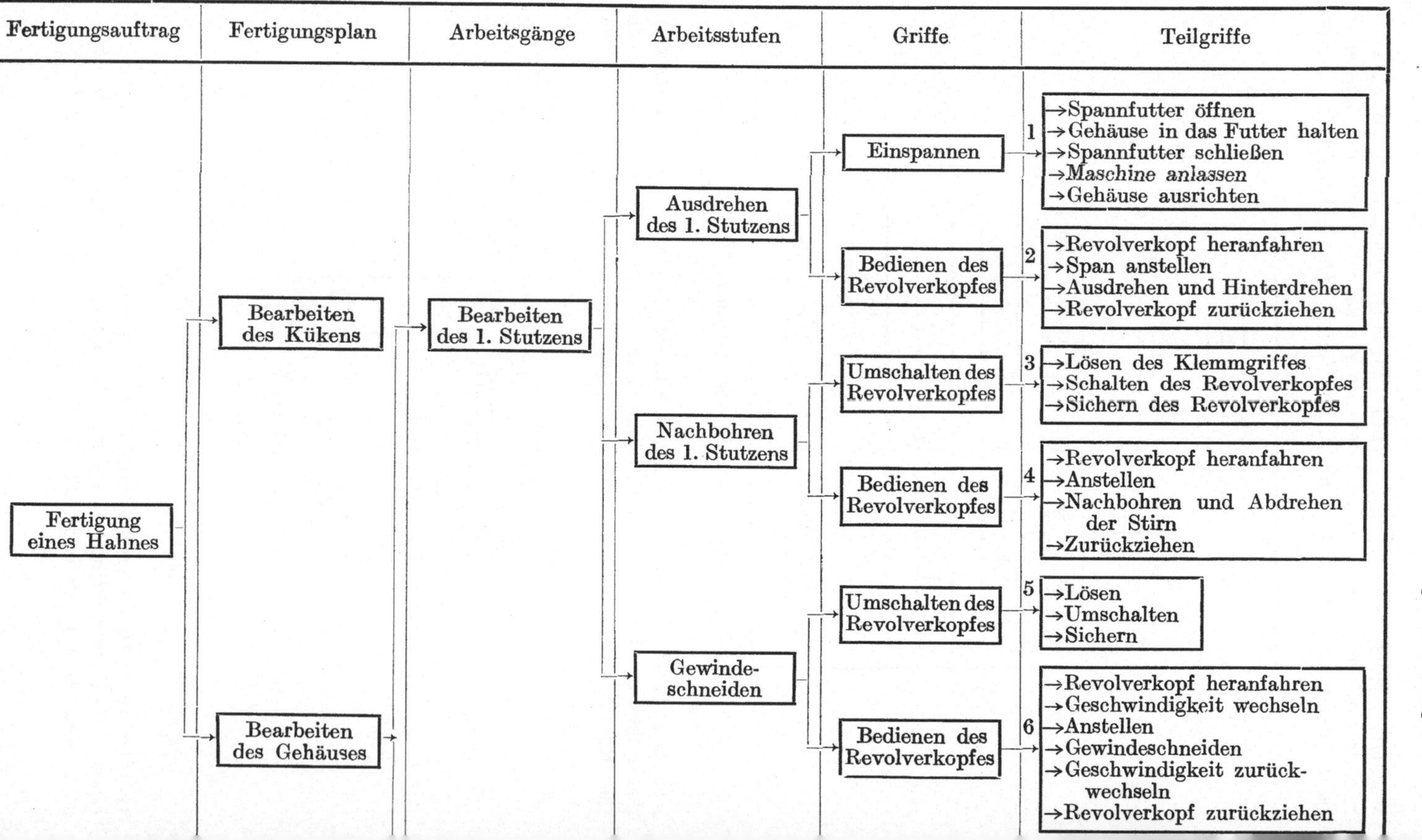

Fertigungsauftrag
Fertigungsplan
Arbeitsgänge
Arbeitsstufen
Griffe
Teilgriffe
Fertigung eines Hahnes
Bearbeiten des Kükens
Bearbeiten des Gehäuses
Bearbeiten des 1. Stutzens
Ausdrehen des 1. Stutzens
Nachbohren des 1. Stutzens
Gewindeschneiden
Einspannen
Bedienen des Revolverkopfes
Umschalten des Revolverkopfes
Bedienen des Revolverkopfes
Umschalten des Revolverkopfes
Bedienen des Revolverkopfes
1
→ Spannfutter öffnen
→ Gehäuse in das Futter halten
→ Spannfutter schließen
→ Maschine anlassen
→ Gehäuse ausrichten
2
→ Revolverkopf heranfahren
→ Span anstellen
→ Ausdrehen und Hinterdrehen
→ Revolverkopf zurückziehen
3
→ Lösen des Klemmgriffes
→ Schalten des Revolverkopfes
→ Sichern des Revolverkopfes
4
→ Revolverkopf heranfahren
→ Anstellen
→ Nachbohren und Abdrehen der Stirn
→ Zurückziehen
5
→ Lösen
→ Umschalten
→ Sichern
6
→ Revolverkopf heranfahren
→ Geschwindigkeit wechseln
→ Anstellen
→ Gewindeschneiden
→ Geschwindigkeit zurückwechseln
→ Revolverkopf zurückziehen

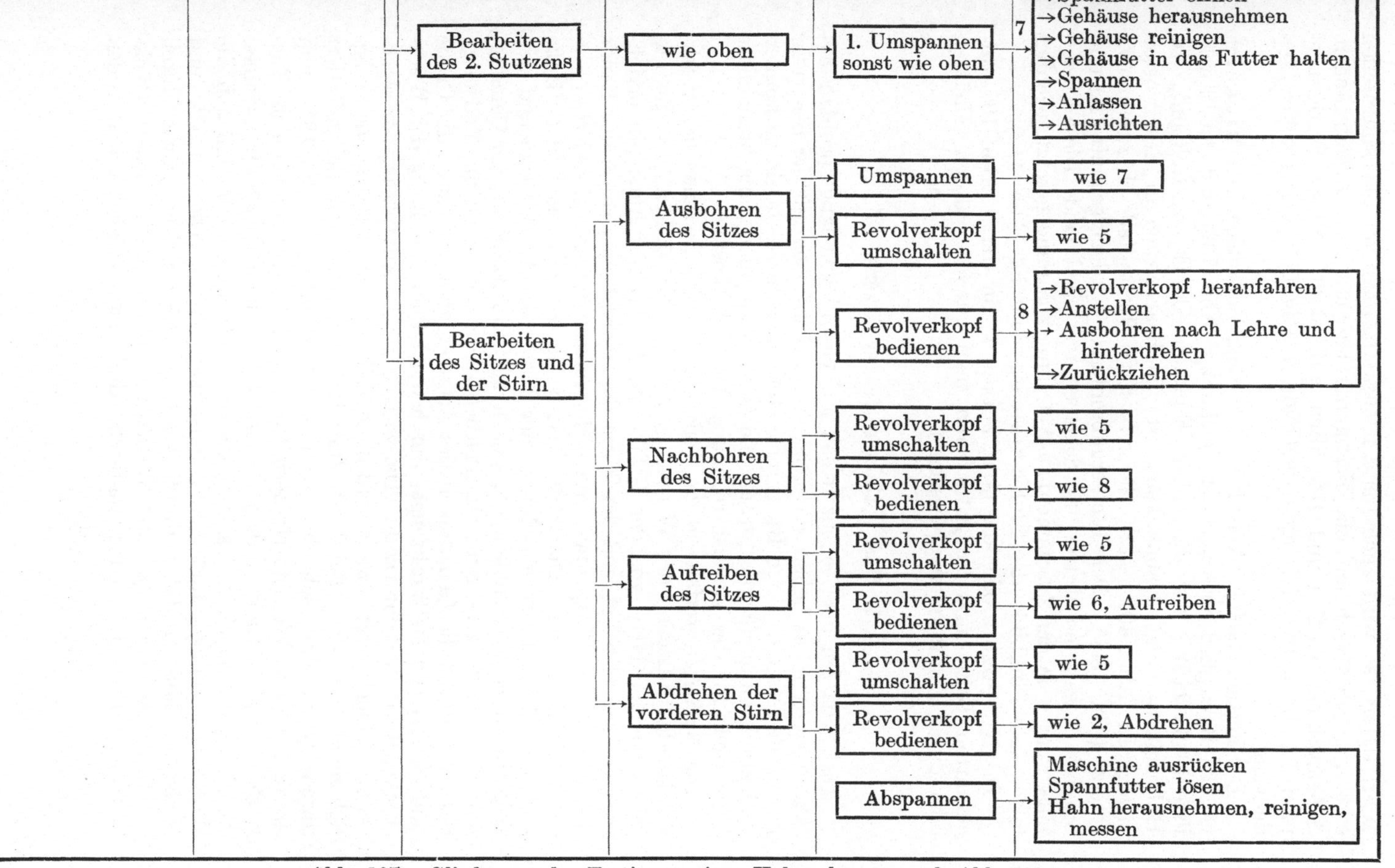

Abb. 107. Gliederung der Fertigung eines Hahngehäuses nach Abb. 108.

Teilfertigung, so wird auch für den Zusammenbau von Maschinenteilen oder ganzen Maschinen ein Fertigungsplan mit den Arbeitsgängen, Arbeitsstufen, Griffen und Teilgriffen aufgestellt. Dieser Fertigungsplan ist besonders für die „fließende Fertigung" von größter Bedeutung.

Der Fertigungsplan, Abb. 109, nach dem Vorschlage von Michel[1]), ist das Bindeglied zwischen der Zeichnung, Abb. 108, und der Stückliste (Abb. 110). Für die rohen Einkaufsteile E aus Gelbguß, wie Hahngehäuse und Hahnküken, ist die Bearbeitung in Stichworten angegeben (Abb. 407÷412). Sie werden als Herstellteile H_1 zusammengesetzt (Abb. 111). Der Tempergußschlüssel wird eingekauft (E) und bearbeitet, während Mutter und Scheibe Lagerteile L sind. Diese Einzelteile werden in der Zusammenbau-Abteilung zusammengesetzt, wie dies unter dem Sinnbilde des Flußlaufes dargestellt ist (Abb. 112).

Die Nebenzeit oder die Griffzeiten t_n für die in Abb. 107 aufgeführten Griffe und Teilgriffe kann man entweder durch Schätzen oder durch Zeitaufnahmen bestimmen.

1. Das Verfahren des Schätzens.

Das Schätzen der Nebenzeit soll auf Grund von langerprobten Erfahrungswerten geschehen, die sich durch Stichproben mit der Stoppuhr nachprüfen lassen. Diese Richtwerte stellt man in Zeittafeln zusammen und erhält damit für die Einzel- und kleine Reihenfertigung brauchbare Unterlagen für die Vorausberechnung der Selbstkosten.

Die Nebenzeit zerfällt in die Teilzeiten für das Spannen der Werkstücke, das Anstellen der Werkzeuge und für das Messen. Die Spannzeiten werden daher von der Größe und Bauart der Aufspannvorrichtungen, dem Gewicht und der Form der Werkstücke, sowie der Länge des Weges zum Einspannen und nicht zuletzt von der geforderten Genauigkeit abhängen. Die Anstellzeiten richten sich nach der Größe und Handlichkeit der Maschinen, der Länge der Werkstücke und den Hilfsmitteln beim Anstellen, sowie nach der Schnittzahl und der Genauigkeit des Arbeitsverfahrens. In gleicher Weise sind auch die Meßzeiten bestimmt durch die Genauigkeit des Arbeitsverfahrens, durch die Größe und Bauart der Meßwerkzeuge, durch die Länge und Form der Werkstücke, sowie die Schnittzahl. Die wirtschaftliche Ausnutzung der Werkzeugmaschinen setzt voraus, daß diese Teilzeiten so klein wie eben möglich gehalten werden. Bei den Spannzeiten wird dies wesentlich gefördert durch genau und schnell spannende Vorrichtungen (S. 181) und durch geeignete Werkstattfördermittel (S. 178). Ja, schon beim Entwerfen der Werkstücke muß man darauf achten, daß sich die einzelnen Arbeitsflächen rasch und sicher spannen und messen und daß sich die Werkzeuge schnell und genau anstellen lassen. Die Anstell- und Meßzeiten können dabei durch Anschläge oder Tafeln, sowie durch handliche Meßwerkzeuge und Werkzeugschlitten mit schnellem Rücklauf gekürzt werden, sowie dadurch, daß man möglichst den vollen

---

[1]) W. T. 1922, S. 388.

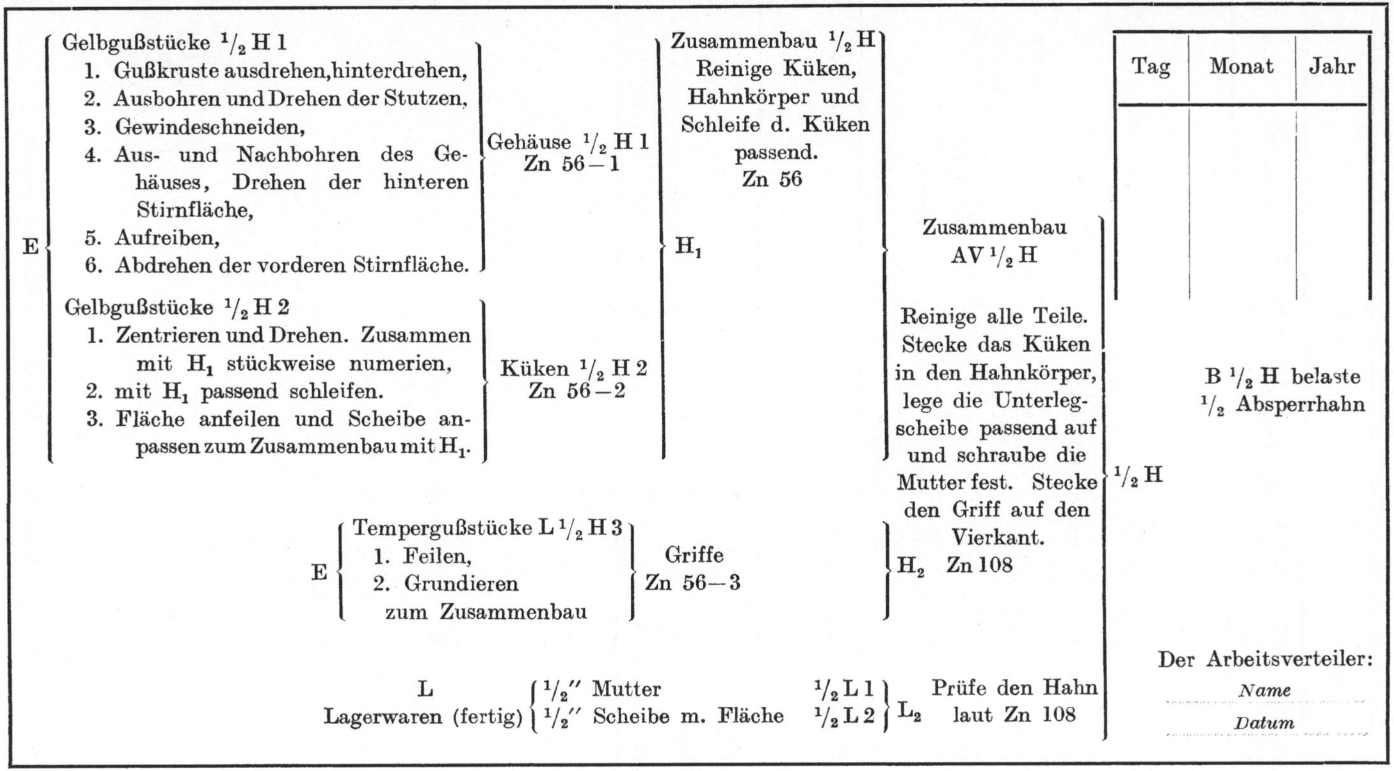

Abb. 109. Fertigungsplan.

Stückliste für				$AV\,^1/_2\,H$			
Modell Nr.		Zeichnung Nr.	Stückzahl	Benennung	Verwendungsort	Werkstoff	Bem.
				Zusammenbau nach Zn Nr.: 108			
			1	Scheibe			Lager
			1	$^1/_2{}''$ Mutter			Lager
543		56 3	1	Griff		Temperguß	
542	2	56 2	1	Küken		Gelbguß	
542	1	56 1	1	Gehäuse		Gelbguß	

Benennung des Stückes:

Absperrhahn

Erzeugnis: *Absperrvorrichtung*	Datum:
Blätter: 3	Firma:
Werkstatt-Auftrag: $^1/_2\,H$	Versand-Auftrag Nr.:

Abb. 110. Stückliste.

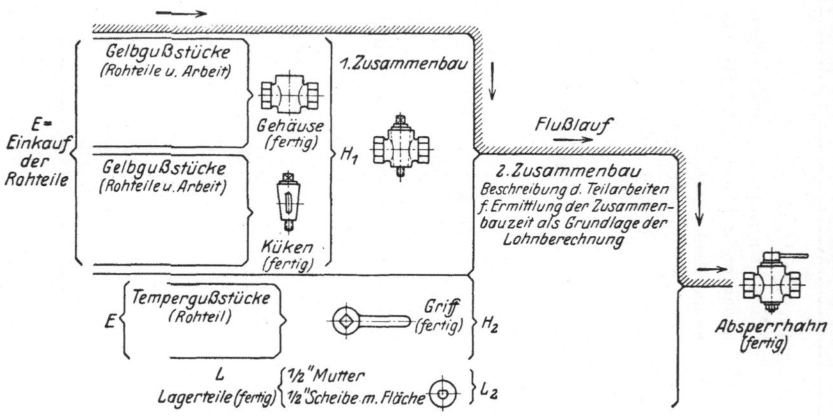

Abb. 111. Bildliche Darstellung des Zusammenbaues.

Spanquerschnitt ausnutzt und somit die Anzahl der Schnitte vermindert. Nicht zuletzt soll man die Genauigkeit den jeweiligen

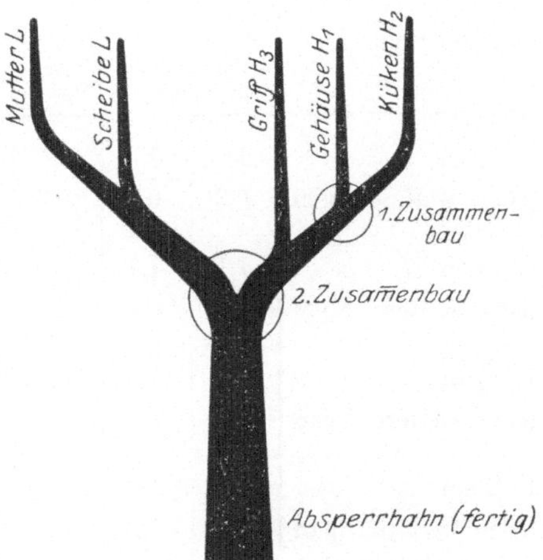

Abb. 112. Sinnbild des Zusammenbaues.

Arbeits- und Betriebsverhältnissen anpassen und sich vor Übertreibungen hüten, da sie die Nebenzeiten t_n erhöhen.

Der Reichsausschuß für Arbeitszeitermittlung (Refa) hat die in den Zahlentafeln 27 und 28 angegebenen Spannzeiten, Anstell- und Meßzeiten ermittelt.

Zeittafel 27. Richtwerte für Spannzeiten in min an mittelgroßen Maschinen.

Art des Spannens	Art der Werkstücke			
	leicht $\div$ 2,5 kg	leicht $\div$ 5 kg	schwer $\div$ 25 kg	$>$ 25 kg
Spannen zwischen Spitzen	0,5	0,8	1,5	
„ auf Drehdorn zwischen Spitzen	1,5	2	3,5	
„ „ expand. Drehdorn zwischen Spitzen . .	1	1,5	2,5	
„ „ expand. Drehdorn im Lochkegel	0,4	0,8	1,5	
„ in Dreibackenfutter . . .	0,3	0,5	0,8	
„ „ Klemmfutter	0,5	0,8	1,5	
„ „ Planscheibe	1	1,5	2	
„ „ Setzstock	0,5	0,5	0,8	
Zuschlag für den 2. Mann				2
„ „ „ Flaschenzug . . .				4
„ „ „ Kran				10

Zeittafel 28. Richtwerte für Anstell- und Meßzeiten in min an
mittelgroßen Maschinen.

Arbeitsverfahren		Länge der Arbeitsfläche					
		bis 100 mm		bis 300 mm		über 300 mm	
		bis 180 $\varnothing$	über 180 $\varnothing$	bis 180 $\varnothing$	über 180 $\varnothing$	bis 180 $\varnothing$	über 180 $\varnothing$
Schruppen	1. Span	1	1	1	1	1,1	1,1
	jeder weitere Span	0,3	0,3	0,3	0,3	0,4	0,4
Drehen zum Schleifen	1. Span	1,1	1,1	1,2	1,2	1,3	1,4
	jeder weitere Span	0,4	0,4	0,5	0,5	0,6	0,7
Schlichten nach Schublehre	1. Span	1,2	1,3	1,3	1,4	1,4	1,5
	jeder weitere Span	0,5	0,6	0,6	0,7	0,7	0,8
Schlichten nach Passung	1. Span	1,7	1,9	1,8	2	2,1	2,3
	jeder weitere Span	1	1,2	1,1	1,3	1,4	1,6

Für die Aufgabe auf S. 62 war mit Hilfe der Rechentafeln die Laufzeit der bestimmten Werkzeugmaschine zu $t_h = 220$ min gefunden
worden. Es soll jetzt mit den obigen Richtwerten die Einrichte- und
Nebenzeit in Zahlentafel 29 ermittelt werden.

Bei dem vorstehenden Beispiele ist das Drehen mit einem einfachen Stahlhalter zugrunde gelegt. Das Werkstück bleibt bei
diesem Verfahren eingespannt und die Werkzeuge werden für die einzelnen Arbeitsstufen ausgewechselt. Es ist wirtschaftlich, wenn das
Einspannen der Werkstücke mehr Zeit erfordert als das Auswechseln
der Stähle, also in erster Linie bei schweren und schwer spannbaren
Stücken.

Das stufenweise Drehen besteht darin, daß das Werkzeug eingespannt bleibt und die erste Arbeitsstufe an allen Werkstücken erledigt wird. Hierauf spannt man den Stahl für die zweite Arbeitsstufe ein und führt sie an allen Stücken aus. Voraussetzung für die
Wirtschaftlichkeit dieses Verfahrens ist, daß sich die Werkstücke leicht
spannen lassen. Nach dem stufenweisen Arbeiten ist die Zeittafel in
Abb. 113 für die kleine Reihenfertigung aufgestellt. Es ist hierbei angenommen, daß die Werkzeuge fertig geschliffen geliefert werden. Bei
dem Drehen mit schwenkbarem Stahlhalter werden in der ersten
Einspannung des Werkstückes zuerst alle Arbeitsstufen erledigt, die auf
einer Seite liegen. Hierzu hält der Revolverkopf die erforderlichen
Werkzeuge bereit. Die Anstell- und Meßzeiten sind hierbei besonders
klein, da nach Anschlägen für Endmaße und nach Meßscheiben gearbeitet
wird. In der zweiten Einspannung erledigt man alle Arbeiten auf der
Gegenseite. Für das Drehen mit schwenkbarem Stahlhalter sind die
Zeitkarte in Abb. 114 und die Richtwerte in Zeittafel 30 zusammengestellt.

	Arbeitsstufe	Unterlage	Arbeitsverfahren	Einrichte-zeit t_{ee} min	Nebenzeit t_n min	Summe
1	Bank herrichten für Spitzenarbeit	Zeit-tafel 26		7,5		$t_{ee} = 19$
2	Schruppstahl schärfen, einspannen, anstellen, ebenso Schlichtstahl und Lehre für $\varnothing$			4,0		
3	Seitenstahl für die Endflächen schärfen, einspannen, anstellen, Lehre für die Länge			2,5		
4	für Ansätze Rundstahl schärfen, einspannen, anstellen, Lehre für $\varnothing$			4		
5	Schrupp- und Schlichtstahl einspannen und anstellen für die 2. Einspannung des Werkstücks			1		
	Einspannen des Werkstückes mit Flaschenzug Span anstellen und messen	Zeit-tafeln 27 und 28			5,5	$t_n = 27,3$
			für Schruppen von $A \div E$ von 152 auf 132		1,1	
	,, ,, ,, ,,		für Schruppen von A u. B auf 102 $\varnothing$		0,4	Auswertung:
	,, ,, ,, ,,		für Schruppen von A auf 82 $\varnothing$		0,3	$t_{ee} =$ 19,0 min
	,, ,, ,, ,,		für A vordrehen zum Schleifen		1,2	$t_v = 0,15 \cdot t_{ee} = 2,9$,,
	,, ,, ,, ,,		für Schlichten von B nach Schublehre		1,4	$t_e = t_{ee} + t_v = 21,9$
	$2\times$,, ,, ,, ,,		für Hochziehen von F		1,7	~ 22 min
	Umspannen mit Flaschenzug Anstellen und Messen				5,5	$t_h =$ 220,0 min
			für Schruppen von E auf 132 $\varnothing$		1,0	$t_n =$ 27,3 ,,
	,, ,, ,,		für D und E auf 102 $\varnothing$		0,4	$t_g =$ 247,3 min
	,, ,, ,,		für Schruppen von E auf 82 $\varnothing$		0,3	$t_v = 0,15\, t_g = 37,1$,,
	,, ,, ,,		für Vordrehen von E zum Schleifen		1,2	$t_{st} =$ 284,4
	,, ,, ,,		für Schlichten von D nach Schublehre		1,4	~ 284 min
	,, ,, ,,		für Vordrehen von C zum Schleifen		1,2	$T_1 = t_e + t_{st} = 306$ min
	$2\times$,, ,, ,,		für Hochziehen von G		1,7	
	$3\times$,, ,, ,,		für Runddrehen der Ansätze		3,0	

Einrichten · 1. Einspannung · 2. Einspannung

Werkstatt: *III*	**Zeitkarte**		Auftrag: *217*
Masch.-Nr.: *D 813*	für stufenweises Drehen		Stückzahl: *30*
Gegenstand: *1 Kegelzapfen vordrehen zum Schleifen*			Zeichn. Nr.: *147*

Nr. der Teilarbeiten	Arbeitsstufe / Teilverfahren	Einrichtezeit in min	Nebenzeit in min	Umläufe/min	Vorschub s	Schnittzahl i	Spantiefe in mm	Schnittgeschw. m/min	Berechnung $t_h = \dfrac{L}{n \cdot s} i$	Laufzeit in min	Raum für Handzeichnung
1.	*Bank einrichten*	8,5									
2.	*Stahl einspannen*	0,5									
3.	*Werkstück ein- u. aussp.*		0,2								
4.	*Gewindezapf. 20⌀ × 50 dreh.*			100	0,25	2	5	12	$\dfrac{55 \cdot 2}{100 \cdot 0,25}$	4,5	
5.	*2× Schnitt anst. u. messen*		0,6								
6.	*Werkstück ein- u. aussp.*		0,2								
7.	*Gewindelg. 16 ⌀ × 20 dreh.*			290	0,25	1	2	15	$\dfrac{25 \cdot 1}{290 \cdot 0,25}$	0,4	
8.	*Schnitt anst. u. messen*		0,3								
9.	*Stahl einspannen*	0,5									
10.	*Werkstück ein- u. aussp.*		0,2								
11.	*Rille einstechen bei „a"*		0,5								
12.	*Schnitt anstellen u. messen*		0,3								
13.	*Seitenstahl einspannen*	0,5									
14.	*Werkstück ein- u. aussp.*		0,2								
15.	*1 Seite hochziehen*		1								
16.	*Anstellen und messen*		0,3								
17.	*Abfasstahl einspannen*	0,5									
18.	*Werkstück ein- u. aussp.*		0,2								
19.	*Abfasen*		0,5								
20.	*Anstellen, messen*		0,3								
21.	*Schlitten einst. z. Kegeldreh.*	1									
22.	*Stahl einspannen*	0,5									
23.	*Werkstück ein- u. aussp.*		0,2								
24.	*Kegel drehen*			130	0,25	3	1,5	15	$\dfrac{155 \cdot 3}{130 \cdot 0,25}$	14,5	
25.	*Anstellen u. messen*		0,3								
26.	*Räder aufst. z. Gewindeschn.*	6									
27.	*Stahl einspannen*	1									
28.	*Werkstück ein- u. aussp.*		0,2								
29.	*14 Schnitte anst. u. messen*		7								
30.	*⅝" Gewinde schneiden*			100	2,3	14		$7\frac{1}{2}$	$\dfrac{25 \cdot 14}{100 \cdot 2,3}$	1,5	
31.	*Schlitten zurückkurbeln*		1								
32.	*Bank säubern*	5									
		24	13,5							21	

Raum für Handzeichnung (Auswertung):

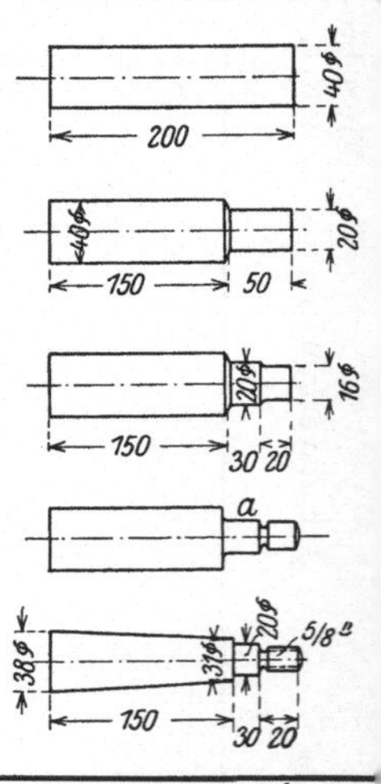

Auswertung	min
Einrichtezeit t_{ee}	24
Nebenzeit t_n	13,5
Laufzeit t_h	21
10 vH Zuschl.	2

Gesamtzeit für 30 Bolzen

$$T_z = 1,2\,[t_{ee} + 30\,(t_h + t_n)]$$
$$= 1,2\,[24 + 30\,(23 + 13,5)]$$
$$= 1343 \text{ min.}$$

Abb. 113.   Zeitkarte.

Zeittafel 30. **Über Griffzeiten der Revolverbank.**

Teilarbeit	Griffzeit t_n min
Ein- und Ausspannen kleiner Futterstücke	1,5—3
,,　　　,,　　　,,　　　größerer　　　,,　　.	3—4
Lösen, Vorschieben und Festspannen der Rohstange	1—2
Wechseln der Schnittgeschwindigkeit	0,1—0,15
,,　　　,,　　Vorschubgeschwindigkeit	0,1
Kurzes An- und Abfahren der Querschlitten	0,2
Langes ,,　,,　　,,　　,,　　　,,　　.	0,6—0,8
Umlegen des Vierkantkopfes	0,1
Kurzes An- und Abfahren und Umschalten des Revolverkopfes	0,15—0,2
Langes ,,　,,　　,,　　,,　　,,　　,,　　,,	0,4—0,5
Einrichten der Maschine, wenn nur Stähle und Anschläge einzustellen und Bohrer und Reibahlen zu wechseln sind .	15—30
Vollständiges Einrichten, d. h. auch die Einspannvorrichtungen und Werkzeughalter sind auszuwechseln	30—60 und mehr
Schärfen der Werkzeuge für Stangenarbeit	15—20 v H
,,　　　,,　　　,,　　,, Futterarbeit	15—30 v H Zuschlag

2. Die Zeitaufnahmen.

Die Zeitaufnahmen werden mit einer hundertteiligen Stoppuhr, mit photographischen Aufnahmen oder mit Filmaufnahmen gemacht. Die photographischen und Filmaufnahmen kommen ihrer Kostspieligkeit wegen nur für die große Massenfertigung in Frage, wenn es sich darum handelt, durch Bewegungsstudien die zweckmäßigsten Bewegungen zu erforschen. Das gebräuchlichste Mittel für Zeitaufnahmen ist die Stoppuhr, die möglichst groß sein soll. Man kann die Zeitablesungen auf einer Stoppuhr vornehmen, die beim Beginn der Arbeit eingeschaltet und nach beendeter Arbeit ausgeschaltet wird. Die Uhr gibt in diesem Falle die Grundzeit tg der Fertigung an. Damit man über die einzelnen Lauf- und Griffzeiten Klarheit gewinnt, muß man am Ende jeder Arbeitsstufe oder jedes Griffes auf der Stoppuhr die durchlaufene Zeit ablesen und als Durchlaufszeit in den Beobachtungsbogen eintragen und auswerten. Das Beobachten wird erleichtert, wenn man zwei Stoppuhren verwendet. Beim Beginn der ersten Arbeitsstufe oder des ersten Griffes wird die erste Uhr eingeschaltet. Sobald die zweite Arbeitsstufe einsetzt, drückt man beide Uhren. Die erste steht dann still und zeigt die Zeit für die erste Arbeitsstufe an, die man als Einzelzeit in den Beobachtungsbogen überträgt. Zu Beginn der dritten Arbeitsstufe werden wieder beide Uhren gedrückt. Die zweite Stoppuhr steht jetzt still und gibt die Einzelzeit für die zweite Arbeitsstufe an. Die erste Uhr durchläuft hingegen die dritte Arbeitsstufe. Der Zeitbeamte muß daher ein umsichtiger, erfahrener Fachmann mit scharfer Beobachtungsgabe sein. Unter dieser Voraussetzung können die Zeitaufnahmen eine Fülle von Anregungen geben zur Verbesserung der Aufspannvorrichtungen, der Meßwerkzeuge, sowie der ganzen Bearbeitung, d. h. zur ,,Rationalisierung" des Verfahrens, indem man auf Grund der Zeitstudien eine zweck-

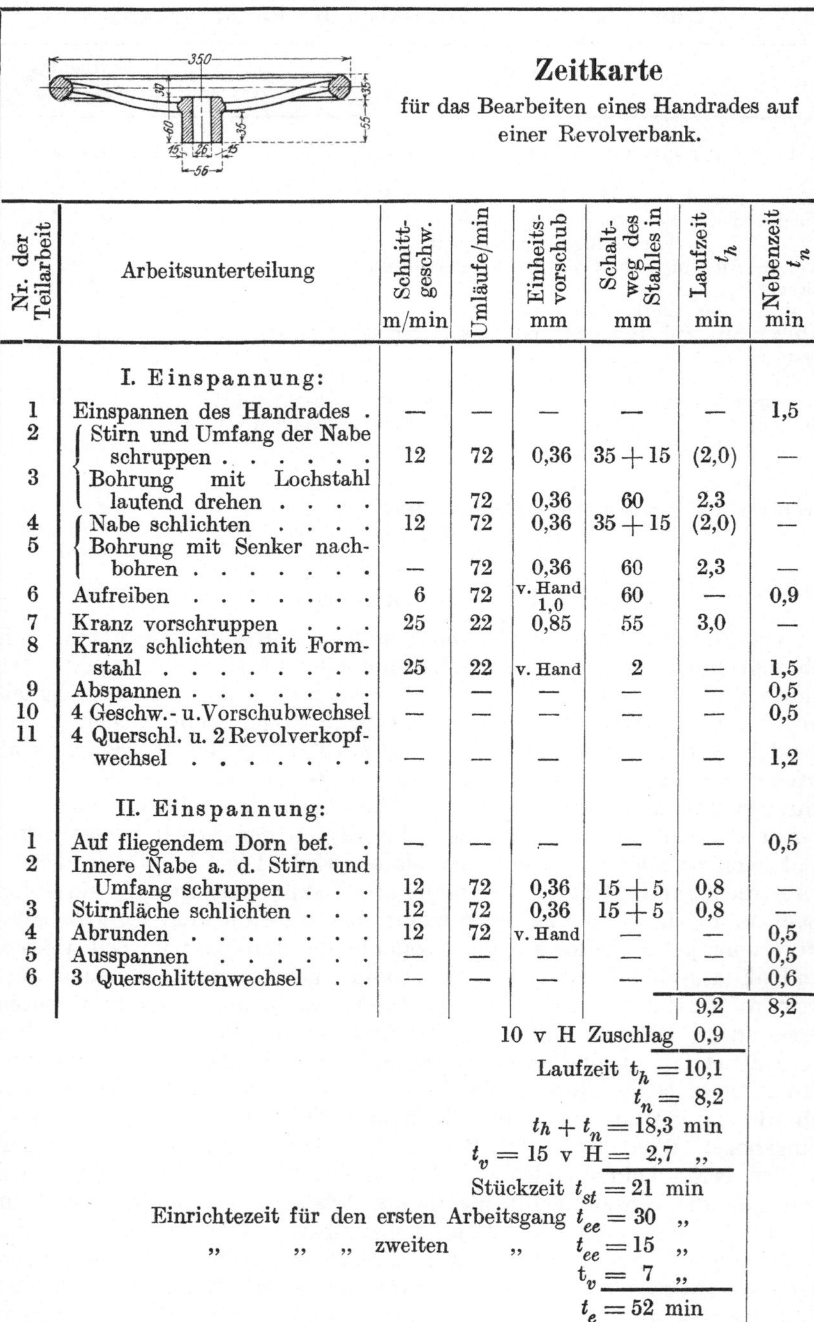

Zeitkarte
für das Bearbeiten eines Handrades auf einer Revolverbank.

Nr. der Teilarbeit	Arbeitsunterteilung	Schnittgeschw. m/min	Umläufe/min	Einheitsvorschub mm	Schaltweg des Stahles in mm	Laufzeit t_h min	Nebenzeit t_n min
	I. Einspannung:						
1	Einspannen des Handrades .	—	—	—	—	—	1,5
2	{ Stirn und Umfang der Nabe schruppen	12	72	0,36	35 + 15	(2,0)	—
3	Bohrung mit Lochstahl laufend drehen	—	72	0,36	60	2,3	—
4	{ Nabe schlichten	12	72	0,36	35 + 15	(2,0)	—
5	Bohrung mit Senker nachbohren	—	72	0,36	60	2,3	—
6	Aufreiben	6	72	v. Hand 1,0	60	—	0,9
7	Kranz vorschruppen . . .	25	22	0,85	55	3,0	—
8	Kranz schlichten mit Formstahl	25	22	v. Hand	2	—	1,5
9	Abspannen	—	—	—	—	—	0,5
10	4 Geschw.- u. Vorschubwechsel	—	—	—	—	—	0,5
11	4 Querschl. u. 2 Revolverkopfwechsel	—	—	—	—	—	1,2
	II. Einspannung:						
1	Auf fliegendem Dorn bef. .	—	—	—	—	—	0,5
2	Innere Nabe a. d. Stirn und Umfang schruppen . . .	12	72	0,36	15 + 5	0,8	—
3	Stirnfläche schlichten . . .	12	72	0,36	15 + 5	0,8	—
4	Abrunden	12	72	v. Hand	—	—	0,5
5	Ausspannen	—	—	—	—	—	0,5
6	3 Querschlittenwechsel . .	—	—	—	—	—	0,6
						9,2	8,2

10 v H Zuschlag 0,9

Laufzeit $t_h = 10{,}1$

$t_n = 8{,}2$

$t_h + t_n = 18{,}3$ min

$t_v = 15$ v H $= 2{,}7$,,

Stückzeit $t_{st} = 21$ min

Einrichtezeit für den ersten Arbeitsgang $t_{ee} = 30$,,

,,   ,,   ,, zweiten   ,, $t_{ee} = 15$,,

$t_v = 7$,,

$t_e = 52$ min

Abb. 114. Zeitkarte.

mäßigere Arbeitsunterteilung trifft, die die kürzeste Fertigungszeit und mithin die größte Leistung der Maschine mit sich bringt. Es ist sehr leicht, sich durch eine Zeitaufnahme vor und nach der Verwirtschaftlichung des Arbeitsverfahrens ein genaues Maß über den Erfolg zu verschaffen. Die Zeitaufnahmen bilden jedoch nur dann eine gesunde

Zeit- und Arbeitsplan für *Revolver*	*Sechskant-Kopfschraube* Werkstoff: *Weichstahl* N. B. Teil *47* Zeichn. *1650*		Maschine *NC 35* Arbeiter *Schulz*								
		Arbeitszeiten								Vorschub	
Nr. des Arbeitsvorganges	Unterteilung	durchlaufene Zeit	Nebenzeiten	Laufzeit	Umdrehungen/min	Hebel in Stellung	Rädervorgelege: Hebel in Stellung	Riemen auf Scheibe	Schnittgeschw. m/min	Hebel in Stellung	Vorschub
	Anschlag einstellen . . .	0,20	0,20								
	Stange vorschieben . .	0,50	0,30								
	Schalten	0,70	0,20								
1	Gewinde ⌀ drehen . . .	2,36		1,66	200		B	1	20	L	0,15
	Schalten	2,46	0,10								
2	Kopf sauber drehen .	2,56	0,10		200		B	1	20		
	Schalten	2,66	0,10								
	Gewindeende ankuppen .	2,76	0,10		200		B	1	20		
	Schalten	2,86	0,10								
3	Mit Schneideisen Gewinde schneiden	3,86	1,00		38	1	A	2	3		
	Schalten	3,96	0,10								
	Einstechen	4,16		0,20	200		B	1	20	L	0,15
4	Kopf anfasen	4,26	0,10		200		B	1	20		
5	Abstechen	4,56		0,30	200		B	1	20	L	0,15
Grundzeit 4,56			2,40	2,16	Einrichtezeit 50 min						
+ 50 v H Aufschlag auf die Nebenzeit 1,20				0,22 = 10 v H Aufschlag a. d. Laufzeit							
Stückzeit 5,98			3,60	2,38							
Gesamte Fertigungszeit für 100 Stück 598 min + 50 min = 648 min											
Etwaige Änderungen sind im Selbstkosten-Büro zu melden				Ausgefertigt: *20. 4. 23.*							

Abb. 115. Zeitkarte zu Abb. 116 u. 117.

Grundlage für die Ermittlung der Selbstkosten, wenn ein Arbeiter mittlerer Leistung sie einhalten kann.

Zeitaufnahmen sollen stets am Arbeitsplatz gemacht werden, indem der Beamte zuerst die Arbeitsunterteilung in den Beobachtungsbogen einträgt und offen mit der Stoppuhr die fortschreitende Zeit mißt. Die Anzahl der Zeitaufnahmen hängt von der Fertigungsart und von der verlangten Genauigkeit ab. Für nicht häufig wiederkehrende Werkstücke genügen 5 bis 10 Aufnahmen, für größere Stückzahlen soll man nicht unter 20 machen. Zeitaufnahmen empfehlen sich daher in erster Linie für die Massenfertigung, in der man für jeden Arbeitsgang die Zeit aufnehmen soll. Bei der Reihenfertigung sind Zeitaufnahmen am Platze für Arbeitsvorgänge, die sich in ähnlicher Weise regelmäßig wiederholen. In der Einzelfertigung und kleinen Reihenfertigung kann man durch Zeitaufnahmen Richtwerte für immer wiederkehrende Griffe — Griffzeiten — aufstellen und sie als Grundlage für die Selbstkostenberechnung benutzen (S. 123÷128).

Eine einfache Zeitaufnahme für die Herstellung einer $^5/_8''$ Schraube ist in den Abb. 115÷117 wiedergegeben, wie sie sich bei der Firma Gildemeister & Co., A.-G. in Bielefeld, herausgebildet hat. Bei der Auswertung der Zeitkarte werden die Zuschläge wie folgt gewählt:

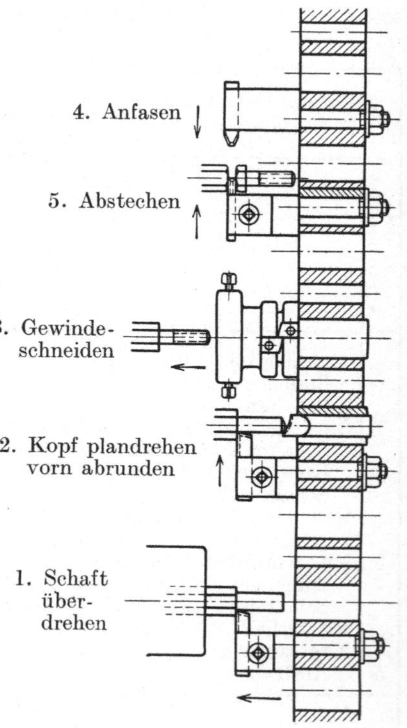

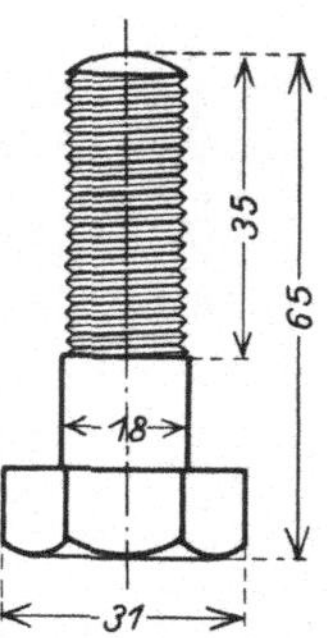

Abb. 116. Kopfschraube.

Abb. 117. Revolverdrehen einer Kopfschraube.

Hundertsatz der Nebenzeit von der Laufzeit	÷ 30 v H	30—40 v H	40—50 v H	50—60 v H	über 60 v H
Zuschlag auf die Laufzeit t_h	30 v H	35 v H	40 v H	45 v H	50 v H

Gute Durchschnittswerte für die Einrichtezeit erhält man bei Revolverbänken, wenn man für jeden Arbeitsgang der Maschine 10 min rechnet. In Abb. 115 sind daher auf die Nebenzeiten 50 v H aufgeschlagen und für das Einrichten $5 \times 10 = 50$ min gerechnet. Auf die Laufzeit ist ein Zuschlag von 10 v H gemacht mit Rücksicht auf unvermeidliche Zeitverluste durch das Schärfen der Werkzeuge (S. 138). In ähnlicher Weise ist auch die Zeitaufnahme für die Muffe in Abb. 118 bis 120 durchgeführt.

Abb. 118. Zeitkarte zu Abb. 119 u. 120.

Nr. des Arbeitsganges	Zeit- und Arbeitsplan für *Revolver* / Arbeitsunterteilung	*Anschlagmuffe* Werkstoff: *S. M. St.* N. B. Teil *307* Zeichn. *1609* Arbeitszeiten: durchlaufene Zeit min	Nebenzeit min	Laufzeit min	Umdrehungen/min	Hebel in Stellung	Rädervorgelege: Hebel in Stellung	Riemen auf Scheibe	Schnittgeschw. m/min	Maschine *NC 65* Arbeiter *Fischer* Vorschub: Hebel in Stellung	Vorschub je Umdrehung
	Stange vorschieben	0,30	0,30								
	Schalten	0,45	0,15								
	Zentrieren	0,60	0,15								
1	19 mm vorbohren und gleichzeitig ⌀ drehen	6,10		5,50	130	2	A	3	20	L	0,08
	Schalten	6,30	0,20								
2	Nute fertig drehen	8,30	2,00		130	2	A	3	20	L	0,08
	Schalten	8,50	0,20								
3	Fertigbohren und gleichzeitig ⌀ fertig drehen	14,00		5,50	130	2	A	3	20	L	0,15
	Schalten	14,20	0,20								
	⌀ sauber feilen	15,20	1,00								
4	Aufreiben	15,70	0,50		80	2	A	2	12		
	Schalten	15,85	0,15								
5	Abstechen und gleichzeitig Stirnseite plandrehen	18,35		2,50	130	2	A	3	20	L	0,15
	Schalten	18,55	0,20								

Grundzeit 18,55 | 5,05 | 13,50   Einrichtezeit 50 min

+ 35 v H Aufschlag auf die Nebenzeit 1,77 | 1,35 = 10 v H Aufschlag a. d. Laufzeit

Stückzeit 21,67 | 6,82 | 14,85

Gesamte Fertigungszeit für 75 Stück 1625 min + 50 min = 1675 min

Etwaige Änderungen sind im Selbstkosten-Büro zu melden. — Ausgefertigt: *22. 8. 23.*

Um für die Massenfertigung eine möglichst genaue Stückzeit zu erhalten, macht man an etwa 20 Arbeitsproben Zeitaufnahmen. Dabei prüft man jede Bewegung des Arbeiters auf ihre Zweckmäßigkeit. Die Grundlage ist auch hier wieder eine gute Arbeitsunterteilung, wie sie in Abb. 121 für die Schalterkappe (Abb. 122) aufgestellt ist. Die Stoppuhr läuft vom Beginn bis zum Ende der Arbeit durch. Der Beobachter liest auch hier am Ende jeder Teilarbeit die Durchlaufszeit ab und trägt sie unter D in den Beobachtungsbogen (Abb. 121) ein. Etwaige Unterbrechungen der Arbeit werden vermerkt. Durch Abziehen der Durchlaufszeiten erhält man die angegebenen Einzelzeiten E für jede Teilarbeit. Weicht

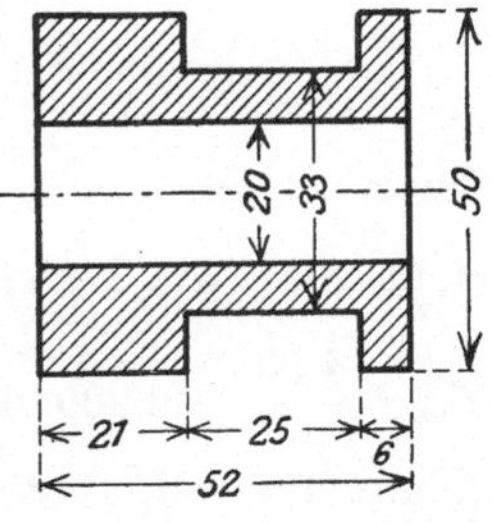

Abb. 119. Muffe.

irgendeine Einzelzeit bei der gleichen Teilarbeit erheblich (etwa 25 bis 35 v H) von den andern ab, so wird sie gestrichen. Das Auswerten der Beobachtungsbogen geschieht nach dem Durchschnittsmindestzeitverfahren oder nach dem Mittelwertsverfahren.

Bei dem Durchschnittsmindestzeitverfahren bildet man für jede Teilarbeit zunächst die Quersumme der Einzelzeiten, die nach

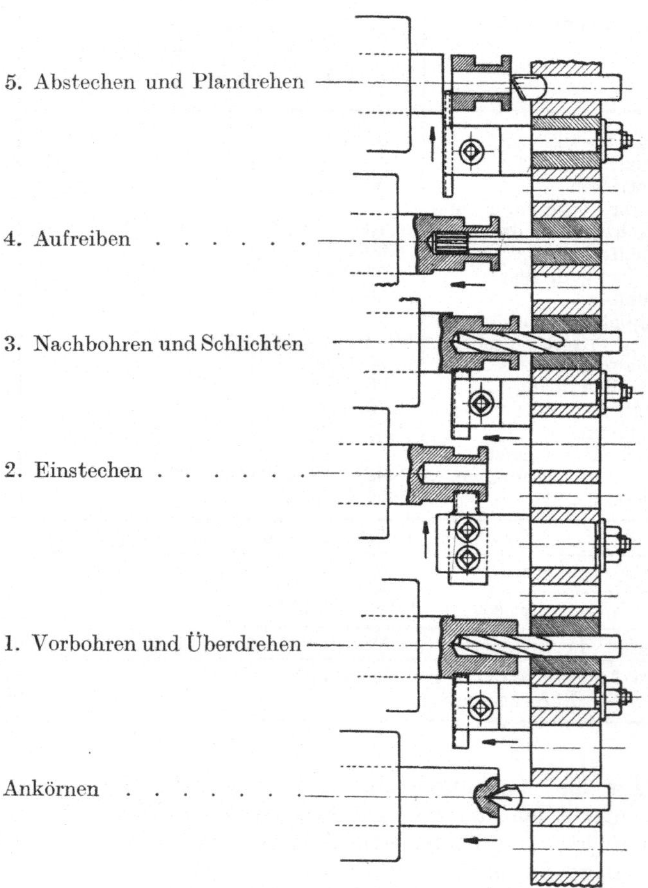

Abb. 120.   Revolverdrehen einer Anschlagmuffe.

Abb. 121 für die 1. Teilarbeit 4,53 min ist. Aus dieser Quersumme zieht man die Durchschnittszeit $T_m = \dfrac{\Sigma E}{z}$, d. h. für die Teilarbeit 1:

$T_m = \dfrac{4,53}{5} = 0,906$ min. Zum Vergleich sind für die Handgriffe die gebrauchten Mindestzeiten T_{min} aufgeführt. Damit man nun ein Bild bekommt, wie weit die Durchschnittsgriffzeiten von den Mindestgriff-

Lfd. Nr.	Unterteilung	Durchlaufszeit D in min, Einzelzeit t in min	1		2		3		4		5		Quersumme der Einzelzeiten T	Durchschnittszeit $T_m = \frac{T}{z}$	Mindestzeit T_{min}	Einzelabweichungen $E = \frac{T_m}{T_{min}}$	Durchschnittsmindestzeit $D = \frac{T_m}{A}$
		Beginn	0		7 / 9	10 / 40 (Pause)	16	50	0	′	7	03					
1	Aufnehmen, Einspannen, Ausrichten	E	0	63	1	20	0	73	1	02	0	95	4,53	0,906	0,63	1,438	0,638
		D	0	63	10	60	17	23	1	02	7	98					
2	Revolver schalten und ansetzen	E	0	32	0	36	0	45	0	39	0	19	1,26	0,315	0,19	1,658	0,222
		D	0	95	10	96	17	68	1	41	8	17					
3	Vorderkante plandrehen	E	0	25	0	22	0	24	0	22	0	26	(×)1,19	0,238	—	—	—
		D	1	20	11	18	17	92	1	63	8	43					
4	Überdrehen und Abfasen	E	0	60	0	82	0	56	0	60	0	59	(×)3,17	0,634	—	—	—
		D	1	80	12	—	18	48	2	23	9	02					
5	Revolver schalten und ansetzen	E	0	30	0	40	0	42	0	31	0	27	1,70	0,340	0,27	1,259	0 240
		D	2	10	12	40	18	90	2	54	9	29					
6	Innen ausbohren und Rundung plandrehen	E	0	90	0	78	1	95	1	46	1	41	(×)6,50	1,30	—	—	—
		D	3	—	13	18	20	85	4	—	10	70					
7	Gewindeschlitten einlegen	E	0	19	0	22	0	25	0	17	0	63	0,83	0,208	0,17	1,224	0,147
		D	3	19	13	40	21	10	4	17	11	33					
8	Gewindeschneiden	E	2	59	1	90	1	82	1	75	1	30	(×)9,36	1,872	—	—	—
		D	5	78	15	30	22	92	5	92	12	63					
9	Saubermachen und Abfasen	E	0	30	0	40	0	43	0	40	0	41	1,94	0,388	0,30	1,293	0,273
		D	6	08	15	70	23	35	6	32	13	04					
10	Messen mit Kaliber	E	0	22	0	20	0	35	0	19	0	66	0,96	0,24	0,19	1,263	0,169
		D	6	30	15	90	23	70	6	51	13	70					
11	Ausspannen, Messen, Ablegen	E	0	86	0	60	0	86	0	52	0	32	2,30	0,575	0,32	1,797	0,405
		D	7	10	16	50	24	56	7	03	14	02					

Ausgleichszahl $A = \dfrac{9,932}{7} = 1,419.$

	T	T_m	T_{min}	E	D
Summe der Nebenzeiten	13,52	2,972	2,07	9,932	2,094
Summe der Schnittzeiten	20,22	4,044	—	—	—

[1] Wegen Platzersparnis sind nur 5 Zeitaufnahmen eingetragen. Betrieb 1920, Heft 5. Drescher, Anwendung der Zeitstudie im Großbetrieb.

Abb. 121.

zeiten abweichen, berechnet man die Einzelabweichungen $E = \frac{T_m}{T_{min}}$. Bei der 1. Teilarbeit ist $E = \frac{0,906}{0,63} = 1,438$, d. h. ihre Durchschnittszeit beträgt $T_m = 1,438\ T_{min}$. Aus der Summe dieser Einzelabweichungen E ermittelt man die mittlere Abweichung oder die Schwankungsziffer $A = \frac{\sum\limits_1^{11} E}{n} = \frac{9,932}{7} = 1,419$, d. h. die Durchschnittszeiten für

Maschinenarbeitskarte.

Gegenstand: Schalterkappe fertigdrehen und Gewindeschneiden.

Lfd. Nr.	Teilarbeit	Stufe	Umlaufzahl der Spindel	Vorschub/Uml.	Werkzeuge	Arbeitsfläche	Beobachtete Einrichtezeiten	Skizze
3	Vorderkante plandrehen	I	345	0,16	Schrupp-stahl	a	Vorbereiten von Maschine und Werkzeugen . . . . 45 min Einrichtezeit . . . 81 Stahlschleifen (4 mal) 24	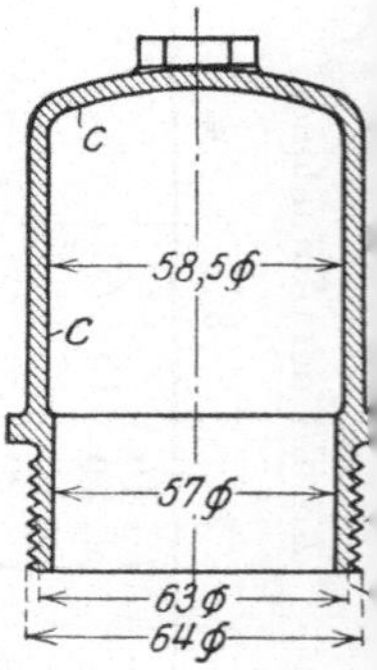
4	Überdrehen und Abfasen	I	345	0,16	„	b	Gesamtzeit $t_{ee} = 150$	
6	Ausbohren	I	345	0,16	„	c	$t_v = 15$ v H $= 22,5$	
8	Gewinde-schneiden	I	70	11 Gg a 1″	Strehler	b	$t_e = 172,5$	

Auswertung:

Durchschnittsmindestzeit t_n	=	2,094	min
Zuschlag = (40 – 15) = 25 v H		0,524	„
Laufzeit (Mittelwert) t_h		4,044	„
t_g	=	6,662	min
t_v = 15 v H	=	1,000	„
Stückzeit t_{st}	=	7,662	min

Ausgefertigt: ....

Bei 500 Stück: $T_z = 173 + 3831 = 4004$ min

Abb. 122.

die Handgriffe betragen im Mittel das 1,419 fache der Mindestzeiten. Mit der Ausgleichzahl A wird jetzt die Durchschnittsmindestzeit D für die Handgriffe berechnet aus $D = \frac{T_m}{A} = \frac{0,906}{1,419} = 0,638$ für Teilarbeit 1. Die Summe dieser Durchschnittsmindestzeiten $\Sigma D = 2,094$ min ist bei diesem Mindestzeitverfahren die Grundzeit oder Idealzeit für die Ermittlung der Stückzeit. Auf die gesamte Durchschnittsmindestzeit von 2,094 min wird ein Ausgleichszuschlag gegeben, damit ein Arbeiter mittlerer Leistung die Stückzeit einhalten kann. Der Zuschlag wird nach den Barthschen Zuschlagslinien in Abb. 123 gewählt.

Die zugehörige Linie bestimmt man aus: $C = \dfrac{100 \cdot \Sigma D}{\Sigma D + \Sigma t_h} = \dfrac{100 \cdot 2{,}094}{2{,}094 + 4{,}044}$
~ 35. Die Summe der durchschnittlichen Griffzeiten in Abb. 121 ist $2{,}972 \sim 3$ min. Hierfür gibt die Zuschlaglinie 40 in Abb. 123 einen Zuschlag $Z = 39{,}5$ v H und die Linie 30 einen solchen von 41 v H, so daß für die Zwischenlinie 35 ein Zuschlag $Z = \dfrac{41 + 39{,}5}{2}$ ~ 40 v H in Betracht käme. Demnach wäre der Griffzeitzuschlag $Z = 0{,}40 \cdot 2{,}094 = 0{,}838$ min. Zur weiteren Auswertung des Beobachtungsbogens wird eine Maschinenarbeitskarte nach Abb. 122 aufgestellt. In ihr sind die Zeiten für Vorbereiten der Maschine und Werkzeuge, sowie für das Einrichten und das Schleifen der Werkzeuge angegeben. Die Stückzeit ist hier zusammengesetzt aus der Durchschnittsmindestzeit für die Handgriffe $+$ Griffzeitzuschlag $+$ Laufzeit der Maschine $+$ Verlustzuschlag.

Das Mittelwertsverfahren ist einfacher und läßt sich überall anwenden. Man bestimmt hierbei für den ganzen Arbeitsgang die mittlere Arbeitszeit aus den Zeitaufnahmen und macht darauf die entsprechenden Zuschläge.

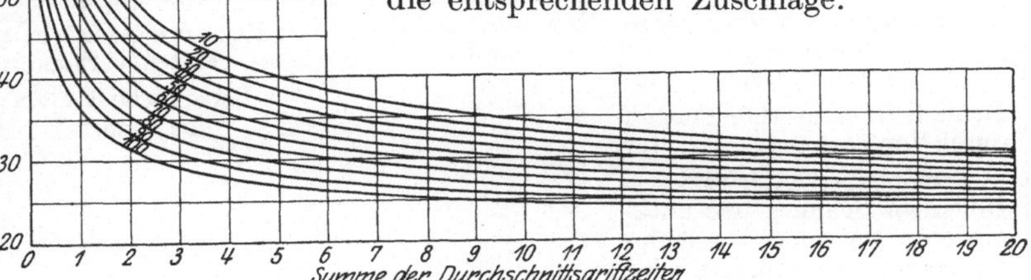

Abb. 123. Barthsche Zeitlinien für die Zuschläge.

Nach den Abb. 121 und 122 ist:

1. Einrichtezeit:

$$t_{ee} = 150{,}0 \text{ min} \qquad \text{mittlere Laufzeit} \quad t_h = 4{,}044 \text{ min}$$
$$t_v = 15 \text{ v H} = \underline{22{,}5 \quad ,,} \qquad \text{mittlere Nebenzeit} \; t_n = \underline{2{,}972 \quad ,,}$$
$$t_e = 172{,}5 \text{ min} \qquad \qquad \text{Grundzeit} \; t_g = 7{,}016 \text{ min}$$
$$\text{Verlustzuschlag} \; t_v = \underline{1{,}05 \; (15 \text{ v H})}$$
$$\text{Stückzeit} \; t_{st} = 8{,}07 \text{ min}.$$

Bei 500 Kappen ist die Gesamtzeit $T_z = 173 + 500 \cdot 8{,}07 = 4208$ min.

c) Die verschiedenen Arten der Zuschläge.

1. Die Verlustzeitzuschläge.

Die Verlustzeiten stellen für die Ausnutzung der Werkzeugmaschinen Zeitverluste dar, die von den jeweiligen Betriebsverhältnissen und der Betriebsorganisation abhängen. In jedem Betriebe kommen unvermeidbare und vermeidbare Zeitverluste vor (Abb. 124). Die unvermeidbaren

Zeitverluste unter a müssen durch Verlustzuschläge abgegolten werden, die vermeidbaren nur soweit, als sie nicht auf Verschulden des Arbeitnehmers zurückzuführen sind (unter b). Hingegen sind nicht zu entlohnen die Zeitverluste, die auf Unpünktlichkeit und mangelhaftem Fleiß beruhen (unter c). Der Betriebsleiter muß die Verlustzeiten durch Stichproben nachprüfen lassen und sie durch Verbesserung in der Organisation und dem Betriebe selbst auf ein Kleinstmaß herabdrücken. Welche Summen durch die Abgeltung der Verlustzeiten verloren gehen, lehrt eine kleine Überschlagsrechnung: 100 Arbeiter stellen bei 300 Arbeitstagen mit je 10 Arbeitsstunden 300000 Arbeitsstunden dar. Sind in

<table>
<tr><td colspan="3" align="center">Verlustzeiten[1],
die sich unregelmäßig auf die einzelnen Arbeitsgänge verteilen und deren Dauer
von den jeweiligen Betriebsverhältnissen und der Werkstättenorganisation abhängt</td></tr>
<tr><td align="center">als unvermeidbar
a) durch Verlustzeitzuschlag
abzugelten</td><td colspan="2" align="center">als vermeidbar</td></tr>
<tr><td></td><td align="center">b) von Fall zu Fall
abzugelten</td><td align="center">c) nicht abzugelten</td></tr>
<tr><td>z. B. Herauslegen, Verschliessen, Umtauschen, Schleifen von Werkzeugen
Eintragungen für die Lohnabrechnung
Lohnempfang
Dienstliche Unterbrechungen durch Vorgesetzte od. Arbeiter
Persönliche Bedürfnisse.
Holen von Schmier- und Putzmitteln, Maschine abschmieren, von Spänen säubern oder reinigen</td><td>Warten auf Aufträge, Fördermittel usw.
Kleine Störungen an der Maschine, am Riemen, im Betrieb</td><td>Zu spät kommen
Schicht zu früh beendigen
Pausen eigenmächtig einschalten, verlängern.
Persönliche Unterhaltungen</td></tr>
</table>

Abb. 124.   Zusammenstellung der Verlustzeiten und ihrer Ursachen.

dem Betriebe die Verlustzeiten zu 20 v H ermittelt, so wären somit für die Ausnutzung der Werkzeugmaschinen 60000 Arbeitsstunden verloren, die einer jährlichen Lohnsumme von 36000 M. entsprechen. Gelingt es durch Verbesserungen im Betriebe und in der Organisation die Verlustzeiten auf 15 v H zu bringen, so wären 15000 Arbeitsstunden im Jahre zurückgewonnen mit einer Lohnsumme von 9000 M. und einer entsprechenden Mehrleistung der Maschinen. Es ist daher für die Wirtschaftlichkeit des Betriebes von größter Bedeutung, durch Zeitaufnahmen die Verlustzeiten zu bestimmen, um einmal für die Abgeltung einen Hundertsatz für den Verlustzeitzuschlag t_v zu gewinnen und zum andern Verbesserungen durchführen zu können. Man kann z. B. die Schneidwerkzeuge, wie schon früher gesagt, von der Werkzeugschleiferei schärfen, die fertigen Arbeitsstücke abholen, die Schmiermittel und Putzwolle bringen lassen. Die Zuschläge t_v würden sich dadurch verringern und die Maschinen mehr ausgenutzt.

---

[1] V. D. I.-Nachr. 1925. Nr. 52 u. *AWF*-Mitt. 1925. Heft 18.

<table>
<tr><td colspan="2">Aufgen. von: Meyer
Zeit der Aufnahme:
8. 3. ÷ 13. 3. 25</td><td colspan="7">Beobachtungsbogen
für Verlustzeiten</td><td colspan="2">Arbeiter: Müller
Marke Nr.: 32
Abteilung: Dreherei</td></tr>
<tr><td rowspan="2">Lfd. Nr.</td><td rowspan="2">Art des Zeitverlustes</td><td colspan="6">Zeitverluste
in min am Beobachtungstag</td><td rowspan="2">Quer-summe
min</td></tr>
<tr><td>1</td><td>2</td><td>3</td><td>4</td><td>5</td><td>6</td></tr>
<tr><td>1</td><td>Herauslegen der Werkzeuge . .</td><td>2,0</td><td>3,5</td><td>3</td><td>3,5</td><td>4</td><td>3,5</td><td>19,5</td></tr>
<tr><td>2</td><td>Verschließen „ „ . .</td><td>3,5</td><td>3,5</td><td>2,5</td><td>4</td><td>3</td><td>2,5</td><td>19</td></tr>
<tr><td>3</td><td>Umtauschen „ „ . .</td><td>—</td><td>—</td><td>—</td><td>8</td><td>—</td><td>—</td><td>8</td></tr>
<tr><td>4</td><td>Schärfen „ „. . .</td><td>12</td><td>—</td><td>4</td><td>8</td><td>—</td><td>12</td><td>36</td></tr>
<tr><td>5</td><td>Meßwerkzeuge nachsehen lassen</td><td>—</td><td>—</td><td>—</td><td>—</td><td>—</td><td>—</td><td>—</td></tr>
<tr><td>6</td><td>Reinigen der Maschine . . . .</td><td>8</td><td>6</td><td>5</td><td>4,5</td><td>6,5</td><td>45</td><td>75</td></tr>
<tr><td>7</td><td>Abschmieren der Maschine . .</td><td>15</td><td>2,5</td><td>3,5</td><td>3</td><td>2,5</td><td>2,5</td><td>29</td></tr>
<tr><td>8</td><td>Riemen instandsetzen . . . .</td><td>—</td><td>—</td><td>—</td><td>—</td><td>12</td><td>—</td><td>12</td></tr>
<tr><td>9</td><td>Maschine instandsetzen . . .</td><td>—</td><td>—</td><td>—</td><td>—</td><td>—</td><td>—</td><td>—</td></tr>
<tr><td>10</td><td>Maschine von Spänen säubern .</td><td>2,5</td><td>3,5</td><td>3</td><td>3,5</td><td>2,5</td><td>3</td><td>18</td></tr>
<tr><td>11</td><td>Betriebsstörungen bis zu 30 min</td><td>—</td><td>—</td><td>—</td><td>—</td><td>—</td><td>—</td><td>—</td></tr>
<tr><td>12</td><td>Auf Kran warten . . . . .</td><td>5</td><td>—</td><td>—</td><td>15</td><td>—</td><td>—</td><td>20</td></tr>
<tr><td>13</td><td>Schmiermittel u. Putzwolle holen</td><td>9</td><td>—</td><td>—</td><td>—</td><td>8</td><td>—</td><td>17</td></tr>
<tr><td>14</td><td>Werkstoff empfangen . . . .</td><td>12</td><td>—</td><td>—</td><td>10</td><td>—</td><td>5</td><td>27</td></tr>
<tr><td>15</td><td>Fertige Arbeit abliefern . . .</td><td>—</td><td>—</td><td>—</td><td>—</td><td>—</td><td>—</td><td>—</td></tr>
<tr><td>16</td><td>Löhnung fertig machen . . .</td><td>—</td><td>8</td><td>—</td><td>12</td><td>15</td><td>8</td><td>43</td></tr>
<tr><td>17</td><td>Löhnung empfangen . . . .</td><td>—</td><td>—</td><td>—</td><td>—</td><td>—</td><td>12</td><td>12</td></tr>
<tr><td>18</td><td>Persönliche Bedürfnisse . . .</td><td>12</td><td>18</td><td>15</td><td>20</td><td>10</td><td>—</td><td>75</td></tr>
<tr><td>19</td><td>Gespräch mit Vorgesetzten . .</td><td>3</td><td>6</td><td>2</td><td>8</td><td>4</td><td>6</td><td>29</td></tr>
<tr><td>20</td><td>„ „ Arbeitern . . .</td><td>—</td><td>—</td><td>4,5</td><td>—</td><td>2,5</td><td>3,5</td><td>10,5</td></tr>
<tr><td colspan="2">Summe in min</td><td>84</td><td>51</td><td>42,5</td><td>99,5</td><td>70</td><td>103</td><td>450</td></tr>
<tr><td colspan="2">Gesamtsoll =
Arbeitszeit für 1 Woche in min</td><td>600</td><td>600</td><td>600</td><td>600</td><td>600</td><td>390</td><td>3390</td></tr>
</table>

	min	min
Auswertung: Sollarbeitszeit		3390
Vermeidbare Verlustzeiten . .	10,5	
Von Fall zu Fall abzugeltende Verlustzeiten	29,5	40
Tatsächliche Arbeitszeit . . .		3350
Abzugeltender Zeitverlust . .	450	450
Summe der Grund- und Einrichtezeit		2900

$$\text{Verlustzeitzuschlag} = \frac{450 \cdot 100}{2900} = 15{,}52 \text{ v H} \sim 16 \text{ v H}$$

Abb. 125.

2. Die Laufzeitzuschläge.

Die Zuschläge zur Laufzeit der Maschine, die Laufzeitzuschläge, in Höhe von 5 bis 10 v H sollen den Drehzahlabfall abgelten, der durch Riemengleiten bei schweren Schnitten oder durch Fallen der Umläufe der Triebwerke und Motoren zu den verschiedenen Tageszeiten auftritt (S. 62). Man stellt den Zuschlag in der Weise fest, daß man die wirkliche Laufzeit mit der Stoppuhr bestimmt und mit der errechneten vergleicht. Hat die Rechnung z. B. $t_h = 60$ min ergeben und ist die abgestoppte Zeit 66 min, so wäre auf die errechnete Laufzeit ein Zuschlag von 10 v H zu machen. Laufzeitzuschläge soll man jedoch nur auf errechnete Zeiten machen und nicht auf abgestoppte, die ja die Schwankungen in den Drehzahlen bereits enthalten.

3. Die Werkzeugzuschläge.

Werkzeugzuschläge müssen auf die Laufzeit der Maschinen gemacht werden, wenn die üblichen Schneidwerkzeuge augenblicklich nicht vorrätig sind, so daß die Maschine mit minderen Werkzeugen arbeitet und die Zeit nicht halten kann. Ist z. B. die Laufzeit $t_h = 36$ min für einen Drehstahl aus Schnellstahl mit $v = 15$ m/min berechnet, wird aber statt dessen mit einem Werkzeug aus Werkzeugstahl mit $v = 10$ m/min gearbeitet, so muß man den Zeitverlust mit einem Zuschlag von 50 v H ausgleichen, also $t_h = 54$ min. In einem gut geleiteten Betrieb darf dies jedoch nur ein Ausnahmefall sein. Die Zeitverluste, die durch das Schleifen der Werkzeuge entstehen, kann man auch als Zuschlag auf die Laufzeit verrechnen. In diesem Falle müssen sie jedoch bei dem Verlustzeitzuschlag unberücksichtigt bleiben. Der Hundertsatz des Zuschlages für das Werkzeugschleifen hängt natürlich von der Schnittdauer ab, die man bei Schrupp- und Schlichtstählen zu 60 min und bei Gewindestählen zu etwa 50 min annehmen kann. Das Schärfen eines Schruppstahles wird etwa 2½, eines Schlichtstahles etwa 3 und eines Gewindestahles etwa 4 min dauern einschließlich des Ganges zum Schleifstein. Der Schleifzuschlag würde daher bei Schruppstählen 4 v H, bei Schlichtstählen 5 v H und bei Gewindestählen etwa 8 v H der Laufzeit betragen.

4. Die Werkstoffzuschläge.

Werkstoffzuschläge auf die Laufzeit der Maschinen werden nötig, wenn der Werkstoff härter ist als der übliche, für den die wirtschaftlichen Schnittgeschwindigkeiten und Vorschübe ermittelt sind. Die Folge der zu harten Werkstoffe ist, daß die Maschinen die Laufzeiten nicht halten können, weniger leisten und die Fertigung unnütz verteuern. Eine eingehende Überwachung aller Werkstoffe ist daher unumgänglich, wenn der Betrieb wirtschaftlich arbeiten soll (S. 28).

5. Die Leistungs- und Ermüdungszuschläge.

Die bisherigen Zuschläge waren rein technischer Natur. Nicht berücksichtigt ist die menschliche Seite. Je nach seiner Geschicklichkeit und seinem Pflichtgefühl ist bekanntlich die Leistung eines Menschen verschieden. In jedem Betriebe wird man daher mit Mehr- und Minderleistungen zu rechnen haben, die man durch Leistungszuschläge ausgleichen muß. Die Höhe der Leistungszuschläge wird zweckmäßig durch einen erfahrenen Beamten geschätzt. Man kann sie aber auch auf Grund der mittleren Leistung oder des Durchschnittsverdienstes festlegen. Die mittlere Leistung kann man nur zum Vergleich heranziehen, wenn eine Anzahl Arbeiter die gleiche Arbeit oder sehr ähnliche verrichtet. Liefern z. B. 5 Arbeiter je Tag 200 gleiche Arbeiten ab, so ist die Durchschnittsleistung 40 Stück. Der geschickte Arbeiter mit 50 Stück Tagesleistung müßte dann auf seinen Richtlohn einen Aufschlag von 25 v H erhalten. Der Durchschnittsverdienst kann nur dann als Grundlage für die Festlegung der Leistungszuschläge dienen, wenn die Fertigungszeiten vorher genau ermittelt sind.

Die Leistung des Arbeiters hat eine besondere Bedeutung bei den Zeitaufnahmen, die man, wie bereits erwähnt, mit einem Arbeiter mittlerer Leistung durchführen soll. Sind die Zeiten mit einem hoch- oder minderwertigen Arbeiter aufgenommen, so muß man Leistungszuschläge auf die abgestoppte Zeit machen. Hat z. B. der Arbeiter 125 v H Leistungsfähigkeit und ist die abgestoppte Zeit 60 min, so wäre eine Durchschnittszeit $1,25 \cdot 60 = 75$ min in Rechnung zu setzen. Beträgt die Leistungsfähigkeit nur 80 v H und die abgestoppte Zeit 84 min, so wäre die durchschnittliche Zeit $\dfrac{84}{1,2} = 70$ min.

Eng verknüpft mit der Leistung ist die Ermüdung eines Arbeiters, die entweder durch große körperliche Anstrengungen oder durch die andauernde Gleichartigkeit der Arbeit hervorgerufen wird. Die Frage der Ermüdungszuschläge ist noch nicht gelöst. Jedenfalls kommen Ermüdungszuschläge nach heutiger Auffassung nur für die ausgesprochene Massenfertigung in Frage, da die Einzel- und Reihenfertigung mit ihren verhältnismäßig kleinen Stückzahlen genug Abwechslung bietet. Besondere körperliche Anstrengungen muß man natürlich durch einen Zuschlag abgelten.

In der Einzelfertigung können noch Stückzahlzuschläge erforderlich werden, wenn man die Zeitaufnahmen für die Reihenfertigung an etwa 20 Werkstücken gemacht hat. Sind jetzt 2 oder 3 Stücke nachzuliefern, so fehlt die Übung und die volle Leistung kommt nicht heraus. In diesen Fällen muß auf die Handzeiten ein Stückzahlzuschlag gemacht werden. Es ist jedoch umständlich, die Handzeiten aus der Zeitaufnahme herauszuziehen. Man gibt deshalb den Aufschlag auf die Stückzeit t_{st}.

Die Wirtschaftlichkeit des Betriebes erhebt die Forderung, die Zuschläge streng zu überwachen. Es dürfen daher keine Zuschläge ohne Genehmigung der Betriebsleitung bewilligt werden. Ihre Ursache muß man nachprüfen und beseitigen. Vor allen Dingen müssen die Werkzeug- und Werkstoffzuschläge Ausnahmen bleiben, ebenso die Stückzahlzuschläge, sofern es sich um den Ersatz von Ausschuß handelt. Wie bereits betont, lassen sich hier durch eine gut geführte Werkzeugmacherei und eine ständige Überwachung der Werkstoffe wirtschaftliche Erfolge erzielen. Die Säule eines wirtschaftlichen Betriebes bildet jedoch eine gut geschulte Belegschaft, deren Arbeitsfreude zu erhalten die Kunst des Betriebsleiters sein muß. Richtig gewählte Arbeitspausen, Licht, Luft, Sauberkeit und Ordnung im Betriebe sind hier die besten Mitarbeiter.

6. Die Verrechnung der Zuschläge.

Die Zuschläge sollen möglichst auf die Richtlöhne verrechnet werden, damit die Grundzeit unangetastet bleibt. Man kann sie dann jederzeit

<table>
<tr><td rowspan="2">Zeitkarte
Nr. 5912</td><td>B   H 375   S 212</td><td colspan="2"></td></tr>
<tr><td>A   H 375 — 1</td><td colspan="2"></td></tr>
<tr><td colspan="2" rowspan="2">Wenn die Arbeit nicht fertig ist, streiche → F | Wenn die Arbeit fertig ist, streiche ——→ N̶F̶</td><td>Menge</td><td>50 St.</td></tr>
<tr><td>Zeichg. Nr.</td><td>T 537</td></tr>
<tr><td colspan="2">Name des Arbeiters: Märker, Joh.   Nr. 85</td><td>Betrm. Nr.</td><td>R 4</td></tr>
<tr><td colspan="2">E ◄ / A ◄   Arbeit</td><td></td><td>Stund.</td></tr>
<tr><td colspan="2">E ◄ / A ◄   Arbeit</td><td></td><td></td></tr>
<tr><td colspan="2">E ◄ / A ◄   Arbeit</td><td>31. Dez.   24. 15
31. Dez.   21. 00</td><td>3.15</td></tr>
</table>

<table>
<tr><td colspan="2">Vorgegebene Zeit</td><td>Gebr. Zeit</td><td colspan="2">Zeit-
Gewinn | Verlust</td><td>v H</td></tr>
<tr><td>Stückzeit</td><td>4,1 min</td><td>3,15</td><td>1,50</td><td>—</td><td></td></tr>
<tr><td>50 Stück
Einr.-Zeit</td><td>205 min
18 „</td><td colspan="2">Lohnsatz
Zeit | Akkord</td><td colspan="2">Lohnkosten
Zeit | Akkord</td></tr>
<tr><td>Ges.-Zeit</td><td>223 min</td><td>—</td><td>0,60</td><td>—</td><td>2,79</td></tr>
<tr><td>Ges.-Zeit
Zeitzuschlag</td><td>3,72 st
25 v H 0,93 „</td><td>DAS
Br</td><td>DAY
FB</td><td>DAN
As</td><td></td></tr>
<tr><td>Se.</td><td>4,65 st</td><td></td><td></td><td></td><td></td></tr>
</table>

Abb. 126. Zeitkarte mit Zeitabstempelung.

mit der Stoppuhr nachprüfen, ohne die mühsame Selbstkostenberechnung umzustoßen. Beträgt z. B. die Grundzeit für ein Arbeitsstück 25 min, die Verdienstgrundlage 1 Pf./min, so würde bei 15 v H Verlustzeit und 30 v H Zuschlag für Mehrverdienst der Stückpreis sich zusammensetzen aus: $25\,[(1{,}0 + 0{,}15 \cdot 1) + 0{,}30 \cdot 1{,}15] = 37{,}38$ Pf. Diese Verrechnungsart ist in der Massen- und großen Reihenfertigung stets zu empfehlen, da hier die Grundzeiten mit größter Genauigkeit gewonnen sind und für künftige Aufträge erhalten bleiben müssen. In der kleinen Reihen- und Einzelfertigung kann man den Verlustzeitzuschlag auch auf die Grundzeit machen, da letzte doch meist nur geschätzt ist. Die Stückzeit wäre in diesem Falle $t_{st} = t_g + t_v = 25 + 0{,}15 \cdot 25 = 28{,}75$ min.

Der Zuschlag wäre jetzt auf den Richtlohn zu machen $= 1 + 0,3 \cdot 1$ $= 1,3$ Pfg./min. Der Stücklohn stellt sich daher auf $28,75 \cdot 1,3 = 37,38$ Pfg. Es ist verfehlt, die Zuschläge lediglich auf die Grundzeit zu machen, weil dadurch große Unklarheit in die Selbstkostenermittlung kommt.

7. Das Nachprüfen der Arbeitszeiten.

Für eine geordnete Selbstkostenberechnung ist es von größter Bedeutung, daß die Arbeitszeiten einer ständigen Nachprüfung unterliegen. Diese Forderung muß insbesondere erhoben werden, wenn die Arbeitszeiten geschätzt worden sind. Mit dem Nachprüfen der Arbeitszeiten ist für den Betrieb die Möglichkeit geboten, nicht nur die Fertigungszeiten und die Selbstkosten immer mehr der Wirklichkeit anzupassen, sondern auch den Ursachen schwankender Leistungen nachzugehen. Zum Nachprüfen der Vorgabezeit benutzt man eine Zeitkarte nach Abb. 126, die am Anfang (A ◄) und am Ende (E ◄) der Arbeit einen Zeitstempel erhält. Für das Abstempeln eignet sich der Zeitrechner der Kontrolluhrenfabrik F. E. Benzing, Schwenningen/Neckar, der nach dem Punktzeitverfahren arbeitet. Die Uhr beginnt eine Lohnwoche mit 0 und schaltet alle 3 min $= 0,05$ st weiter und zwar mit der Uhr fortlaufend. Alle Betriebspausen und Nachtzeiten schaltet sie selbsttätig aus, so daß lediglich der Zeitaufwand gezählt wird. In Abb. 126 ist die Endzeit 24,15, die Anfangszeit 21,00, so daß die wirkliche Arbeitszeit 3,15 st beträgt. Unterbrechungen der Arbeit durch Krankheit müssen abgestempelt werden. Wird eine Arbeit mehr als zweimal unterbrochen, so ist eine neue Zeitkarte auszufertigen und das „F" zu durchstreichen als Hinweis dafür, daß die Arbeit noch nicht fertig ist.

XIV. Die Aufgaben des Arbeitsbüros.

Das Arbeitsbüro hat als Gehirn und Sammelstelle der Erfahrungen des ganzen Betriebes die Vorarbeiten für die Ausnutzung der Werkzeugmaschinen zu erledigen, die Leistung des Betriebes, die Liefertermine und die Lager zu überwachen. Diese Aufgaben sind außerordentlich wichtig, wenn man bedenkt, daß durch das Fehlen eines Werkstoffes oder eines Maschinenteiles der Zusammenbau der Maschinen stockt, so daß die Lieferfrist überschritten werden muß.

Die wirtschaftliche Ausnutzung der Werkzeugmaschinen verlangt, daß das Arbeitsbüro von jeder Maschine eine Stammkarte hat, in der die Hauptmaße, die Umläufe n, die Vorschübe s, die Schaltungen und das Zubehör angegeben sind. Damit man eine Maschine durch eine andere ersetzen kann, sollte in jeder Werkstatt eine Reihe gleicher Maschinen stehen. Bei Neueinrichtungen wird man daher die gleiche Maschinengröße in gleicher Ausführung in einer ausreichenden Anzahl aufstellen müssen. Bei vorhandenen Maschinen lassen sich gleiche Umläufe und Vorschübe oft dadurch erreichen, daß man das Deckenvorgelege durch andere Scheiben und das Vorschubgetriebe durch andere Wechselräder antreibt.

Für die Dreherei kann als Stammkarte für Drehbänke das Muster in Abb. 127 gelten. Diese Karte gibt auf der Vorderseite Auskunft über die Art der Drehbank, ihren Standort, ihre Hauptmaße, ihr Zubehör und Sondereinrichtungen, kurz über alles, was zur Beurteilung der Bank und ihrer Verwendung zu wissen nötig ist. Unter Gruppe E sind die

Bezeichnung der Maschine: *Spitzendrehbank*	Masch. *D 256* Inv.-Nr. *MW 354*	Standort: *Mech. Werkst*
Fabrikat: *N. N.*	Type: *LZ III*	
Abmessungen der Maschine und des Zubehörs		
Spitzenhöhe 300 mm	Planscheibe spannt bis 550 $\varnothing$	Gehört zur Grupp
Spitzenweite 2000 mm	Backenfutter spannt bis 85 $\varnothing$	Unkostenklasse: *I*
Größter Drehdurchmesser über dem Bett: 600 mm		Gütegrad: *I*
Größter Drehdurchmesser über d. Schlitten: 480 mm		Anschaffungsjahr:
Größter Drehdurchmesser in der Kröpfung: 900 mm	Brille fest bis $\varnothing$ Stck.	Kraftbedarf: *4 PS*
Länge der Kröpfung v. d. Planscheibe: 315 mm	Brille mitgeh. bis $\varnothing$ Stck.	Angaben über Höc leistungen:
Spindelbohrung: 38 mm	Pumpe l/min	
Spitzenkegel: Morsekegel 5	Wechselräder:	
Größter Stahlquerschnitt: 27×27 mm		
Spindelmitte bis Oberfl. Schlitten: 250 mm		
Leitspindelsteigung: $^{1}/_{2}''$		Bemerkungen:
Antrieb: Stufenscheibe: 430, 350, 270 $\varnothing$ breit 105 mm		
Sondereinrichtungen:	Besonders geeignet für:	
Kegeldrehvorrichtung mit Leitlineal		
		Ausstellung der K Dat. Name:

Abb. 127. Maschinenkarte für Drehbänke. (Vorderseite.)

Umdrehungszahlen/min. der Drehspindel						Vorschübe in mm je Umdrehung						
Durchmesser u. Breite d. Stufenscheibe der Antriebsscheibe	430	350	270 105			Durchmesser u. Breite d. Stufenscheibe der Antriebsscheibe						
Nr. der Stufe der Schaltung						Nr. der Stufe oder Schaltung						
ohne Vorg. .	129	200	311			Längsvorsch. .	0,25	0,4	0,6	0,9	1,35	2,00
mit einf. Vorg.	33,5	52	81			Planvorsch. .	0,25	0,4	0,6	0,9	1,35	2,00
mit dopp. Vorg.	8,6	13,3	20,8									

Abb. 128. Rückseite.

Drehbänke gleicher Leistung, gleicher Drehzahlen und Vorschübe und Größe zu verstehen. Diese Maschinen bilden die Unkostenklasse IV. Die Maschine D 256 hat den Gütegrad I und einen mittleren Kraftbedarf von 4 PS. Mit diesen Angaben hat das Arbeitsbüro wichtige Unterlagen für die Beurteilung der Wirtschaftlichkeit und Genauigkeit der Arbeit. Unter Höchstleistungen soll man die größten Spanquerschnitte für die einzelnen Stufen anführen (S. 97). Die Rückseite der Maschinenkarte, Abb. 128, enthält am Kopf links die Umläufe der Drehspindel

Angabe der Schnittgeschwindigkeiten					Vorschübe in mm/Hub		
Durchmesser u. Breite der Stufenscheibe der Antriebsscheibe							
Nr. der Stufe oder Schaltung	I	II	I	II	Anzahl der Schaltzähne	wagerecht	senkrecht
Zeitdauer eines Hubes in s	Vorlauf		Rücklauf		1	0,3	0,2
bei Hublängen von 500	5,4	3,1	2,3	2,3	2	0,6	0,4
700	6,9	4	3	3	3	0,9	0,6
1000	9,5	6	3,6	3,6	4	1,2	0,8
2000	18,3	12,8	6	6	5	1,5	1,0
3000	27,3	19	8,8	8,8	6	1,8	1,2
4000	36,3	25,5	11,5	11,5	7	2,1	1,4
5000	46	31,8	14,2	14,2	8	2,4	1,6

Abb. 129. Maschinenkarte (Rückseite) für Werkzeugmaschinen mit gerader [Hauptbewegung (Hobel- und Stoßmaschinen).

nebst Schaltung der Vorgelege und der Riemenlage, rechts die Vorschübe für das Lang- und Plandrehen. Der übrige Raum ist mit einer Rechentafel nach Abb. 62, 67 oder 68 ausgefüllt, so daß man auf der Maschinenkarte gleich die Laufzeit für 10 oder 100 mm Schaltweg ablesen kann.

Die Maschinenkarte für Werkzeugmaschinen mit gerader Hauptbewegung wird auf der Vorderseite als Abmessungen die Hobelhöhe, Hobelbreite und Hobellänge in mm angeben müssen. Auf der Rückseite sind links (Abb. 129) die Zeitaufnahmen für die Doppelhübe nach S. 70 und rechts die Vorschübe für die verschiedenen Zahlen der Schaltzähne aufzuführen. Unter dem Kopf müßte die Rechentafel in Abb. 70/74 Platz finden.

Eine gute Übersicht erhalten die Rechentafeln, wenn man bei jeder n-Linie die zugehörige Lage des Riemens und die Stellung der Räder-

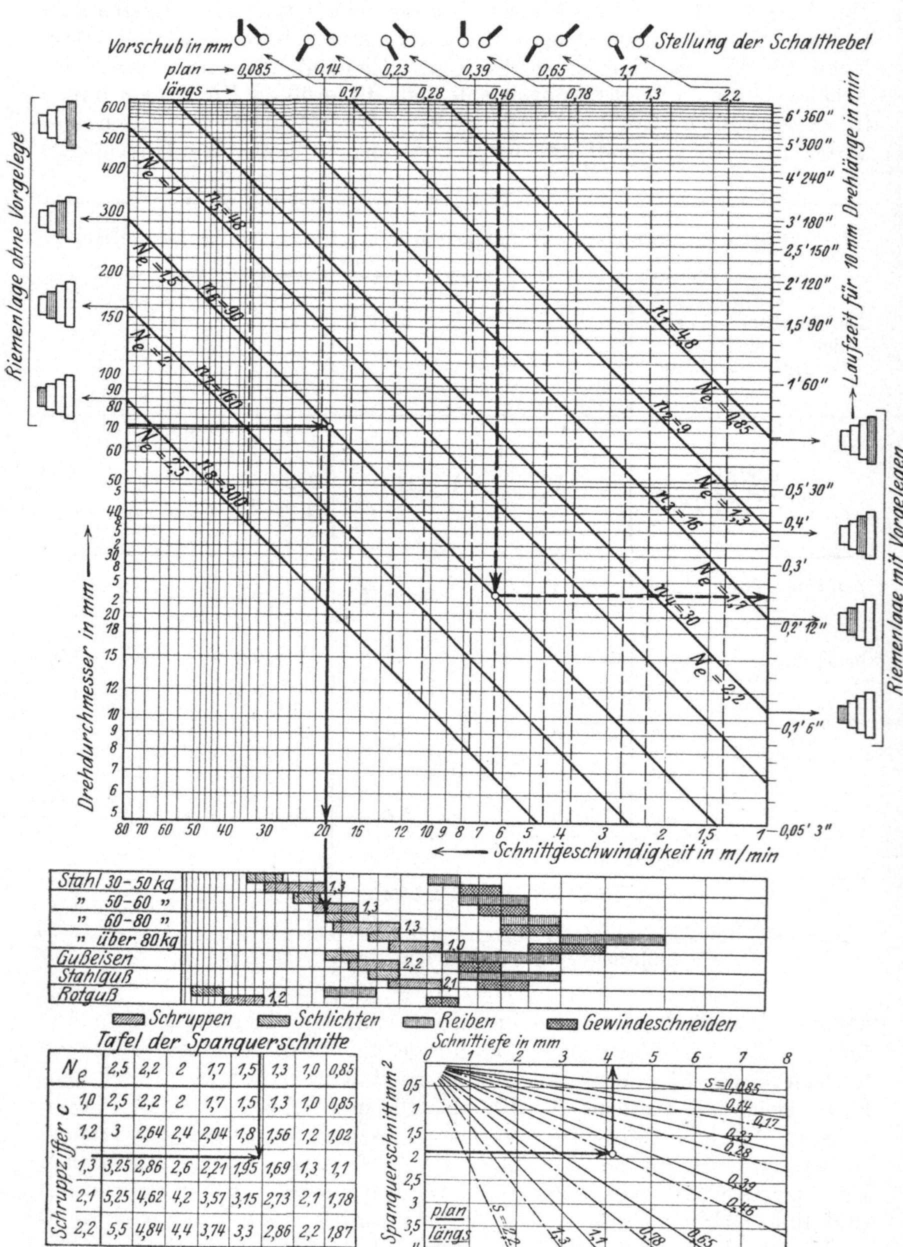

Abb. 130÷133. Ausnutzungstafel für eine Drehbank von Gebr. Böhringer in Göppingen.

vorgelege angibt, wie z. B. in Abb. 130/133 durch Schraffieren der Stufe links ohne Vorgelege und rechts mit Vorgelegen. Zu jedem Vorschub der Längs- oder Planrichtung deutet man oben die Stellung der Schalthebel an. Unten sind die Grenzwerte der Schnittgeschwindigkeiten durch einzelne Felder eingezeichnet, deren Schraffur das Arbeitsverfahren erkennen läßt. Auch über den Spanquerschnitt gibt die Tafel Auskunft. Die Schnitt-

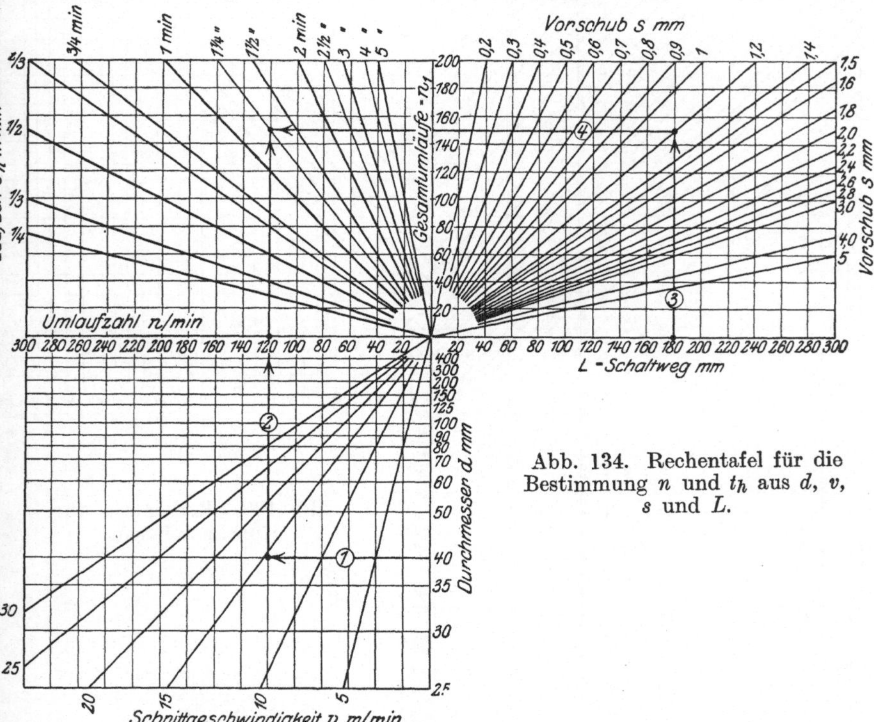

Abb. 134. Rechentafel für die Bestimmung n und t_h aus d, v, s und L.

arbeit N_e ist bei jeder n-Linie angegeben. Der Spanquerschnitt läßt sich aus N_e wie folgt ermitteln:

$$q = \frac{N_e \cdot 60 \cdot 75}{k_s \cdot v} = \frac{4500}{k_s \cdot v} N_e = N_e \cdot c.$$

Die Zahl $c = \dfrac{4500}{k_s \cdot v}$ ist bei den Schruppfeldern der Werkstoffe eingetragen, z. B. bei Stahl 1,3, bei Gußeisen 2,2. Dabei ist der Einheitsschnittdruck k_s zur Vereinfachung als gleichbleibend angenommen. Aus der linken Zahlentafel läßt sich der Spanquerschnitt ablesen und rechts zu dem Spanquerschnitt Vorschub und Spantiefe entnehmen.

Beispiel: Für den Drehdurchmesser $d = 70$ mm bei Stahl von 50÷60 kg/mm² ist $n_6 = 90$, d. h. Riemen auf zweitgrößter Stufe ohne Vorgelege mit $N_e = 1,5$ und Schruppziffer $c = 1,3$, also Spanquerschnitt $q = 1,5 \cdot 1,3 = 1,95$ mm² nach Zahlentafel. Die Schnittiefe ist nach der rechten Tafel für $s = 0,46$ und $q = 1,95$ $t = 4,25$ mm. Die Laufzeit der Maschine ist nach Abb. 130 für $s = 0,46$ und $n_6 = 90$ $t_m \sim 0,24$ min für 10 mm Drehlänge.

Die Rechentafeln in Abb. 67 und 69 geben die Laufzeit der Maschine nur für einen Schaltweg von 10 oder 100 mm an. Will man die Lauf-

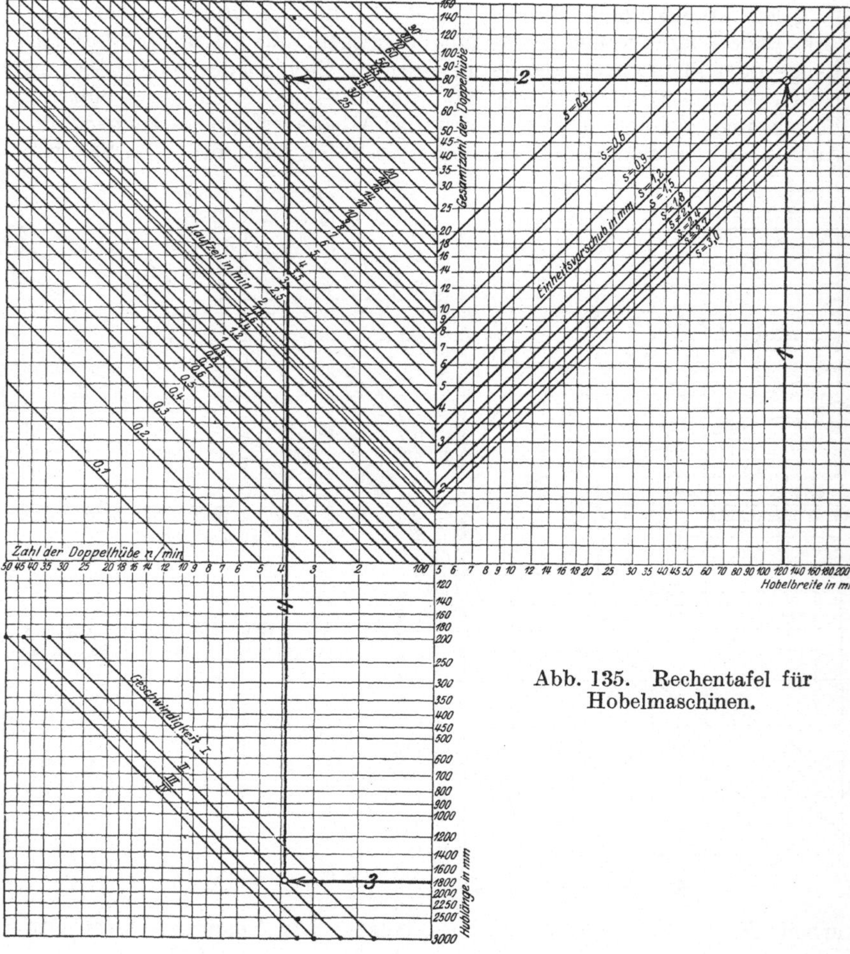

Abb. 135. Rechentafel für Hobelmaschinen.

zeit für größere Schaltwege und zugleich zu d und v die Umlaufzahl n ablesen können, so muß man nach v. Dobbeler[1]) einen Geschwindigkeits- und Zeitplan nach Abb. 134 entwerfen. Dem oberen rechten Feld liegt die Gleichung $L = n_1 \cdot s$ zugrunde. Hierin ist n_1 die Gesamtdrehzahl der Maschine für den Schaltweg L. Für das linke obere Feld gilt die Beziehung $n_1 = n\,t_h$ und für das untere Feld $v = \pi d n$. Hierbei ist auf der unteren senkrechten Achse der Wert $\dfrac{1}{d}$ aufgetragen, so daß

$$\frac{\dfrac{1}{\pi d}}{\dfrac{1}{\pi d_1}} = \frac{n}{n_1} \quad \text{und} \quad n_1 d_1 = nd \text{ ist. Nach den Linienzügen (1) bis (4) ist für}$$

----

1) Betrieb 1920. S. 108.

$d = 40$ mm und $v = 15$ m/min $n = 120$ und für $L = 180$ mm und $s = 1{,}2$ mm die Laufzeit der Maschine $t_h = 1\frac{1}{4}$ min.

In ähnlicher Weise läßt sich auch für Hobel- und Stoßmaschinen eine Rechentafel aufstellen (Abb. 135). Das rechte obere Feld ist hier aufgebaut auf $B = n_1 s$ und das linke auf $n_1 = n t_h$. Im unteren Felde sind die an der Maschine aufgenommenen Zahlen der Doppelhübe zu jedem Hube eingetragen und zwar für die 4 Geschwindigkeiten der Schnellhobelmaschine. Nach dem Linienzug 1 bis 4 beträgt die Laufzeit der Maschine bei 1800 mm Hub, Geschwindigkeit II, Hobelbreite 120 mm und 1,5 mm Vorschub $t_h = 20$ min.

Mit den Stammkarten hat die Betriebsleitung den ganzen Werkzeugmaschinenpark in ihrer Hand und kann der Werkstatt Anweisungen über die einzustellenden Umläufe und Vorschübe, die Werkzeuge und Spann-

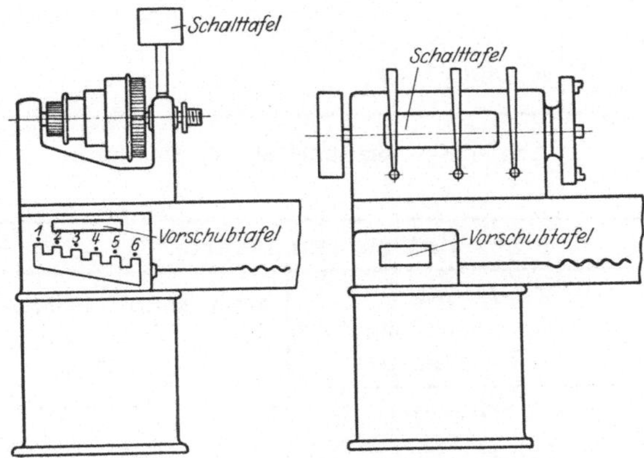

Abb. 136 und 137. Anordnung der Schalttafel.

vorrichtungen geben. Um die Schaltungen vornehmen zu können, sollte an jeder Maschine eine Schalttafel vorhanden sein, die beim Stufenscheibenantrieb nach Abb. 136 angebracht werden kann. Andernfalls sind die Angaben auf dem Laufzettel (Abb. 139) zu machen. Der Einscheibenantrieb hat in der Regel eine Schalttafel am Räderkasten (Abb. 137). Die Schalttafel selbst wird zweckmäßig nach Abb. 138 eingerichtet. Sie muß dem Dreher für die vorgeschriebenen Umläufe n und Vorschübe s die Schaltungen angeben. Ist z. B. die Umlaufzahl $n = 81$ einzustellen, so ist nach Abb. 138 der Riemen auf Scheibe I zu legen, Hebel 1 muß nach vorn, Hebel 2 nach rechts stehen und der Mitnehmer ausgerückt sein. Für den Vorschub $s = 0{,}6$ mm ist nach Abb. 138 der Schalthebel auf Loch 3 einzustellen.

Um auch die Leistung der Bank voll ausnutzen zu können, ist sie einmal abzubremsen und die Nutzarbeit auf der Stammkarte zu vermerken. Mit dieser Angabe kann die Betriebsleitung bei den verschiedenen Werkstoffen, deren Festigkeit bekannt ist, aus den Rechentafeln in Abb. 83÷87 den Spanquerschnitt ermitteln und der Werkstatt Spantiefe, Vorschub und Schnittzahl vorschreiben.

10*

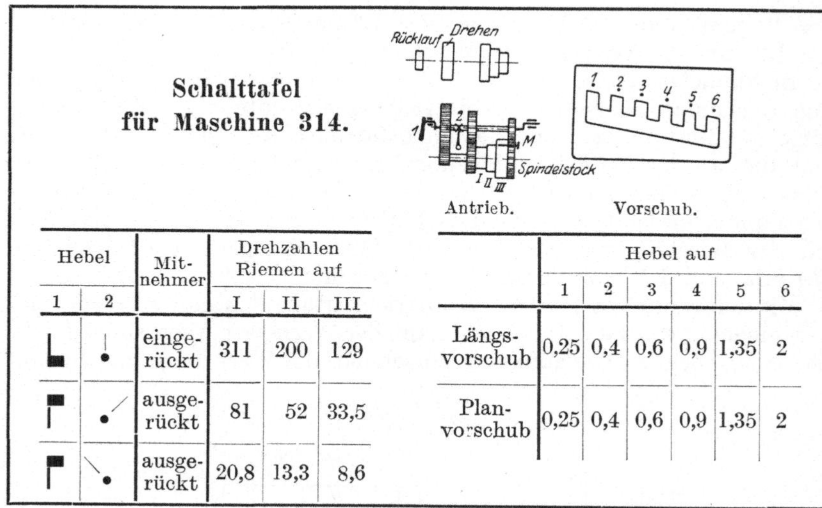

Hebel		Mit-nehmer	Drehzahlen Riemen auf				Hebel auf					
1	2		I	II	III		1	2	3	4	5	6
L	ꞏ	einge-rückt	311	200	129	Längs-vorschub	0,25	0,4	0,6	0,9	1,35	2
ꞏ	/	ausge-rückt	81	52	33,5	Plan-vorschub	0,25	0,4	0,6	0,9	1,35	2
ꞏ	\	ausge-rückt	20,8	13,3	8,6							

Abb. 138. Schalttafel an der Maschine.

Unterweisungskarte.

Teilbezeichnung: *Kegelzapfen.*
Werkstoff: *M.-Stahl.* Abmessung: *20/50*
Arbeit: *Drehen des Gewindezapfens.*

Besonders zu beachten:
mit Anschlag und Küh-lung arbeiten.

Auftrag Nr.
1234

Werkzeugmaschine: *Spitzenbank.*
Gruppe: *D 26.*

Schnittgeschwindig-keit: *12 m/min.*

Stufe:
IV.

Umläufe/min: *100.*
Vorgelege: *ohne.*

Vorschub: *0,25.*
Hebelstellung: *4.*

Spantiefe: 5 mm   Schnittzahl: 2

Schneidwerkzeug: *Schnellstahl.*
Meßwerkzeug: *Schublehre.*
Spannwerkzeug: *zwischen den Spitzen.*
Kühlflüssigkeit: *Bohrwasser.*

Für das Gewindeschneiden:
Rad an Spindelkasten .... Zähne
 „ „ Schere   .... „
 „ „ Leitspindel   .... „

Aufgestellt: *Meyer 13./8.*
Geprüft: *Müller 14./8.*

Abb. 139. Unterweisungskarte.

Auftrag:	Vn 7578	. Modell:	NC 45	N. B. Nr.	238	Teil-Nr.	26
				Zchg.-Nr.	1470		

50 Reibkegel			Rohstoff:	E. G.

Karte zugestellt und Werkstücke erhalten am	Stück-zahl	Ausführung erledigt: am	Nr.	Art der Bearbeitung	Name des Arbeiters	Lohnzeit/min geprüft	Preis ℳ	₰
			1.	Modelltischlerei				
			2.	Gießerei				
29. Sept. 1924		30. Sept. 1924	3.	Revolverdreherei	Fischer	$1172 + 50$	12	22

Bearbeitung: In Futter auf inneren ⌀ spannen, Kranz und Nabe überdrehen, vorbohren, Kranz, Nabe plandrehen, Aussparung drehen. Fertigbohren und Nabe schlichten, Aufreiben, Gewindestrehlen.

30. Sept. 1924		1. Oktober 1924	4.	Stoßerei	Lohmann 1 Keilnute $6 \times 2,5$	$175 + 3$	1	78

fertig abgeliefert an:			Rohstoff _______ E. G. _______ Se. Löhne	14	00
am	Stück	Unterschrift	Gew. kg __260.—__ Preis / kg __0,30__ Se.	78	00
1. 10.	44		Unkosten der mechan. Abteilung __300__ vH	42	00
			., des Zusammenbaus _______ vH	—	—
abgelegt in Regal: 4		Fach: 7	Insgesamt Selbstkosten für __50__ Stück M.	134	00
			Selbstkosten für 100 Stück M.	268	00

Abb. 140. Unterweisungskarte.

Beispiel: Die Maschine D 256 habe für die Schnittarbeit 4 PS verfügbar, so ist nach Abb. 95 für $N = 4$, bei Maschinenstahl von 50—60 kg/mm² Festigkeit ein Span von ~ 13 mm² zulässig. Da der Vorschub $s = 2$ ist, so muß die Spantiefe 6,5 mm sein. Die Schnittgeschwindigkeit ist nach Abb. 95 $v \sim 12$ m/min.

Diese Angaben sind der Werkstatt auf dem Laufzettel oder der Unterweisungskarte im Sinne der Abb. 139 zu machen. Diese Karte

Zeit- und Arbeitsplan für *Revolver*	Reibkegel Werkstoff *E. G.* N. B. Teil. *238* Zeichn. *1470*	Maschine *NC45* Arbeiter *Fischer*									
Nr. des Arbeitsganges	Arbeitsunterteilung	durchlaufene Zeit min	Nebenzeit min	Laufzeit min	Umdrehung/min	Riemen auf St. Stift in Stellung	Rädervorg. Hebel in Stellung	Deckenvorgelege	Schnittgeschw. m/min	Riemen a. St. Stift in Stellung	Vorschub je Umdrehung
	In Futter auf inneren $\varnothing$										
	spannen	0,50	0,50								
	schalten	0,65	0,15								
1	Kranz und Nabe über-										
	drehen, vorbohren	8,65		8,00	30	A	1	2	15		0,25
	schalten	8,75	0,10								
2	Kranz, Nabe plandrehen	15,55		6,80	30	A	1	2	15		0,35
	Aussparung drehen,										
	schalten	15,65	0,10								
3	Fertigbohren und Nabe										
	schlichten	18,35		2,70	150	A	2	3	19		0,15
	schalten	18,45	0,10								
4	Aufreiben, schalten	18,90	0,45		150				9,5		
5	Gewinde strehlen	20,70		1,80	65	A	2	3	8		
	Abspannen	21,00	0,30								
	Grundzeit 21,00		1,70	19,30	Einrichtezeit 50 min						
	+ 30 v H Aufschlag a. d. Nebenzeit 0,51		1,93	= 10 v H Aufschl. a. d. Laufzeit							
	Stückzeit 23,44		2,21	21,23							
	Gesamtzeit für 50 Stck. 1172 min + 50 min = 1222 min										
	Etwaige Änderungen sind im Selbstkosten-Bureau zu melden			Ausgefertigt am 29. 9. 24							

Abb. 141. Zeitkarte.

muß mit der Zeichnung das Werkstück durch die ganze Werkstatt begleiten. Sie soll den Dreher unterweisen, mit welchen Umläufen und Vorschüben die Maschine laufen soll, welche Spantiefe und wieviel Schnitte er nehmen muß. Sie gibt ihm auch die Art der Schneidwerkzeuge, Meß- und Spannwerkzeuge und die Art der Kühlflüssigkeit an. Der Dreher findet in der Unterweisungskarte alle Unterlagen, die es ihm ermöglichen, die vorgegebene Stückzeit einzuhalten. Bei mehreren Arbeitsstufen ist es ratsam, in die Unterweisungskarte den Arbeitsgang nach der Zeitkarte einzutragen, wie dies in den Abb. 140 u. 141 für den Reibkegel in

Abb. 142 geschehen ist. Die Unterweisungskarte ist daher das wichtigste Hilfsmittel, das man der Werkstatt an die Hand gibt, die im voraus ermittelten Selbstkosten in die Wirklichkeit umzusetzen. In der Unterweisungskarte muß daher die ganze Erfahrung niedergelegt werden. Damit keine wertvolle Arbeit vergeudet wird, werden die Unterweisungskarten und Zeitkarten zu einer Kartei vereinigt. Sie muß so geordnet sein, daß die zu einer Maschine gehörenden Karten zusammengefaßt (z. B. in Schubladen) und zwischen je 2 hervorstehenden Sucherkarten die Karten der einzelnen Stammteile zu finden sind. Kommt ein neuer Auftrag, so sind für die Werkstatt nur Abschriften auszufertigen. Was für die große Reihenfertigung gesagt ist, gilt in noch höherem Maße für die fließende Massenfertigung, die auf eine starke Beschleunigung der Herstellung, also besonders große Leistung gerichtet ist. Unerläßliche Voraussetzung für die Fließarbeit ist, daß die Gesamtarbeit in sehr

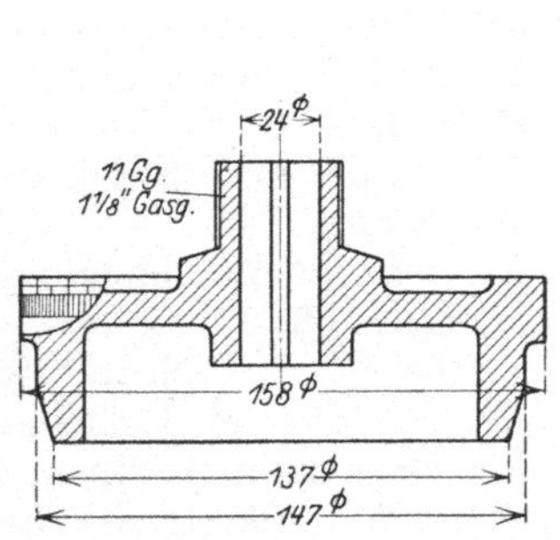

Abb. 142. Reibkegel.

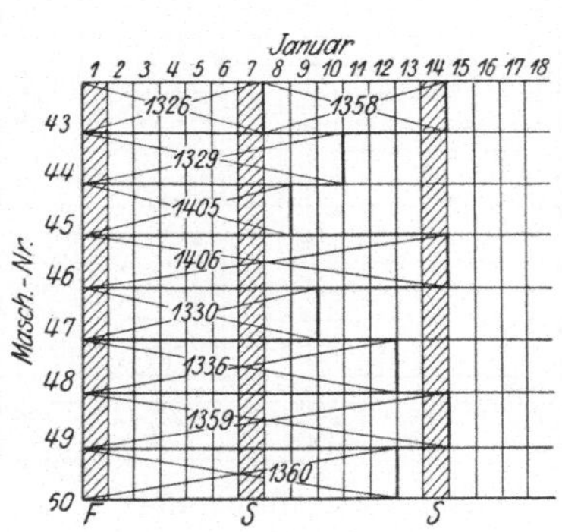

Abb. 143. Belegtafel.

viele Einzelarbeiten zerlegt wird. Die Gliederung der Fertigung muß daher weitestgehend durchgeführt werden, sei es bei der Bearbeitung von Massenteilen oder sei es bei dem Zusammenbau von Massenerzeugnissen (Abb. 109). Die Arbeitsunterteilung ist dabei so zu treffen, daß alle Einzelarbeiten möglichst gleich viel Zeit erfordern, so daß in einem gewissen Rhythmus gearbeitet wird. Dies ist natürlich nur möglich auf Grund eingehender Zeit- und Bewegungsstudien. Die wichtigsten Vorbedingungen für Fließarbeit sind daher geschulte Arbeitskräfte von besonderer Geschicklichkeit und eine scharfe Kontrolle der einzelnen Teilarbeiten. Es darf kein Form-, Paß- oder Gütefehler unerkannt den Fertigungsgang durchlaufen. In die Arbeitskette müssen daher zahlreiche Prüfstellen eingeschaltet werden. Unter diesen Voraussetzungen wird die Fließarbeit nur hochwertige Erzeugnisse liefern.

Damit das Arbeitsbüro eine Übersicht über die mit Arbeit belegten Maschinen hat, läßt sich im Sinne der Abb. 143 eine Belegkarte[1]) einrichten. In ihr müssen sämtliche Maschinen der Werkstatt mit ihren Nummern enthalten sein. Die Nummern können dabei so gewählt werden, daß man an ihr gleich die Art der Maschine erkennt. Den Dreh-

---

[1]) W. T. 1923, S. 260.

bänken kann man z. B. die Zahlen 1 bis 100 geben, den Bohrmaschinen 101 bis 200, den Fräsmaschinen 201 bis 300 usw. Das Arbeitsfeld der einzelnen Maschine wird bis zu dem Tage durchkreuzt, an dem die Arbeit beendet sein muß. Die Sonn- und Feiertage werden schraffiert, damit man sie bei Festlegung der Arbeitszeit berücksichtigt. In dem Arbeitsfeld gibt man zweckmäßig die Auftragnummer, die Nummer des Maschinenteils, die Zeichnungsnummer und die Stückzahl an. Eine andere Belegtafel für 13 Arbeitswochen bringt die Abb. 144. Für jede Drehbank ist hier von der oberen Holzleiste nach der unteren ein dünner Stahldraht gezogen, auf dem ein sich selbst festklemmender Holzknopf auf die betreffende Woche eingestellt wird, in der der Endtermin der Einzelarbeit liegt. Wird die Maschine Nr. 25 instandgesetzt, so wird ihr Knopf mit der roten Hälfte nach oben gedreht, so daß „schwarz" Betrieb bedeutet und „rot" Stillstand. Mit den Belegkarten kann das Arbeitsbüro jederzeit feststellen,

1. wann die einzelnen Arbeiten fertig sind,

2. ob die Lieferzeiten eingehalten werden,

3. wann die Maschinen wieder verfügbar sind,

4. bei der Reihenfertigung können die für die Reihe arbeitenden Maschinen in einem Vordruck als Terminkarte zusammengestellt und so die Liefertage genau verfolgt werden. Terminbeamte können hierzu in der Werkstatt Erhebungen anstellen.

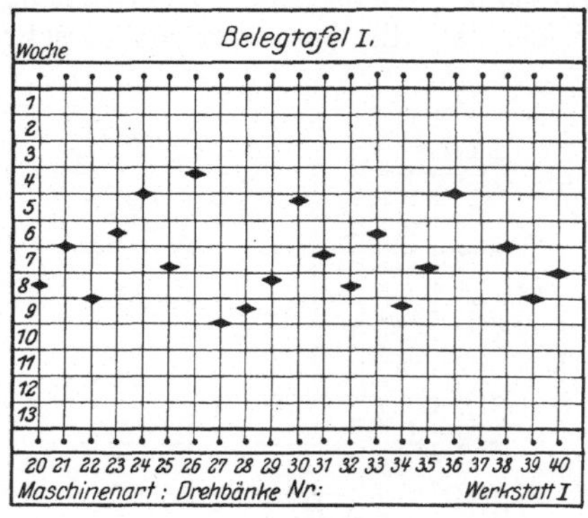

Abb. 144. Belegtafel.

Aus der Terminkarte, Abb. 145, geht hervor, daß die Teile am 25. Mai von der mechanischen Werkstatt abzuliefern sind. Die Maschine 125 braucht für die Bearbeitung 8 Tage, die Maschine 25 dagegen 6 Tage. Die Maschine 25 muß daher am 10. 5. mit der Arbeit beginnen und die Maschine 125 am 17. 5. usw. Man kann auch die Arbeitskarte in Abb. 146 zur Verfolgung der Termine benutzen. Zu diesem Zweck muß man jeder Werkstatt den Liefertermin in der Karte angeben und durch Zeitbeamte überwachen lassen. Werden dazu die Anfangs- und Endzeiten abgestempelt, so ist jederzeit die Kontrolle gegeben.

Die Betriebsleitung erhält am schnellsten eine Übersicht über die Fortschritte in der Fertigung und das Einhalten der Termine, wenn der Terminbeamte eine Marke von bestimmter Farbe in das Arbeitsfeld der Maschine hängt. In Abb. 143 würde z. B. eine rote Marke im Felde der Maschine 46 auf 11. Januar angeben, daß diese Maschine am 11. 1. schadhaft wurde. Die Betriebsleitung muß daher für den Auftrag 1406 eine andere Maschine frei machen, wenn rechtzeitige Lieferung erfolgen soll. Man kann mit einfachen Mitteln in der Terminverfolgung noch weiter gehen. In Abb. 145 könnte z. B. eine blaue Marke auf 13. 5. anzeigen, daß der Arbeiter von Maschine 25 am 13. 5. erkrankt ist

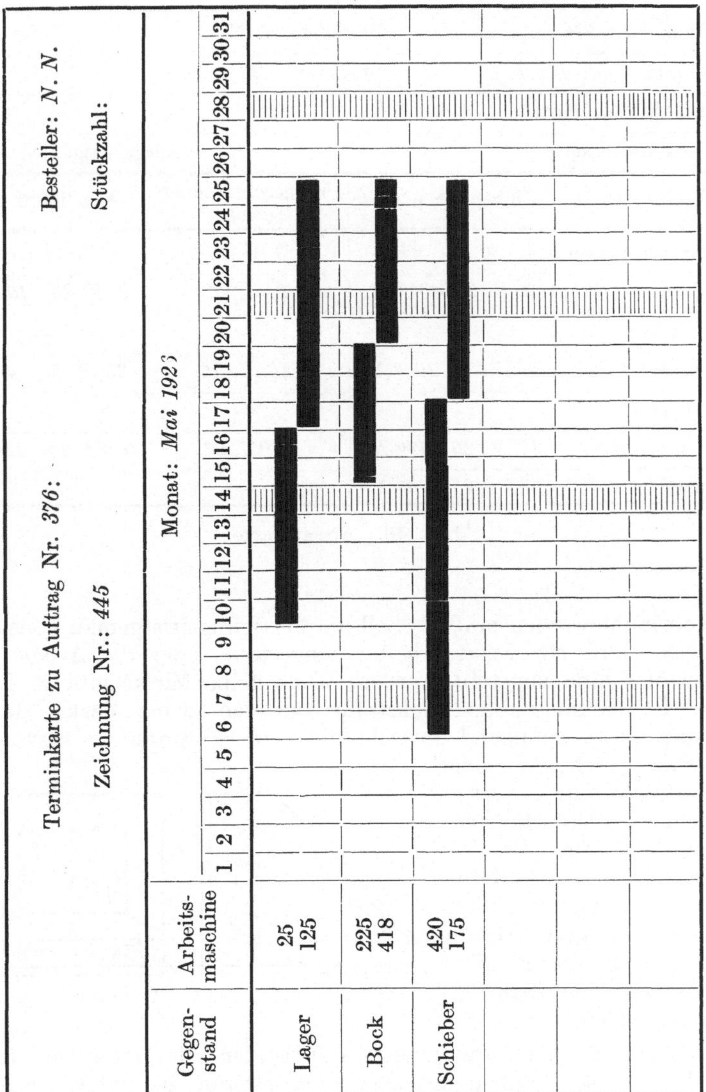

Terminkarte zu Auftrag Nr. *376*: Besteller: *N. N.*

Maschine *F III* Zeichnung Nr.: *445* Stückzahl:

Monat: *Mai 1923*

Teil Nr.	Zchg. Nr.	Stück	Gegenstand	Arbeitsmaschine	1	2	3	4	5	6	7	8	9	10	11	12	13	14	15	16	17	18	19	20	21	22	23	24	25	26	27	28	29	30	31
445/1	3364	125	Lager	25 125																															
445/2	3365	75	Bock	225 418																															
445/3	3366	50	Schieber	420 175																															

Abb. 145. Terminkarte.

Auftrag Nr.: *976*		Besteller: *N. N.*	
Zeichnung Nr.: *445/1*		Stückzahl *125*	
Werkstoff: *Gußeisen*			
Gegenstand: *Lager*			Ausgefertigt: *N. N.*
Werkstatt:	Eingegangen am:	Vorgeschriebener Termin:	Abgeliefert am:
Modellschreinerei	*30. IV. 26*	*3. V. 26*	*3. V. 26 3⁰⁰ N.*
Gießerei	*3. V. 26 3¹⁰ N.*	*9. V. 26*	*9. V. 26 10⁰⁰ V.*
Schmiede	—	—	—
Mech. Werkstatt	*9. V. 26 10³⁰ V.*	*25. V. 26*	*23. V. 26 4⁰⁰ N.*
Schlosserei	—	—	—
Zusammenbau	*23. V. 26 4²⁰ N.*	*6. VI. 26*	*6. VI. 26 12⁰⁰ V.*
Versand	*6. VI. 26 1⁰⁰ N.*	—	—

Abb. 146. Arbeitskarte.

oder beurlaubt werden mußte. Soll die Fertigung fristgemäß vonstatten
gehen, so muß ein Ersatzarbeiter eingestellt oder die Arbeit einer
anderen Maschine zugeteilt werden. Eine gelbe Marke gibt z. B. das
Fehlen der Rohlinge oder Rohstoffe an, eine grüne Marke, daß die
Fertigung nicht genügend fortschreitet, sei es durch zu harte Rohlinge oder Werkstoffe oder
sei es durch minderwertige
Werkzeuge. Die farbigen
Marken sind für die Be-
triebsleitung Signale dafür,
daß die Fertigung nicht
glatt verläuft und Abhilfe
eintreten muß, wenn nicht
der ganze Terminaufbau um-
gestoßen werden soll.

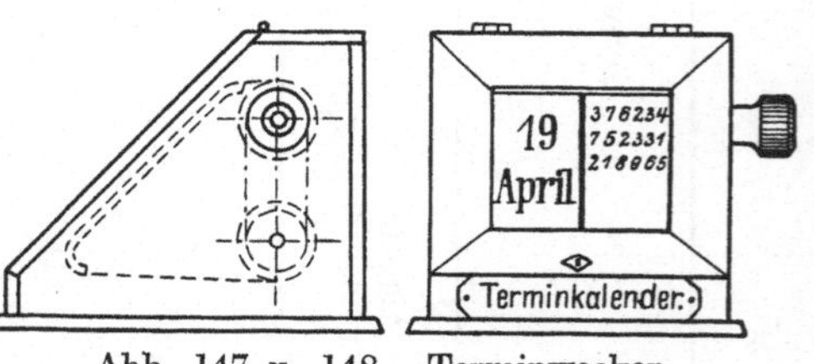

Abb. 147 u. 148. Terminwecker.

Als Terminwecker kann auch ein Kalender mit Datenband dienen
(Abb. 147 u. 148), auf dem neben dem Datum die fälligen Auftrag-
nummern verzeichnet sind.

Das Arbeitsbüro kann auch mit der Überwachung der Vorräte an
Normteilen betraut werden. Es muß daher besorgt sein, daß einmal
keine Lagerteile fehlen, damit nicht der Zusammenbau stockt und
zum andern die Lagervorräte nicht zu groß sind, damit nicht zuviel
Geld durch das Lager festgelegt wird. Über die Verhältnisse des Lagers
erhält man einen guten Überblick durch eine Tafel, auf deren Kopfleiste
die Norm- und Lagerteile befestigt sind. Steckt man z. B. eine rote
Kennmarke unter das betreffende Normteil, so besagt dies, daß der Vorrat die vorgeschriebene Kleinstzahl erreicht hat. Die Werkstatt muß

daher beauftragt werden, eine neue Reihe Normteile herzustellen. Die Fertigung selbst kann man in obigem Sinne verfolgen. Überschreiten die Lagervorräte die vorgesehene Höchstzahl, so hängt man z. B. eine blaue Marke an als Zeichen dafür, daß die Fertigung einzustellen ist.

Eine geordnete Betriebsführung verlangt nicht nur ein planmäßiges Überwachen der Fertigung der Einzelteile, sondern auch der Zusammenbauarbeiten (Montage), damit die Lieferfristen eingehalten und keine Verzugsstrafen fällig werden. Dies ist nur möglich, wenn die Einzelteile nach einem festgelegten Lieferplan fertig in die Schlosserei gelangen und hier zu den bestimmten Maschinenteilen, z. B. Kreuzköpfen, Schubstangen, zusammengebaut werden (Teilzusammenbau). An diese Arbeiten muß sich dann ebenfalls planmäßig das Zusammenbauen der Maschine oder der Maschinenanlage anschließen — Gesamtaufstellung —, bei der man nur noch die Arbeiten erledigt, die sich vorher nicht ausführen lassen.

Beispiel[1]): Elektrisch betriebener Luftkompressor in Zwillingsanordnung, Leistung 4000 m³ angesaugte Luft/st, 420/710 mm Zylinderdurchmesser, 660 mm Hub, 6 Atm. Überdruck.

Zeittafel 31.

Reihenfolge und Zeitdauer der Gesamtaufstellung der Anlage.

Nr.	Arbeitsvorgang	Zeit in st
1	Aufstellen und Ausrichten der Hoch- und Niederdruckrahmen	11
2	Einbringen der Kurbelwelle	2
3	Nachprüfen der parallelen Lage der Rahmen	8
4	Einbauen der Kreuzköpfe und Schubstangen	16
5	Anbauen der Hoch- und Niederdruckzylinder	8
6	Anbringen der Steuerböcke und Einpassen der Steuerwellen	20
7	Einbauen und Zusammenpassen der Steuerung	100
8	Probelauf der Steuerung	40
9	Ausmessen der Längen der Kolbenstangen	8
10	Einbringen der Kolben und Kolbenstangen	15
11	Anbringen der Zylinderverkleidungen	80
12	Abbauen und Fertigmachen zum Versand	30
	Gesamtzeit	338

Zeittafel 32.

Zeitdauer für die Bearbeitung und den Zusammenbau der Einzelteile.

Nr.	Hauptteile der Anlage	st
1	Maschinenrahmen	220
2	Kurbelwelle	50
4	Kreuzköpfe und Schubstangen	130
5	H- und N-Zylinder	235
6 u. 7	Steuerung	100
9 u. 10	Kolben und Kolbenstangen	110

---

[1]) Nach Paulus, Anzeiger für Berg-, Hütten- und Maschinenwesen. Essen 1923. Nr. 100.

Will man eine gute Übersicht über den Anschluß der Arbeiten in den Tafeln 31/32 haben, so stellt man sie nach Abb. 149 zu einem Schaubild zusammen, in dem die Zeiten für das Bearbeiten und Zusammenbauen der Einzelteile als schwarze Felder und die der Gesamtaufstellung als weiße Felder eingetragen sind. Dabei ist zu beachten, daß nach dem Aufstellen der Rahmen gleich die fertige Kurbelwelle eingebracht wird usw. Sind die Zylinder angeschraubt, so werden die Längen der Kolbenstangen gemessen. Das Schaubild läßt sich

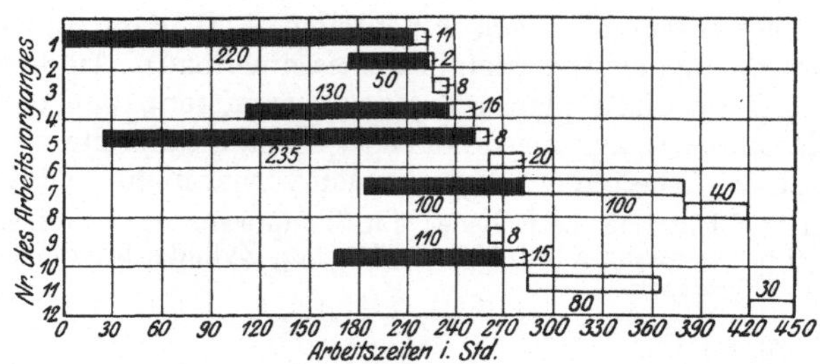

Abb. 149. Terminplan.

durch Vortragen der Bearbeitungszeiten aus den übrigen Werkstätten und dem Entwurfsbüro ergänzen, so daß man aus ihm entnehmen kann: 1. Die kürzeste Lieferzeit, 2. die Zeitpunkte, wann die Einzelteile in Arbeit genommen werden müssen, damit sie rechtzeitig bei dem Zusammenbau der Maschine fertig sind. Zweckmäßig macht man zu den einzelnen Zeiten noch Zuschläge für Verluste, die durch die Beförderung der Werkstücke und sonstige Wartezeiten entstehen. Mit diesen Terminkarten erreicht man daher, daß das Zusammensetzen der Maschinen nicht durch das Fehlen von noch nicht bearbeiteten Teilen unterbrochen werden muß.

XV. Der Einfluß des Wirkungsgrades auf die Wirtschaftlichkeit des Betriebes.

Bei den heutigen Strompreisen verlangt der wirtschaftliche Betrieb einer Werkstatt, daß die der Kraftquelle entnommene Arbeit soweit als möglich in Nutzarbeit umgesetzt wird, damit der Wirkungsgrad günstig ausfällt. In welchem Maße der Wirkungsgrad die Betriebskosten beeinflußt, lehrt folgendes Beispiel: Die reine Spanarbeit der aufgestellten Werkzeugmaschinen erfordere 100 kW, der Wirkungsgrad einer älteren Werkstatt sei zu $\eta = 0,5$ ermittelt, so ist zum Betriebe der Werkstatt ein Arbeitsaufwand von $\dfrac{100}{0,5} = 200\ \text{kW}$ erforderlich. Ist aber der Wirkungsgrad einer neuen Anlage $\eta = 0,8$, so beansprucht der Antrieb nur $\dfrac{100}{0,8} = 125\ \text{kW}$. Im ersten Falle wären für die Betriebskosten bei $20 \times 300 = 6000$ Arbeitsstunden im Jahre

$200 \times 6000 = 1\,200\,000$ kWst, im zweiten Falle $125 \times 6000 = 750\,000$ kWst in Rechnung zu stellen. Beträgt der Strompreis 0,20 M. je kWst, so wären durch den höheren Wirkungsgrad von $\eta = 0,8$ im Jahre 90000 M. an Stromkosten gespart, abgesehen von den Anlagekosten für die kleineren Maschinen mit Zubehör. Die Rechnung gibt einen deutlichen Fingerzeig, welche Summen man durch einen guten Wirkungsgrad sparen kann. Will man bei einer Anlage durch einen günstigen Wirkungsgrad Wirtschaftlichkeit anstreben, so muß man den Verlustquellen nachgehen, die in dem Motor, den Zwischenübertragungen und den Arbeitsmaschinen selbst liegen.

Nach Abb. 150 sind die Motorverluste $V_{Mot} = N_i - N_e$ und der Wirkungsgrad des Motors $\eta_{Mot} = \dfrac{N_i - V_{Mot}}{N_i} = \dfrac{N_e}{N_i}$. Die Riemen verursachen durch ihren Schlupf Riemenverluste V_{Ri}, die Riemscheiben durch Luftwirbelung Scheibenverluste V_{Sch} und die Lager durch Reibung Lagerverluste V_{La}. Die Strangverluste betragen daher $V_{Str} = \Sigma V_{La} + \Sigma V_{Sch}$, die Triebwerksverluste $V_{Tr} = V_{Str} + \Sigma V_{Ri}$ und die Gesamtverluste der Kraftübertragung $V_{ges} = V_{Mot} + V_{Tr}$. Der Wirkungsgrad des Triebwerkes ist demnach $\eta_{Tr} = \dfrac{N_a}{N_e} = \dfrac{N_e - V_{Tr}}{N_e}$, worin N_e die Leistungsabgabe des Motors an das Triebwerk und N_a die Leistungsaufnahme der Arbeitsmaschinen bedeutet. Der Wirkungsgrad der gesamten Kraftübertragung $\eta_{ges} = \dfrac{N_i - V_{ges}}{N_i} = \dfrac{N_a}{N_i}$, wenn N_i die Leistungsaufnahme des Motors ist.

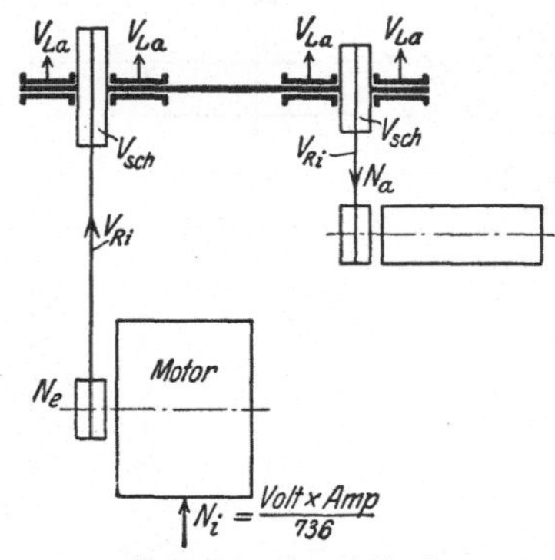

Abb. 150. Antriebsplan.

Will man die einzelnen Verlustgrößen untersuchen, so kann man den Wellenstrang durch einen Motor antreiben und zwar über ein Torsionsdynamometer. Sind die Riemscheiben von dem Wellenstrang abgenommen, so wird das Dynamometer den Arbeitsaufwand anzeigen, der nötig ist, die Lagerreibung zu überwinden. Die Lagerverluste ΣV_{La} werden um so größer ausfallen, je stärker die Wellen, je größer die Drehzahl und je zähflüssiger das Öl ist. Man kann bei diesem Versuch zugleich das zweckmäßigste Öl aussuchen. Baut man jetzt die Riemscheiben ein, so wird das Dynamometer einen höheren Arbeitsaufwand $V_{Str} = \Sigma V_{La} + \Sigma V_{Sch}$ angeben. Der Unterschied $V_{Str} - \Sigma V_{La}$ bedeutet die Scheibenverluste ΣV_{Sch}, hervorgerufen durch die Luftwirbelung. Sie sind bei $n < 300$ nicht erheblich. Legt man jetzt die Riemen auf Losscheiben der Arbeitsmaschinen, so zeigt das Dynamometer die gesamten Triebwerksverluste V_{Tr} an und $V_{Tr} - V_{Str}$ stellt die Riemenverluste ΣV_{Ri} beim Leerlauf dar. Bei Belastung nehmen die Lager- und Scheibenverluste nicht wesentlich zu, wohl aber die Riemenverluste um etwa 11 v H der Gesamtverluste beim Leerlauf.

Bei der Auswahl des Motors ist zu beachten, daß der asynchrone Drehstrommotor mit seinem Wirkungsgrade dem Gleichstrommotor überlegen ist. Der Drehstrommotor hat nach Abb. 151 bei voller Last $\eta = 0,85$ und der Gleichstrommotor nur $\eta \sim 0,81$. Man wird daher dem Drehstrommotor den Vorzug geben, da er bei Vollast mit nur 15 v H Verlust arbeitet, der Gleichstrommotor dagegen mit 19 v H. Wo jedoch eine größere Veränderlichkeit in der Drehzahl gefordert wird, bevorzugt man allgemein den Gleichstromregelmotor. Da der Wirkungsgrad nach Abb. 151 mit sinkender Last abnimmt und die Motorverluste V_{Mot} im Verhältnis größer werden, so darf der Antriebsmotor nicht zu stark sein, da sonst der Gesamtwirkungsgrad schlechter wird. Durch eine geordnete Arbeitsverteilung muß man daher die Belastung möglichst auf Vollast halten und den Motor durch einen Leistungsmesser beobachten. Bei zu schwacher Belastung sind neue Arbeitsmaschinen anzuschließen, andernfalls ist der Motor gegen einen schwächeren auszuwechseln. Vorübergehende Überlastungen sind unbedenklich, da man Einheitsmotoren ohne Bedenken ½ st mit 25 v H, 3 min mit 40 v H und kurzzeitig sogar mit 100 v H überlasten kann. Die Kraftverluste treten in den Triebwerken bekanntlich in den Lagern und Riementrieben auf. Der Wellenstrang ist daher möglichst kurz zu halten und aufs genaueste nach Schnur oder Wasserwage auszurichten. Gerade auf ein genaues Ausrichten soll man besonderen Wert legen, da der Wirkungsgrad durch Verlagerungen nicht selten auf 60 oder gar 50 v H herabsinkt. Den Antrieb der Wellenstränge von dem Hauptmotor ordnet man, wenn möglich, in der Mitte an. Bei dieser Anordnung kann die Wellenleitung nach beiden Seiten entsprechend ihrer Leistungsabgabe abgestuft werden. Dadurch erzielt man einmal geringere Anlagekosten und zum andern wesentlich geringere Leerlaufarbeit. Bei dem Entwurf einer Werkstatt muß man daher von vornherein auf die Aufstellung der Arbeitsmaschinen und Kraftmaschinen, sowie auf die Anlage des Triebwerkes Rücksicht nehmen. Leichtere Arbeitsmaschinen, die keine allzu großen Unterschiede in ihren Drehzahlen zeigen, soll man zu einem Gruppenantrieb mit möglichst wenig Zwischentriebwerken vereinen (Abb. 152). Schwerere Maschinen sollten in der Nähe der Kraftmaschine stehen, wenn es die Arbeitsunterteilung in der Werkstatt zuläßt. Größere Maschinen rüstet man zweckmäßig mit Einzelantrieb aus, weil sie dann in ihrer Aufstellung unabhängig sind. Um

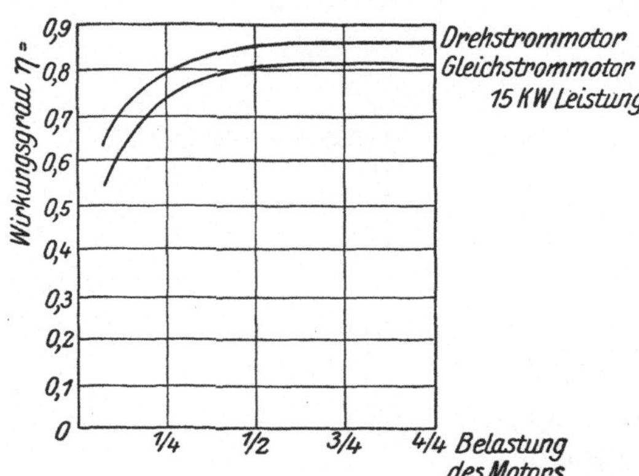

Abb. 151. Vergleich der Wirkungsgrade eines Drehstrom- und eines Gleichstrommotors.

hierbei einen günstigen Wirkungsgrad zu haben, soll der Motor möglichst
nahe der Hauptspindel stehen (Bd. I, Abb. 49÷53). Die einzelnen
Wellen des Stranges werden zweckmäßig geschliffen, weil geschliffene
Wellen gute Laufeigenschaften haben. Kalt gewalzte Wellen neigen leicht
zum Verziehen. Die Lager sollen in der Nähe der Riementriebe sitzen,
damit sich die Wellen nicht zu stark verbiegen und infolge dieser Arbeitsverluste den Wirkungsgrad verschlechtern. Sehr wichtig ist die Frage,
ob Gleitlager oder Kugellager? Es läßt sich nicht leugnen, daß mit dem
Kugellager Leistungsersparnisse von 30 und 40 v H erzielt werden
können. Doch spielt bei einem Kugellager die Güte des Stoffes und die
Genauigkeit der Herstellung eine Hauptrolle. Der ·kleinste Haarriß
kann dem Kugellager verhängnisvoll werden, insbesondere bei größeren
Belastungen und Drehzahlen. Das Kugellager ist auch empfindlich
gegen Dehnungen der Wellen und kleinere Fehler beim Einbau. Es
fehlt daher dem Kugellager noch vielfach die erforderliche Betriebs-

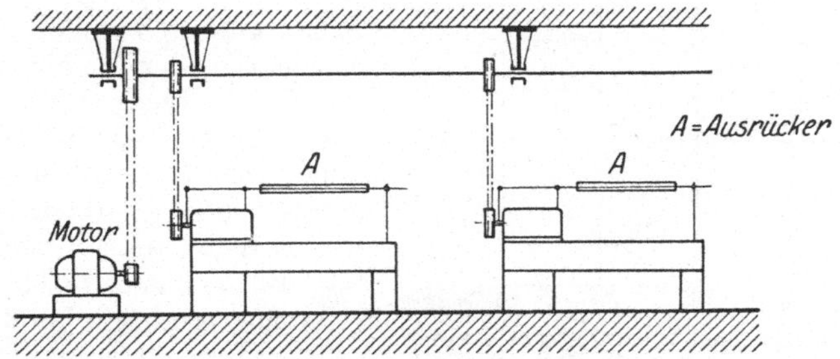

Abb. 152. Gruppenantrieb mit kürzester Zwischenübertragung.

sicherheit. Es ist daher vorab nur bei kurzen Wellen und Leerlauf-
scheiben zu empfehlen. Das Gleitlager soll eine ausreichende Ölkammer
haben und die Gußeisenschale sauber geschliffen sein. Bei hoher Belastung und Drehzahl gießt man die Schale mit einer Zinnlegierung aus,
die eine gute Betriebssicherheit bietet. Besonderen Wert muß man auf
ein nicht harzendes und chemisch reines Öl legen. Ein im Betriebe
sich mäßig erwärmendes Lager hat den Vorteil, daß die Reibungsziffer
bis zu einem gewissen Grade abnimmt und die Lagerverluste vermindert.
Bei dem Aufstellen der Lager muß man auf eine dauerhafte Befestigung
achten, die nicht durch Setzen nachgibt. Von Zeit zu Zeit ist die richtige
Wellenlage nachzuprüfen, damit man Verlagerungen ausgleichen kann.
Die Riemscheiben müssen gut ausgewuchtet sein, um schädliche
Schleuderkräfte auszugleichen. Losscheiben sollen stets auf Kugeln
laufen. Die Riemen sollen elastisch und nicht zu straff gespannt sein,
da sonst die Wellen und Lager zu stark belastet werden. Der Wirkungsgrad eines gut durchgebildeten Riementriebes liegt bei Vollast bei 97
bis 98 v H. Es kann nicht dringend genug empfohlen werden, gerade
die Triebwerksverluste zu überwachen. Es genügt hierzu in bestimmten
Zeitabschnitten ein einfacher Leerlaufversuch, bei dem man mit dem
Leistungsmesser die Verluste im Triebwerk feststellen und etwa ein-

getretene Fehler beseitigen kann. Eine gute Wartung der Triebwerke ist daher die erste Voraussetzung für wirtschaftliches Arbeiten.

Der Wirkungsgrad der Werkzeugmaschinen selbst hängt von der Zahl der Wellen und Räderpaare, der Genauigkeit der Ausführung und der Wartung der sich bewegenden Teile ab. Will man einen guten Wirkungsgrad erzielen, so müssen die Getriebe so einfach wie möglich und der Motor unmittelbar angeschlossen sein. Jedes Beiwerk verteuert nicht nur die Maschine, sondern verschlechtert auch den Wirkungsgrad. Die schnellaufenden Wellen sollen möglichst in Kugeln laufen, die Zapfen und Lager der langsamer laufenden Hauptwelle sauber geschliffen und das Räderwerk aufs sauberste verzahnt sein. Besonderen Wert muß man auf gute Führungen und eine gute Schmierung legen. Schnellaufende Antriebsteile soll man gut auswuchten. Die Reibungsverluste im Spindelkasten steigen bei Vorgelegen mit großen Übersetzungen mit wachsendem Zahndruck, bei kleineren Übersetzungen mit der Drehzahl. Einen guten Überblick über die Verluste in der Maschine geben die Leerlaufwiderstände. Eine Überschlagsrechnung vermag auch schon einen Anhalt zu geben. Die Auslegerbohrmaschine mit Nortonantrieb nach Abb. 233, Bd. I, hat etwa 11 Wellenreibungen und 8 Zahnreibungen mit je $\eta = 0{,}95$, so daß sich der Wirkungsgrad der Maschine auf $\eta = 0{,}95^{19} = 0{,}38$ stellen würde.

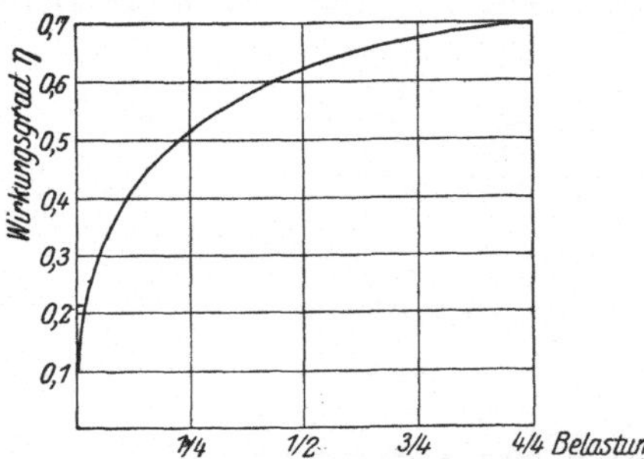

Abb. 153. Verlauf des Wirkungsgrades einer Auslegerbohrmaschine mit Einzelantrieb an der Spindel bei wechselnder Belastung.

Wie bei dem Motor, so hängt auch der Wirkungsgrad einer Werkzeugmaschine in hohem Maße von ihrer Belastung und zeitlichen Ausnutzung ab. Die Belastung wird durch den Belastungsgrad gemessen, der bei voller Last der Maschine 1 ist. Der Belastungsgrad ist 0,5, wenn die Maschine mit halber Last läuft. Die zeitliche Ausnutzung mißt man durch den Ausnutzungsgrad, der 1 ist, wenn die Maschine ununterbrochen in Betrieb gehalten wird. Läuft die Maschine bei 8stündiger Arbeitszeit nur während 6 Stunden, so ist der Ausnutzungsgrad $^6/_8 = {}^3/_4$. Da bei teilweiser Belastung die Leerlaufverluste einen stärkeren Anteil an dem Arbeitsaufwand der Maschine haben, so sinkt der Wirkungsgrad, besonders bei solchen Maschinen, die bei teilweiser Belastung schneller laufen, z. B. Bohrmaschinen, da die Leerlaufverluste mit der Umlaufzahl wachsen (Abb. 153). Treten dazu noch längere Arbeitspausen der Maschine, in denen die Zwischentriebwerke leerlaufen, so sinkt der Wirkungsgrad noch weiter. Wird z. B. während 3 st mit voller Last bei $\eta_1 = 0{,}4$, während 2 st mit halber Last bei $\eta_2 = 0{,}3$ und während 3 st mit $^3/_4$ Last bei $\eta_3 = 0{,}35$ gearbeitet, so ist der Gesamtwirkungsgrad bei 8 st Laufzeit

$$\eta_{ges} = \frac{\eta_1 \cdot 3 + \eta_2 \cdot 2 + \eta_3 \cdot 3}{8} = \frac{0{,}4 \cdot 3 + 0{,}3 \cdot 2 + 0{,}35 \cdot 3}{8} = 0{,}356.$$

Diese Verluste von ~ 65 v H fallen bei den Arbeitsmaschinen fort, bei denen in den Arbeitspausen der Motor stillgesetzt und daher kein Strom verbraucht wird.

Die Abhängigkeit des Wirkungsgrades η von dem Belastungsgrad

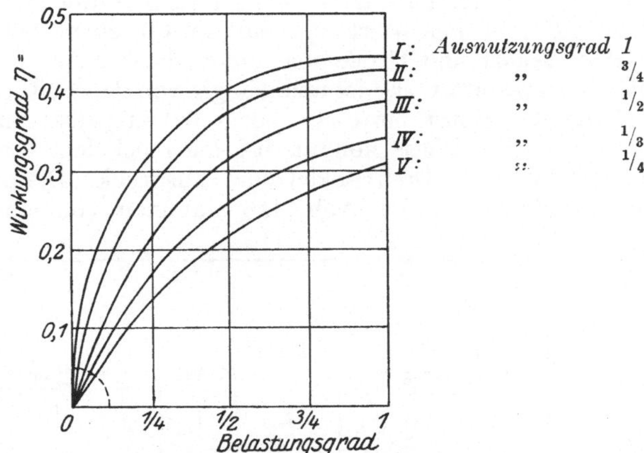

Abb. 154. Abhängigkeit des Wirkungsgrades einer Werkzeugmaschine von dem Belastungs- und Ausnutzungsgrad.

und dem Ausnutzungsgrad geht sehr deutlich aus den Kennlinien I bis V der Abb. 154 hervor. Beim Belastungsgrad 1 und Ausnutzungsgrad 1, d. h., wenn die Maschine ständig unter Vollast steht, ist nach Kennlinie I $\eta = 0{,}44$. Ist der Belastungsgrad $\frac{1}{2}$ und der Aus-

nutzungsgrad $\frac{1}{4}$, d. h., die Maschine läuft nur 2 st unter halber Last, so sinkt nach Kennlinie V η auf 0,22. Beträgt auch die Belastung nur $\frac{1}{4}$, so fällt η sogar auf 0,14. Was hier von der einzelnen Maschine gesagt ist, gilt in noch höherem Maße von dem Wirkungsgrade einer Maschinengruppe oder gar der ganzen Werkstatt. Ein klares Bild über den Verlauf des Wirkungsgrades unter dem Einfluß des Ausnutzungs- oder Gleichzeitigkeitsgrades gibt Abb. 155. Sieben Schraubenautomaten für gleiche Arbeit sind hier zu einem Gruppenantrieb vereint. Zur Ermittlung der

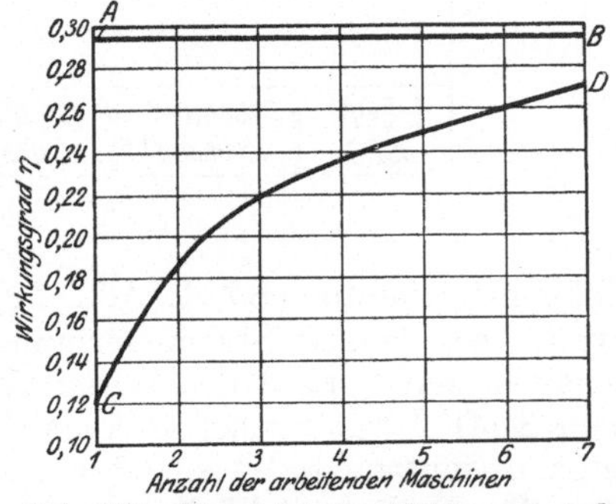

Abb. 155. Vergleich der Wirkungsgrade beim Einzel- und Gruppenbetrieb.

AB = Kennlinie des Einzelantriebes;
CD = Kennlinie des Gruppenantriebes.

einzelnen Wirkungsgrade wurde zuerst an einem Zähler der Stromverbrauch für den Leerlauf des ganzen Triebwerkes und des 1. Automaten abgelesen und hierauf der Stromverbrauch unter Schnitt. Aus diesen Ablesungen wurde der Wirkungsgrad $\eta = 0{,}12$ ermittelt. In gleicher Weise wurde mit den folgenden Automaten verfahren. Der Leerlauf des ganzen Gruppenantriebes erforderte $N_1 = 4,9$ kW und der Vollbetrieb $N = 6,7$ kW, so daß der Wirkungsgrad $\eta = \dfrac{6,7 - 4,9}{6,7} = 0,27$ beträgt. Die Linie CD stellt den Verlauf des Wirkungsgrades dar, wenn von den 7 Automaten alle oder einzelne unter Schnitt stehen. Die Linie AB gibt den Wirkungsgrad an für einen Schraubenautomaten gleicher Bauart und Größe und unter gleicher Arbeit, aber mit Einzelantrieb ausgestattet. Er ist unabhängig von dem zeitlichen Ausnutzungsgrad, da der Motor bei den kleinen Arbeitspausen stillgesetzt wird.

In ähnlicher Weise kommt dies auch bei dem Gruppenantrieb und Einzelantrieb von Drehbänken zum Ausdruck. Die ausgezogenen Wirkungsgradlinien in der Abb. 156 stammen von einer Drehbank mit

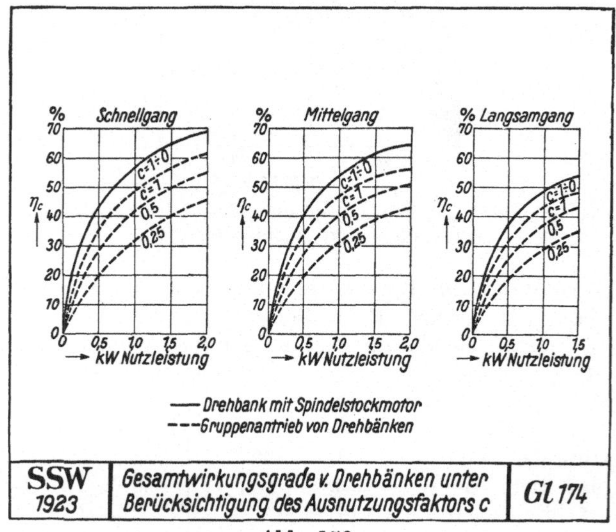

Abb. 156.

Spindelstockmotor (Bd. I, Abb. 52), die bekanntlich bei Arbeitsunterbrechungen keinen Strom verbraucht. Die gestrichelten Linien kennzeichnen den Verlauf des Wirkungsgrades beim Gruppenantriebe unter dem Einfluß des zeitlichen Ausnutzungsgrades. Nimmt man den mittleren Ausnutzungsgrad zu 0,5 an, so würde der Einzelantrieb einen um etwa 25 v H höheren Wirkungsgrad haben. Man kann daher bei gleichem Stromverbrauch je Maschine eine größere Spanleistung und infolgedessen auch kürzere Schnittzeiten erzielen. Das Schaubild 157 bringt den Vergleich zwischen den Spanleistungen und Schnittzeiten. Die Drehbank mit Stufenscheibenantrieb braucht etwa $33\frac{1}{2}$ min für das Abdrehen der ganzen Welle und für die Drehlänge A etwa 10,8 min bei einer Spanleistung von 92 cm³/min. Die Spanleistung beträgt je 1 kWst 6,9 kg. Die Drehbank mit Spindelstockmotor braucht für die ganze Welle nur 13,7 min und für die Drehlänge A etwa 4,9 min bei 186 cm³/min Spanleistung. Die zerspante Stoffmenge je kWst wiegt 14,3 kg. In 10 Stunden liefert die erste Drehbank 11 Wellen, die zweite 21 Wellen. Die Grundbedingung für wirtschaftliches Arbeiten ist daher, daß alle Werkzeugmaschinen möglichst ständig unter Vollast laufen, weil dann der Wirkungsgrad seinen Höchstwert erreicht. Die Arbeitsmaschinen müssen daher in ihrer Größe den Arbeitsstücken angepaßt und die Arbeitspausen durch Spannvorrichtungen gekürzt werden, Grundsätze, die sich bei der Massenfertigung gut durchführen lassen. Die zahlreichen Versuche von Meller in der Werkstatttechnik 1921, S. 565, haben gezeigt, daß bei mancher Werkstättenanlage mit einem mittleren Wirkungsgrad $\eta = 0,3$ gerechnet werden kann, daß dieser aber auch bis auf $\eta = 0,1$ herabsinkt, so daß $^7/_{10}$ bis $^9/_{10}$ der Stromkosten lediglich durch den schlechten Wirkungsgrad aufgezehrt werden.

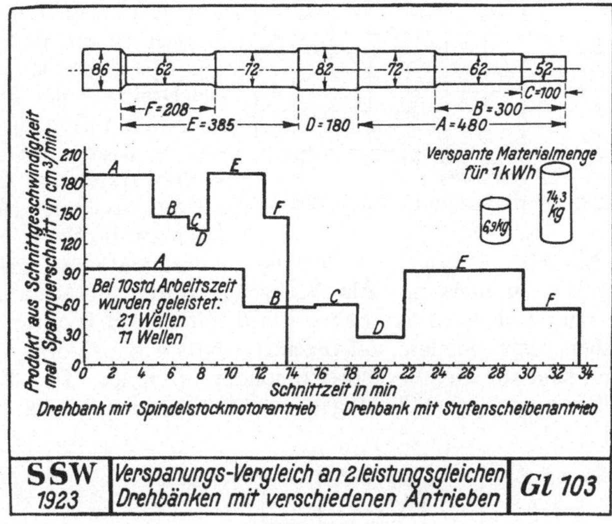

Abb. 157.

Die Wirtschaftlichkeit des Betriebes erfordert daher, wie bereits erwähnt, die übergroßen Arbeitsverluste der Werkstätte von Zeit zu Zeit zu untersuchen und weitestgehend zu beseitigen (Zahlentafel 33).

Zahlentafel 33. Über Wirkungsgradmessungen an Triebwerken nach Meller.

| Triebwerk Nr. | Länge der Wellenleitung m | Anzahl der angeschlossenen Werkzeugmaschinen | Anzahl der arbeitenden Werkzeugmaschinen | Arbeitsbedarf | | | | | | | | | Nutzbare Arbeit kW | Gesamtwirkungsgrad bei Berücksichtigung | |
| | | | | des Motors allein | | des Triebwerkes und des Motors | | beim Leerlauf der Werkzeugmaschinen mit Triebwerk und Motor | | der Werkzeugmaschinen unter Schnitt | | | nur der Leerlaufverluste v H | der zusätzlichen Belastungsverluste (20 v H d. Leerl.-Verl.) |
				kW	v H	kW	v H	kW	v H	kW	v H			
1	30	34	13	0,6	6	4,4	44	7,7	77	10	100	2,3	23	18,4
2	15	17	7	0,67	6	2,2	19,8	8,4	75,6	11,1	100	2,7	24,3	19,5

Wie im Kraftmaschinenbau sollte man auch bei Werkzeugmaschinen Leistungsversuche vornehmen, weil man so Beanstandungen vorbeugen und das Versuchsfeld zu einer Fundstätte von Verbesserungen für die Maschine machen kann.

Die Zahlentafel 34 wurde durch Versuche an einer schweren senkrechten Fräsmaschine nach Art der in Abb. 258 in Bd. I dargestellten gewonnen. Das Deckenvorgelege erhielt seinen Antrieb von einem Gleichstrom-Regelmotor bei $n = 650$ und η nach Abb. 158. Um die Höchstleistungen der Maschine zu bekommen, schaltete man einen bestimmten Vorschub ein und steigerte die Spantiefe so lange, bis die Drehzahl der Frässpindel zu fallen anfing. Die Stromstärke wurde bei den Versuchen durch ein Schreibgerät aufgezeichnet (Abb. 159).

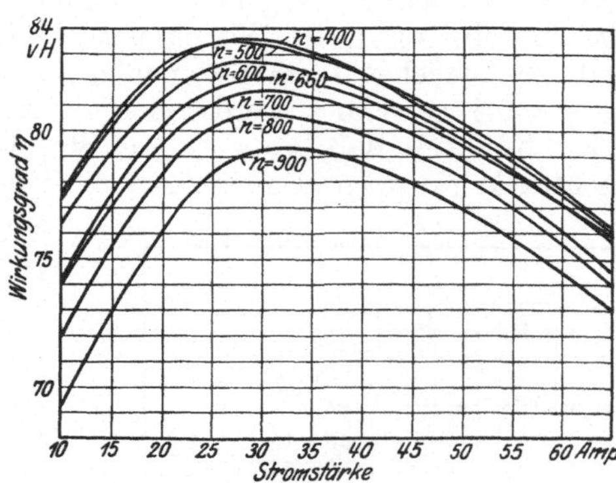

Abb. 158. Wirkungsgrade des Motors.

Da man die Spannung durch besondere Einrichtungen auf 220 Volt hielt, so brauchte man die Leistung nicht besonders zu messen. Als Werkzeug wurde ein Messerkopf von 200 mm $\emptyset$ mit 14 Messern aus Schnellstahl mit 17 v H Wolfram benutzt.

Die bisher besprochenen Meßverfahren haben den Vorzug der Einfachheit und sind für die Werkstatt besonders geeignet. Ihre Ergebnisse sind jedoch nur gute Annäherungswerte, die aus den Leerlaufverlusten

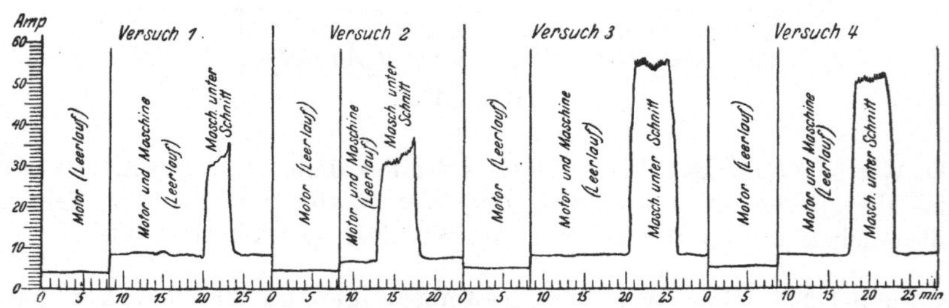

Abb. 159. Stromverbrauch der senkrechten Fräsmaschine.

berechnet sind. Bei der belasteten Maschine sind jedoch die Arbeitsverluste größer, da die Lager- und Zahnreibung mit der Belastung zunehmen. Die mit den Leerlaufmessungen ermittelten Wirkungsgrade sind daher etwas zu hoch. Bei den Versuchen in den Zahlentafeln 33 und 34 versuchte man der Wirklichkeit dadurch näher zu kommen, daß man für die zusätzlichen Reibungsverluste in der belasteten Maschine 20 v H der Leerlaufverluste anrechnete. Will man sich den Wirklichkeitswerten versuchsmäßig nähern, so muß man die Maschine mit einem Dynamometer

Zahlentafel 34. Leistungsversuche an einer senkrechten Fräsmaschine[1]).

Nr. des Versuches	Werkstoff	Umläufe des Fräsers min		Schnittgeschwindigkeit in m/min		Schnittiefe	Spanbreite	Spanquerschnitt	Vorschub mm/min		Vorschub	Spangewicht	Stromverbrauch		Kraftbedarf von Maschine und Vorgelege Leerlauf		Stromverbrauch		Kraftbedarf von Maschine und Vorgelege unter Schnitt (E = 220 V)		Kraftbedarf für 1 kg/st Späne	
		beim Leerlauf	beim Schnitt	beim Leerlauf	beim Schnitt				Leerlauf	Schnitt			von Motor, Vorgelege u. Maschine beim Leerlauf	von Maschine und Deckenvorgelege			unter Schnitt	bei $\eta = 0,82$ des Motors nach Abb. 158				
						mm	mm	mm²			mm Uml.	kg/st	Amp.	Amp.	kW	PS	Amp.	Amp.	kW	PS	kW	PS
1	Gußeisen $K_z = 15,8$ kg/mm²	16	15,5	10,1	9,8	6	180	1080	145,5	141	9	66,2	7	5	1,1	1,5	32	26,2	5,8	7,9	0,09	0,12
2		16	15,5	10,1	9,8	9	180	1620	95,5	92,5	6	65,2	7	5	1,1	1,5	33	27	5,9	7,9	0,09	0,12
3	Maschinenstahl $K_z = 52,5$ kg/mm²	23	22	14,5	13,8	4,5	120	540	211,5	202	9	51	8	5,9	1,3	1,8	54	42,3	9,3	12,7	0,18	0,25
4		23	22	14,5	13,8	6,5	120	780	139	133	6	48,5	8	5,9	1,3	1,8	51	40,3	8,9	12,1	0,18	0,25

Berechnet man auf Grund der Versuchsergebnisse den Wirkungsgrad von Deckenvorgelege und Maschine, so ist η bei den 4 Versuchen:

$$\eta_1 = \frac{5,8 - 1,1}{5,8} = 0,81 \qquad \eta_2 = \frac{5,9 - 1,1}{5,9} = 0,81 \qquad \eta_3 = \frac{9,3 - 1,3}{9,3} = 0,86 \qquad \eta_4 = \frac{8,9 - 1,3}{8,9} = 0,85.$$

Bei 20 v H zusätzlicher Reibung sinkt η bei 1 und 2 auf etwa 0,77 und bei 3 und 4 auf 0,83.

---

[1]) W. Mitan, Z. V. d. I. 1921. S. 1116.

oder mit einem Bremszaum abbremsen und so die Nutzleistung bestimmen (Abb. 160)[1]). Bei diesem Versuch läßt man die Maschine zuerst leer laufen, um den Wert N_l zu erhalten. Hierauf belastet man die Maschine mit dem Bremszaum, bis die Drehzahl der Hauptspindel um höchstens

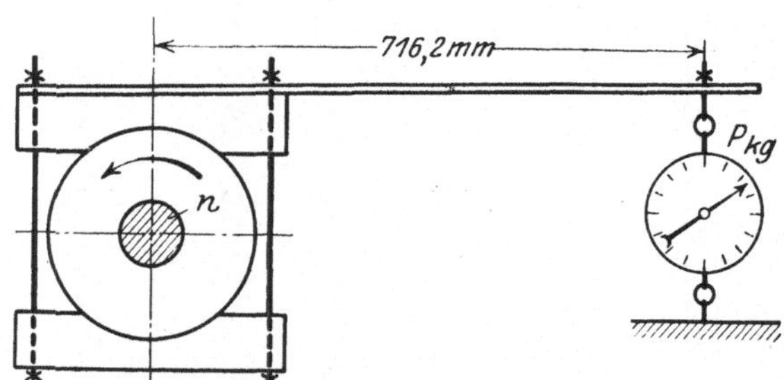

Abb. 160. Bremszaum.

5 bis 7 v H abfällt. Am Leistungsmesser liest man jetzt die vom Motor aufgenommene Leistung N ab. Aus dem zugehörigen Wirkungsgrad η (Abb. 158) ermittelt man die Leistungsabgabe des Motors an die Maschine $N_i = \eta N$. Aus der Ablesung P (einschl. Gewicht der Wage) an der Federwage erhält man die Nutzleistung der Maschine

$$N_e = \frac{P\,n}{1000} \text{ in } PS,$$

so daß die wirklichen Arbeitsverluste der Maschine $N_v = N_i - N_e$ in PS betragen. Bei Stufenscheibenantrieb muß man die Maschine für jede Stufe und bei Einscheibenantrieb für jede Übersetzung abbremsen. Der jeweilige Wirkungsgrad ist $\eta = \dfrac{N_e}{N_i}$. Ein sehr anschauliches Bild über den Wirkungsgrad der Maschine bei den einzelnen Belastungsgraden bringt Abb. 161. Bei Vollast sind hier die Werte

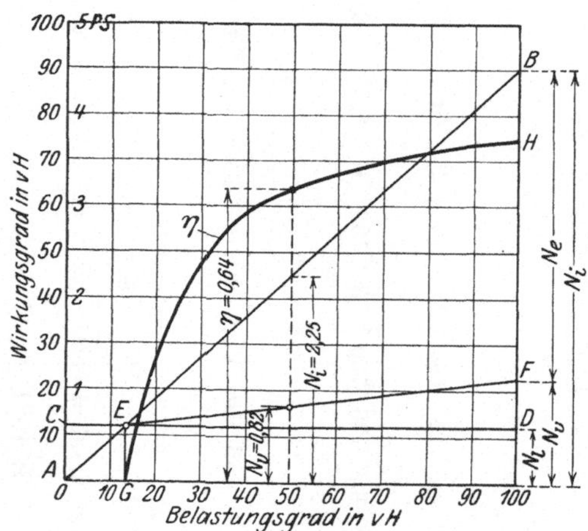

Abb. 161. Abhängigkeit des Wirkungsgrades vom Belastungsgrad.

N_i und N_e bestimmt und aufgetragen, so daß die Leistungsverluste der Maschine $N_v = N_i - N_e$ sind. Die Leerlaufverluste N_l sind ebenfalls ermittelt und eingezeichnet als Linie CD. Bei den verschiedenen Belastungsgraden verlaufen N_i nach AB und N_v nach EF. Im Punkte E wird die Maschine keine Nutzarbeit leisten, da $N_i = N_l$ ist. Berechnet

---

[1]) Maschinenbau 1925. S. 1119. Theimer, Wirtschaftliche Leistungsnutzung an Arbeitsmaschinen.

man zu jedem Belastungsgrad den Wirkungsgrad z. B. $\eta_{50} = \dfrac{2,25 - 0,82}{2,25}$
$= 0,64 = 64$ v H und trägt diese Werte ein, so erhält man die Wirkungsgradlinie GH. Der Wirkungsgrad bei 70 v H Belastung würde $\eta = 0,70$, bei 90 v H Belastung $\eta = 0,74$ sein.

Ganz genau sind auch diese Messungen nicht, da die Hauptspindel beim Abbremsen nicht so stark belastet ist als im Betriebe. Man müßte schon mit einer Meßdose den Druck am Werkstück messen (Abb. 47).

XVI. Richtlinien für das Aufstellen der Werkzeugmaschinen.

Die Werkzeugmaschinen soll man im allgemeinen nach der Arbeitsunterteilung aufstellen, damit die Werkstücke keine zu großen Wege machen. Dabei soll die Aufstellung eine gute Übersicht und Zugänglichkeit der einzelnen Maschinen gewährleisten. Maschinen für größere und schwerere Werkstücke sollen im Kranfelde stehen. Je besser die Fördermittel ausgestattet sind, um so kleiner sind die Verlustzeiten und um so leistungsfähiger die Werkstatt. Leichte Maschinen werden zweckmäßig zu einem Gruppenantrieb vereint, schwere Maschinen erhalten Einzelantrieb.

Im besonderen richtet sich das Aufstellen der Werkzeugmaschinen danach, ob Einzelfertigung oder Reihen- oder Massenfertigung vorliegt.

a) Bei der Einzelfertigung.

Bei der Einzelfertigung läßt sich eine weitgehende Arbeitsverteilung auf die einzelnen Maschinen selten durchführen. Wohl können geeignete Maschinen für besondere Arbeiten bestimmt werden, so daß gewisse Drehbänke vorwiegend Gewinde schneiden, andere hauptsächlich Ausbohrarbeiten und wieder andere Plan- und Futterarbeiten verrichten. Auch nach den Werkstoffen läßt sich eine gewisse Unterteilung treffen, indem eine Reihe Maschinen fast ausschließlich auf Stahl, eine andere auf Gußeisen und eine dritte auf Metall arbeitet. Durch diese Maßnahmen können die einzelnen Maschinengruppen besondere Einrichtungen erhalten und die Schnittgeschwindigkeiten, Vorschübe und Spanquerschnitte besser ausnutzen. Dazu fällt das lästige Umstellen der Maschinen, das Auswechseln der Werkzeuge und Spannvorrichtungen fort. Der Arbeiter kann sich selbst in der Einzelfertigung zu einem Sonderfacharbeiter ausbilden.

Bei der Einzelfertigung ist die Arbeitsunterteilung vorwiegend durch die Spannfähigkeit der Werkstücke und die Art und Lage der Arbeitsflächen gegeben. Bei schweren oder schwer spannbaren Stücken sind z. B. Dreh- und Bohrarbeiten auf der Drehbank zu erledigen, vor allen Dingen dann, wenn an mehreren Stellen zugleich gearbeitet werden kann (Abb. 400—405). Dadurch wird nicht nur Zeit gewonnen, sondern auch eine größere Genauigkeit erzielt. Bei leicht spannbaren Maschinenteilen ist hingegen eine Arbeitsteilung in Schruppen auf der

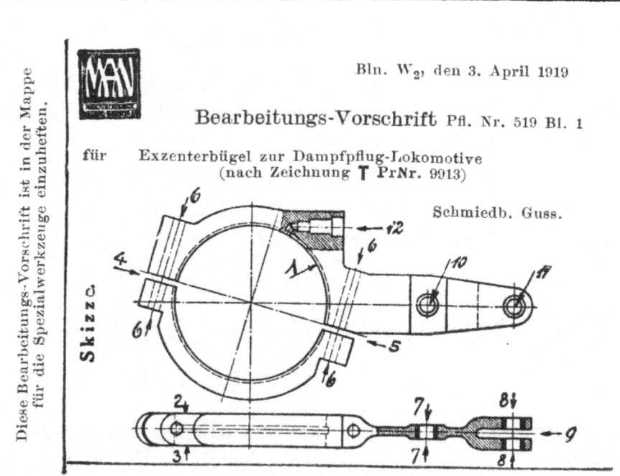

Arbeitsplan.

Lfd. Nr.	Arbeitsvorgang
1.	Beide Teile als ein Stück gießen.
2.	Vorreißen; Prüfen des Gusses.
3.	Vordrehen der Lauffläche 1, Plandrehen der Stirnfläche 2, beides mit 2 mm Zugabe (Drehbank Nr. 3802).
4.	Vorreißen der Teilfuge 4—5 auf Fläche 2 und der Paßschraubenlöcher 6.
5.	Aufschneiden der Fuge 4 mit 3 mm Sägeblatt auf Wagerecht-Fräsmaschine 3787.
6.	Bohren der Paßschraubenlöcher 6 mit Dreirillenbohrer. In Fuge 4 Beilageblech. Fläche 2 am Spannwinkel, Bohrmaschine 3517.
7.	Aufreiben der Löcher 6 durch den Schlosser.
8.	Aufschneiden der Fuge 5 wie bei 4.
9.	Fräsen der Fugenflächen 4 und 5 und der Flächen 6 an beiden Bügelhälften, Fläche 2 am Spannwinkel auf Senkrecht-Fräsmaschine 3753.
10.	Abrichten der Teilfugen. Zusammenschrauben der Bügelhälften mit Paßschrauben und Beilagen.
11.	Fertigdrehen der Lauffläche 1; Eindrehen der Nute, Plandrehen der Stirnflächen 2 und 3 auf Drehbank 3802.
12.	Nachprüfen der Dreharbeit; Zeichnen der Teile.
13.	Vorreißen der Flächen 7 und 8 und der Gabel 9.
14.	Fräsen von 7 und 8 auf Senkrecht-Fräsmaschine 3753.
15.	Vorreißen der Löcher 10, 11, 12.
16.	Bohren von 10 und 11 mit Dreirillenbohrer auf Bohrmaschine 3597.
17.	Bohren, Abfräsen und Gewindeschneiden des Loches 12, Bohren des 18er Loches für Gabel 9 auf Auslegerbohrmaschine 3725.
18.	Ausfräsen der Gabel 9 mit Scheibenfräser auf Wagerecht-Fräsmaschine 3748.
19.	Nachprüfen der Bearbeitung.
20.	Ausreiben der Löcher 7 und 8, Einpressen der Büchsen, Vorzeichnen und Bohren des Schmierloches, Einmeißeln der Schmiernut, Verputzen der Beilage.
21.	Nachprüfen der Schlosserarbeit.

Abb. 162. Arbeitsplan für einen Exzenterbügel.

Drehbank und Schlichten auf der Schleifmaschine vorzunehmen, z. B. bei Achsen, Wellen (Bd. I, Abb. 314 u. 315).

Da bei der Einzelfertigung die Aufgaben fast ständig wechseln, so müssen die Erfahrungen an einer Stelle, dem Arbeitsbüro, gesammelt und hier in Bearbeitungsvorschriften verwertet werden. In Abb. 162[1])

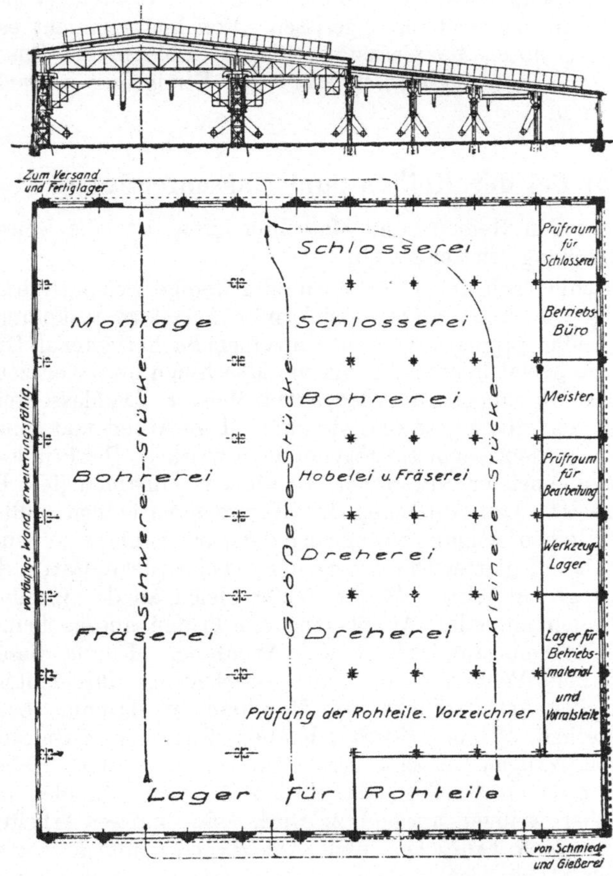

Abb. 163 und 164[1]). Plan einer für allgemeinen Maschinenbau wirtschaftlich eingerichteten Werkstätte.

ist für einen Exzenterbügel der Arbeitsplan aufgestellt, der von der Werkstatt aufs strengste beachtet werden muß.

Bei der Einzelfertigung muß man die Maschine daher nach der Art der Arbeit und der Größe der Werkstücke gruppenweise ordnen.

Die Werkstätte ist daher, wie in Abb. 163 und 164, in die Abteilungen Dreherei, Hobelei, Fräserei, Bohrerei, Schlosserei und Zusammenbau

---

[1]) Z. V. d. I. 1921, S. 29. J. Hanner, Wirtschaftlichkeit bei der Einzelfertigung.

(Montage) unterteilt. Schwere und mittlere Maschinen sollen, wie schon gesagt, im Kranfelde stehen, damit man die Arbeitsstücke nach dem Arbeitsplan rasch zu den einzelnen Maschinen bringen kann. Um eine belegte Maschine durch eine andere ersetzen zu können, soll jede Werkstatt möglichst eine Anzahl Maschinen gleicher Art und Größe haben. Das Guß- oder Schmiedestück wird dem Lager für Rohteile entnommen, geprüft und vom Vorzeichner angerissen. Von hier aus geht es seinen Weg planmäßig durch die Werkstatt, bis die Teile in der Zusammenbauabteilung zusammengesetzt und auf das Fertiglager gebracht oder versandt werden.

b) Bei der Reihen- und Massenfertigung.

Bei der großen Reihen- und Massenfertigung ist eine weitgehende Arbeitsunterteilung wirtschaftlich.

Jede Maschine soll dabei nur einen oder wenige gleichartige Arbeitsgänge erledigen, so daß man mit angelernten Arbeitern auskommt. Eine oder zwei Arbeitergruppen unterstellt man einem Facharbeiter als Gruppenführer, der die Arbeit überwacht und die Maschinen und Werkzeuge einrichtet. Mehrere Gruppen unterstehen dem Meister. Da Massenteile stets austauschbar sein müssen, so sind sie auf saubere Arbeit und genaue Abmessungen zu prüfen, bevor sie abgenommen werden. Die Prüfer werden einem Abnahmemeister unterstellt, damit eine unabhängige Prüfung gewährleistet ist. Das Aufstellen der Werkzeugmaschinen muß in der Massen- und Reihenfertigung streng nach dem Arbeitsplane vorgenommen werden, damit ein glatter Durchgang der Arbeitsstücke stattfindet und keine Rückwege entstehen. Damit Fehler gleich an der Quelle erfaßt werden, soll sich an jeden Arbeitsgang ein Prüfen anschließen. Nach dem letzten Arbeitsgang erfolgt die Abnahme. Durch diese Maßnahme wird kein Fehlstück die ganze Bearbeitung durchlaufen. Die Beförderung der Arbeitsstücke von Maschine zu Maschine kann mit fahrbaren Tischen, Wagen, Karren, Kranen, Rutschen, Bändern, Rollgängen, Hängezangen u. dgl. geschehen. Tragen und Heben soll möglichst vermieden werden, da es den Arbeiter ermüdet und die Maschine daher weniger ausgenutzt wird. Bei kurzen Arbeiten sind an den Maschinen Aufgebe- und Ablegevorrichtungen vorzusehen, durch die die Stücke der nächsten Arbeitsstelle zurollen.

Beim Einrichten einer Reihen- oder einer Massenfertigung muß man zuerst eine genaue Arbeitsfolge aufstellen und mit der Stoppuhr die Zeit t für die einzelnen Arbeitsgänge ermitteln. Ist die vorgeschriebene Stundenleistung L Stücke, und soll keine Stockung in dem Durchgang durch die Bearbeitung eintreten, so ist die Zahl der für jeden Arbeitsgang aufzustellenden Maschinen $Z = \dfrac{Lt}{60}$, z. B. $L = 60$ Stück/st, $t = 8$ min, $Z = \dfrac{60 \cdot 8}{60} = 8$ Maschinen. Die Gleichung $Z = \dfrac{Lt}{60}$ ist in Abb. 165 dargestellt. Aus der Rechentafel kann man die Zahl der aufzustellenden Maschinen entnehmen, wenn die Stundenleistung und die Zeit der einzelnen Arbeitsgänge bekannt ist. Geht man in Abb. 165 von $t = 8$ hoch bis zum Schnitt mit der 60-Linie, so gibt die Wagerechte die Maschinenzahl 8 an. Die Maschinen sind genau nach der Arbeitsfolge aufzustellen. Die Arbeitsstücke werden von einem Hilfsarbeiter von Maschine zu Maschine gebracht, damit keine langen Arbeitspausen eintreten. Die Werkzeuge hält der Werkzeugschlosser instand. Nach dem Arbeitsvorgang wird das Stück geprüft. Um die Arbeiter

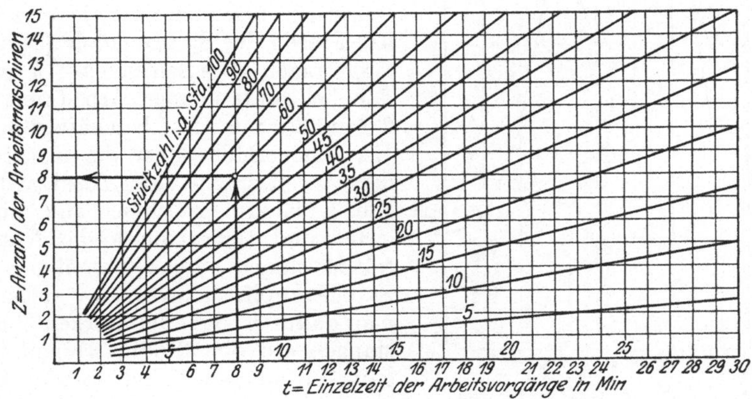

Abb. 165. Rechentafel für die Bestimmung der Maschinenzahl.

schnell über ihre Einzelarbeit und das Einstellen der Maschine zu unterrichten, wird für jeden Arbeitsgang ein Laufzettel nach Abb. 139 in die Werkstatt gegeben.

Lfd. Nr.	Arbeitsfolge	Arbeitszeit für einen Satz Stangen						Gesamtzeit	
		Treibstange		vordere Kuppelstange		hintere Kuppelstange			
		st	min	st	min	st	min	st	min
1	Anreißen zum Flachfräsen	—	20	—	14	—	14	—	48
2	Flachfräsen	9	12	8	16	7	10	24	38
3	Anreißen zum Bearbeiten der Stangenköpfe	3	50	1	26	3	16	8	32
4	Vorbohren zum Ausfräsen „ „	1	—	1	52	—	36	3	28
5	Ausfräsen der Stangenköpfe	9	12	6	40	3	26	19	18
6	Anreißen zum Hochkantfräsen	1	—	1	—	—	45	2	45
7	Hochkantfräsen	6	44	3	50	11	27	22	1
8	Nuten der Stangen	5	32	3	3	3	20	11	55
9	Stangenköpfe ausbohren	3	10	1	46	2	4	7	—
10	„ querhobeln	2	14	3	8	1	26	6	48
11	Schmiergefäße ausbohren	4	54	5	45	—	—	10	39
12	Schraubenlöcher für Stellschrauben bohren	3	20	1	41	—	58	5	59

Nach Vorgang 7 Zwischenabnahme, nach 12 Hauptabnahme.

Abb. 166. Arbeitsfolge für einen Satz Lokomotivstangen.

Die zweckmäßige Aufstellung der Werkzeugmaschinen soll an der kleinen Reihenfertigung von Lokomotivstangen erklärt werden[1]). In Abb. 166 ist die Arbeitsunterteilung nebst ihren Einzelzeiten angegeben. Um nun die Zahl der Arbeitsmaschinen bestimmen zu können, sind in Abb. 167 die Zeiten für das Anreißen (1, 3 und 6), das Flachfräsen (2), das Bohren (4, 11 und 12), das Fräsen der Stangenköpfe (5) usw. aufgetragen. Die Zeitlinie $a \div h$ zeigt, daß bei achtstündiger Arbeitszeit die 2 Anreißer nur 12 st beschäftigt sind. Der eine erhält daher die Kontrolle der Arbeitsstücke als Zusatzarbeit. Die 3 Flachfräsmaschinen sind überlastet und sollen durch die Nutenfräsmaschinen entlastet werden. Die Stangenkopffräsmaschinen entlastet man dadurch, daß die starken Treibstangen auf den Stoßmaschinen vorgestoßen werden. Nach diesem Ausgleich in der Arbeitsverteilung verläuft die — · — Zeitlinie von i nach q. Für die Fertigung des Satzes Lokomotivstangen sind daher aufzustellen: 2 Anreißplatten, 3 Wagerechtfräsmaschinen fürs Flachfräsen, 3 Bohrmaschinen, 2 Stangenkopffräsmaschinen, 3 Hochkantfräsmaschinen, 2 Fräsmaschinen zum Nuten der Stangen, 2 Stoßmaschinen und 1 doppelte Stößelhobelmaschine. Will man

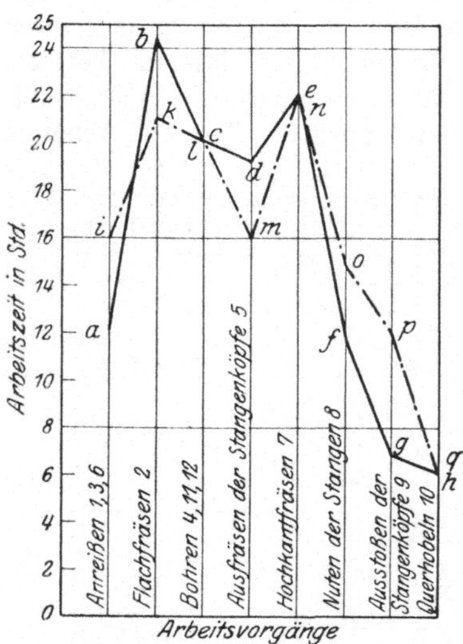

Abb. 167. Ausgleich in den Herstellzeiten.

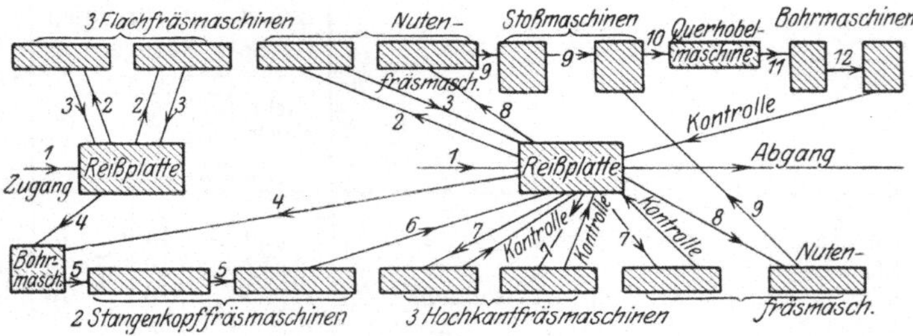

Abb. 168. Aufstellungsplan für die Werkzeugmaschinen.

unnütze Wege der Werkstücke vermeiden, so stellt man die Maschinen nach Abb. 168 auf und läßt die angeklammerten durch einen Mann bedienen. Die Arbeitsgänge spielen sich dabei nach den bezifferten Linienzügen ab. Die Reihenfertigung der Lokomotivstangen erfordert daher: 2 Anreißer, 5 Fräser, 3 Bohrer, 1 Stoßer und 1 Hobler, ferner

[1]) Maschinenbau 1923. S. 208. Paulus, Zweckmäßige Aufstellung von Werkzeugmaschinen für die Serienfertigung.

Arbeitsfolge	Abtlg.	Vorr. Nr.	Werkz. Nr.	Lehre Nr.	Fach Nr.	Masch. Nr.	Arbeitszeit min	Zeichnung
Auf Spanndorn ziehen, Kolbenumfang a und -boden b vordrehen, zentrieren, 5 Rillen c vorstechen	Rev.-Dreh.	Abb. 359	158	Rachenlehre Längslehre 156 Stahlhalter 157	82	365	18	
Zwischenprüfung	Abt.-Prüfst.	—	—	—	—	—	—	
In Spannfutter mit Anschlag spannen, Kopf k abstechen, Kolben ausdrehen	Rev.-Dreh.	Abb. 361	—	Lehrdorn Abstechlehre 156	83	366	4	
Zwischenprüfung	Abt.-Prüfst.	—	—	—	—	—	—	
Bolzenlöcher d vor- u. nachbohren, aufreiben	Rev.-Dreh.	Abb. 362	Spiralbohrer 22 $\varnothing$ Masch.-Reibahle 24 $\varnothing$	Lehrdorn 24 $\varnothing$	84	630	8	
Zwischenprüfung	Abt.-Prüfst.	—	—	—	—	—	—	
Kolben a außen und Rillen fertig drehen, dabei Schleifmaß beachten, b auf Länge drehen	Rev.-Dreh.	Abb. 363	162	Längslehre 162 Rachenlehre	85	425	12	
Zwischenprüfung	Abt.-Prüfst.	—	—	—	—	—	-	
Beide Augen e fräsen	Fräserei	Abb. 364/65	Satzfräser	—	112	802	3	
Zwischenprüfung	Abt.-Prüfst.	—	—	—	—	—	—	
Bolzenlöcher bohren	Bohrerei	Abb. 366	Spiralbohrer 8 $\varnothing$	—	40	98	1,2	
10 SJ-Gewinde schneiden	„	—	Satz Gewindebohrer 10 SJ	—	—	306	5	
Sämtliche Öllöcher bohren 2 Löcher 3 mm $\varnothing$ 8 „ 4 „ „	„	Abb. 367	Spiralbohrer 3 u. 4 $\varnothing$	—	40	98	2	
Zwischenprüfung	Abt.-Prüfst.	—	—	—	—	—	—	
Kolben schleifen	Schleiferei	Abb. 368	—	Rachenlehre 94	621	720	10	
Zwischenprüfung	Abt.-Prüfst.	—	—	—	—	—	—	
In Spannfutter nehmen, Zapfen abstechen, umspannen, Schräge und auf Gewicht drehen	Rev.-Dreh.	Abb. 361	—	Lehre für Schräge	83	367	10	
Hauptprüfung	Hauptprüfst.	—	—	—	—	—	—	

Abb. 169. Arbeitsplan für einen Motorkolben [1]).

---

[1]) W. T. 1922. S. 637; **Marretsch**, Wirtschaftliche Bearbeitung und Vorrichtungen für ;orkolben. W. T. 1923. S. 406.

1 Kranführer, 1 Anschlinger und 3—4 Hilfsarbeiter zum Wegschaffen der Späne, Säubern der Werkstatt und sonstigen Hilfsdienst.

Die Eigenart der großen Reihenfertigung ist bei dem Motorkolben deutlich zu erkennen. In Abb. 169 ist der Arbeitsplan aufgestellt. Legt man eine Stundenleistung von 10 Kolben zugrunde, so müßten nach Abb. 165 aufgestellt werden: Für den 1. Arbeitsgang 3 Revolverbänke, für den 3. Arbeitsgang 1 Revolverbank, für den 5. Arbeitsgang 2 Revolverbänke, für den 7. Arbeitsgang 2 Revolverbänke, für den 9. Arbeitsgang 1 Fräsmaschine, für die 11. und 13.

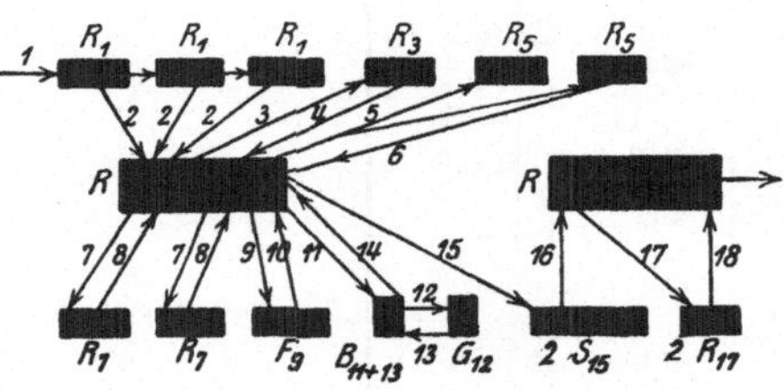

Abb. 170. Aufstellungsplan für die Werkzeugmaschinen.

Arbeit 1 Bohrmaschine, für das Gewindeschneiden 1 Maschine, für die 15. Arbeit 2 Schleifmaschinen und die 17. Arbeit 2 Revolverbänke. Dabei sind allerdings nicht alle Maschinen ausgenutzt, was bei größerer Stundenleistung günstiger würde. Die Maschinen können nach dem Plan in Abb. 170 aufgestellt werden. Darin haben die Maschinen die Ziffern der einzelnen Arbeitsgänge erhalten und die Wege für die Zwischenprüfung der Arbeitsstücke zu und von den beiden Abteilungsprüfständen R sind durch Pfeile angegeben.

c) Bei der fließenden Massenfertigung.

Bei der Fließarbeit fließen die Arbeitsstücke in der Reihe der erforderlichen Arbeitsmaschinen von einer Maschine zur andern und erfahren auf diesem Wege eine Bearbeitung nach der andern. An die Stelle einzelner Arbeitsmaschinen können auch Arbeitsstellen treten, an denen Einzelteile mit der Hand bearbeitet oder zu einem Maschinenteile oder einer Maschine zusammengebaut werden. Das Wesen der Fließarbeit wird am deutlichsten, wenn man sie mit der Arbeitsweise eines Mehrspindelautomaten vergleicht, bei dem nach jedem Arbeitsgang dasselbe Werkstück in einem Kreislauf vor andere Werkzeuge geschaltet wird. Denkt man sich nun die verschiedenen Werkzeuggruppen des Automaten auf eine Reihe hintereinanderstehender Einzelmaschinen verteilt, so müssen die Werkstücke nach jedem Arbeitsgang auf geradem Wege mit einem Förderband zur nächsten Maschine fließen und zwar in möglichst gleichen Zeitabständen. Man kann daher die Fließarbeit als eine Abwicklung der Arbeitsweise der Mehrspindelautomaten auffassen. Zur ordnungsmäßigen Durchführung der Fließarbeit sind eingehende Vorarbeiten unumgänglich. Sie setzen bereits bei der Formgebung der Werkstücke ein, die so zu treffen ist, daß die einzelnen Arbeitsgänge möglichst gleiche Arbeitszeiten erfordern und nach den Gesetzen der Austauschbarkeit erledigt werden können. Fließarbeit erfordert daher die höchste Genauigkeit der Arbeit.

Die Grundlage für die Fließarbeit bildet eine weitgehende Gliederung der Fertigung — Arbeitsanalyse —. Durch Zeit- und Bewegungsstudien sind die Arbeitsgänge so festzulegen, daß ein Durchfließen der Werkstücke durch die Maschinen oder Arbeitsstellen möglich ist. Voraussetzung hierfür ist, daß die Arbeitsgänge gegenseitig so abgestimmt sind, daß jede Maschine in der Reihe ebenso lange arbeitet wie die andere. Dauert ein Arbeitsgang z. B. doppelt so lange als der vorige, so müssen für ihn zwei Maschinen aufgestellt werden, die im Wechseltakt arbeiten. Nur durch diese Maßnahmen werden Liegezeiten für das Stück oder Wartezeiten für den Arbeiter vermieden. Die Organisation für die Fließarbeit muß daher bis in alle Einzelheiten durchdacht und streng durchgeführt werden, da sonst der kleinste Fehler die ganze Fließarbeit stillegen kann. Sehr wichtige Fragen bilden die Zufuhr der Werkstücke, die rechtzeitig zur Stelle sein müssen, die Abfuhr der fertigen Stücke, damit durch ein Anhäufen der fließende Durchgang nicht stockt. Ebenso wichtig ist die geschickte Einordnung der Prüfstellen in die Arbeitsreihe. Da bei der Fließarbeit nach einem bestimmten Rhythmus gearbeitet wird, so ist nicht zuletzt der Mensch ein sehr wichtiger Faktor. Die geeignetsten Arbeitskräfte müssen hier durch Eignungsprüfungen ausgesucht und durch die richtige Einlegung von Pausen arbeitsfähig gehalten werden. In die Fließarbeit kann man sowohl Maschinenarbeiten als auch Handarbeiten einschalten. Arbeiten, die sich nicht für den fließenden Durchgang eignen, kann man herausnehmen und neben der Linie erledigen, z. B. könnten an einem Rundtisch Stücke gelötet oder mit Blei vergossen usw. und hierauf wieder in den Fließgang gegeben werden. Die Einrichtung und die Organisation der Fließarbeit richten sich natürlich nach der geforderten Leistung. An einem Förderband gleicher Länge kann man nämlich ein sehr verschiedenes Ausbringen erzielen, das einmal von dem Verfahren und zum andern von der Geschwindigkeit abhängt. Je kleiner das Ausbringen, um so größer ist allerdings auch der Preis.

Bei dem Einstellen auf Fließarbeit kann man von folgenden Richtlinien ausgehen:

1. Auf Grund einer weitgehenden Arbeitsgliederung und mit Hilfe von Zeit- und Bewegungsstudien werden die Durchgangszeiten für die einzelnen Arbeitsgänge ermittelt. Die Fließarbeit wird jetzt so eingerichtet, daß die nachfolgende Maschine von der vorhergehenden Maschine stets rechtzeitig beliefert wird, so daß weder das Stück liegen noch der Arbeiter warten muß. Zum Ausgleich der verschieden großen Arbeitszeiten kann man dabei 2 oder 3 kurze Arbeitsstufen gleicher Art zu einem Arbeitsgang zusammenfassen.

Stellt man, von diesem Gedanken ausgehend, den Arbeitsplan für ein Arbeitsstück auf und bestimmt mit Zeitaufnahmen die Arbeitszeiten für die einzelnen und zusammengefaßten Arbeitsgänge zu je 4,5 min und rechnet dazu etwa $\frac{1}{2}$ min für den Gang von einer Maschine zur anderen, so müßte auf dem Bande alle 5 min bei jeder Maschine ein Werkstück eintreffen. Kleine Ungleichheiten in der Fertigung lassen sich dadurch ausgleichen, daß man die Maschinen am Band etwas verschiebt. Die Leistung bei dieser Unterteilung wäre 12 Arbeitsstücke/st. Am Bande müßten für 10 Arbeitsgänge 10 Maschinen stehen.

2. Auf Grund der Arbeitsgliederung kann jede Maschine ihren Arbeitsgang an einer ganzen Reihe Werkstücke verrichten, so daß man die bearbeiteten Stücke in einen Kasten auf einer Rollbahn stellt, die z. B. alle 15 min auf ein Glockenzeichen sich weiterbewegt. Bis zu diesem Zeitpunkt muß der ganze Kasteninhalt fertig sein, wenn keine Störung in dem Durchfluß eintreten soll. Dabei müssen natürlich je nach der Zeitdauer der einzelnen Arbeitsgänge mehrere Maschinen auf 1 Kasten arbeiten. Will man diese Arbeitsweise bei dem obigen Arbeitsstück anwenden, so müßten in $4 \times 4{,}5 = 18$ min 4 Stücke im Kasten sein und auf ein Glockenzeichen durch das Band zur nächsten Maschine weiterbefördert werden. Das Arbeiten in einen Kasten wird noch deutlicher, wenn man sich denkt, daß an Deckeln 4 Putzen abzufräsen, zu bohren und zu versenken sind. Unter der Fräsmaschine müßten in z. B. 20 min alle 25 Deckel im Kasten gefräst, unter der ersten Bohrmaschine gebohrt und unter der 2. Bohrmaschine versenkt sein. Auf ein Glockenzeichen würde jetzt das Förderband mit den Kästen weitergehen, so daß jede Maschine einen Kasten neuer Deckel bekommt.

Lfd. Nr.	Arbeitsgang	Arbeiterzahl	Einzelzeit	Gesamtzeit
			s	*s*
1	Bretter vom Wagen ziehen und auflegen	1	12	12
2	Auf Pendelsäge zerlegen	1	15	15
3	Wegnehmen und aufstellen	1	4	4
4	Aussuchen	1	3	6
5	Auf Pendelförderer I legen		3	
6	Auf Saumsäge besäumen	6	32	210
7	Aufs Band geben		3	
8	Auf Fügemaschine Kanten hobeln . .	1	9	12
9	Auf Pendelförderer		3	
10	Längs abrichten	4	90	360
11	Zur Querabrichtsäge tragen, dort auflegen	2	3	30
12	Quer abrichten		12	
13	Zu den Düblern tragen und verteilen .	2	10	20
14	Dübeln	8	9	72
15	Bedrucken	2	5	10
16	Schichten und verpacken	2	100	200
		31		

Abb. 171. Arbeitsgliederung.

Wie bereits erwähnt, kann man in die Fließarbeit sowohl Maschinenarbeit als auch Handarbeit einschalten, wie dies in Abb. 171÷174 bei der fließenden Fertigung von Kisten[1]) gemacht ist. Die Anordnung ist hier so getroffen, daß ein Aufstapeln des Arbeitsgutes unter allen Umständen vermieden wird. Die Maschinen stehen daher sehr eng zusammen. Es ist somit keine Gelegenheit zum Stapeln gegeben und so ein zwangläufiger Durchgang der Arbeitsstücke geschaffen. Mit einem Wagen wird das Holz

---

[1]) Maschinenbau 1925. S. 1040. Sachsenberg, Fließarbeit in einer Kistenfabrik und Z. V. d. I. 1926. S. 213. Sachsenberg, Fließarbeit.

vom Lager angefahren. Ein Junge legt es schnittgerecht auf die Bank. Der Pendler zerschneidet es mit der Pendelsäge auf die vorgeschriebene Länge und schiebt es nach rechts weiter. Dort nimmt der erste Aussucher die Bretter vom Tisch der Pendelsäge und stellt sie senkrecht. Der zweite Aussucher sucht sie aus, legt die nicht brauchbaren Teile in einen Abfallwagen und die brauchbaren Bretter zu 6 bis 8 Stück griffgerecht auf je einen Wagen des Pendelförderers, der als Hängebahn eingerichtet ist. Der Besäumer kann somit das Paket von dem Wagen der Hängebahn nehmen und es auf der Saumsäge besäumen (Abb. 173). Die Besäumer werfen die Säumlinge auf das Förderband I, das sie zur Fügemaschine bringt. Nachdem auf ihr die Kanten gehobelt sind, legt der Fuger die zu hobelnden Bretter auf das Förderband II, das sie zu den Hobelmaschinen befördert. Nach dem Hobeln werden sie auf den Pendelförderer II gelegt. Die nicht zu hobelnden Bretter kommen gleich mit dem Pendelförderer II zu den Längs- und Querabrichtsägen, wo sie von 2 Abrichtkolonnen längs und quer abgerichtet werden. Die Abrichtsägen sind in 2 Gruppen so aufgestellt, daß der Mann an der Querabrichtsäge einmal halbrechts

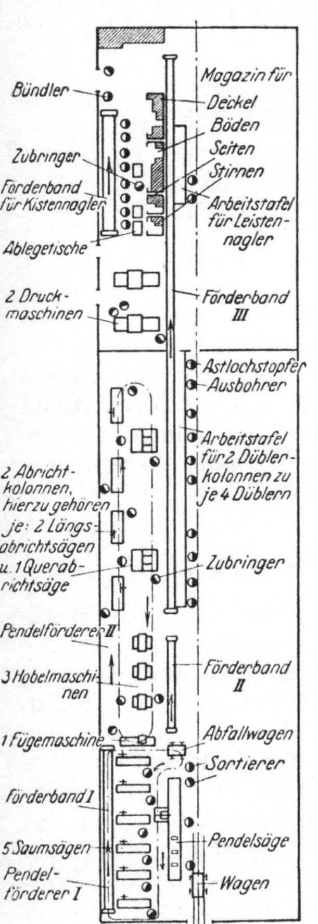

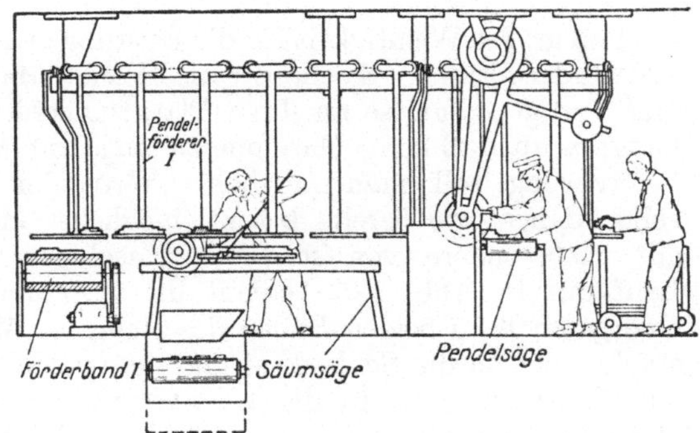

Abb. 172 u. 173. Aufstellen der Maschinen in einer Kistenfabrik mit Fließarbeit.

und einmal halblinks die Bretter von den 2 Längsabrichtsägen prüft und sie durch eine Querabrichtsäge schiebt. Die beiden Zubringer auf der Gegenseite der Maschine legen jedem Dübler über Band III hinweg sein Paket Deckel oder Böden auf den Arbeitstisch. Die gedübelten Böden und Deckel legen die Dübeljungen paketweise auf das Förderband III, das sie durch die Wand hindurch zu den Druckmaschinen bringt. Böden und Deckel mit Astlöchern werden einzeln und schräg auf das Band III gelegt, so daß der Ausbohrer sie gleich erkennt und ausbohrt, während der Stopfer einen in Leim getauchten Pfropfen einschlägt und absägt. Auf den Druckmaschinen werden die Bretter mit Aufschrift bedruckt. Die Querstellung dieser Maschinen zum Förderbande erklärt sich dadurch, daß die Bretter in der Regel nicht zu Kisten zusammengesetzt, sondern gleich zu Paketen verpackt und verschickt werden. Werden jedoch Kisten zusammengenagelt, so kommen sie nach dem Bedrucken wieder auf Band III, das sie in die

Nr	1	2	3	4	5	6	7	8
Bezeichnung des Arbeitsganges	1 Stirn mit 1 Seite nageln	II Stirn annageln	II Seite annageln	Rahmen fertig nageln	Boden auf setzen u. an Stirn vernag	Boden mit 1 Seite vernag	Boden m Stirn vernag.	fertig nageln
Zeit je Arbeitsg. s	8,5	8,0	7,5	5,0	7,5	5,0	4,5	5,0
vorrätig zu haltende Werkstückteile								

Abb. 174. Nageln der Kisten.

einzelnen Magazine befördert. Der Zubringer versorgt von den Lagern aus die Kistennagler am Förderband. Die Fließarbeit an diesem Band ist in Abb. 174 klar dargestellt. Man sieht hier die Kiste in ihren Arbeitsgängen entstehen. Die Zeiten sind allerdings nicht ganz ausgeglichen, so daß das Nageln nicht ohne Zeitverluste vor sich geht.

XVII. Die Werkstattfördermittel.

Von großer Wichtigkeit für die Leistung eines Betriebes sind die Werkstattfördermittel[1]). Sie haben die Werkstoffe, Betriebsstoffe, Rohlinge und Fertigerzeugnisse an ihren Platz zu befördern. Von ihrer Leistung hängt es ab, daß keine Maschine zu lange auf Arbeit warten muß. Handbeförderung soll man möglichst vermeiden. Alle Arbeitsmaschinen sollen daher, wie bereits betont, möglichst im Kranfelde stehen. Dies gilt insbesondere von schweren Maschinen. Der 10 t-Dreimotoren-Laufkran in Abb. 175 bedient die Zusammenbauwerkstatt und das Obergeschoß an beiden Enden des Raumes. Mit ihm können die Werkstücke auch in die Schlosserei und die fertigen Maschinen auf das Prüffeld befördert oder in die Eisenbahnwagen verladen werden. In der Dreherei, Fräserei und Hobelei laufen 2 Laufkrane mit je einem 1,5 t-Elektroflaschenzug, die die in 3 Reihen aufgestellten Werkzeugmaschinen bedienen. Zum Heranschaffen und Fortschaffen leichter und kleiner Werkstücke benutzt man Werkstattkarren.

Die Werkstatt in Abb. 163/164 ist in ihren Hauptschiffen mit Laufkranen und fahrbaren Drehkranen ausgerüstet, die schwere und große Stücke befördern. In den Seitenschiffen benutzt man die Laufkrane zum Auf- und Umstellen der Maschinen. Die leichten Werkstücke werden hier mit Wagen oder Karren fortbewegt. Gerade auf reichliche Fördermittel ist besonders zu achten, da die Löhne für die Bewegung der Arbeitsstücke vielfach noch 10 v H der gesamten Lohnsumme betragen.

---

[1]) Maschinenbau 1921/22. S. 195.

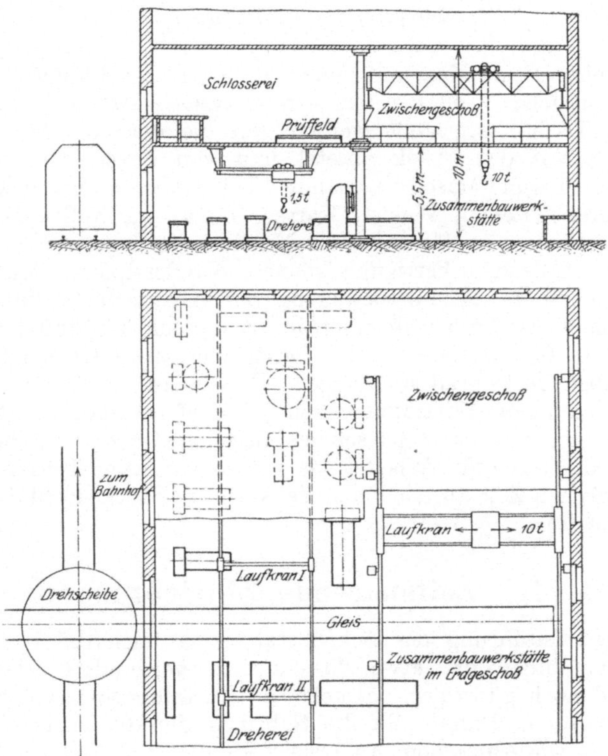

Abb. 175. Anordnung der Werkstattfördermittel.

Abb. 176. Fließarbeit beim Zusammenbau von Kraftfahrrädern.

Die Reihen- und Massenfertigung stellt an die Fördermittel noch größere Ansprüche. Soll hier ein hemmungsloses Arbeiten stattfinden, so müssen Tische aufgestellt werden, auf die der eine Arbeiter nach beendeter Arbeit das Stück absetzt und von denen der nächste es nimmt und in seine Maschine spannt. Bei größeren Wegen kann man mit fahrbaren Tischen, Wagen, Karren, Rutschen, Rollgängen u. dgl. die Arbeitsstücke von Maschine zu Maschine fördern.

Bei der fließenden Fertigung können Wandertische, Förderbänder, Hängebahnen usw. die Fortbewegung der Arbeitsstücke übernehmen. Die Aufgabe dieser Fördermittel ist, im Zwanglauf den Fluß der Arbeitsstücke, sei es für die fließende Fertigung oder sei es für den fließenden Zusammenbau, fortschreiten zu lassen. Diesem Zweck dient in Abb. 176 eine Hängebahn beim Zusammenbauen von Kraftfahrrädern. Mit diesem Zwanglauf, der mit einer passenden Geschwindigkeit vor sich gehen muß, ist jedes Glied der Arbeitskette gezwungen, seine Teilarbeit in der vorgeschriebenen Zeit zu erledigen, da sonst ein Stocken auf der ganzen Strecke eintritt.

XVIII. Zeitsparende Einrichtungen.

Seit der Einführung des Schnellstahles hat sich die Laufzeit der Werkzeugmaschinen um etwa 25—30 v H vermindert. Dieses Ergebnis wird noch günstiger, je mehr die Hartmetallwerkzeuge vervollkommnet werden. Damit fällt die Nebenzeit für die Vorbereitung des Werkstückes, wie Abstechen, Ankörnen, Richten und Einspannen um so mehr ins Gewicht. Sie übersteigt in vielen Fällen die Laufzeit der Maschinen. Die Wirtschaftlichkeit eines Betriebes verlangt daher, die Werkstücke auf besonderen Maschinen für die Bearbeitung vorzubereiten, zeitsparende Vorrichtungen zu schaffen und große Förderwege zu vermeiden. Die Vorbereitung und Beförderung der Werkstücke soll man Hilfsarbeitern überweisen, damit die teuren Arbeitsmaschinen und Arbeitskräfte besser ausgenutzt werden. Damit würden die Nebenzeiten auf das Mindestmaß gebracht.

a) Hilfseinrichtungen für das Vorbereiten der Werkstücke.

In einer zeitgemäß eingerichteten Dreherei sollen die Werkstücke auf einer Ankörnmaschine angekörnt werden. Dieses Ankörnen ist heute besonders lohnend, weil viele Werkstücke auf der Drehbank geschruppt und auf der Schleifmaschine geschlichtet werden. Dadurch wird ein Umspannen nötig, so daß die Mehrausgaben für das Ankörnen mehr als ausgeglichen werden.

Die Ankörnmaschine oder Zentriermaschine ist eine kleine wagerechte oder senkrechte Bohrmaschine, die mit einem Doppelbohrer das Körnerloch bohrt und zugleich versenkt, so daß das Werkstück von den Spitzen gut getragen wird.

Eine alte Regel des Drehers sagt, daß die Werkstücke auf der Drehbank nicht schlagen dürfen. Sie müssen daher vorher auf Rundlaufen geprüft und, wenn nötig, gerichtet werden. Dies geschieht auf der

Wellenrichtpresse. Das angekörnte Werkstück spannt man hierzu zwischen die Spitzen und sucht die schlagenden Stellen. Zum Richten legt man die Welle auf zwei Auflageklötze und drückt sie mit der Presse gerade.

Mit dem Schnellstahl hat auch das Ausschruppen aus dem Vollen zugenommen. Es werden heute Massenteile aus dem rohen Walzeisen herausgearbeitet. Damit ist auch die Abstechmaschine eine wichtige Hilfsmaschine der Dreherei geworden. Sie ist eine Art Drehbank, auf der das Rundeisen gegen einen Anschlag vorgeschoben und mit dem Plangang des Werkzeugschlittens nach Abb. 192, Bd. I, abgestochen wird. Auf ihr können auch die verlorenen Köpfe von Gußstücken entfernt werden.

Gußstücke, die in grünem Sande, d. h. in nicht geschwärzter und mit Graphit eingepuderter Sandform, gegossen sind, werden zweckmäßig in verbleiten Betten mit verdünnter Schwefelsäure übergossen, mit Wasser abgespritzt und abgewaschen. Von der Beizerei kommen sie in die Gußputzerei, in der mit Meißelhämmern der Grat entfernt und mit Feilen geglättet wird. Durch das Beizen des Gusses wird nicht nur der Sand vollständig entfernt, sondern auch die Härte der Gußkruste. Man schont daher nicht nur die Schneidwerkzeuge, sondern man kann auch mit höheren Schnittgeschwindigkeiten arbeiten, da der Guß weniger Widerstand leistet.

Die so vorbereiteten Werkstücke sollen dem Arbeiter jederzeit handbereit liegen. Hierzu sind Regale oder Ständer aufzustellen, die auf einer Seite die vorbereiteten Werkstücke und auf der anderen die fertigen aufnehmen. Die Hilfsarbeiter bringen die fertigen Werkstücke von hier zur Abnahme und ergänzen den Bestand der vorbereiteten Stücke. Auf diese Weise kann der Dreher seine Maschine voll ausnutzen.

b) Aufspannvorrichtungen.

1. Für die Dreherei.

Die Aufspannvorrichtungen für die Werkstücke sollen der Eigenart des Arbeitsvorganges und des Arbeitsstückes angepaßt sein, genau ausrichten und sicher spannen und leicht zu handhaben sein. Vor allem soll die Spannvorrichtung das Anreißen der Reihen- und Massenteile vermeiden, so daß damit Zeit und Löhne gespart werden.

Die Grenzzahlen für die Wirtschaftlichkeit der Spannvorrichtungen lassen sich rechnungsgemäß wie folgt ermitteln. Erfordert das Bearbeiten eines Werkstückes ohne Vorrichtung an Stücklohn $L_1 = 5\,M$, mit Spannvorrichtung $L_2 = 2\,M$, so müssen die Lohnersparnisse bei X Arbeitsstücken die Vorrichtungskosten K decken.

$$K = (L_1 - L_2)\,X.$$

Dazu kommt der Zeitgewinn, der bei gleichem Stundenlohn der Lohnersparnis entspricht. Somit ist die unterste Grenzzahl

$$X = \frac{K}{2\,(L_1 - L_2)} = \frac{600}{2\,(5 - 2)} = 100.$$ Bei 100 Arbeitsstücken würden demnach die Kosten von 600 M. für die Vorrichtung durch die Zeit- und

Lohnersparnisse gedeckt sein. Je höher die Stückzahl ist, um so wirtschaftlicher gestaltet sich das Arbeiten mit Vorrichtungen.

Die üblichen Einspannvorrichtungen für das Werkstück sind Planscheiben und Spannfutter, die es zwischen den Spannbacken tragen.

Einen guten Ruf genießt das Forkardt-Futter, Abb. 177, wegen seines genauen und festen Spannens und seiner Handlichkeit. Diese Eigenschaften sind durch 3 Keilzahnstangen erreicht, die die Spannbacken verschieben und unter sich durch einen Zahnkranz in Eingriff

Abb. 177. Forkardt-Spannfutter.

stehen. Das Futter kann daher von einer Spannstelle rasch und leicht geöffnet und geschlossen werden, so daß die Summe der Spannzeiten wesentlich gekürzt wird.

Sind an einem Werkstück mehrere Arbeitsflächen zu drehen, so muß es in der Planscheibe umgespannt werden. Dies erfordert häufig besondere Spannbügel u. dgl., die man mit viel Zeitaufwand in die Planscheibe einziehen muß. Handelt es sich gar um die Bearbeitung von Massenteilen, so verlangt die Wirtschaftlichkeit des Betriebes besonders ausgebaute Spannvorrichtungen.

Bei manchen Werkstücken läßt sich mit der Planscheibe durch Umgestalten der Spannbacken eine handliche Aufspannvorrichtung

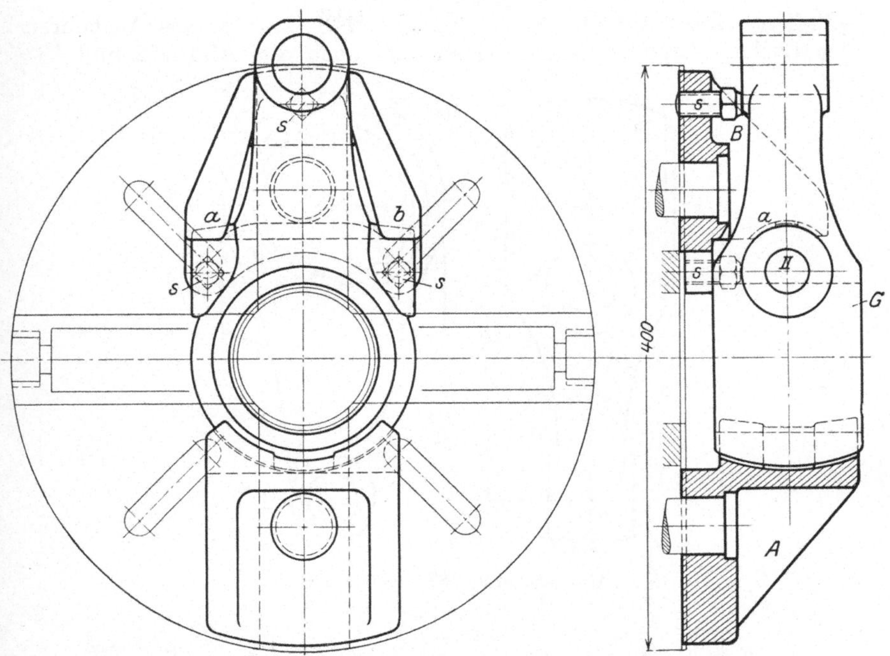

Abb. 178 und 179.   Aufspannvorrichtung für das Ausbohren der Nabe I am
Gegenhalter in Abb. 182 und 183.

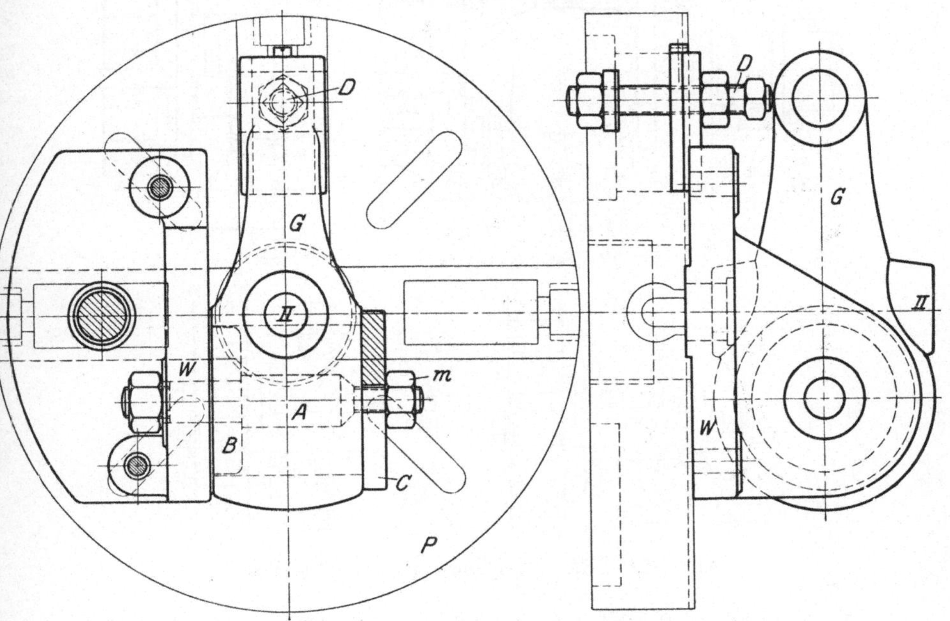

Abb. 180 und 181.   Aufspannvorrichtung für das Bohren des Loches II am
Gegenhalter nach Abb. 182 und 183.

schaffen. Diese Aufgabe ist in den Abb. 178—181 für das Ausbohren der Löcher I und II eines Gegenhalters nach den Abb. 182 und 183

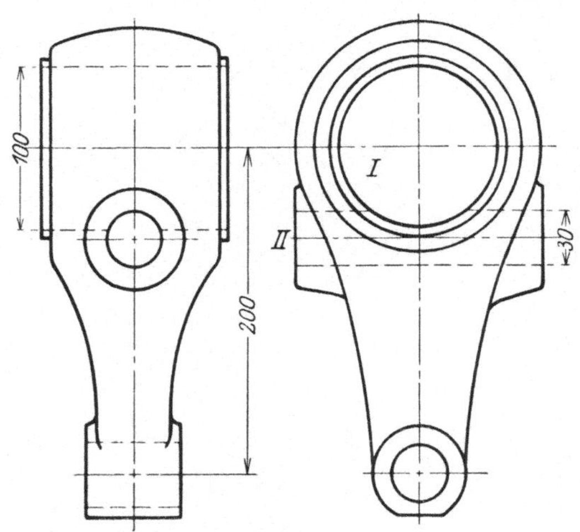

Abb. 182 und 183. Gegenhalter.

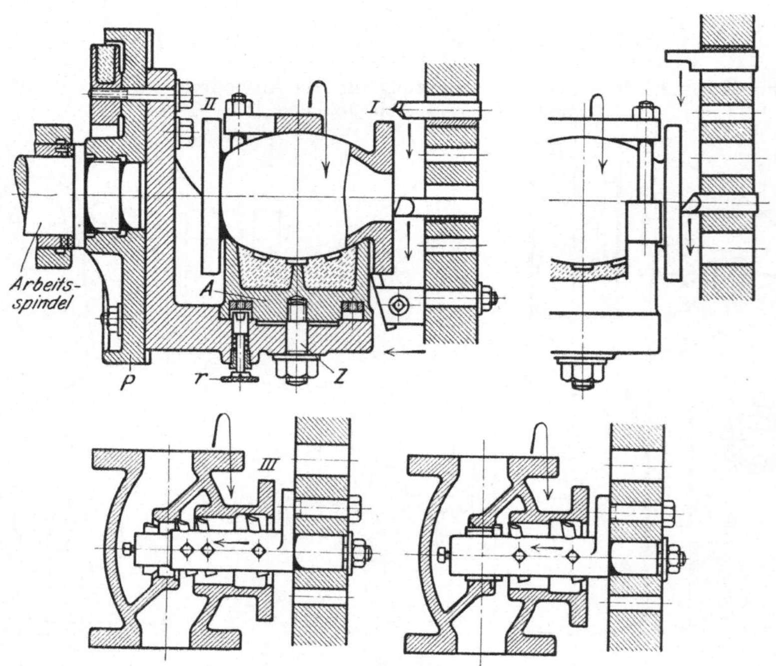

Abb. 184—187. Einspannvorrichtung für Ventile.

gelöst. Die Spannbacke A ist zum Einlegen des Halters G seiner Naben- form angepaßt. Die Backe B trägt die 3 Anschläge s und faßt mit den Flächen a, b die Putzen des Gegenarmes. Zum Ein- und Abspannen des Gegenarmes G zieht man, wie üblich, die beiden Backen an und zurück. Das Loch I liegt in der Drehachse der Bank zum Ausbohren bereit.

Zum Bohren des Loches II wird der Gegenarm in Abb. 180 und 181 auf den Bolzen A des Spannwinkels W gesteckt, durch die Scheibe B geführt und mit der Vorsteckscheibe C und Mutter m festgespannt. Mit dem oberen Auge legt er sich gegen den Anschlag D. Spannwinkel W und Anschlag D sitzen an der üblichen Planscheibe P.

In den Abb. 184—187 ist die Planscheibe P für das Abdrehen und Ausbohren eines Ventilkörpers ausgebaut. Damit ohne langwieriges Umspannen die 3 Flanschen gedreht und der Ventilhals und Sitz ausgebohrt werden können, trägt die Planscheibe P einen Winkel mit der bauchförmig ausgearbeiteten Drehscheibe A. Mit dem oberen Spannbügel wird das Ventilgehäuse auf A festgespannt.

Zuerst wird der Flansch I außen vorgedreht, hierauf mit 2 Stählen plangeschruppt und dann ganz geschlichtet. Für den Gegenflanschen II ist nur der Riegel r zurückzuziehen und die Drehscheibe A um den Zapfen Z um 180^0 zu drehen. Für das Abdrehen des Flanschen III und das Ausbohren des Sitzes ist A um 90^0 zu drehen. Mit einer derartigen Spannvorrichtung lassen sich daher große Zeitersparnisse erzielen.

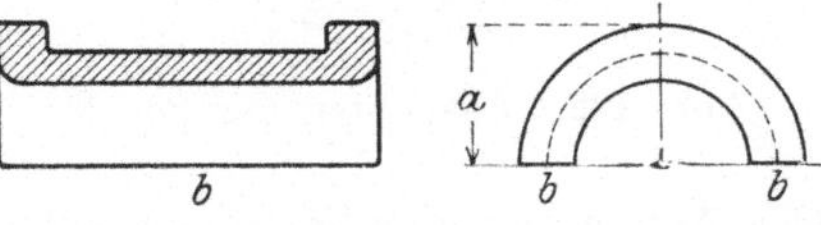

Abb. 188 und 189. Lagerschale.

Welchen Einfluß die Eigenart des Werkstückes auf die Spannvorrichtung hat, zeigt die Bearbeitung der Lagerschalen (Abb. 188 und 189). Gestattet der Rohstoff ein Zusammenlöten und nachträgliches Abschmelzen der Schalen, so sind sie an den Teilflächen b zu fräsen, dabei ist das Maß a einigermaßen einzuhalten.

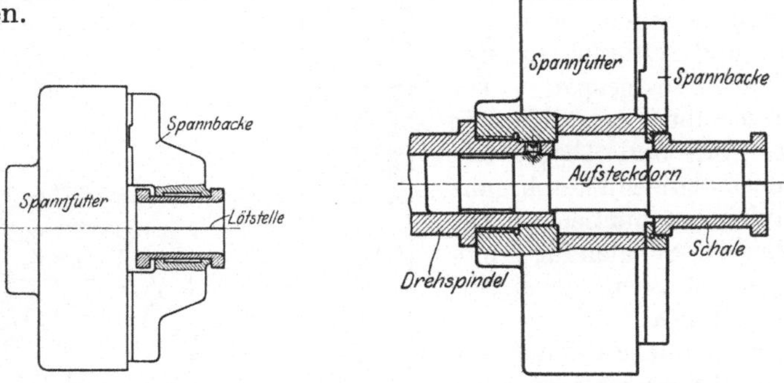

Abb. 190 und 191. Bearbeiten einer gelöteten Lagerschale.

Das Bearbeiten des rohrförmigen Hohlkörpers erfolgt in einem Zweibackenfutter (Abb. 190), dabei dient die Innenseite des vorderen Bundes als Anschlag. Das Ausbohren geschieht mit der Bohrstange, das Aussenken und Fertigreiben mit einer gerade verzahnten Reibahle, die nachstellbar sein kann. Die hintere Stirnfläche und Rundung wird mit einem Hakenstahl bearbeitet, die vordere Rundung und der Bund werden von außen fertig gedreht. Für die Außenbearbeitung wird die Schale auf den Dorn gesteckt und durch die Spannbacken mittig gespannt (Abb. 191).

Lassen sich die Schalen nicht löten, so ist darauf zu achten, daß sie beim Einspannen gleichachsig mit der Drehspindel liegen.

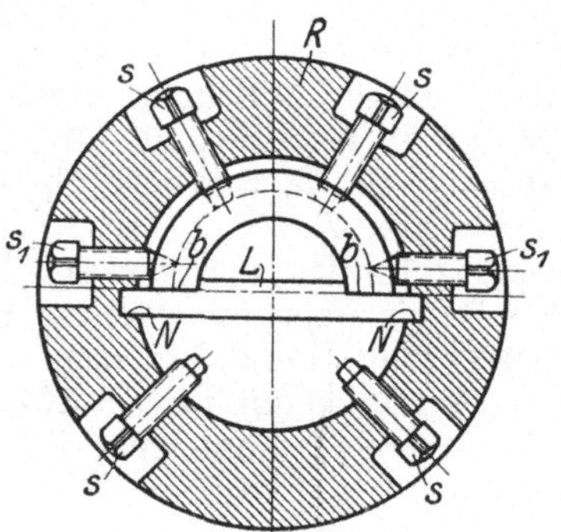

Abb. 192. Ausrichten der Schale.

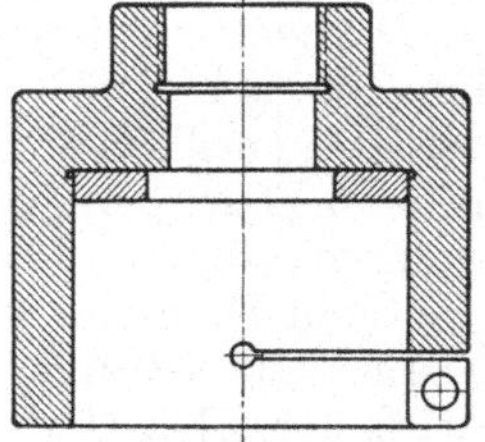

Abb. 193. Klemmfutter.

Das Ausrichten der Schalen geschieht am besten mit einem Lineal L, auf das die gefrästen Flächen b zu liegen kommen (Abb. 192). Mit den Schrauben s wird die Schale leicht gegen das Lineal L gedrückt und hierauf mit den Spitzenschrauben s_1 festgespannt. Das Lineal L zieht man jetzt aus den Führungsnuten N des Ringes R heraus, richtet die zweite Schale nach der ersten aus und spannt sie fest. Der Ring R wird mit den Schalen in ein Klemmfutter (Abb. 193) gebracht und mit der Klemmschraube festgespannt. Die Schalen werden gebohrt, aufgerieben und der vordere Bund bearbeitet. Zum Bearbeiten des hinteren Bundes wird der Ring im Klemmfutter umgespannt. Für das Drehen der inneren Bundflächen b_1 und der mittleren Außenfläche c (Abb. 194) werden die Schalen auf den Dorn D gesteckt und zwischen den Kegelkappen F und F_1 durch Anziehen der Mutter M festgespannt. Die Vorsteckscheibe V gestattet ein schnelles Auf- und Abspannen, ohne jedesmal die Mutter M ganz abschrauben zu müssen.

Gußeiserne Schalen für Triebwerkslager müssen ebenfalls nach einem Lineal L ausgerichtet und festgespannt werden (Abb. 195). Das Spanngehäuse A ist

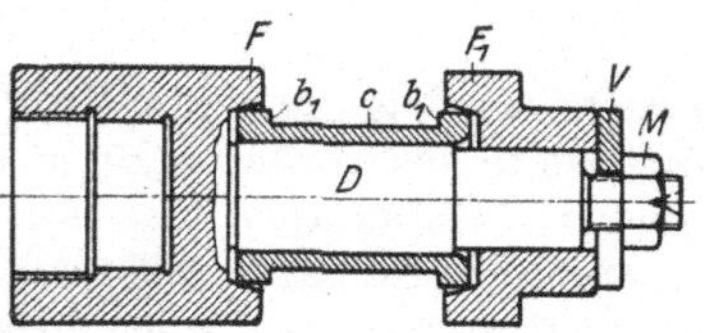

Abb. 194. Aufspanndorn.

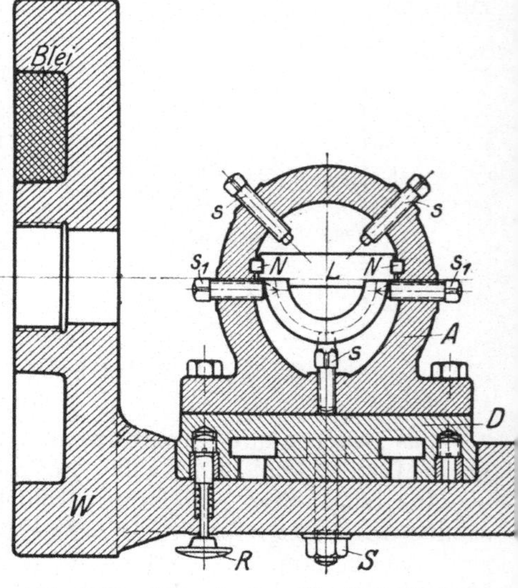

Abb. 195. Spannkasten für Gußschalen.

mit dem Drehteil D verschraubt, der sich auf dem Spannwinkel W schwenken, mit dem Riegel R einstellen und den beiden Schrauben S festspannen läßt.

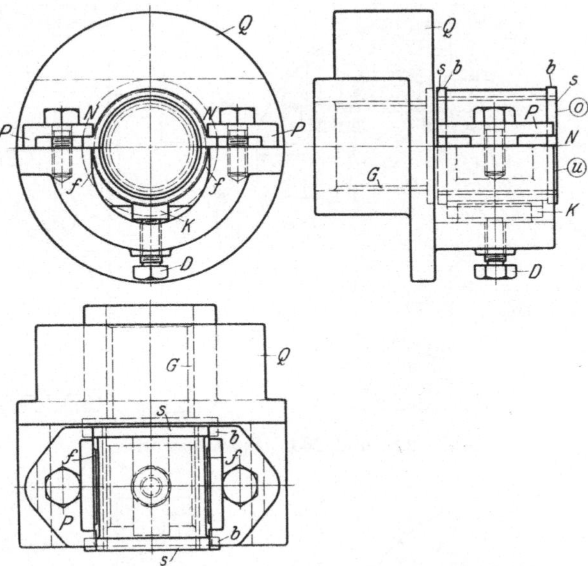

Abb. 196—198. Spannbügel für Lagerschalen.

Eine ähnliche Spannvorrichtung zeigen die Abb. 196—198[1]). Die Oberschale O muß allerdings 4 Nasen N haben, damit man sie mit den Pratzen P festspannen kann, nachdem sie in dem Bügel nach den bearbeiteten Flächen f ausgerichtet ist. Die Unterschale U wird mit der Druckschraube D und dem Druckstück K gegen die Oberschale O gedrückt. Nach dem Eindrehen der Schwalbenschwänze gießt man das Weißmetallfutter ein und schabt die Flächen auf. Hierauf kommen die Schalen wieder in die Vorrichtung zum Ausbohren des Futters auf Maß und zum Abdrehen der Stirnseiten s und eines Teiles des vorderen und hinteren Bundes b. Die Vorrichtung wird mit dem Gewinde G auf die Drehspindel

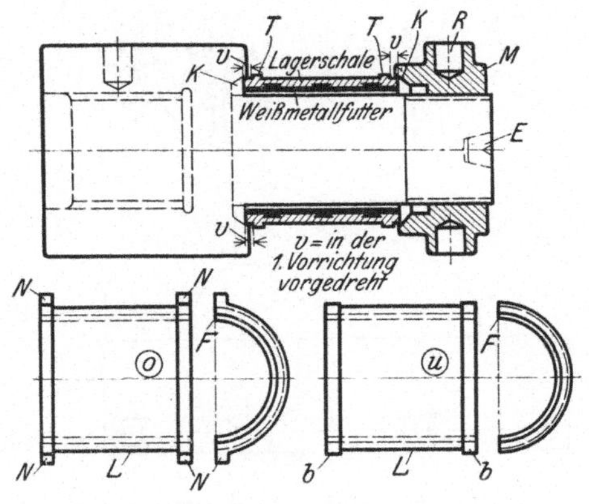

Abb. 199—201. Aufspanndorn.

geschraubt und durch das Gegengewicht Q ausgewuchtet. Die Nasen N werden an O abgefräst und ein Paar Schalen O und U auf dem

---

[1]) W. T. 1920, S. 468.

Aufspanndorn mit der Mutter M zwischen den Kegelflächen K ausgerichtet und festgespannt (Abb. 199—201). Hierauf dreht man die

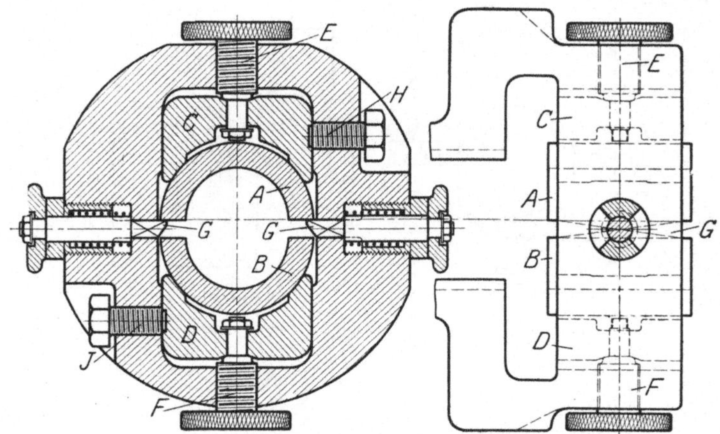

Abb. 202 und 203. Spannfutter.

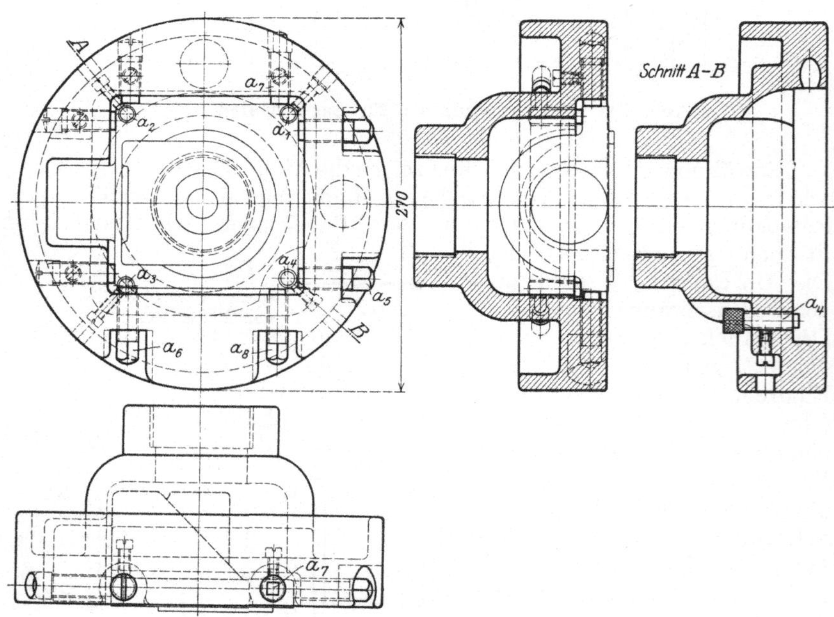

Abb. 204—207. Drehfutter für das Gehäuse in Abb. 208 und 209.

Bunde T und die Mantelfläche L fertig. Die Vorrichtung wird auf die Drehspindel geschraubt und durch den Reitstock bei E abgestützt.

Das Angießen der 4 Nasen an der Oberschale kann vermieden werden, wenn man die Schalen in dem Spannfutter, wie in Abb. 202

und 203[1]), mit deckelartigen Backen faßt. Die Oberschale A wird auf die Schieber G gelegt, die Spannbacke C mit E leicht angedrückt und mit H festgezogen. Hierauf zieht man mit F die Backe D fest an, wobei die spitzen Schieber G zurückgehen und die Unterschale B sich fest gegen A legt.

In den Abb. 204—207 ist ein Drehfutter für das Planzuggehäuse in Abb. 208 und 209 gezeichnet. Das Gehäuse wird mit seinem Flanschen gegen die 4 Anschläge a_1 bis a_4 ge-legt. Fühlt man, daß nicht alle anliegen, so stellt man a_4 nach. Hierauf spannt man mit den Schrauben a_5 und a_6 den Flansch leicht an, sieht nach, ob die Gegenseiten anliegen und

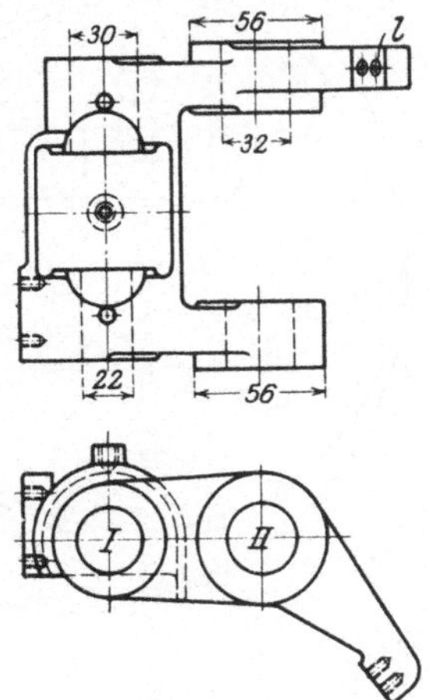

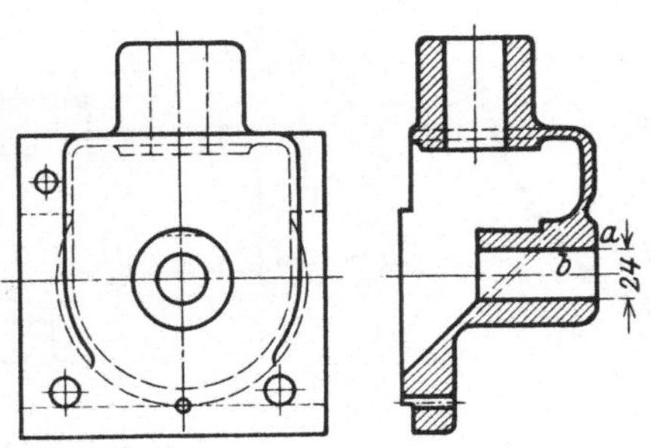

Abb. 208 und 209. Planzuggehäuse.

Abb. 210 und 211. Fall-schneckenlager.

zieht a_5 und a_6 fest. Der Anschlag a_7 wird jetzt zum Anliegen gebracht und a_8 festgezogen.

Eine lehrreiche Spannvorrichtung zum Bohren eines Fallschnecken-lagers nach Abb. 210 und 211 bringen die Abb. 212—214. Sie be-steht zunächst aus dem inneren Spannfutter B zur Aufnahme des Schneckenlagers. Das Lager wird bis gegen den Anschlag a eingeschoben und mit der Spannschraube s_1 angezogen. Es liegt dann zwischen der Unterlage C und der oberen Druckplatte D. Hierauf zieht man die beiden Druckschrauben s_2 leicht an. Vorn wird mit einem 29 mm Spiralbohrer vorgebohrt und hinten angebohrt, mit der Bohrstange das vordere Loch I nach Lehrdorn auf 29,90 mm nachgebohrt, hierauf das hintere Loch I auf 21 mm vorgebohrt und 21,90 mm nachgebohrt, die vordere und hintere Nabenfläche geschruppt und geschlichtet und die Löcher aufgerieben. Um auch das Loch II in derselben Vorrichtung bohren zu können, sitzt das Innenfutter B außer der Mitte in dem Außenfutter A und zwar um den Zapfen z drehbar. Man lüftet die beiden Muttern m, zieht den Schnäpper S zurück und dreht das Innenfutter um 180°. Damit kommt das Loch II in die Mitte des Außenfutters A. Den Schnäpper läßt man einschnappen, und die Muttern m werden an-gezogen. Das Loch II wird jetzt mit dem Spiralbohrer auf 31 mm

---

[1]) W. T. 1920, S. 613.

vorgebohrt und mit der Bohrstange nach Lehrdorn auf 31,90 mm nachgebohrt. Die vordere und hintere Nabenfläche von 56 mm $\varnothing$ wird
geschruppt und geschlichtet und das Loch mit der Reibahle nach Lehrdorn
aufgerieben. Zum Herausnehmen des Stückes lüftet man die Spann-

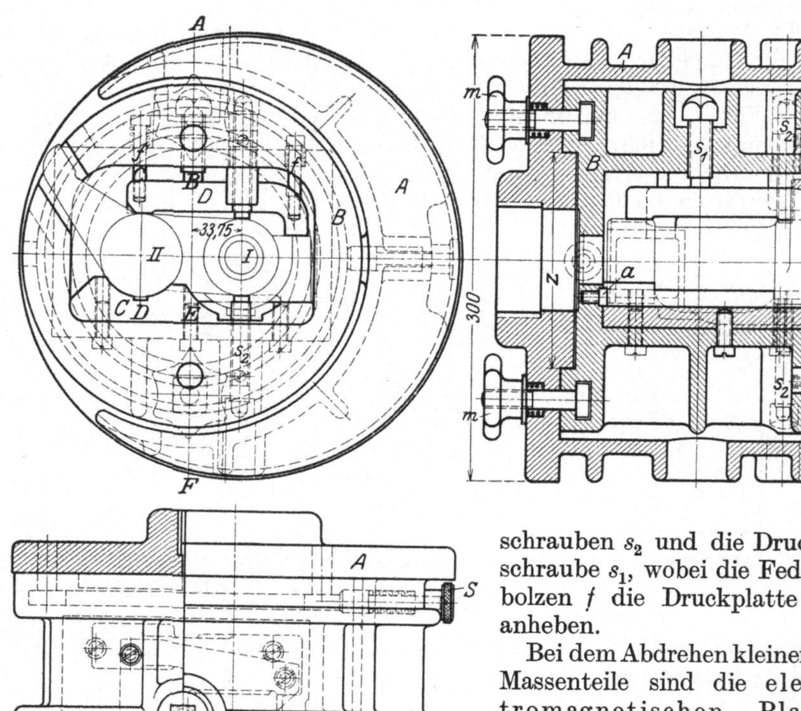

Abb. 212—214.   Drehfutter für das Fall-
schneckenlager in Abb. 210 und 211.

schrauben s_2 und die Druckschraube s_1, wobei die Federbolzen f die Druckplatte D
anheben.

Bei dem Abdrehen kleinerer
Massenteile sind die elek-
tromagnetischen Plan-
scheiben sehr handlich
(Abb. 215). Durch Einschalten eines Schleifkontaktes
spannen sie die Teile ohne
weiteres fest.

Die Einspannvorrich-
tungen für die Werkzeuge
verfolgen ähnliche Grund-
sätze. Die Drehstähle sollen rasch in ihre sichere Arbeitslage gebracht und ausgewechselt werden können. Um die langen Schnellstähle zu sparen, sind Stahlhalter für kurze Arbeitsstähle geschaffen
worden. Löst man eine Schraube, so läßt sich der Stahl schnell
auswechseln. Stahlhalter werden sowohl für gerade Stähle, als auch
für Rechts- und Linksstähle gebaut. Der hohe Preis des Schnellstahles
hat veranlaßt, die Schnellstahlschneiden auf Drehstählen aufzuschweißen
und das Schruppen unter einem kräftigen Wasserstrahl vorzunehmen,
um die Leistung und Lebensdauer des Stahles zu erhöhen. In gleicher
Weise werden Plättchen aus Hartmetall aufgeschweißt oder aufgelötet.
Bei Massenarbeiten spielen heute die Vielstahlhalter eine beachtens-

werte Rolle. Sie greifen nach Abb. 216—217 das Werkstück mit mehreren
Stählen an, die sich mit Druckschrauben auf Maß genau einstellen

Abb. 215. Elektromagnetische Planscheibe.

lassen. Sie arbeiten in der Längs- und Planrichtung und erzielen somit
sehr große Leistungen.

Die Entwicklung ist hier mit dem schwenkbaren Stahlhalter
(Abb. 218 und 219) noch einen Schritt weiter gegangen. Er hält wie
der Revolverkopf Arbeitsstähle zum Schruppen, Schlichten, Formdrehen

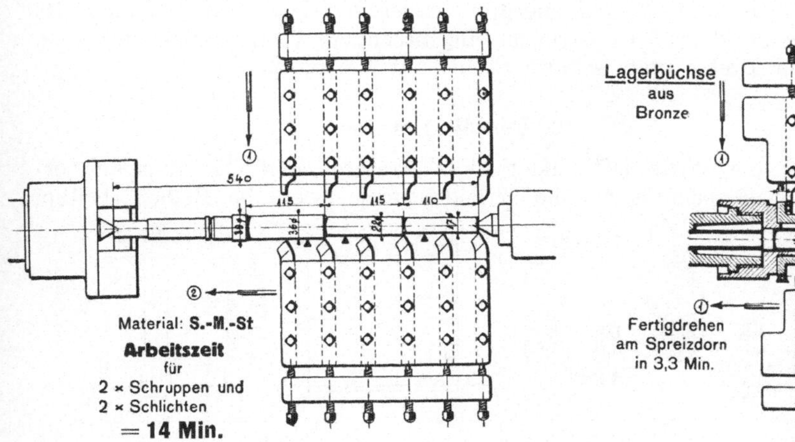

Abb. 216. Drehen einer Spindel mit Vielstahlhalter.

Abb. 217. Bearbeiten einer
Lagerbüchse mit Vielstahlhalter.

und Bohren bereit. Mit dem Griff g wird der Kopf hochgeschraubt,
hierauf geschwenkt und wieder festgezogen. Der Bolzen r verriegelt ihn.

Ein geordneter Betrieb verlangt auch für die Werkzeuge und Spannvorrichtungen Fächer, in denen sie nach ihrer Art und Größe oder nach
der Maschine geordnet sind (Abb. 169).

Die Drehstähle sind in ihrer Form möglichst einfach und gleich zu halten. Das Schärfen soll nach Lehren und Winkeln erfolgen und keine großen Arbeitspausen der Maschinen verursachen. Werkzeug-

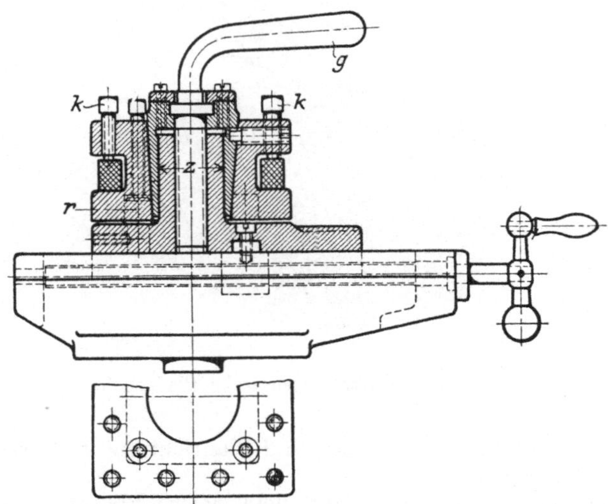

Abb. 218 und 219. Schwenkbarer Stahlhalter.

schleifmaschinen sind daher in ausreichender Zahl aufzustellen und zwar jede ihrer Maschinengruppe zugeteilt. Die beste Lösung ist bei genügend großen Betrieben eine besondere Werkzeugschleiferei, so daß der Dreher stets scharfe Stähle auf Vorrat hat.

2. Für die Fräserei.

Für die Wirtschaftlichkeit einer Fräserei sind die Einspannvorrichtungen ebenfalls von hoher Bedeutung, sowohl bei Reihenarbeiten,

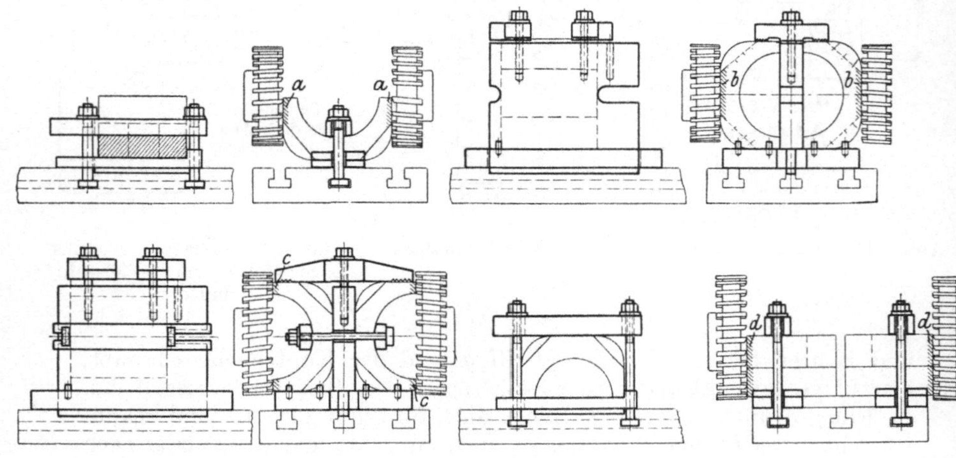

Abb. 220—227. Spannvorrichtungen für Achslager.

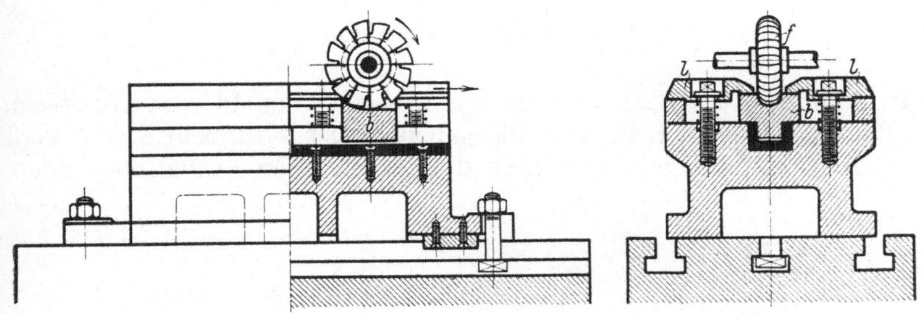

Abb. 228 und 229.   Spannvorrichtung für Spannbacken.

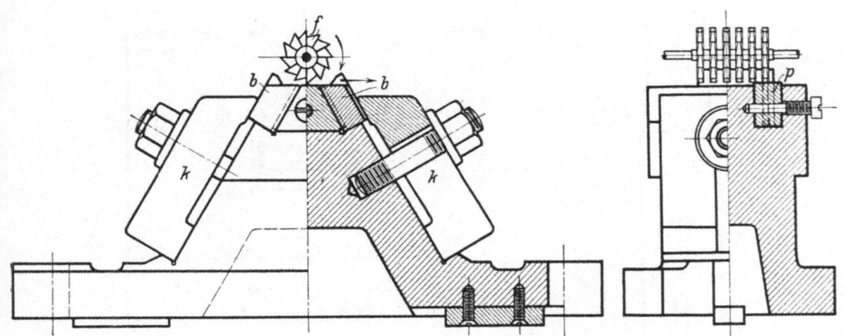

Abb. 230 und 231.   Spannvorrichtung für Spannbacken.

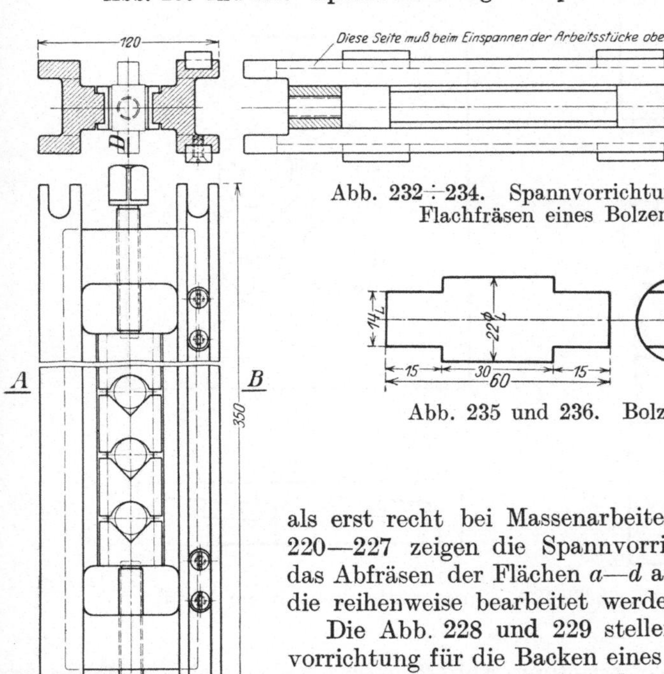

Abb. 232—234.   Spannvorrichtung für das
Flachfräsen eines Bolzens.

Abb. 235 und 236.   Bolzen.

als erst recht bei Massenarbeiten. Die Abb.
220—227 zeigen die Spannvorrichtungen für
das Abfräsen der Flächen a—d an Achslagern,
die reihenweise bearbeitet werden.

Die Abb. 228 und 229 stellen die Spannvorrichtung für die Backen eines Spannfutters
dar. Eine Reihe Backen b wird mit den
Leisten l festgespannt und mit dem halbkreis-
förmigen Nutenfräser ausgefräst.

In Abb. 230 urd 231 ist eine Spannvorrichtung für das Ausfräsen der Backen eines Bohrfutters angegeben. Der Gruppenfräser f geht quer durch die Backen b, die durch die Spannklauen k gehalten werden.

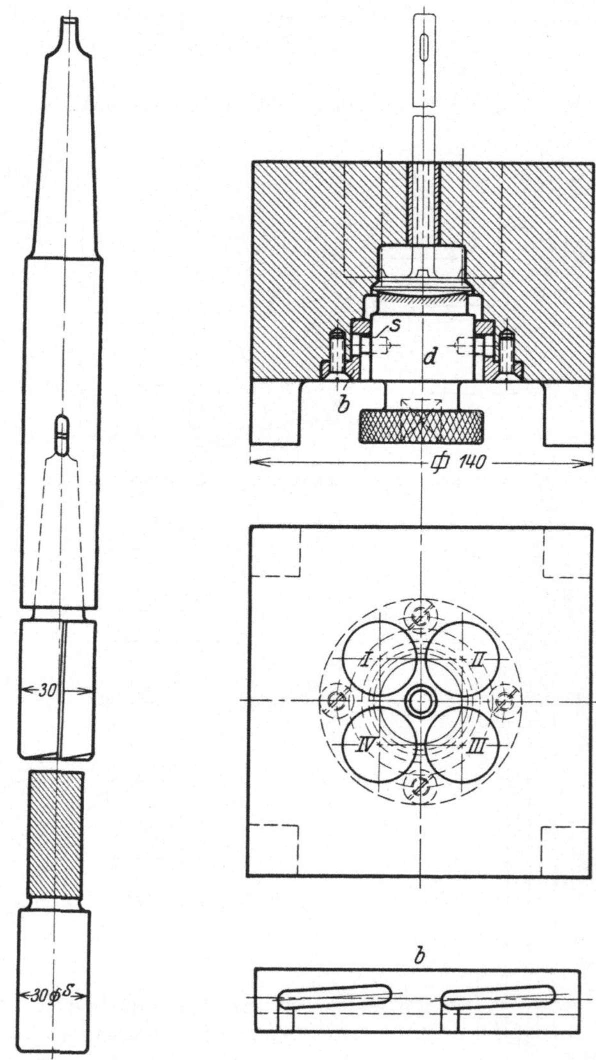

Abb. 237÷241. Spannvorrichtung für ein Ventil.

In der Fräsvorrichtung Abb. 232÷234 sollen mehrere Bolzen am oberen und unteren Ende nach Abb. 235 und 236 flachgefräst werden. Hierzu steckt man die Bolzen in die Spannbacken und zieht sie mit den Spannschrauben fest. Zum Fräsen auf der Gegenseite wird die

Vorrichtung umgelegt. In beiden Arbeitslagen ist sie mit Federkeilen in den Spannuten des Tisches geführt.

Das Doppelschlußventil wird in Abb. 237÷241 auf das Druckstück d gelegt, das mit den Stiften s in die senkrechten Nuten der Führungsbüchse b eingeschoben wird. Beim Drehen bewegen sich die Stifte in den ansteigenden Nuten hoch und spannen das Ventil fest. Mit dem 30 mm Senker wird der Ventilkörper bei I bis IV ausgefräst und mit dem 30er Dorn festgestellt.

3. Für die Hobelei.

Eine Hobel- oder Stoßvorrichtung bringen die Abb. 242÷244. Das Spannfutter A wird mit dem Dorn D in das Gehäuse G eingesetzt. In die

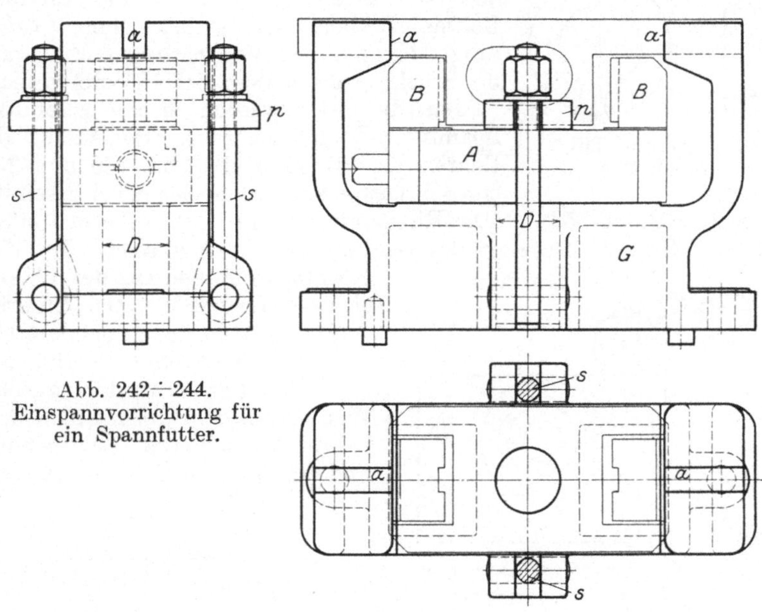

Abb. 242÷244.
Einspannvorrichtung für
ein Spannfutter.

Nuten a legt man die Anschlaglehre l_1 (Abb. 245÷249) und dreht das Spannfutter, bis es sich gegen die Nase n legt. Hierauf wird es mit der Spannplatte p und den Spannschrauben s festgespannt. Nach der in a eingelegten Einstellehre l_2 werden die Nuten der Spannbacken B gestoßen und nach dem Abspannen von p mit l_3 geprüft.

4. Für die Bohrerei.

Das Bohren wird auf der senkrechten Bohrmaschine durchgeführt. Diese Maschine wird auch für das Versenken der

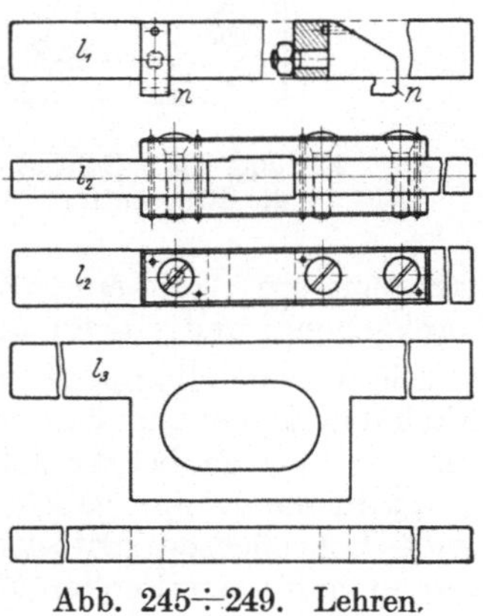

Abb. 245÷249. Lehren.

Bohrlöcher und das Gewindeschneiden benutzt. Für die letzte Arbeit ist es zweckmäßig, in dem Antrieb der Bohrspindel ein Wendegetriebe vorzusehen, damit man den Gewindebohrer rasch hochziehen kann.

Das Bohren von Massenteilen hat nach zwei Richtungen Verbesserungen erfahren:

a) das gleichzeitige Bohren mit mehreren Bohrern,

b) das Bohren nach Lehren.

Die Bohrvorrichtungen spielen im Vorrichtungsbau eine große Rolle, da das Bohren eine ständig wiederkehrende Arbeit ist und jedesmal ein Anreißen der Bohrstelle erfordert. Hier sind durch Vorrichtungen große Zeitersparnisse zu erzielen. So erforderte das Anreißen, Bohren, Drehen einer Brücke ohne Vorrichtung 240 min, mit Vorrichtung nur 55 min. Je Brücke wurden demnach 185 min gespart.

Runde Teile werden in eine geschlitzte Spannvorrichtung gesteckt. So ist für das Bohren der Ringmutter (Abb. 250 und 251) ein Bohrkasten entworfen, der bei *A* geschlitzt

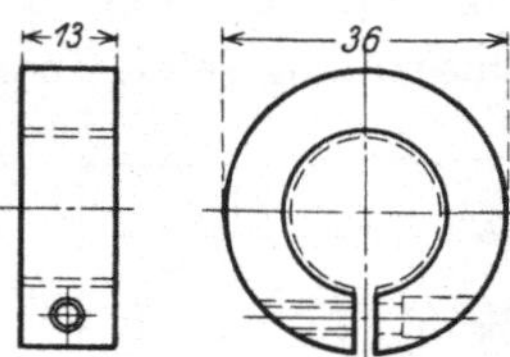

Abb. 250 und 251.
Ringmutter.

ist (Abb. 252 und 253). Die Ringmutter *r* wird gut aufliegend eingebracht und durch Anziehen der Griffmutter *g* festgespannt. Mit dem 7,5 mm Spiralbohrer, der für die richtige Lochtiefe einen Stellring trägt, wird das Loch gebohrt und mit der Tiefenlehre in Abb. 254 geprüft. Hierauf wird in gleicher Weise mit dem 5,25 mm Spiralbohrer das kleinere Loch gebohrt und mit der Tiefenlehre in Abb. 255

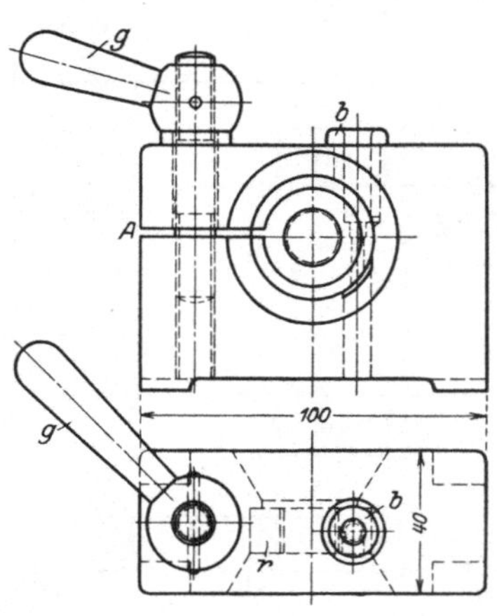

Abb. 252 und 253. Bohrkasten für
die Ringmutter.

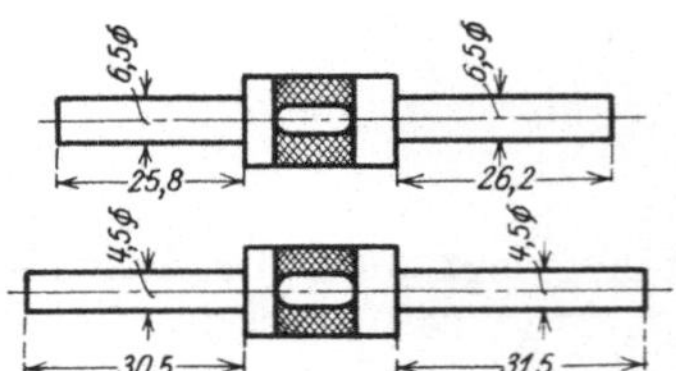

Abb. 254 und 255. Tiefenlehren.

nachgemessen. Mit einem 3,5 mm Spiralbohrer wird das Gewindeloch durchgebohrt und zuletzt das $^3/_{16}''$ Gewinde geschnitten.

Die Verschlußkappe *A* wird in dem Bohrkasten in Abb. 256÷261 durch den Zapfen *a* und die Stifte *b*, b_1 geführt und mit der Druckschraube *c* in der Schwenkbrücke *d* festgespannt. Durch die Bohrbüchsen 1, 2, 3, 4 wird die Kappe gebohrt. In die Büchsen 5 und 6 werden passende Bohrbüchsen gesteckt und so die Löcher gebohrt. Die Putzen werden mit dem Senker abgefräst, der durch 5 und 6 geführt wird.

Durch Lüften der Spannschrauben und Ausschwenken der Brücke kann die Kappe ausgespannt werden.

Die runde Muffe (Abb. 262 und 263) ist in Abb. 264 und 265 auf einem Dorn d festgespannt. Damit beim Bohren der Löcher a, b der Bohrkasten gut steht, hat er Sechskantform erhalten.

Der plattenförmige Federbock A in Abb. 266÷268 wird in dem ⊔-Bohrkasten gegen die Anschlagleiste a geschoben und mit der Spannmutter m zunächst lose gegen die Platte d angedrückt. Mit der Schraube e wird A jetzt fest gegen c gedrückt und hierauf m fest angezogen. Durch die Bohrbüchsen 1 bis 5 wird das Stück gebohrt.

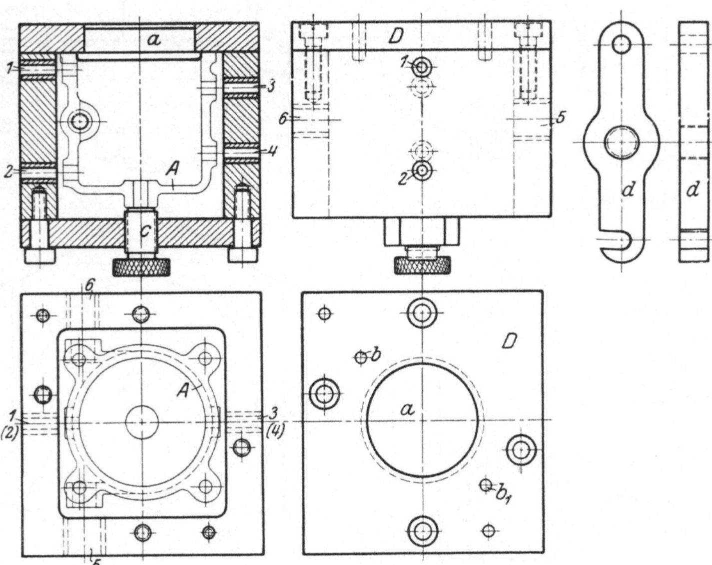

Abb. 256÷261. Bohrkasten für eine Verschlußkappe.

Den keilförmigen Bock A in Abb. 269÷271 legt man in den oben offenen Spannkasten der Abb. 272 und 273 gegen den Anschlag a und zieht ihn mit der Druckschraube s und der Platte p fest. Durch die Bohrbüchsen b werden die Augen gebohrt und gefräst und durch die Büchsen im Boden die Gewindelöcher gebohrt und Gewinde geschnitten.

In den Abb. 274÷277 wird der Hebel W zwischen 2 Platten A, B gespannt. In der Platte B sitzen gehärtete Bohrbüchsen, durch die die Bohrlöcher in ihrer Lage und in ihrem Durchmesser festliegen.

Das Schneckenlager, Abb. 278÷281, wird gegen die 3 Stellschrauben der Rückwand und der rechten Seitenwand des Bohrkastens gelegt und mit 2 Klemmplatten festgespannt. Der Kasten hat zum Aufstellen am Boden, links und oben Füße. Das Loch für die Schneckenwelle kann daher mit der rechten Wand nach oben gebohrt und die Nabe bei 2 und 3 mit dem Messer abgedreht werden. Das Loch 1 wird vom Boden aus gebohrt, das Langloch für die Fangschraube von oben und unten angebohrt und dann ausgefräst.

Bohrlöcher von großer Genauigkeit bei Maschinenteilen, die genau

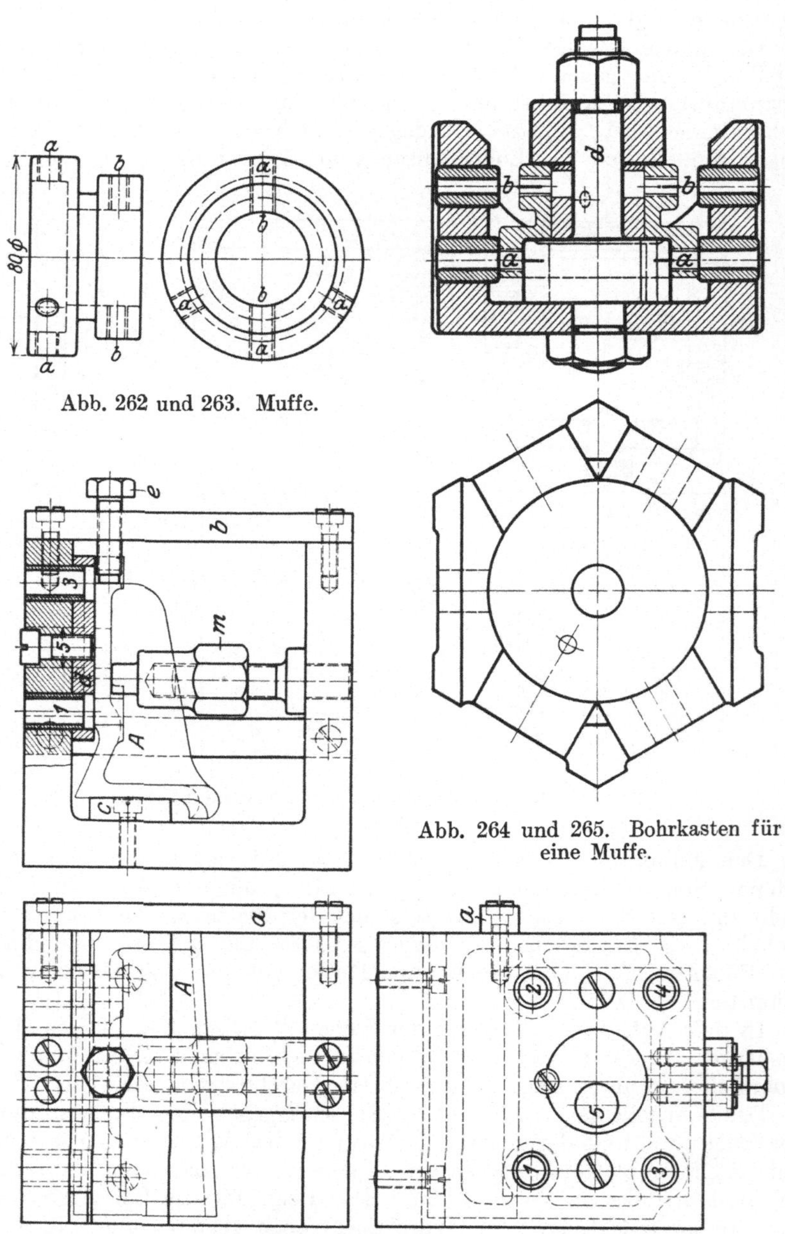

Abb. 262 und 263. Muffe.

Abb. 264 und 265. Bohrkasten für
eine Muffe.

Abb. 266÷268. Offener Bohrkasten für einen Federbock.

zentrisch sitzen müssen, werden am besten auf dem senkrechten Bohrwerk nach Abb. 282÷284 gebohrt. Zu den Bohrarbeiten gehört auch das Gewindebohren, für das die Bohrmaschine zweckmäßig eine besondere Gewindeschneidvorrichtung hat (Abb. 285 u. 286). Mit dem eingeschraubten Schlüssel S wird der Federbolzen vorgezogen und durch Einschieben des Vorsteckhalters V festgehalten. Nach Lösen von S und Einschrauben des Gewindebohrers wird V fortgezogen, so daß der Federbolzen den Bohrer einzieht. Die Kupplung k überträgt die Bewegung von der Bohrspindel auf den Bohrer. Sobald der Bohrer auf den Boden des Loches kommt, setzt die Kupplung aus und schützt den Bohrer vor dem Bruch.

Das Bohren mit mehreren Bohrern ist in dem Bamag-Bohrkopf und den mehrspindeligen Bohrmaschinen verkörpert.

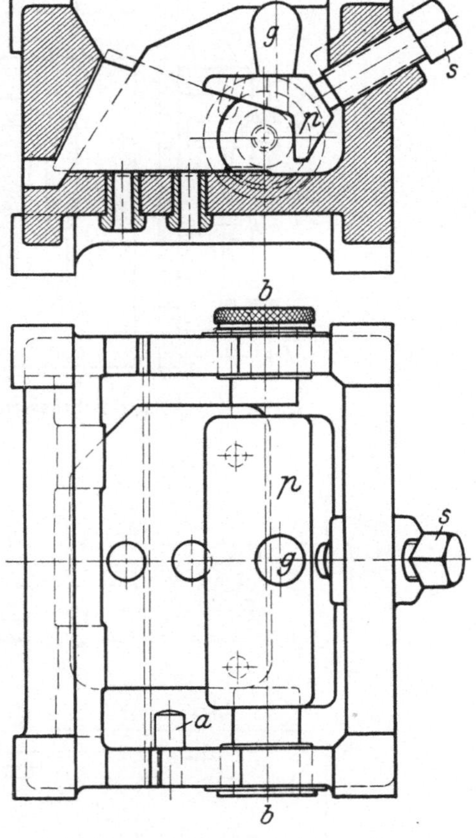

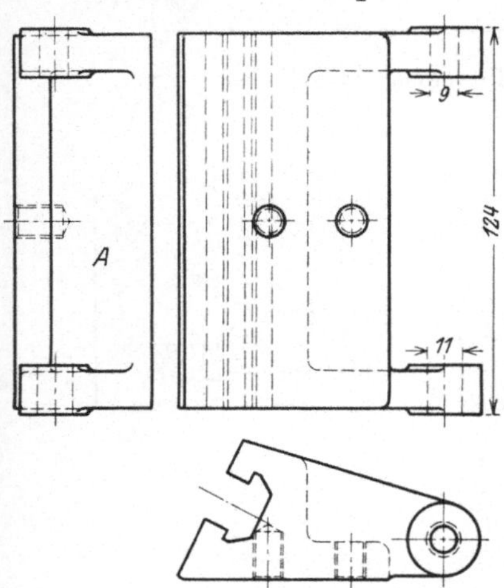

Abb. 269÷271. Spannbock.

Abb. 272 und 273. Bohrkasten für den Spannbock in Abb. 269÷271.

Der Bamag-Bohrkopf in Abb. 287 und 288 hat 4 Spindeln, die durch innere Räder von der Bohrspindel der Maschine angetrieben werden. Sie lassen sich mit der Vierkantschraube auf große und kleine Schraubenkreise einstellen. Der Bohrkopf ist daher besonders wertvoll beim Bohren der Schraubenlöcher in Flanschen.

Die Lochreihenbohrmaschinen arbeiten nach gleichem Grundsatz. Mit ihren Spindeln kann jedesmal eine gerade Reihe Löcher gebohrt werden.

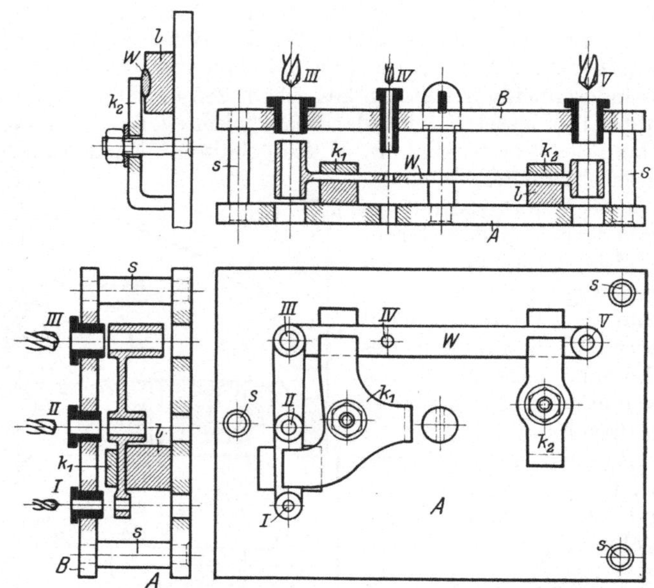

Abb. 274÷277.   Bohrkasten für einen Winkelhebel.

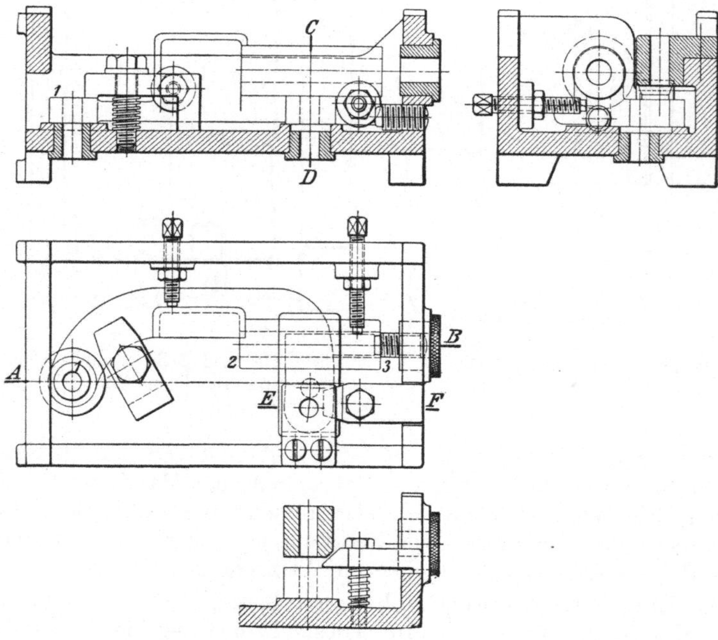

Abb. 278÷281.   Bohrkasten für ein Schneckenlager.

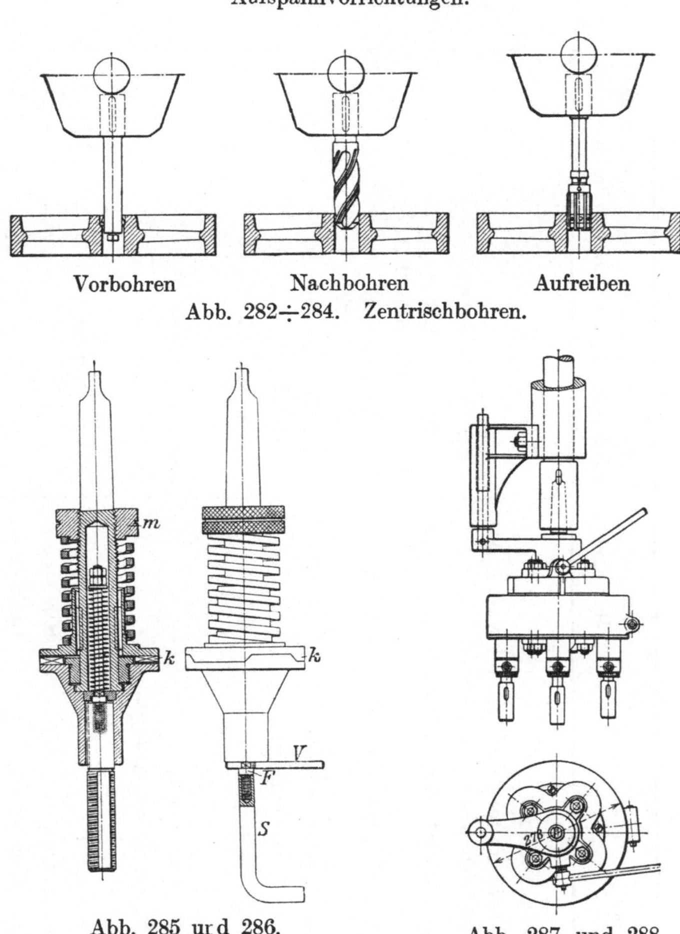

Vorbohren Nachbohren Aufreiben
Abb. 282÷284. Zentrischbohren.

Abb. 285 und 286.
Gewindeschneidvorrichtung.
V Vorsteckhalter, *F* Bund,
S Schlüssel.

Abb. 287 und 288.
Bohrkopf.

5. Aufspannvorrichtungen für ganze Arbeitsgänge.

Wie bereits auf S. 149 hervorgehoben, ist es in der Reihen- und Massenfertigung unerläßlich, der Werkstatt eine genaue Beschreibung des Arbeitsganges zu geben. In dieser Unterweisung müssen die Arbeitsfolgen, die Arbeitsmaschinen, die Werkzeuge und Vorrichtungen aufgeführt sein, die für die einzelnen Arbeitsstufen zweckmäßig benutzt werden. Die Firma A. H. Schütte in Köln-Deutz führt dies in nachstehender Weise durch. In der Unterweisungskarte, Abb. 289, ist der Arbeitsgang für eine Schwinge nach Abb. 290÷292 festgelegt. Für das Bohren (Vorgang Nr. 3) ist eine Bohrvorrichtung (Abb. 293÷297) erforderlich, in der die Schwinge mit der Spannschraube *s* und der Klemmplatte *k* festgespannt wird. In Richtung des Pfeiles „*a*" wird das Gewindeloch gebohrt und in Richtung „*b*" das Loch in der Warze.

Gesehen:	Ausgefertigt am: von:	Schwinge nach Abb. 290÷292 Werkstoff: *Gußeisen*		Maschine *LRU 21* Rohmaße: *Modell*	Blatt Nr.: *1* Blattzahl: *1*
Vor- gang Nr.	Beschreibung des Arbeitsganges		Art der Maschine	Vorrichtungen, Werkzeuge, Bemerkungen	Bemerkungen des Betriebes
1	Verputzen:	Sandfrei putzen und befeilen			
2	Wager. Fräsen:	a) Stelle A und B in Schraubstock spannen, Fläche C und D zug eich fräsen.	1 Wag. Fräsm.	2 Scheibenfräser	
		b) Stelle C und D in Schraubstock spannen, Stellen E fräsen.		20 mm × 125 $\varnothing$ Walzenstirnfräser 60 $\varnothing$	
3	Senkr. Bohren:	a) Von Stelle C aus in Vorrichtung auf- nehmen,	Senkr. Bohrm.	Vorrichtung Abb. 293÷297	
		1 Loch 16 $\varnothing$ K auf 15,8 $\varnothing$ vorbohren,		Spiralbohrer 15,8 $\varnothing$	
		1 Loch 6,4 $\varnothing$ für 5/16″ Gewinde bohren,		Spiralbohrer 6,4 $\varnothing$	
		1 Loch 6,4 $\varnothing$ auf 8,25 $\varnothing$ aufsenken.		Halssenker 6,3/8,25 $\varnothing$	
		b) Ohne Vorrichtung,			
		1 Loch 16 $\varnothing$ K fertig ausreiben		Maschinenreibahle 16 $\varnothing$ K	
		Bei C und D in Schraubstock spannen, Fläche E ausrichten,			
		1 Gewinde 5/16″ schneiden.		Maschinenbohrer 5/16″	
4	Schlosser:	Entgraten und nachprüfen.	Schlosserei		
5	Lackieren:	Spachteln, schleifen, streichen.	Lackiererei		

Abb. 289.   Unterweisungskarte für eine Schwinge.

In ähnlicher Weise ist auch die Bearbeitung des Spreizringes in Abb. 298 und 299 behandelt, für den die Unterweisungskarte in Abb. 300 aufgestellt ist. Die erforderlichen Vorrichtungen bringen die Abb. 301 bis 321. Sie sind ohne weiteres verständlich. Ist in der Bohrvorrichtung in Abb. 313÷318 das erste Loch auf 11 mm ⌀ vorgebohrt, so wird die Bohrbüchse mit dem strichpunktierten Griff ausgehoben und in das 2. Loch gesteckt. In gleicher Weise bohrt man durch die 16 mm Büchse nach.

Die Brücke in Abb. 322÷324 wird nach der Unterweisungskarte in Abb. 325 bearbeitet. In der Hobelvorrichtung nach Abb. 326÷329 werden 4 Stück mit den Querplatten q

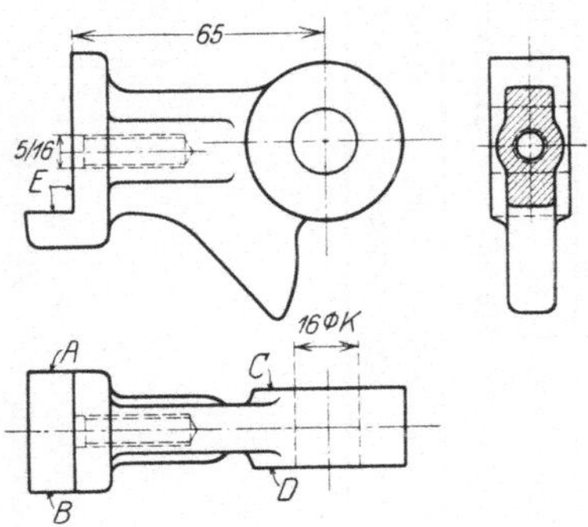

Abb. 290÷292. Schwinge.

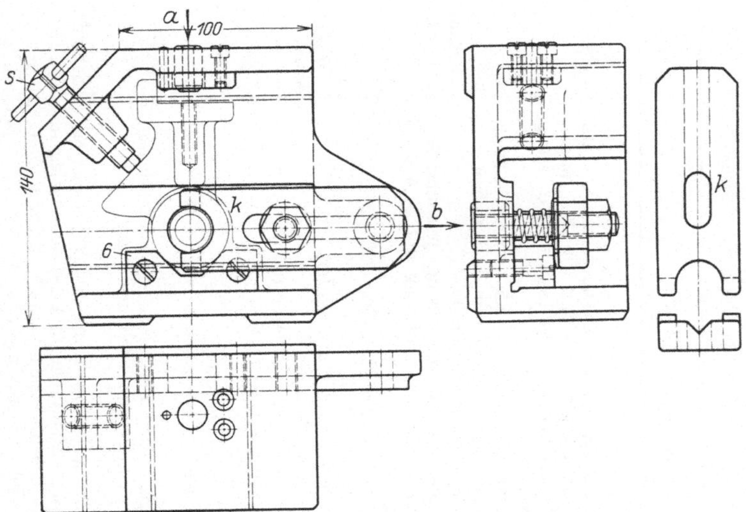

Abb. 293÷297. Bohrvorrichtung für die Schwinge in Abb. 290÷292.

festgespannt und nach der Lehre l an den Flächen b und c gehobelt. In der Vorrichtung Abb. 330÷332 werden die beiden Löcher von 12 mm gebohrt.

Für die Laufbüchse in Abb. 333÷335 bringt Abb. 336 die Arbeitsfolgen und die Abb. 337 bis 348 die Bohrvorrichtungen. Zum Bohren der Löcher in den

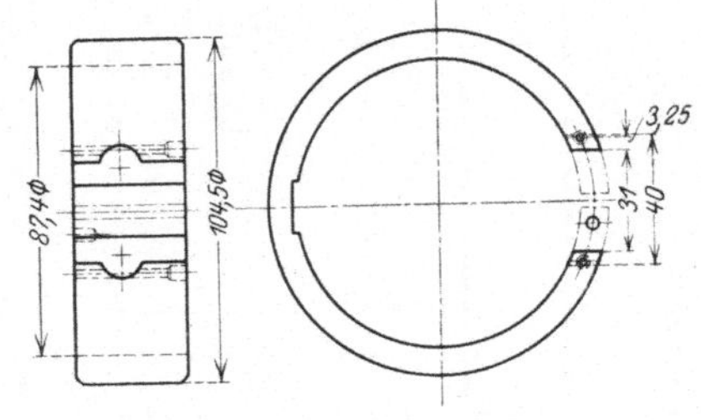

Abb. 298 und 299. Spreizring.

Gesehen:	Ausgefertigt am: von:	Spreizring: Abb. 298 u. 299 Werkstoff: *Gußeisen*	Maschine: *V 45* Rohmaße: *Modell*	Blatt Nr.: *1* Blattzahl: *1*

Vorgang Nr.	Beschreibung des Arbeitsganges	Art der Maschine	Vorrichtungen, Werkzeuge, Bemerkungen	Bemerkungen des Betriebes
1	Putzen: Sauber und sandfrei putzen.			
2	Drehen: a) In Dreibackenfutter innen spannen, außen auf $106 \pm 0,1$ mm überdrehen (Maß $106 + 0,1$ wegen der Drehvorrichtung einhalten), Seite fertig hochziehen; b) außen spannen, Bohrung auf 85 mm vorbohren, seitlich fertig auf Maß 35 mm hochziehen.	Drehbank		Hierzu die Zeichnungen Vg V 45/364 a
3	Fräsen: In Schraubstock spannen, schlitzen.	Fräsmasch.	Sägeblatt etwa $4 \div 5$ mm	„ b
4	Drehen: a) In Vorrichtung aufnehmen, Ring auseinanderspreizen und spannen, Bohrung auf $87,4 \oslash B$ ausdrehen;	Drehbank	Vorricht. Abb. 301 u. 302	„ c
	b) auf Sonderdorn aufnehmen, außen auf $105 \oslash$ überdrehen zum Schleifen.		Vorricht. Abb. 303 u. 304	„ e „ f
5	Stoßen: Dem Schlitz gegenüber Nute stoßen.	Stoßmasch.		„ g
6	Bohren: a) In Vorrichtung aufnehmen, 2 Löcher $2 \oslash$ etwa 10 tief bohren, 1 Loch $4 \oslash$ etwa 8 tief bohren.	Senkr. Bohrm.	Vorricht. Abb. $305 \div 312$ Spiralbohrer $2 \oslash$ „ $4 \oslash$	
	b) Ohne Vorrichtung 2 Löcher $2 \oslash$ durchbohren, Ring umdrehen, diese Löcher auf $5 \oslash$ 5 tief aufbohren.		„ $2 \oslash$ „ $5 \oslash$	
	c) In Vorrichtung aufnehmen, im $4 \oslash$ Loch festlegen, 2 Löcher $13 \oslash$ auf $11 \oslash$ vorbohren und auf $13 \oslash$ aufbohren.		Vorricht. Abb. $313 \div 318$ Spiralbohrer $11 \oslash$ Aufbohrer $13 \oslash$	
7	Schleifen: Auf Sonderdorn aufnehmen, auf $104,5 \oslash$ schleifen.	Schleifmasch.	Vorricht. Abb. 303 u. 304	
8	Fräsen: In Vorrichtung aufnehmen im $4 \oslash$-Loch festlegen, Stück herausfräsen. Achtung! 2 mm beilegen beim Sägeeinstellen	Fräsmasch.	Vorricht. Abb. $319 \div 321$	

Abb. 300. Unterweisungskarte für einen Spreizring.

Flanschen wird die Büchse so ausgerichtet, daß sich die schrägen
Ecken *G* decken. In der Vorrichtung Abb. 343÷348 ist die Büchse

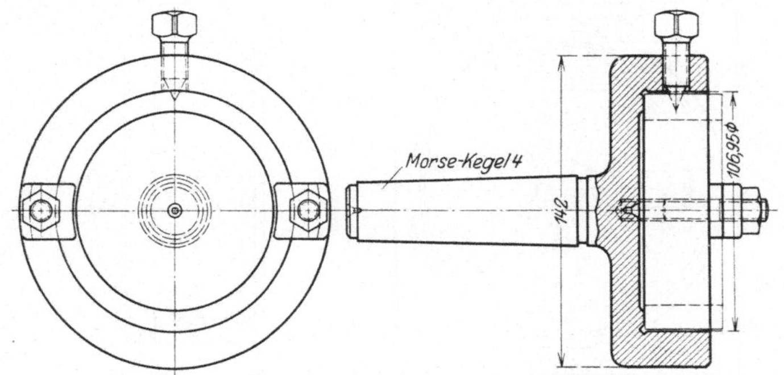

Abb. 301 und 302. Innendrehdorn.

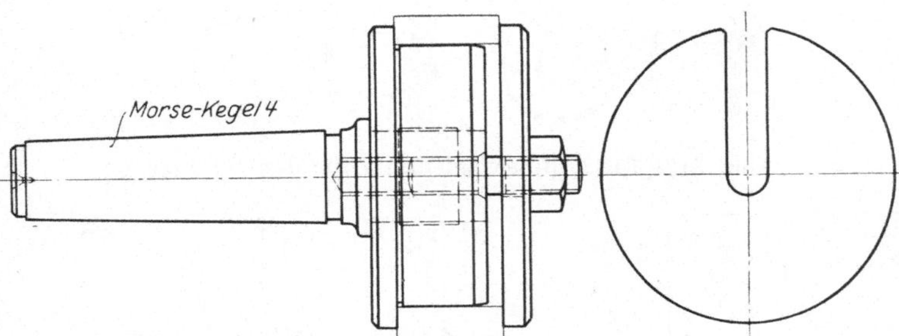

Abb. 303 und 304. Außendrehdorn.

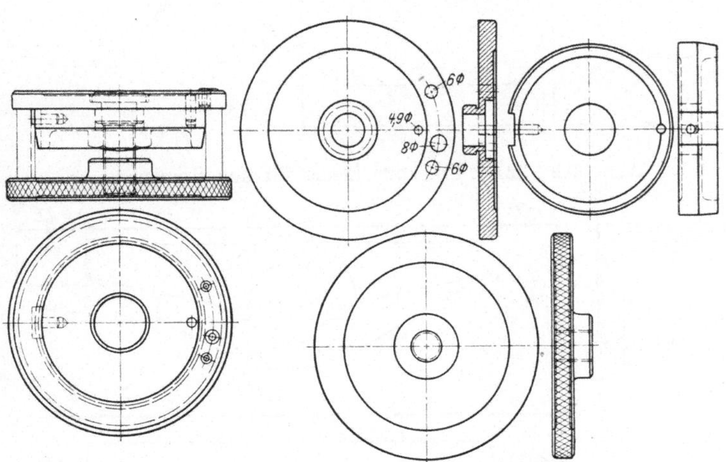

Abb. 305÷312. Bohrvorrichtung für den Spreizring.

und der aufgelegte Bohrteller durch den Stift *s* gesichert, der auf dem
vorderen Stehbolzen sitzt. Das Ölloch wird so unter 85° gebohrt.

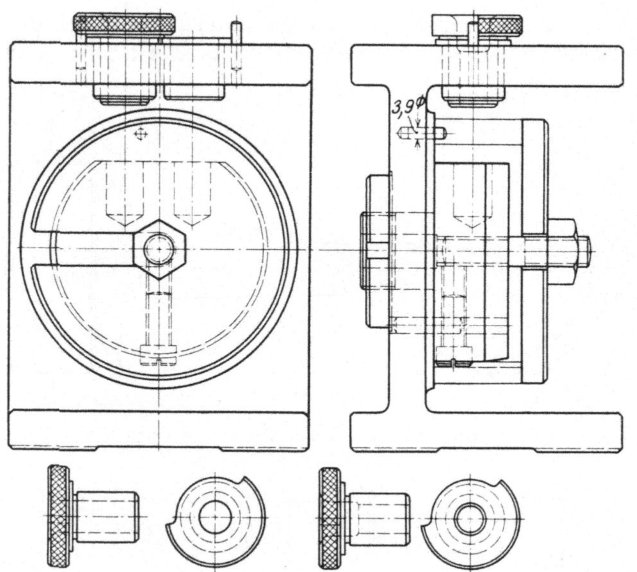

Abb. 313÷318. Bohrvorrichtung für den Spreizring.

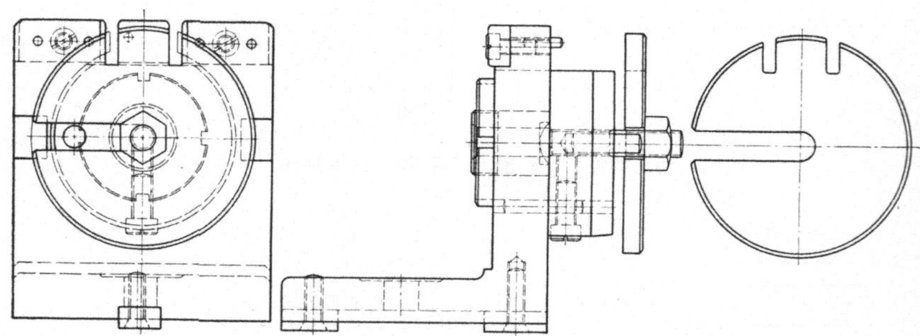

Abb. 319÷321. Fräsvorrichtung für den Spreizring.

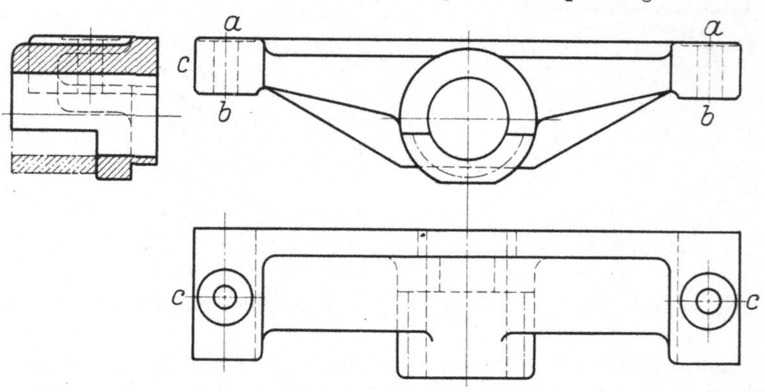

Abb. 322÷324. Brücke.

Gesehen:	Ausgefertigt am: von:	Brücke zum Schaltbolzen nach Abb. 322÷324 Maschine $V\,22$ Werkstoff: *Tiegelgußstahl* Rohmaße: Modell.		Blatt Nr.: *1* Blattzahl: *1*
Vor-gang Nr.	Beschreibung des Arbeitsganges		Art der Maschine	Vorrichtungen, Werk-zeuge, Bemerkungen	Bemerkungen des Betriebes
1	Putzen: Sauber und sandfrei putzen.				
2	Hobeln: In Vorrichtung auf Seite *a* aufnehmen, gegen Anschlag ziehen. Fläche „*b*" und „*c*" nach Lehre hobeln.		Stößelhobel-maschine	Vorrichtung Abb. 326÷329	
3	Bohren: In Vorrichtung auf Seite „*b*" aufnehmen, gegen Anschlag drücken, 2 Löcher 10 ⌀ bohren, ohne Vorrichtung abflachen. Loch 32 ⌀ *K* mit Teil 35 in Vorrichtung bohren. Aussparung ausfräsen.		Schnellbohr-maschine	Vorrichtung Abb. 330÷332 Spiralbohrer 10 ⌀ 3/8″ Kopfsenker mit Zapfen für Sechskante	Hierzu die Zeichnungen Vg V 22/29 a „ b
4	Streichen: Spachteln und Streichen.				

Abb. 325. Unterweisungskarte für eine Brücke.

Der Lagerbock in Abb. 349÷351 wird nach Abb. 352 bearbeitet und in den ⊔-Kasten (Abb. 353÷358) mit der Fläche b auf die Arbeitsleiste des Bodens gespannt. Dabei umfassen die Wangen die Platte p,

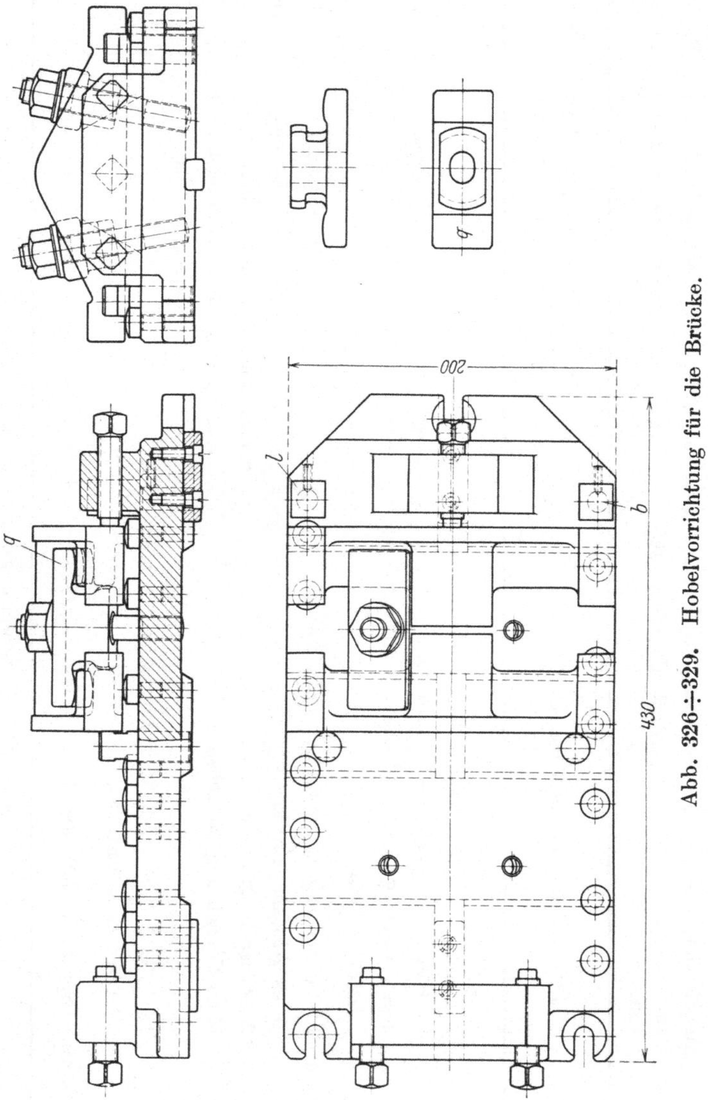

Abb. 326÷329. Hobelvorrichtung für die Brücke.

die den Bock ausrichtet. Mit den Schrauben s und s_1 spannt man ihn fest. Die Löcher 1 bis 6 bohrt man durch die Wand I, die Löcher 7 bis 10 durch die Seitenlehren und 11 und 12 von Wand II aus. Zum Ausspannen wird der Spannbügel abgeschraubt und s gelüftet.

Bemerkenswert sind die Aufspannvorrichtungen für das Bearbeiten von Motorkolben in Abb. 169 nach den Vorschlägen von Marretsch[1]).

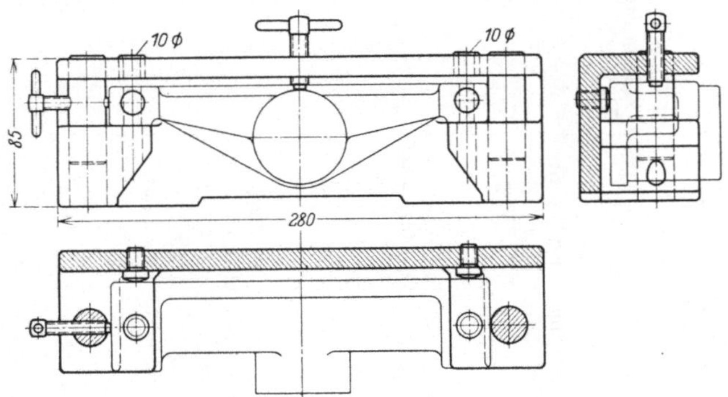

Abb. 330÷332. Bohrvorrichtung für die Brücke.

Der Spanndorn in Abb. 359 besteht aus dem Futter a, das auf die Drehspindel geschraubt wird. Der Kolben wird vorn festgespannt durch 3 um d drehbare Spannhebel b, die mit dem Handrade f und der Spannmutter e angezogen werden. Im Kopf des Spannfutters a sitzen noch 4 Spannbolzen c, in rechteckigen Schlitzen geführt. Dreht man

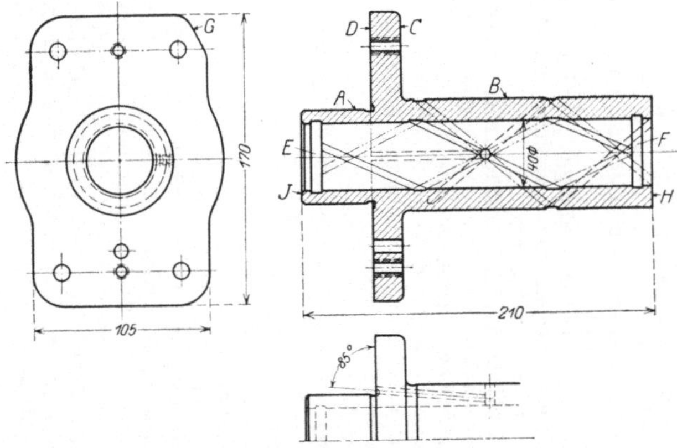

Abb. 333÷335. Laufbüchse.

das hintere Handrad l, so drückt der Spannkegel k die 4 Bolzen c gegen die innere Kolbenwand. Der Kolben ist auf diese Weise durch d und c sicher gehalten und kann auf seinen Durchmesser vorgedreht und zentriert werden. Die 5 Rillen sticht man mit einem Stahlhalter mit 5 Einstechstählen d vor (Abb. 360).

Die Innenbearbeitung des Kolbens nimmt man in einem Klemmfutter a nach Abb. 361 vor, das ebenfalls auf die Drehspindel geschraubt

---

[1]) W. T. 1922. S. 639. Marretsch, Bearbeitung und Vorrichtungen für Motorkolben.

Gesehen:	Ausgefertigt am: von:	Laufbüchse Abb. 333÷335 Werkstoff: *Gußeisen*	Maschine *V 22* Rohmaße: *Modell*	Blatt Nr.: *1* Blattzahl: *1*
Vor-gang Nr.	**Beschreibung des Arbeitsganges**	**Art der Maschine**	**Vorrichtungen, Werk-zeuge, Bemerkungen**	**Bemerkungen des Betriebes**
1	Putzen: Sandfrei putzen.			
2	Drehen: Bei A in Dreibackenfutter spannen, B und C mit 2 mm Zugabe vorschruppen; Laufbüchse umdrehen und bei B in weiche Backen spannen, A und D mit 2 mm Zugabe vorschruppen; Bohrung 40 $\varnothing$ mit Bohrstange und Stahl auf 38 $\varnothing$ etwa 50 mm tief vorbohren, mit Aufbohrer 38,75 aufbohren, mit Aufbohrer 39,75 $\varnothing$ aufbohren, Eindrehung E fertig machen, Laufbüchse umspannen bei A, Eindrehung F fertigmachen; Bohrung 39,75 $\varnothing$ auf 40 $\varnothing$ B aufreiben.	Drehbank	Dreibackenfutter Drehstahl „ Bohrstange und Stahl Aufbohrer 38,75 $\varnothing$ „ 39,75 $\varnothing$ Hakenstahl	Hierzu die Zeichnungen VgV 22/201 a „ b
3	Senkrechtes Bohren: a) Auf Vorrichtung aufnehmen und spannen, Achtung auf Ecke G. Vier Löcher 10 $\varnothing$ bohren, Zwei Löcher 5/16″ Gew. auf 6,4 $\varnothing$ bohren, Ein Loch 6,4 $\varnothing$ bohren. b) Vorrichtung umlegen, Ein Loch 6,4 $\varnothing$ bohren. c) Auf Vorrichtung aufnehmen. Ein Loch 4,5 $\varnothing$, 68 mm tief bohren.	Senkr. Bohr-maschine	Masch. Reibahle 40 $\varnothing$ Vorrichtung Abb. 337÷342 Spiralbohrer 10 $\varnothing$ „ 6,4 $\varnothing$ „ 6,4 $\varnothing$ „ 6,4 $\varnothing$ Vorrichtung Abb. 343÷348 Spiralbohrer 4,5 $\varnothing$	
4	Drehen: Auf Drehdorn 40 $\varnothing$ nehmen, Stelle A mit 0,2 mm Schleifzugabe überdrehen, Stelle D fertig hochziehen, Seite I hochziehen, Laufbüchse umdrehen, Stelle B mit 0,2 mm Schleifzugabe überdrehen und Stelle C fertig hochziehen, Seite H hochziehen, Schmiernuten eindrehen.	Drehbank	Drehdorn 40 $\varnothing$ Drehstahl, Seitenstahl	
5	Schmier-nutenziehen: Bei A aufnehmen, Schmiernuten einziehen.	Schmiernuten-ziehmaschine		
6	Schleifen: Auf Drehdorn nehmen, Stelle B auf 65 $^{+0,05}_{-0,08}$ schleifen, Laufbüchse umdrehen, Stelle A auf 55 $\varnothing$ G schleifen.	Schleifmasch.		

wird. Beim Anziehen der Ringmutter *c* spannt der mehrfach geschlitzte Klemmring *b* den Kolben fest. Der Kopf kann abgestochen und die Innenwand bearbeitet werden.

Die Bolzenlöcher werden ausgebohrt, indem man den Kolben in Abb. 362 auf den Zentrierring *d* steckt und die Löcher durch den Anschlag *e* ausrichtet. Mit dem Spannbügel *g* wird der Kolben gehalten und der

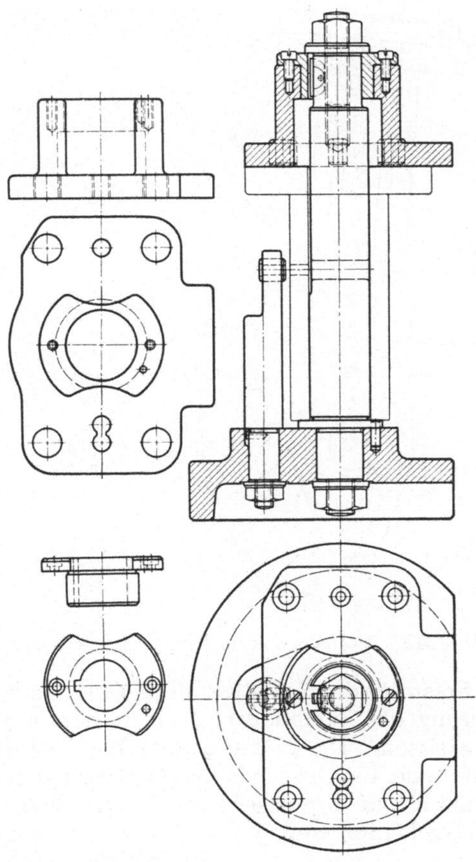

Abb. 337÷342. Bohrvorrichtung für die Flanschenlöcher.

Winkel *b* mit der Futterscheibe *a* auf die Drehspindel geschraubt. Die Bohrstange ist in der auswechselbaren Büchse *l* geführt.

Zum Fertigdrehen benutzt man die Aufspannvorrichtung in Abb. 363. Die Spannscheibe *a* wird wie in Abb. 362 mit der Futterscheibe verschraubt. Der Zentrierkörper *c* ist an *a* befestigt. Den Kolben schiebt man auf *c*, steckt den Bolzen *g* durch das Auge *d* und zieht mit dem Handrade *h* an. Die ganze Außenfläche des Kolbens liegt jetzt frei zum Ansetzen der Stähle.

14*

Besonders schwierig ist bei einem Motorkolben das Anfräsen der Augen. Auf der Bohrmaschine ist es bisher nicht gelungen, diese Arbeit austauschbar zu erledigen. Man ist daher zum Fräsen übergegangen. Die Fräsvorrichtung (Abb. 364 u. 365) wird mit dem Stahlgehäuse a an

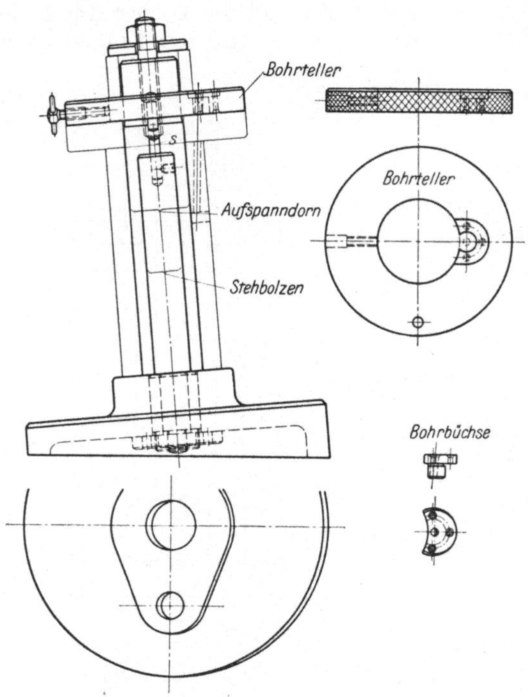

Abb. 343÷348. Bohrvorrichtung für das schräge Ölloch.

der wagerechten Fräsmaschine befestigt. Das Gehäuse a trägt in einer rechteckigen Führung das Zahnradgehäuse c, in dem auf den Bolzen h die Räder d und e sitzen. Die Bolzen g vertreten hier die Frässpindel, auf die mit Rechts- und Linksgewinde die Satzfräser n geschraubt sind. Die Stange i, die mit einem Morsekegel in die Hauptspindel gesteckt wird, treibt mit dem festgekeilten Rade f das Räderwerk in dem Gehäuse c.

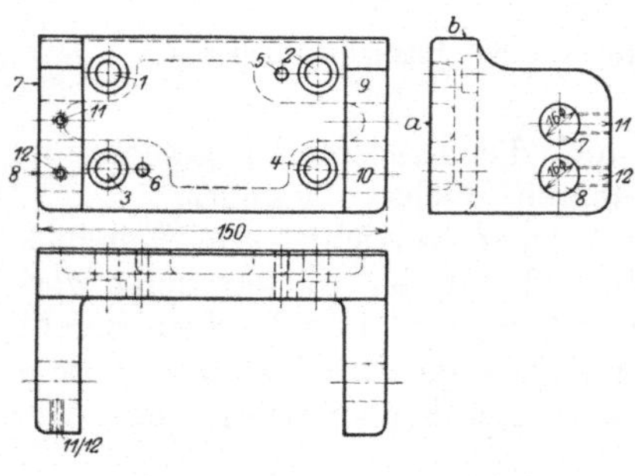

Abb. 349÷351. Lagerbock.

Der Kolben sitzt in dem Aufspannwinkel p auf der Büchse q, ausgerichtet durch 2 Einsteckbolzen und angedrückt durch die Druckschraube u. Um die Arbeiten leistungsfähiger zu gestalten, wird links gefräst und rechts ab- und aufgespannt oder umgekehrt. Die Maschine kann daher dauernd laufen.

Zum Bohren der Befestigungslöcher für den Bolzen wird der

Gesehen:	Ausgefertigt am: von:	Lagerbock Abb. 349÷351 Werkstoff: *Grauguß*	Maschine *V 22* Rohmaße: Modell	Blatt Nr.: *1* Blattzahl: *1*

Vor-gang Nr.	Beschreibung des Arbeitsganges	Art der Maschine	Vorrichtungen, Werk-zeuge, Bemerkungen	Bemerkungen des Betriebes
1	Putzen: Sauber und sandfrei putzen.			
2	Anreißen:			
3	Hobeln: a) In Masch.-Schraubstock aufnehmen, Seite a und b hobeln, Kante brechen, auf a und b aufnehmen, Schlitz hobeln.	Stößelhobel-maschine		Hierzu die Zeichnung Vg V 22/142 a
4	Bohren: In Vorrichtung auf Seite a und b aufnehmen, b) 4 Löcher 16 $\varnothing$ B bohren, c) 3/8″ Durchgangslöcher bohren, d) 2 Zylinderstiftlöcher bohren, e) 1/4″ Gewindelöcher bohren. Ohne Vorrichtung: f) 3/8″ Löcher einsenken, g) Gewinde schneiden.	Senkr. Bohrm. ,, ,, ,, ,, von Hand	Vorrichtung Abb. 353÷358 Spiralbohrer 15,75 $\varnothing$,, 10 $\varnothing$,, 5,9 $\varnothing$,, 4,9 $\varnothing$ Kopfsenker *KRD* 3/8″ $\varnothing$ Gewinde-Bohrer 1/4″ $\varnothing$ Reibahle 16 $\varnothing$	
5	Schlosser: h) Löcher 16 $\varnothing$ B aufreiben.			
6	Streichen: k) Spachteln und Streichen.			

Abb. 352. Unterweisungskarte für einen Lagerbock.

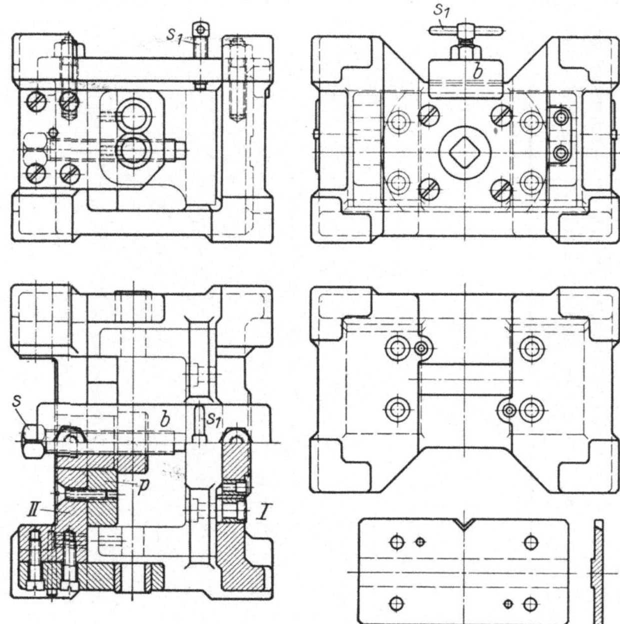

Abb. 353÷358. Aufspannvorrichtung für einen Lagerbock.

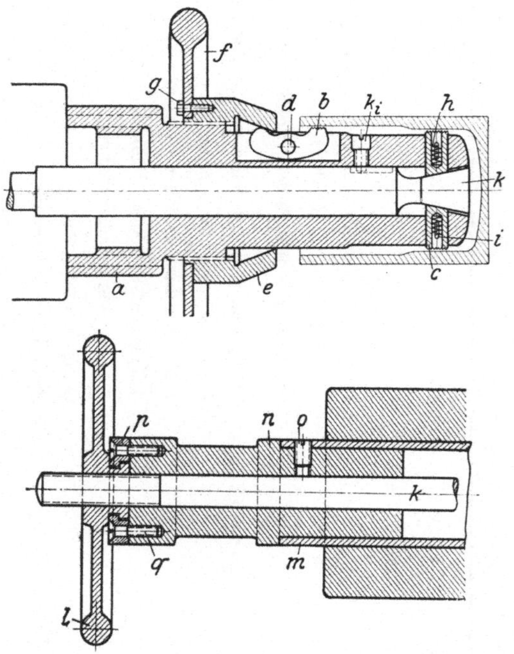

Abb. 359. Aufspanndorn für Motorkolben.

Motorkolben in den Sockel a gesteckt (Abb. 366) und der Bohrring e aufgesetzt, der durch den Bolzen f ausgerichtet ist. Durch die gehärtete Bohrbüchse c wird der 8 mm Bohrer geführt.

Die unter 45° stehenden Öllöcher bohrt man auf dem Aufspann-

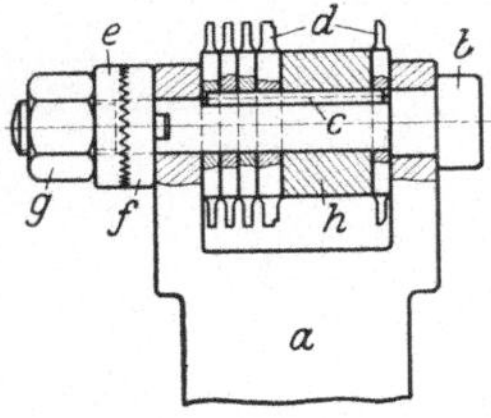

winkel a, auf dem der Kolben in dem Ringe b drehbar sitzt (Abb. 367). Der Bohrring d wird auf den Kolben geschoben und durch Einsteckbolzen f wie in Abb. 366 gehalten. Der Ring trägt 2 Bohrbüchsen von 3 mm $\emptyset$ und 8 von 4 mm $\emptyset$.

Abb. 360. Einstechstähle.

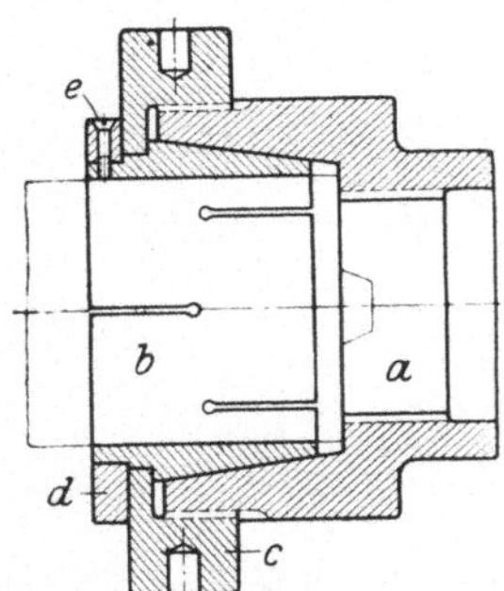

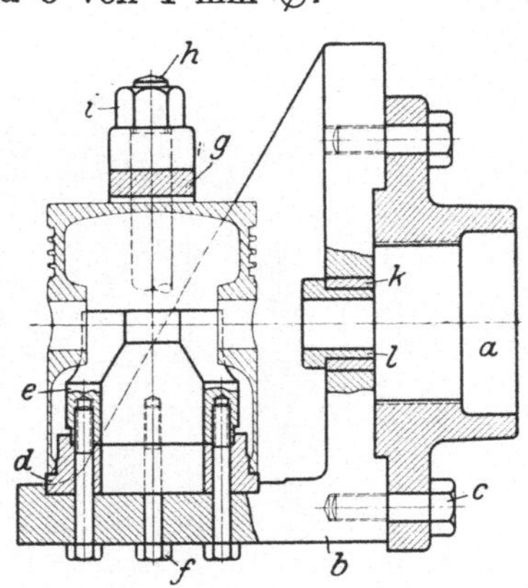

Abb. 361. Klemmfutter für das Ausdrehen.

Abb. 362. Bohrvorrichtung für die Augen.

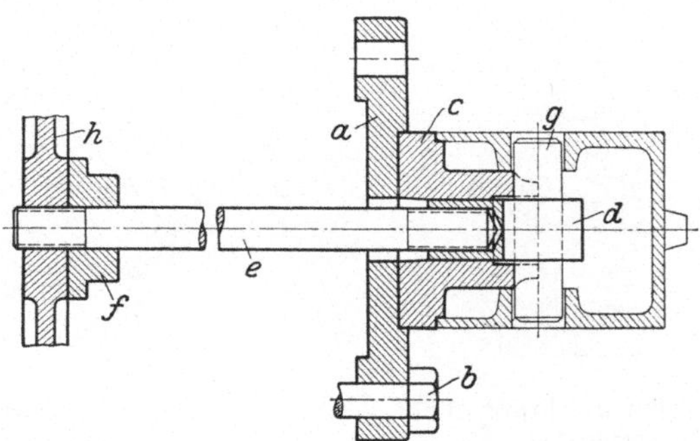

Abb. 363. Vorrichtung für das Fertigdrehen der Außenflächen.

Auch in der Schleiferei benutzt man bei der Reihenfertigung Aufspannvorrichtungen. In Abb. 368 wird der Motorkolben auf den Teller des Aufspanndornes a gesteckt, der Bolzen b eingesetzt und der Zapfen c eingeführt. Zur Verbindung von a und b legt man den Keil d ein und zieht die Ringmutter e an, die ein sicheres Festspannen des Kolbens hervorbringt. Die ganze Vorrichtung wird nun auf der Schleifmaschine zwischen die Körner gespannt.

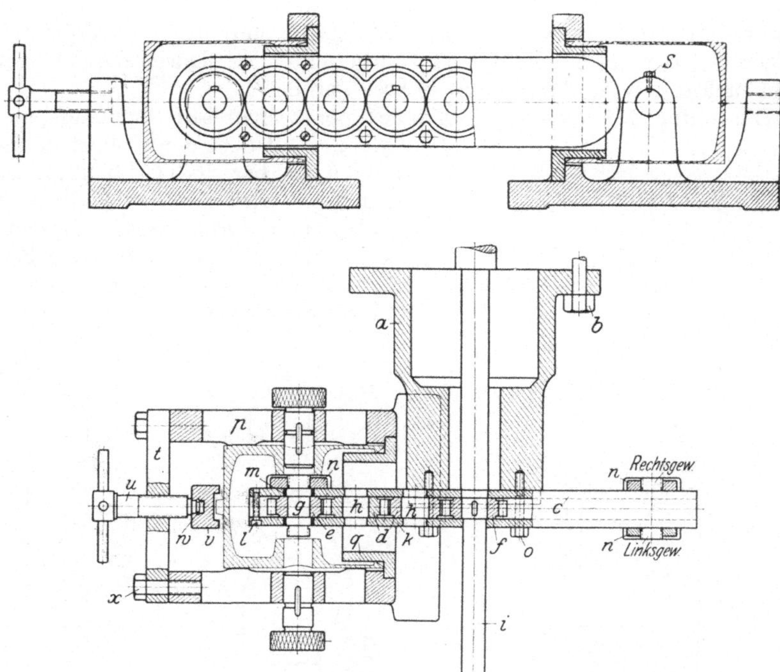

Abb. 364 und 365. Fräsvorrichtung für die innen liegenden Augen.

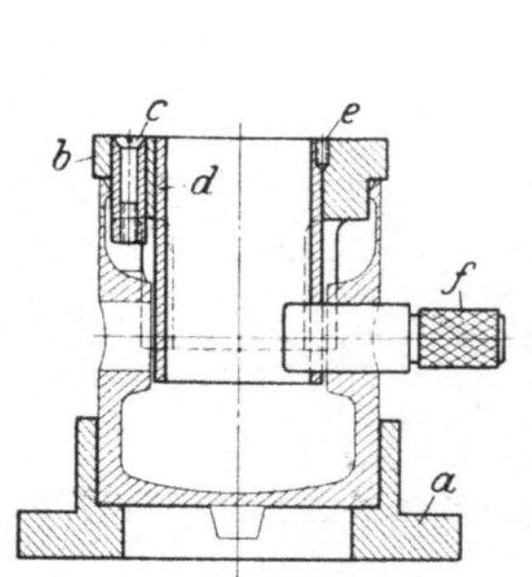

Abb. 366. Bohrvorrichtung für
Befestigungslöcher.

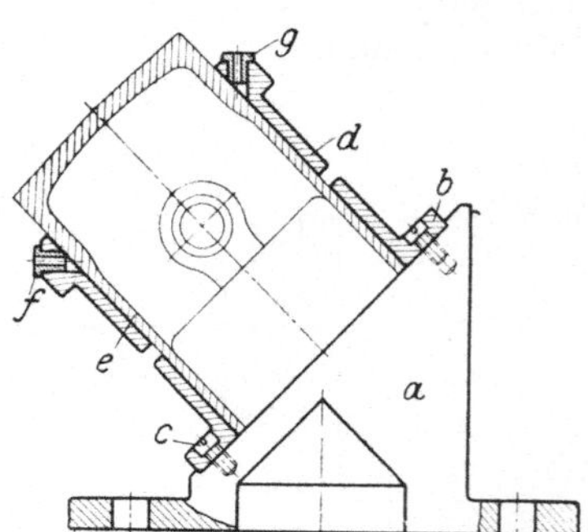

Abb. 367. Bohrvorrichtung für
Öllöcher.

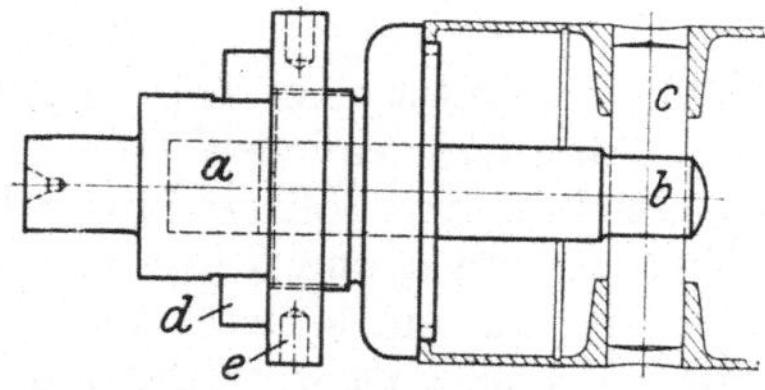

Abb. 368. Schleifvorrichtung für den Motorkolben.

c) Sonstige zeitsparende Vorrichtungen an der Arbeitsmaschine.

1. Das Drehen nach Anschlägen.

Für die Leistung der Dreherei von größter Bedeutung ist die Ausnutzung der Schnittgeschwindigkeit und Spanquerschnitte. Hier bieten die Drehbänke mit Räderkästen durch ihren raschen Geschwindigkeits- und Vorschubwechsel besondere Vorzüge. Bei dem Einzelantrieb mit regelbarem Motor tritt noch die feinstufige Regelbarkeit hinzu. Ein Betriebsleiter, der auf wirtschaftliches Arbeiten Wert legt, wird dem Dreher in dem Laufzettel die erforderlichen Angaben machen (S. 150). Er nutzt damit die Maschine aus und schützt sie auch vor Überlastungen. Beim Gang durch die Werkstätten kann er mit einem Geschwindigkeitsmesser schnell prüfen, ob die Vorschriften befolgt werden. Auf diese Weise erzieht man die Arbeitskräfte zur Wirtschaftlichkeit. Auf Seite 48 ist an einem Beispiel gezeigt worden, mit welchen Verlusten gearbeitet wird, wenn die Drehbank mit zu kleiner Schnittgeschwindigkeit läuft.

Um das Messen der Längen zu sparen, sind die Maschinen mit Anschlägen auszustatten, die den Vorschub an der Arbeitsgrenze ausrücken. Bei mehrfach abgesetzten Werkstücken erzielt man mit dem Drehen nach dem Anschlag einen großen Zeitgewinn, insbesondere wenn man Endmaße zu Hilfe nimmt.

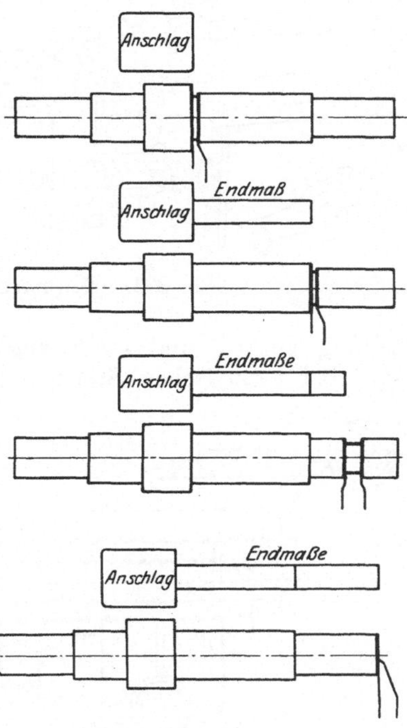

Abb. 369÷372. Nach Endmaßen drehen.

Sie ersparen das sich immer wiederholende Einstellen des Anschlages durch das Vorlegen passender Endmaße, die handbereit liegen. In den Abb. 369÷372 sind die 4 Arbeitsstufen des Einstechens und Seitendrehens aus dem Arbeitsplan für einen Bolzen herausgegriffen. Bei der ganzen Bearbeitung werden etwa 35 v H Zeit gespart gegenüber dem Drehen ohne Anschlag und Endmaße.

2. Mittel für die Vereinfachung des Gewindeschneidens.

Die Nebenarbeiten und Beobachtungen beim Wiedereinrücken des Gewindeschneidstahles erfordern natürlich Zeit. Will man die Werkzeug-

maschine wirtschaftlich ausnützen, so muß man auch hier zeitsparende
Mittel schaffen, durch die die Nebenzeit vermindert wird.

α) Der Gewindeanzeiger (Abb. 373) wird an die Schloßplatte
geschraubt. Er besteht aus einem Schneckenrad, das an der Leitspindel
entlang läuft und da-
her ihre Steigung haben
muß. Kommt der Zeiger
beim Zurückkurbeln des
Werkzeugschlittens auf
die vorgeschriebene
Gangzahl, so kann
der Stahl eingerückt
werden.

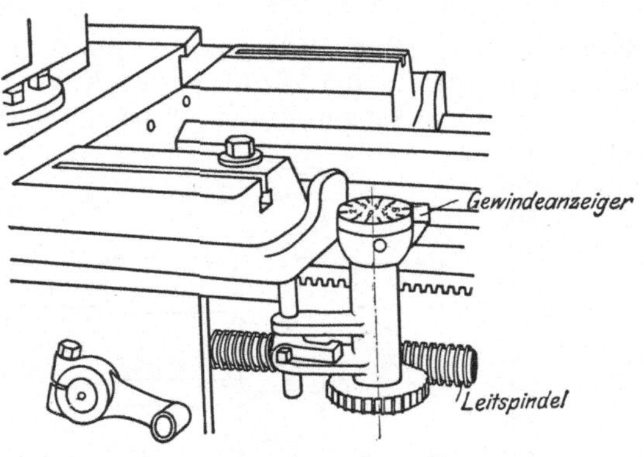

Abb. 373. Gewindeuhr.

β) Das Deckenvor-
gelege mit schnel-
lem Rücklauf (Bd. I,
Abb. 26) führt mit dem
gekreuzten Riemen
den Werkzeugschlitten
schnell in die Anfangs-
stellung zurück und stellt zugleich Arbeits- und Leitspindel richtig
ein. Bei elektrischer Steuerung geschieht dies mit einem Handrad
oder Druckknopf an der
Schloßplatte.

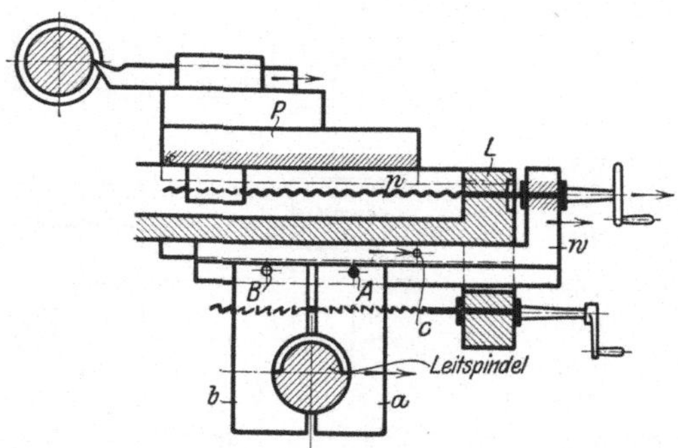

Abb. 374. Mutterschloß mit Stahlrückzug.

γ) Das Mutterschloß
mit Stahlrückzug. Am
Ende eines jeden Schnittes
muß der Dreher mit der
einen Hand das Mutter-
schloß öffnen und mit der
anderen den Stahl zurück-
ziehen. Bei dem Woh-
lenbergschen Mutter-
schloß (Abb. 374) wird beim
Öffnen der Mutter zugleich
der Stahl aus dem Ge-
winde zurückgezogen. Bei
Bolzengewinde ist hierzu ein Stift in das Loch A zu stecken. Dadurch zieht beim Öffnen der Mutter der nach rechts gehende Mutter-
backen a mit dem Winkel w den Stahl zurück und setzt ihn beim
Schließen der Mutter wieder an. Zum Schneiden von Muttergewinde
muß man den Stift in das Loch B stecken, so daß der Backen b
den Stahl nach innen zurückzieht. Bei gewöhnlichen Dreharbeiten
steckt man den Stift in C. Dadurch ist der Winkel w mit dem
Planschlitten P gekuppelt. Die Mutter kann jetzt, ohne den Stahl zu
beeinflussen, geöffnet und geschlossen werden.

δ) Die Wechselräderkästen. Das Ein- und Auswechseln der
Wechselräder erfordert bei der Schere viel Zeit und ist Fehlern unter-
worfen. Große Zeitersparnisse und große Sicherheit gewähren die Wechsel-

räderkästen, bei denen die Gewindesteigungen mit einem Ziehkeil oder Nortonhebel nach einer Vorschubtafel eingestellt werden (Bd. I, S. 63 und folgende und Bd. II, S. 148).

ε) **Das Wendeherz für steiles Gewinde.** Bei steilem Gewinde muß der Stahl bei jeder Umdrehung des Bolzens um die große Steigung verschoben werden. Läßt sich dieser große Vorschub nicht durch die Wechselräder allein erreichen, so ist er von der rasch laufenden Stufenscheibe abzuleiten. Hierzu hat man in Abb. 375 r_2 auf r_1 einzustellen und die Rädervorgelege einzuschwenken. Ist die Übersetzung der Rädervorgelege $1:10$, so wird der Vorschub, sobald er von r_1 entnommen wird, für das steile Gewinde verzehnfacht.

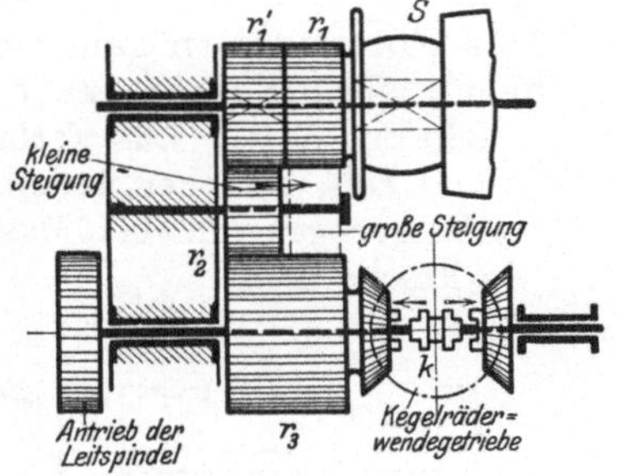

Abb. 375. Wendeherz für gewöhnliches und steiles Gewinde.

ζ) **Mitnehmerscheibe für mehrgängiges Gewinde** (Abb. 376 und 377). Auf die Mitnehmerscheibe a ist der Ring b drehbar aufgesteckt und durch Schrauben c festgeklemmt. Er ist an seinem äußeren Umfange mit einer Gradteilung versehen. Ist z. B. 3 gängiges Gewinde zu schneiden, so ist für jeden Gewindegang der Ring b um 120^0 auf a zu drehen.

Bei den Bohrmaschinen wird sehr viel nach dem Anschlagverfahren gebohrt. Hier können die Endmaße ebenfalls wertvolle Dienste leisten

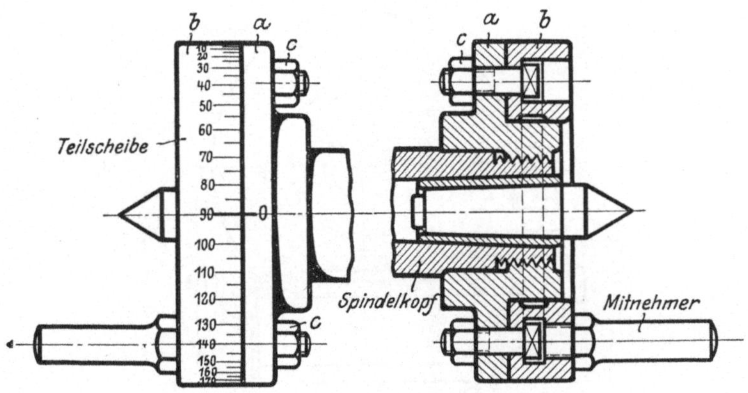

Abb. 376 u. 377. Mitnehmer mit Teilvorrichtung.

(Abb. 530). Das Gewindeschneiden erfordert eine Umsteuerung mit schnellem Rücklauf in dem Antriebe der Bohrspindel. An den neuen Hohlschleifmaschinen bringt man Fühlhebel an, die auf einer Meßuhr das noch fortzuschleifende Übermaß anzeigen. Man mißt daher, ohne das Stück abspannen zu müssen. Mit der Maschine ist zugleich eine Abdrehvorrichtung für die Schleifscheibe verbunden. Zu den zeit-

sparenden Einrichtungen gehören auch die Lehren, nach denen die
Arbeitsstücke gebohrt, gefräst oder gehobelt werden (Abb. 564).

XIX. Besondere Arbeitsverfahren.

a) Das Formdrehen.

Das Formdrehen kann erfolgen:

a) mit einem **Formmesser** (Abb. 378 u. 379) oder Rundstahl (Abb.
380 und 381).   Das Verfahren erfordert weniger Geschicklichkeit
und Zeit, ist aber wegen des teuren
Werkzeuges nur bei Massenarbeiten
wirtschaftlich;

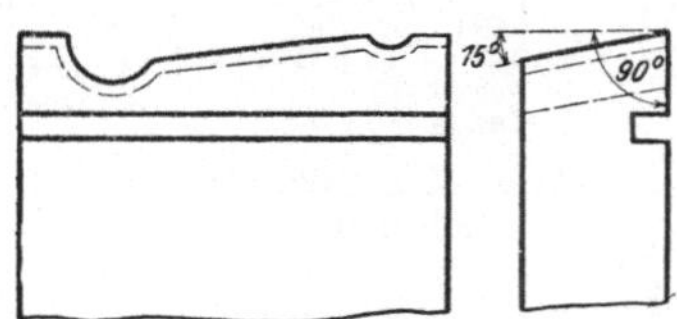

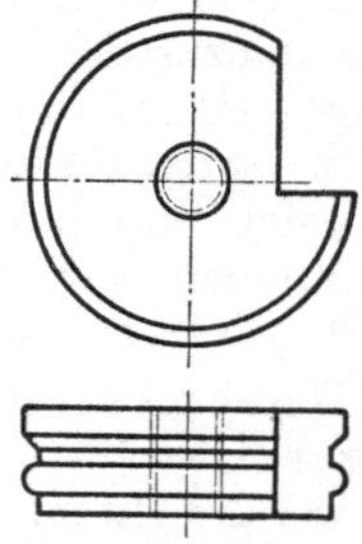

Abb. 378 u. 379. Formmesser.   Abb. 380 u. 381. Rundstahl.

b) nach einer Lehre. Das Formdrehen nach einer Lehre (Bd. I,
Abb. 181÷185) erfordert mehr Zeit und Geschicklichkeit und ist
daher nur bei Einzelarbeiten anzuwenden oder wenn sich passende
Formmesser nicht anwenden lassen.

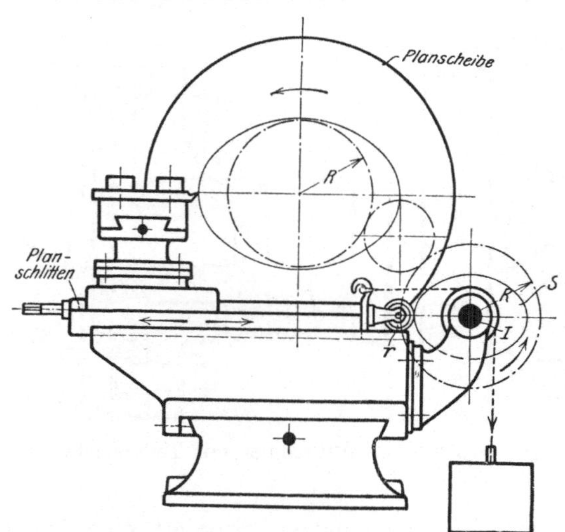

Abb. 382. Ovaldrehwerk.

b) Das Ovaldrehen.

Das Ovaldrehen ist ebenfalls ein Formdrehen. Bei dem Ovalwerk
zum Abdrehen von Mannlochdeckeln (Abb. 382) wird daher der Plan-

schlitten durch die kreisende Lehre S gesteuert. Hierzu wird die Welle I durch die Räder R von der Hauptspindel angetrieben. Das Gewicht zieht den Planschlitten mit der Leitrolle r gegen die Lehre S. Durch diese Zwangläufigkeit wird die Gestalt der Lehre am Werkstück nachgebildet.

c) Das Hinterdrehen.

Nach den neuesten Erfahrungen im Werkzeugbau sollen Formfräser und schwere Schruppfräser hinterdreht werden. Gewöhnliche Walzenfräser zu hinterdrehen, empfiehlt sich nicht, da die Instandhaltung eines hinterdrehten Fräsers zu kostspielig ist; denn zum genauen Rundlaufen muß der eine Zahn mehr, der andere weniger nachgeschliffen werden. Das genaue Rundlaufen ist leichter bei Fräsern

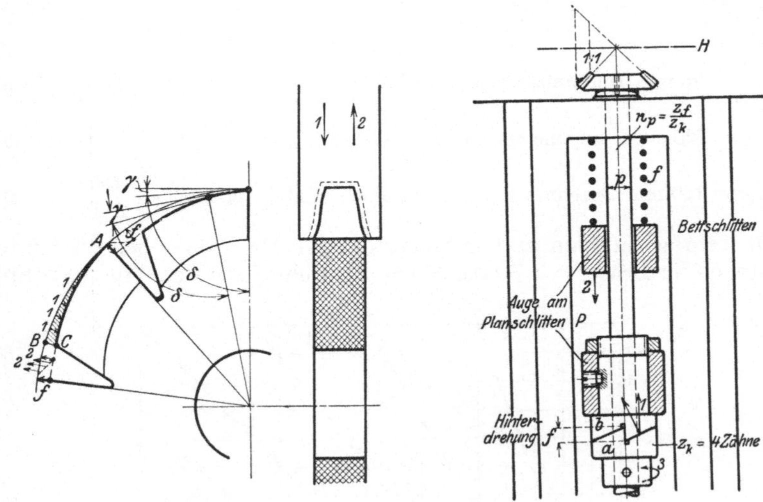

Abb. 383 u. 384. Hinterdrehen eines Fräsers.

mit spitzen Zähnen zu erreichen, die ja am äußeren Umfang geschliffen werden. Die heutige Erkenntnis in der Metallbearbeitung lehrt daher, für genaue Arbeiten den feingezahnten Fräser mit spitzen Zähnen als Schlichtfräser zu benutzen und für leichte Schrupparbeiten den grobgezahnten spitzen Fräser. Zahnbrüchen soll man hierbei durch die Verwendung von Schnellstahl vorbeugen. Der hinterdrehte Walzenfräser ist lediglich ein Schruppfräser für schwere Schrupparbeiten. Er verlangt auch entsprechend schwere Fräsmaschinen. Das Hauptarbeitsgebiet der hinterdrehten Fräser erstreckt sich auf das Formfräsen, z. B. Nutenfräsen, Zahnradfräsen u. dgl.

Der Zweck des Hinterdrehens der Fräserzähne ist, 1. die Querschnittsform des Fräserzahnes gleichzuhalten als Grundbedingung für die Nutenfräserei und 2. den Anstellwinkel γ als Grundbedingung für gutes Schneiden. Beide Bedingungen werden erfüllt, wenn der Zahn an seinem Rücken und den Seitenflanken nach einer logarithmischen

Spirale hinterdreht und die Zahnbrust stets radial nachgeschliffen wird. Denn bei der Spirale bildet ja die Berührungslinie in jedem Punkte des Zahnrückens mit dem zugehörigen Halbmesser stets den gleichen Winkel δ (Abb. 383 und 384). Beim Hinterdrehen eines Fräserzahnes muß daher von jedem Zahnrücken das Stück ABC zerspant werden. Es wird gemessen durch die Hinterdrehung f, um die der Formstahl bei jedem Fräserzahn auf den Fräser eindringen muß. Die Größe der Hinterdrehung f hängt von der Teilung t des Fräsers und von dem Anstellwinkel γ ab. Allgemein gilt hierfür die Beziehung:

$$f = k \cdot t = k \cdot \frac{\pi D}{z} \quad \text{und die Stichzahl der Hinterdrehung} \quad k = \frac{1}{2\,\pi},$$

so daß die Hinterdrehung $f = \dfrac{D}{2 \cdot z}$ ist. Die Abstufung wird meist auf halbe Millimeter getroffen:

Beispiele:

1. Fräser: 75 mm Durchmesser und 18 Zähne, Hinterdrehung $f = \dfrac{75}{2 \cdot 18} = 2$ mm.

2. Fräser: 120 mm Durchmesser und 24 Zähne, Hinterdrehung $f = \dfrac{120}{2 \cdot 24} = 2{,}5$ mm.

3. Fräser: 120 mm Durchmesser und 12 Zähne, Hinterdrehung $f = \dfrac{120}{2 \cdot 12} = 5$ mm.

Die schrägen Linien in dem Schaubild der Abb. 385 geben die Hinterdrehungen für Fräser von 30 bis 200 mm Durchmesser und 6 bis 40 Zähnen

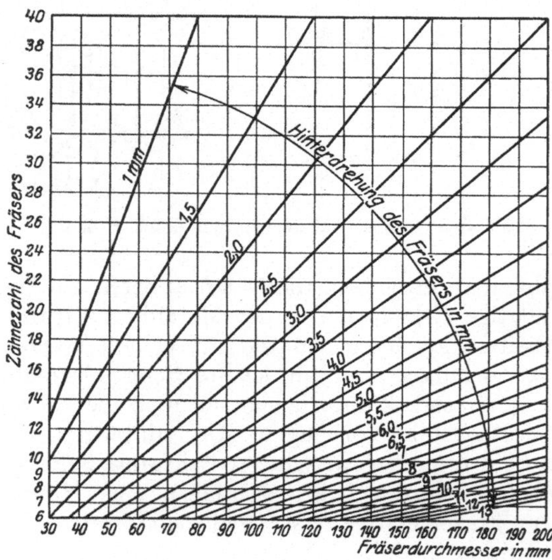

Abb. 385. Größe der Hinterdrehung bei Fräsern mit 30 bis 200 mm $\varnothing$ und 6 bis 40 Zähnen.

an. Die Senkrechte für 75 mm Durchmesser schneidet sich mit der Wagerechten für 18 Zähne nahe der Schrägen $f = 2$ mm. Die Senkrechte für 120 mm Durchmesser und die Wagerechte für $z = 24$ treffen sich in $f = 2{,}5$ mm. Die Senkrechte für 120 mm Durchmesser und die Wagerechte $z = 12$ ergeben $f = 5$ mm.

Das Hinterdrehen der Fräser erfordert, wie aus Bd. I, Abb. 186÷188 bekannt, einen hin- und herspielenden Planvorschub als Kennzeichen der

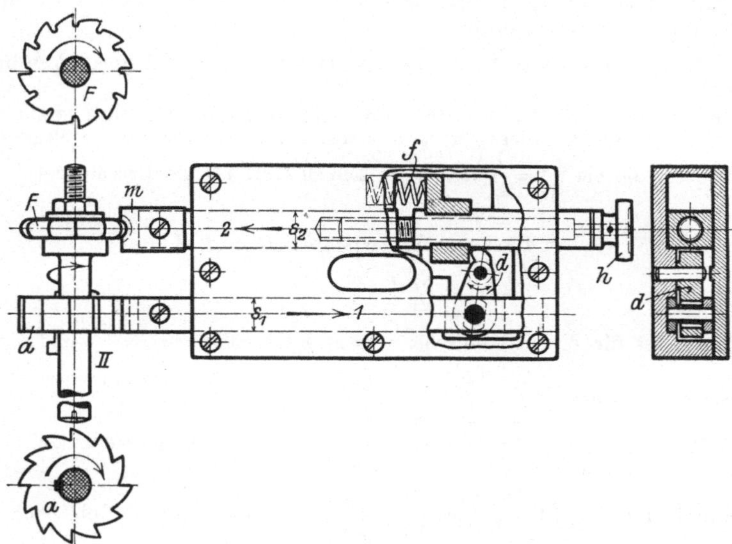

Abb. 386÷389. Hinterdrehvorrichtung.

Hinterdrehbank. Mit der in Abb. 386÷389 dargestellten Hinterdrehvorrichtung von Th. Westphal, Köln, läßt sich das Hinterdrehen der Werkzeuge auch auf einer Spitzendrehbank erledigen. Der Fräser F wird

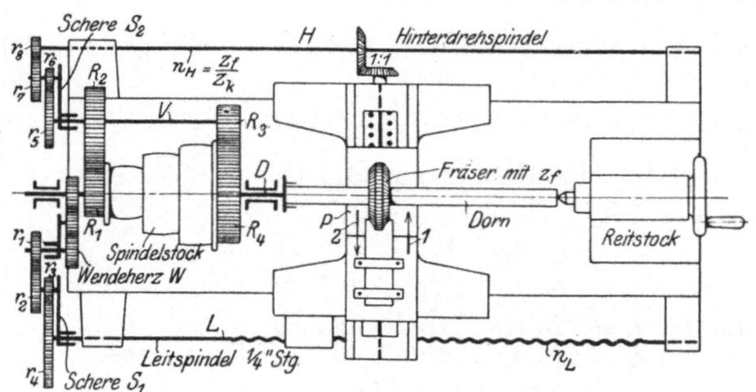

Abb. 390. Plan einer Hinterdrehbank.

hierzu mit dem Dorn II zwischen die Spitzen gespannt und durch einen Mitnehmer angetrieben. Das Antriebsrad a schiebt mit jedem Zahn die Führungsstange s_1 nach 1 zurück. Dabei drückt der Hebel d die Messerstange s_2 mit dem Formmesser m nach 2 vor, das den Fräserzahn hinterdreht. Sobald ein Zahn von a an der Führungsstange vorbei ist, schnellt die gespannte Feder f das Messer zurück und damit die Führungsstange vor. Dieser Vorgang wiederholt sich bei jedem Fräserzahn. Fräser F und Daumenrad a müssen daher gleiche Zähnezahl haben. Mit dem Handrädchen h läßt sich das Formmesser genau an das Werkstück anstellen.

Das Hinterdrehen auf der Hinterdrehbank ist in seinem Grundgedanken aus Bd. I, S. 101, bekannt. Hier sollen die erforderlichen Rechnungen gezeigt werden.

1. *Aufgabe.* Ein Scheibenfräser von 90 mm $\emptyset$ und 24 Zähnen ist zu hinterdrehen.

Um in dem Antriebe der Hinterdrehwelle H (Abb. 390) allzu große Übersetzungen der Wechselräder r_5 bis r_8 zu vermeiden, wird H von der Vorgelegewelle V angetrieben, die bei $\dfrac{R_3}{R_4} = \dfrac{1}{3}$ dreimal so schnell läuft als die Drehspindel D.

Übersetzung zwischen D und H.

$$\frac{R_4}{R_3} \cdot \frac{r_5}{r_6} \cdot \frac{r_7}{r_8} = \frac{n_H}{n_D}$$

Hierin ist für das Hinterdrehen der z_f Fräserzähne $n_H = \dfrac{z_f}{z_k}$ und $n_D = 1$.

Wechselräder: $\dfrac{r_5}{r_6} \cdot \dfrac{r_7}{r_8} = \dfrac{R_3}{R_4} \cdot \dfrac{z_f}{z_k} = \dfrac{1}{3} \cdot \dfrac{z_f}{4} = \dfrac{z_f}{12} = \dfrac{24}{12} = 2 = \dfrac{48}{24}$

Rad auf V: $r_5 = 48\,z$ | statt r_6 und r_7 ein Zwischenrad auf S_2
„   „ H: $r_8 = 24\,z$ | z. B. mit 36 z,

Hinterdrehkupplung: $f = \dfrac{D}{2z} = \dfrac{90}{2 \cdot 24} = 2$ mm Hub (s. Abb. 385).

Beim Hinterdrehen von Walzenfräsern mit geraden Längsnuten schiebt die Leitspindel L den Werkzeugschlitten wie beim Langdrehen bei jedem Fräserumlauf um den Vorschub s vor. Die Hinterdrehwelle H besorgt dabei jedesmal die z_f Hinterdrehungen, für die sie $\dfrac{z_f}{z_k}$ Umdrehungen macht.

2. *Aufgabe.* Ein Walzenfräser von 100 mm $\emptyset$ mit geraden Zähnen ist zu hinterdrehen.

1. Zähnezahl des Fräsers $z = \dfrac{D}{9} + 7 = 18$.

2. Wechselräder für die Leitspindel bei $1/24''$ Vorschub.
Nach Bd. I, S. 74,

$$\frac{r_1}{r_2} \cdot \frac{r_3}{r_4} = \frac{1/24''}{1/4''} = \frac{1}{6} = \frac{28}{84} \cdot \frac{63}{126}$$

Rad auf W: $r_1 = 28\,z$ | treib. Rad auf S_1: $r_3 = 63\,z$
„   „ L: $r_4 = 126\,z$ | getr. „   „ S_1: $r_2 = 84\,z$

3. Wechselräder für die Hinterdrehwelle H:

$$\frac{r_5}{r_6} \cdot \frac{r_7}{r_8} = \frac{z_f}{12} = \frac{18}{12} = \frac{36}{24}$$

Rad auf V: $r_5 = 36\,z$
„   „ H: $r_8 = 24\,z$
Zwischenrad auf $S_2 = 42\,z$

4. Hinterdrehkupplung: Hub $f = \dfrac{D}{2z} = \dfrac{100}{2 \cdot 18} \sim 3$ mm.

Beim Hinterdrehen der Spiralfräser müssen die Hinterdrehbewegungen der Bank je nach der Gängigkeit der Spirale um z_f Hinterdrehungen vor- oder nacheilen, während der Werkzeugschlitten um die Spiralsteigung h verschoben wird. Für diese z_f Hinterdrehungen muß die Hinterdrehwelle H $\frac{z_f}{12}$ Umläufe mehr oder weniger machen. Die Drehspindel D hat bei einem Vorschub s und der Spiralsteigung h die Umlaufzahl $n_D = \dfrac{h}{s}$.

Die Hinterdrehwelle H macht $\frac{z_f}{12}$ Umläufe bei einem Umlauf von L, und bei $\frac{h}{s}$ Umläufen von D macht H jedesmal $\frac{Z_f}{12} \cdot \frac{h}{s}$ Umläufe. Da nun H um $\frac{Z_f}{12}$ Umläufe vor- oder nacheilen muß, so ist beim Hinterdrehen des Spiralfräsers

$$n_H = \frac{z_f}{12}\,\frac{h}{s} \pm \frac{z_f}{12} = \frac{z_f}{12}\left(\frac{h}{s} \pm 1\right).$$

Übersetzung der Wechselräder:

$$\frac{r_5}{r_6} \cdot \frac{r_7}{r_8} = \frac{\dfrac{z_f}{12}\left(\dfrac{h}{s} \pm 1\right)}{\dfrac{h}{s}} = \frac{z_f}{12}\left(1 \pm \frac{s}{h}\right).$$

Hierin ist $s =$ Vorschub der Bank und $h =$ Steigung der Spirale. Dreht man bei einer linksgängigen Spirale (Abb. 391) nach dem Spindelstock, so müssen die Hinterdrehungen voreilen, d. h. $+ \frac{s}{h}$; dreht man nach dem Reitstock, so müssen sie nacheilen, d. h. $- \frac{s}{h}$. Bei einer rechtsgängigen Spirale und Vorschub nach dem Spindelstock (Abb. 392) muß das Hinterdrehen nacheilen, d. h. $- \frac{s}{h}$ und beim Vorschub nach dem Reitstock voreilen, d. h. $+ \frac{s}{h}$.

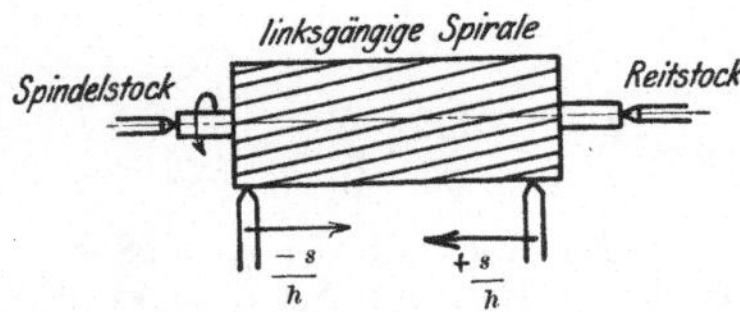

Abb. 391. Hinterdrehen von
Linksspiralen.

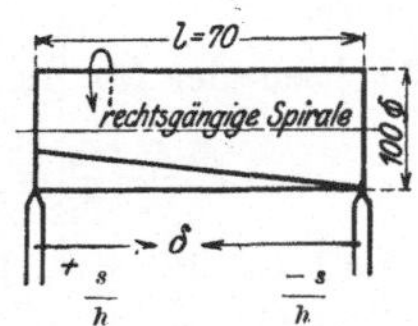

Abb. 392. Hinterdrehen von
Rechtsspiralen.

Aufgabe. Ein Spiralfräser von 100 mm $\varnothing$, 14 Zähnen ist zu hinterdrehen.
1. Wechselräder für die Leitspindel L bei $\frac{1}{24}''$ Vorschub wie in Aufgabe 2.
2. Wechselräder für die Hinterdrehwelle H.

$$\frac{r_5}{r_6} \cdot \frac{r_7}{r_8} = \frac{z_f}{12}\left(1 \pm \frac{s}{h}\right).$$

Hierin ist die Spiralsteigung nach Abb. 393: $h = \pi \cdot 100 \cdot \tan 75^0 = 1172$ mm $= 46^1/_4{}''$. Auf der Fräsmaschine sei eine Linksspirale von $46^1/_4{}''$ Steigung geschnitten. Sie soll mit Vorschub nach dem Spindelstock hinterdreht werden (Abb. 391).

$$\frac{r_5}{r_6} \cdot \frac{r_7}{r_8} = \frac{14}{12}\left(1 + \frac{{}^1/_{24}{}''}{46^1/_4{}''}\right) = \frac{7}{6}\left(1 + \frac{1}{6 \cdot 185}\right) = 1{,}16772 \sim \frac{34}{38} \cdot \frac{47}{36}.$$

Rad auf V: $r_5 = 34\ z$	treib. Rad an S_2: $r_7 = 47\ z$
„ „ H: $r_8 = 36\ z$	getrieb. „ „ S_2: $r_6 = 38\ z$.

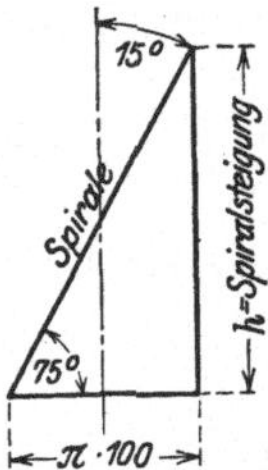

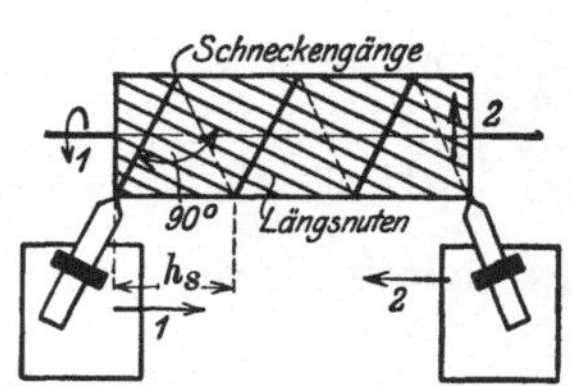

Abb. 393. Abwicklung der Spirale.   Abb. 394. Hinterdrehen der Schneckenfräser.

Beim Hinterdrehen von Schneckenfräsern mit spiraligen Längsnuten muß die Leitspindel wie beim Gewindeschneiden den Werkzeugschlitten bei jedem Fräserumlauf um die Steigung der Schnecke verschieben, d. h. Vorschub $s =$ Schneckensteigung h_s. Die Hinterdrehwelle H hat den spiraligen Längsnuten entsprechend die Hinterdrehungen zu besorgen (Abb. 394).

$$1.\ \frac{r_1}{r_2} \cdot \frac{r_3}{r_4} = \frac{h_s}{h_L} = \frac{\text{Schneckensteigung}}{\text{Leitspindelsteigung}}$$

$$2.\ \frac{r_5}{r_6} \cdot \frac{r_7}{r_8} = \frac{z_f}{12}\left(1 \pm \frac{h_s}{h}\right) \quad \begin{array}{l} h_s = \text{Schneckensteigung} \\ h = \text{Spiralsteigung.} \end{array}$$

Die Spiralsteigung h berechnet man nach Abb. 395, da die Spirale senkrecht zu den Schneckengängen geschnitten wird, aus

$$\frac{h}{\pi d} = \frac{\pi d}{h_s} \quad \text{und} \quad h = \frac{\pi^2 \cdot d^2}{h_s}$$

Aufgabe. Ein Schneckenfräser mit einem Teilkreisdurchmesser von 50 mm, einer Länge von 50 mm, 12 Spiralnuten und einer Gewindesteigung von $1''$ ist zu hinterdrehen.

1. Wechselräder für die Leitspindel:

$$\frac{r_1}{r_2} \cdot \frac{r_3}{r_4} = \frac{h_s}{h_L} = \frac{1''}{{}^1/_4{}''} = 4 = \frac{2}{1} \cdot \frac{2}{1} = \frac{112}{56} \cdot \frac{98}{49}$$

Rad auf W: $r_1 = 112\ z$	treibendes Rad auf S_1: $r_3 = 98\ z$
Rad auf L: $r_4 = 49\ z$	getriebenes Rad auf S_1: $r_2 = 56\ z$

2. Wechselräder für die Hinterdrehwelle:

$$\frac{r_5}{r_6} \cdot \frac{r_7}{r_8} = \frac{z_t}{12}\left(1 \pm \frac{h_s}{h}\right).$$

Hierin ist $h_s = 1''$ und $h = -\frac{\pi^2 D^2}{h_s} = \frac{\pi^2 \cdot 50^2}{25{,}4} = 970{,}4$ mm $\sim 38^1/_4{}''$.

Annahme: Rechtsspirale und Linksgewinde, d. h. Vorschub nach dem Reitstock (nach Abb. 392)

$$\frac{r_5}{r_6} \cdot \frac{r_7}{r_8} = \frac{12}{12}\left(1 + \frac{1''}{38^{1}/_4''}\right) = \frac{157}{153} = \sim \frac{42}{36} \cdot \frac{44}{50}$$

Rad auf V: r_5 mit 42 z	treibendes Rad an S_2: r_7 mit 44 z
Rad auf H: r_8 mit 50 z	getriebenes Rad an S_2: r_6 mit 36 z

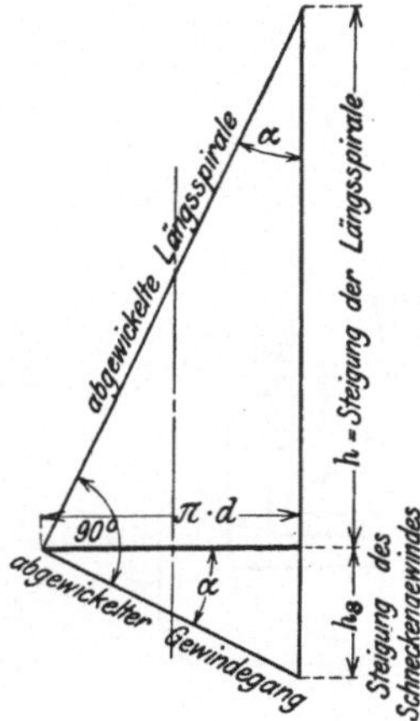

Bei Abwälzfräsern für Stirnräder wird
die Schneckensteigung in der Spiralnut = h_1
gemessen. Nach Abb. 396 ist

$$h_s = \frac{h_1}{\cos a}.$$

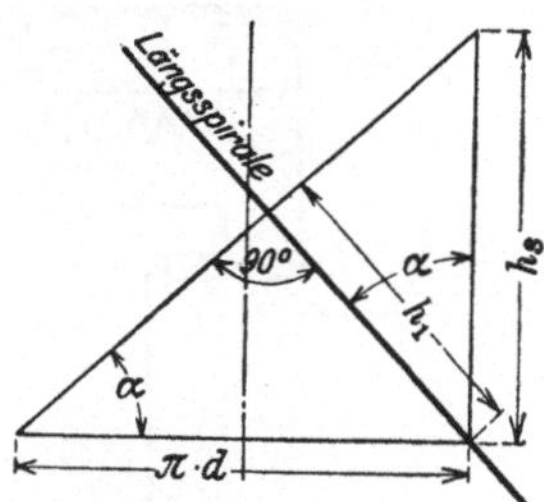

Abb. 395 u. 396. Abwicklung der Spiralen.

Aufgabe: Ein Abwälzschneckenfräser von 70 mm Teilkreisdurchmesser, 120 mm
Länge, mit 10 spiraligen Längsnuten und einer Stichzahl der Teilung $m = 6$ ist
zu hinterdrehen.

Gewindesteigung in der Spiralnut $h_1 = 6\,\pi$ mm.

Steigungswinkel nach Abb. 396

$$\sin a = \frac{h_1}{\pi d} = \frac{6\,\pi}{d\,\pi} = \frac{6}{70} = 0{,}0857$$

$$a = 4^0\,50'$$

Gewindesteigung in der Achsenrichtung

$$h_s = \frac{h_1}{\cos a} = \frac{6 \cdot \pi}{\cos 4^0\,50'} = \frac{18{,}85}{0{,}996} = 18{,}91 \text{ mm}$$

$$h_s = 18{,}91 \text{ mm.}$$

Steigung der Spiralnut $h = \dfrac{\pi^2 \cdot d^2}{h_s} = \dfrac{70^2\,\pi^2}{18{,}91} = 2555$ mm.

Wechselräder für die Leitspindel:

$$\frac{r_1}{r_2} \cdot \frac{r_3}{r_4} = \frac{h_s}{h_L} = \frac{18{,}9}{^1/_4 \cdot 25{,}4} = \frac{189 \cdot 2}{127} = \frac{126}{127} \cdot \frac{3}{1} = \frac{126}{127} \cdot \frac{84}{28}$$

Rad auf W: $r_1 = 84\ z$	treibendes Rad auf S_1: $r_3 = 126\ z$
getriebenes Rad auf S_1: $r_2 = 28\ z$	Rad auf L: $r_4 = 127\ z$

Wechselräder für die Hinterdrehwelle bei rechtsgängigen Längsnuten· und

Linksgewinde $+ \dfrac{h_s}{h}$ Vorschub nach dem Reitstock (Abb. 392)

$$\frac{r_5}{r_6} \cdot \frac{r_7}{r_8} = \frac{z_f}{12}\left(1 + \frac{h_s}{h}\right) = \frac{10}{12}\left(1 + \frac{18{,}9}{2555}\right) = 0{,}839498$$

$$\frac{r_5}{r_6} \cdot \frac{r_7}{r_8} \sim 0{,}839 = \frac{48}{44} \cdot \frac{40}{52}.$$

Rad auf V: $r_5 = 48\ z$ | treibendes Rad auf S_2: $r_7 = 40\ z$
getriebenes Rad auf S_2: $r_6 = 44\ z$ | Rad auf H: $r_8 = 52\ z$

Das Hinterdrehen der Formfräser geschieht entweder mit einfachem Stahl m nach der Lehre L, die auf 2 Armen A aufgeschraubt ist, im Sinne der Abb. 181, Bd. I, oder mit dem gestrichelten Formmesser M. Der Planschlitten P in Abb. 397÷399 wird unter dem Druck der Feder f_1

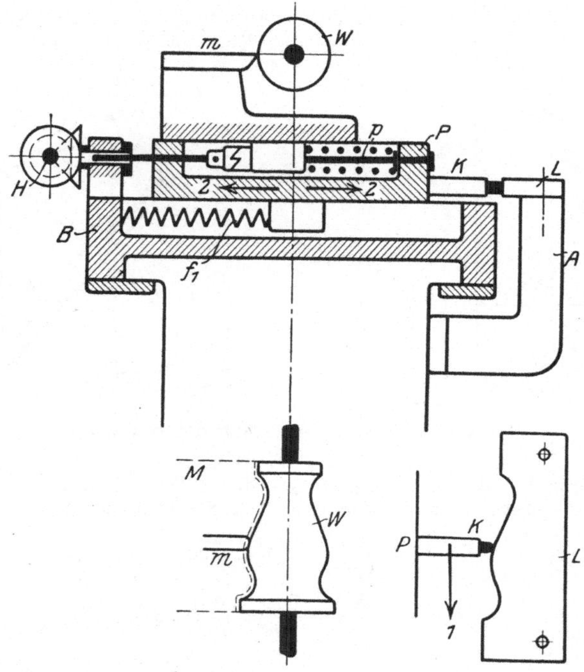

Abb. 397÷399. Hinterdrehen von Formfräsern.

mit dem Leitstift K ständig gegen die Lehre L gedrückt. Auf diesem Formdrehschlitten sitzt der eigentliche Hinterdrehschlitten, der von der Hinterdrehwelle H, wie bekannt, gesteuert wird. Geht der Bettschlitten B in Richtung 1 vor, so wird der Planschlitten P nach der Form der Lehre L nach 2 gesteuert. Auf diese Weise wird der Fräser nach der Lehre formgedreht, währenddessen der Hinterdrehschlitten die geschweiften Zähne hinterdreht.

d) Das Bohren.

Das Bohren läßt sich ebenfalls auf der Drehbank durchführen. Zum Ausbohren werden kleine Werkstücke, wie Büchsen, in ein Spannfutter, größere in eine Planscheibe und das Bohrmesser in den Stahlhalter des Drehschlittens gespannt. Sperrige Werkstücke, wie kleine Pumpenzylinder, spannt man auf den Bettschlitten und bohrt sie mit Messer und Bohrstange aus, die zwischen den Spitzen sitzen muß.

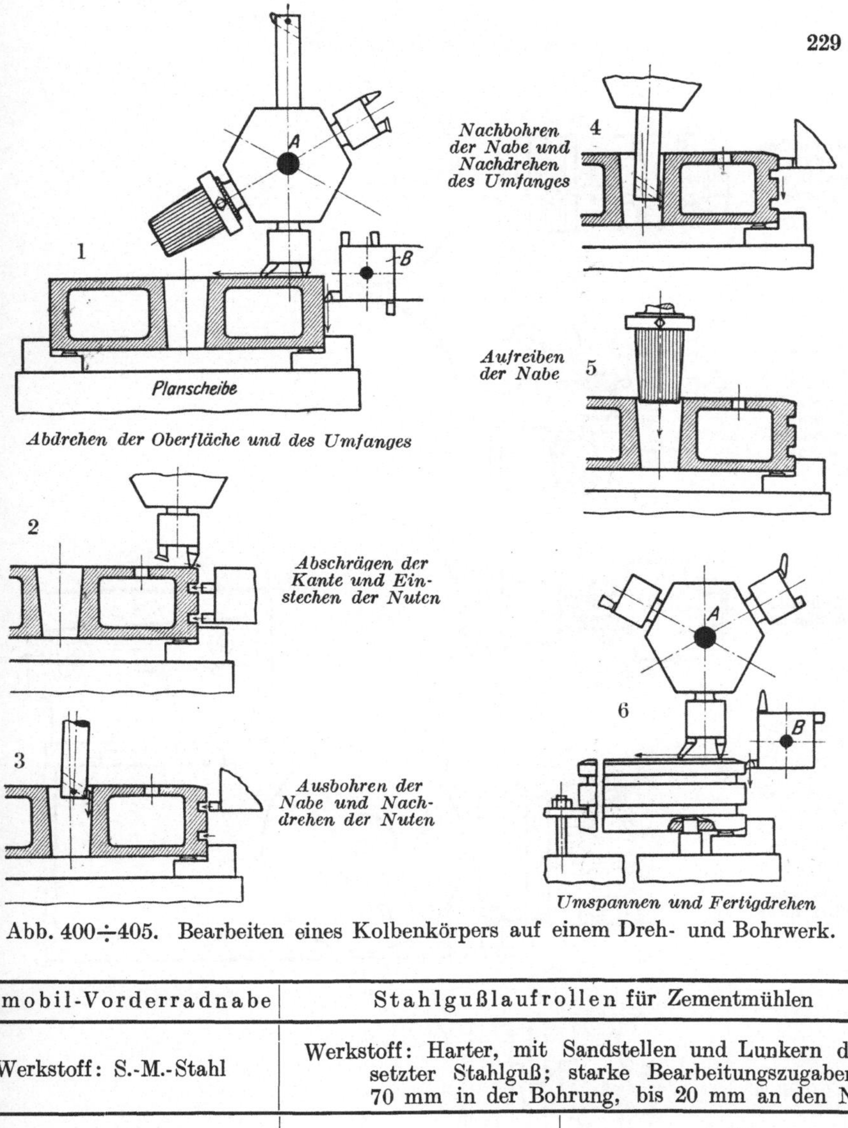

Abb. 400÷405. Bearbeiten eines Kolbenkörpers auf einem Dreh- und Bohrwerk.

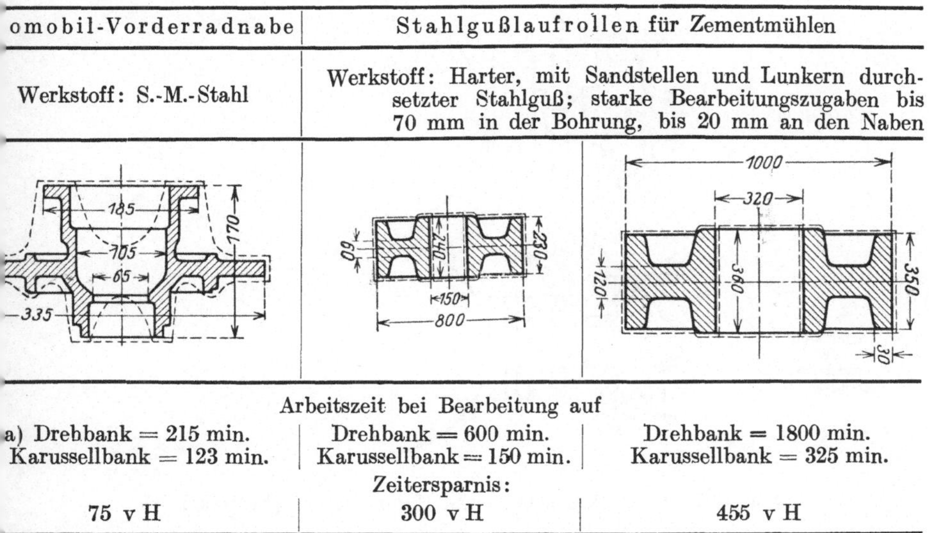

omobil-Vorderradnabe	Stahlgußlaufrollen für Zementmühlen	
Werkstoff: S.-M.-Stahl	Werkstoff: Harter, mit Sandstellen und Lunkern durchsetzter Stahlguß; starke Bearbeitungszugaben bis 70 mm in der Bohrung, bis 20 mm an den Naben	
Arbeitszeit bei Bearbeitung auf		
a) Drehbank = 215 min. Karussellbank = 123 min.	Drehbank = 600 min. Karussellbank = 150 min.	Drehbank = 1800 min. Karussellbank = 325 min.
	Zeitersparnis:	
75 v H	300 v H	455 v H

Abb. 406.

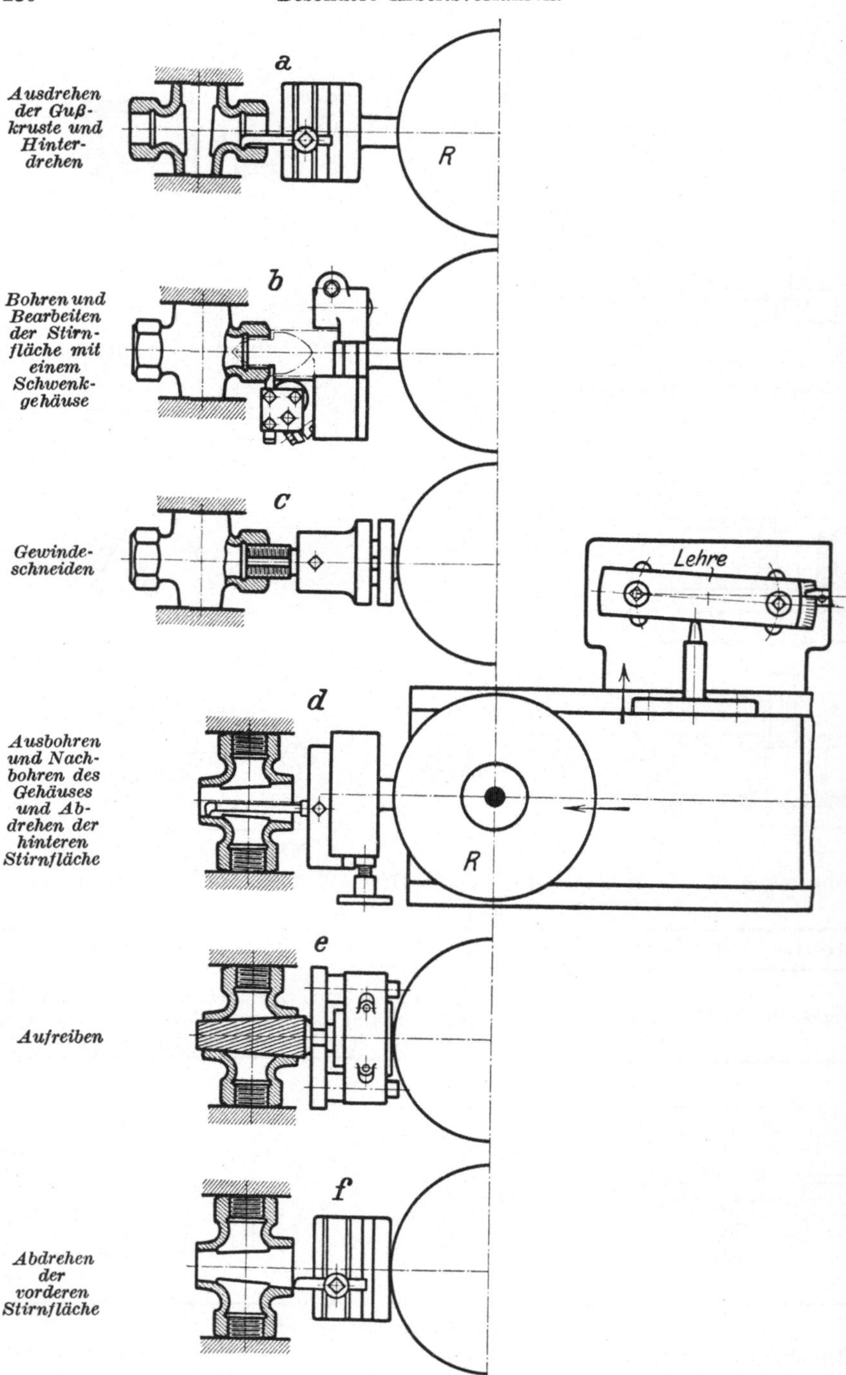

Abb. 407÷412. Bearbeiten eines Hahngehäuses (Futterarbeit).

Zum Lochbohren spannt man den Spiralbohrer in ein Spannfutter und das sperrige Werkstück auf den Schlitten. Kleine Werkstücke werden in ein Spannfutter oder eine Planscheibe und der Bohrer vor den Reitstock gespannt.

Die Drehbank liefert beim Bohren eine größere Genauigkeit als die Bohrmaschine, weil es mit getrennten Bewegungen vor sich geht. Übersteigt die Bohrtiefe etwa den zehnfachen Durchmesser, so ist die Bohrmaschine nicht mehr gut zu gebrauchen. Das Bohren auf der Drehbank ist daher 1. bei größeren Bohrtiefen anzuwenden, und 2., wenn an dem Werkstück außer Dreharbeiten noch Bohrarbeiten vorzunehmen sind, so daß das Umspannen gespart wird. Es ist besonders lohnend, wenn gleichzeitig gedreht und gebohrt werden kann. Auf diesem Gebiete leistet das Dreh- und Bohrwerk große Dienste. So ist in den Abb. 400÷405 die Bearbeitung eines Kolbenkörpers dargestellt. Mit dem Revolverkopf A wird die Oberfläche und die Nabe bearbeitet und mit B der Umfang und die Nuten.

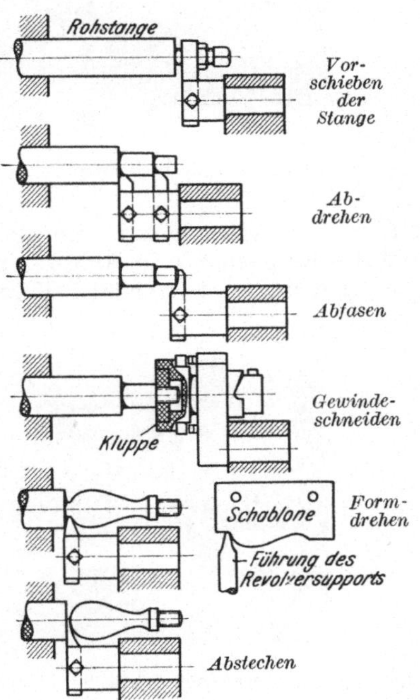

Abb. 413÷418. Drehen eines Handgriffs (Stangenarbeit).

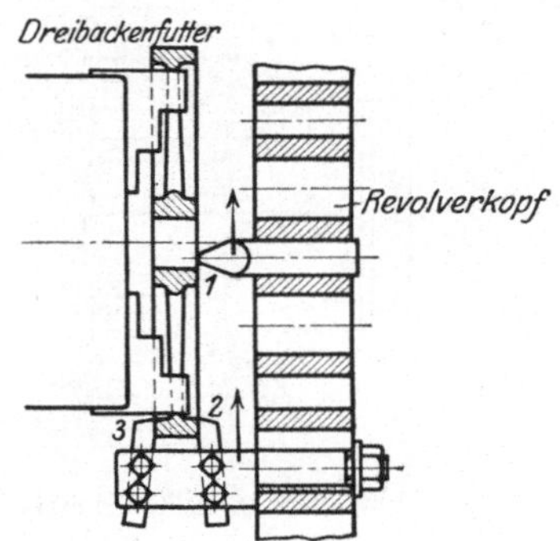

Abb. 419. Bearbeiten eines Stirnrades mit 3 Stählen.

Über die wirtschaftlichen Erfolge gibt die Abb. 406 Auskunft.

e) Das Revolverdrehen.

Das Revolverdrehen ist bei der Reihen- und Massenfertigung, z. B. von Normteilen, sehr wirtschaftlich. Wie aus Bd. I, Abb. 193, bekannt, hält die Revolverbank die erforderlichen Werkzeuge arbeitsbereit. Es kann hier aus dem Futter nach Abb. 407÷412 gearbeitet werden, in denen das Bearbeiten eines Hahngehäuses in seiner Arbeitsfolge dargestellt ist. Stangenarbeiten werden nach Abb. 413÷418 vorgenommen.

Sehr wirtschaftlich ist das gleichzeitige Drehen mit mehreren Werkzeugen, da die Laufzeit der Maschine auf die Bearbeitungszeit der größten

Fläche verkürzt wird. Das Zahnrad in Abb. 419 wird gleichzeitig mit 3 Stählen bearbeitet. Der Stahl 1 setzt an der Nabe an und die Stähle 2, 3 an den Randseiten des Kranzes. Durch den gleichzeitigen Angriff von 3 Stählen wurde die Arbeitszeit von 185 min. bei der Drehbank auf 45 min. vermindert und die Tagesleistung von knapp 3 auf

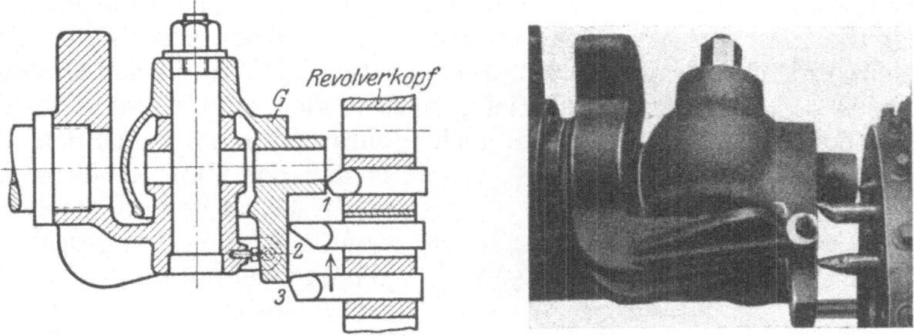

Abb. 420 u. 421. Bearbeiten eines Gehäuses mit 3 Stählen.

16 Räder gesteigert. Das Gehäuse G in Abb. 420 und 421 wird gleichzeitig mit 3 Stählen plangedreht und das Ringgehäuse in Abb. 422 und 423 zugleich mit 4 Werkzeugen innen und außen bearbeitet. Voraus-

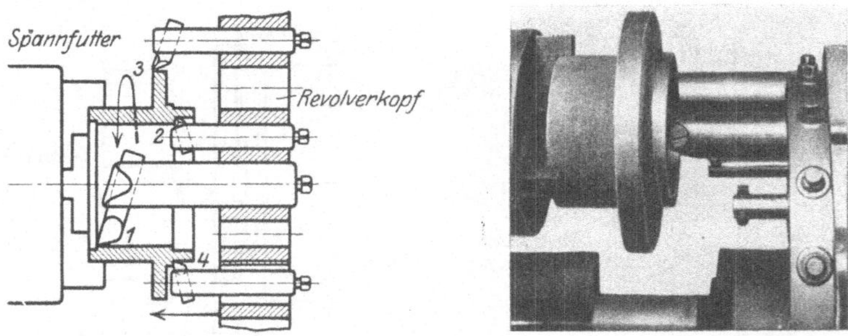

Abb. 422 u. 423. Bearbeiten eines Ringgehäuses mit 4 Stählen.

setzung für das gleichzeitige Arbeiten mehrerer Werkzeuge ist die Normung der Stammteile der Maschinen, so daß man Revolverdrehbänke oder gar Automaten verwenden kann, die einmal eingerichtet werden.

f) Das Fräsen.

Das Fräsen dient heute vielfach als Ersatz für das Hobeln und Stoßen, in einzelnen Fällen auch fürs Drehen, z. B. Rundfräsen und Gewindefräsen. Der Fräser ist ein mehrschneidiges Werkzeug, das eine Reihe spitzer oder hinterdrehter Fräserzähne hat. Die spitzen Zähne werden am äußeren Umfang am Zahnrücken geschliffen (Abb. 317, Bd. I), die hinterdrehten Zähne mittelläufig an der Zahnbrust (Abb. 320, Bd. I). Es ist daher leichter, einen Fräser mit spitzen Zähnen genau rund zu schleifen als einen hinterdrehten Fräser, zumal der hinterdrehte Fräser-

zahn beim Nachschleifen mehr Stoff einbüßt. Fräser mit spitzen Zähnen
werden daher für Schlichtarbeiten bevorzugt und die mit hinterdrehten
für schwere Schrupparbeiten. Aber auch hier hat sich die Erkenntnis
Bahn gebrochen, daß Fräser mit spitzen Zähnen und grober Teilung
gute Schruppfräser sind. Danach kommt der grobverzahnte Fräser fürs
Schruppen und der feinverzahnte fürs Schlichten ebener Flächen in
Frage und nur für außergewöhnlich schwere Schrupparbeiten der hinterdrehte Fräser. Das eigentliche Arbeitsgebiet der hinterdrehten Fräser
sind besonders geformte Flächen.

Die Fräser haben als mehrschneidige Werkzeuge den Vorzug, daß
sie mit höheren Schnittgeschwindigkeiten arbeiten können als alle

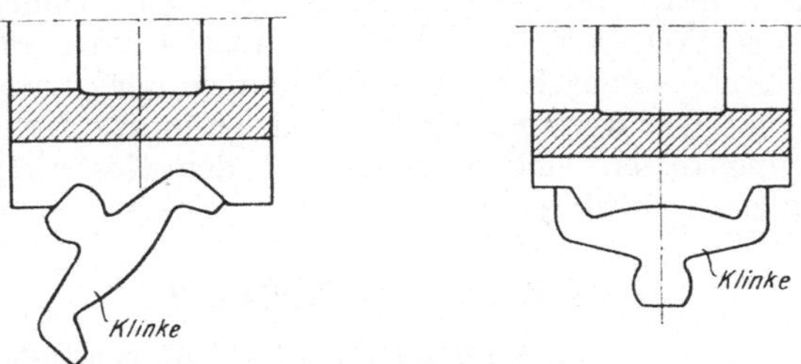

Abb. 424 u. 425.   Formfräsen für eine Klinke.

einschneidigen Werkzeuge, weil ihre Zähne nur ganz kurz arbeiten.
So kann weicher Stahl bei Werkzeugstahl mit 10÷13 m/min gedreht
und mit 18÷22 m/min gefräst werden. Diese Schnittgeschwindigkeit
läßt sich bei Fräsern aus Schnellstahl noch auf 25÷30 m/min
erhöhen. Dadurch, daß der Fräser das Werkstück seiner Breite nach

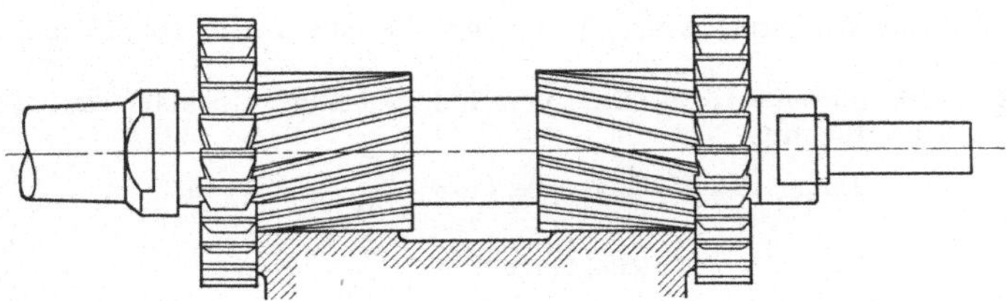

Abb. 426.   Gruppenfräser.

mit einem Span fassen kann, wird die Leistung beim Fräsen im
allgemeinen größer sein als beim Hobeln und Stoßen. Neben diesen
Vorzügen hat der Fräser noch die Eigenart, daß man ihn für das Fräsen
von Formstücken zu einem Formfräser ausbilden kann (Abb. 424 und 425).
Größere Formfräser, die sich sehr schwer härten lassen, setzt man als
Gruppen- oder Satzfräser (Abb. 426) aus mehreren Einzelfräsern zusammen. Durch Hinterdrehen der Zähne lassen sich die Zahnformen
gleich halten, so daß der Fräser das gegebene Werkzeug für Formarbeiten ist. Seine Stärke liegt also darin, daß er mit einem Gang
der Maschine sowohl ebene als auch Formflächen fräsen kann.

Der ruhige Gang der Maschine als Forderung für gute Arbeit bleibt auch gewahrt trotz der aufeinanderfolgenden Zahnangriffe. Wird nämlich das Werkstück entgegen der Drehrichtung des Fräsers zugeschoben, d. h. beim linksschneidenden Fräser von rechts nach links (Abb. 4, Bd. I), so setzen die Fräserzähne stets auf bearbeiteten Flächen an und zwar mit der geringsten Spanstärke. In dem Maße, wie das Werkstück zugeschoben wird, wächst auch der Schnittdruck. Da jedoch meist mehrere Zähne gleichzeitig arbeiten, so bleibt der Schnittdruck ziemlich gleich. Dies gilt besonders bei Spiralfräsern, bei denen der Angriff der gewundenen Zähne nach der Steigung vor sich geht. Der Fräser bietet daher genügend Gewähr für ruhigen Lauf, er ist daher nicht nur ein Schruppwerkzeug, sondern auch ein Schlichtwerkzeug. Als Nachteile des Fräsers sind die höheren Anschaffungskosten und die teuere Unterhaltung anzusehen. Es muß immer der ganze Fräser geschliffen werden, selbst wenn nur ein Zahn die geringste Verletzung zeigt. Die Unterhaltungskosten sind geringer bei den Messerköpfen, deren Messer einzeln nachgeschliffen werden.

g) Hobeln oder Fräsen?

Da der Fräser in seiner Anschaffung und Unterhaltung teuerer ist als der Hobelstahl, so sind einfache Fräser nur dann wirtschaftlich, wenn genügend Gelegenheit vorhanden ist, sie auszunutzen, d. h. bei Reihen- und Massenarbeiten. Dazu kommt, daß das Werkstück auch für das Fräsen gebaut sein muß. Da beim Fräsen große Kräfte und Erwärmungen auftreten, so sind schwache Werkstücke fürs Fräsen ungeeignet. Den Ausschlag zwischen Hobeln und Fräsen gibt meist wegen der kurzen Lieferfristen die Arbeitszeit. Durch eine einfache Rechnung läßt sich das wirtschaftlichste Verfahren leicht feststellen:

1. An einem Werkstück von 1,3 m Länge sei eine Leiste von 15 mm Breite zu bearbeiten.

a) Hobeln mit $v = 15$ m/min, Vorschub = 1 mm, Rücklauf auf $1:2$ beschleunigt, Hub 1,5 m:

$$\text{Dauer des Hobelganges } t_a = \frac{1,5}{15} = 0,1 \text{ min.}$$

$$\text{„ „ Rücklaufs } t_r = \frac{1,5}{2 \cdot 15} = 0,05 \text{ „}$$

Dauer eines Doppelhubes $t_a + t_r = 0,15$ min., wegen des Umsteuerns $t_a + t_r = 0,20$ min.

Die Maschine braucht also für jeden Hin- und Rücklauf 0,2 min. Da sie mit 1 mm Vorschub arbeitet, so muß sie für das Hobeln der 15 mm breiten Leiste 15 Hin- und Rückläufe machen. Die Hobelzeit ist also $15 \cdot 0,2 = 3$ min.

b) Fräsen: Das Werkstück wird der Länge nach dem Fräser zugeschoben. Hat die Maschine einen Vorschub von 100 mm/min, so ist die Zeit fürs Fräsen

$$t_f = \frac{1380}{100} = 13,8 \sim 14 \text{ min.}$$

$$\text{Hobelzeit} = 3 \text{ min.}$$
$$\text{Fräszeit} = 14 \text{ „}$$

2. Es ist ein Werkstück von 350 mm Breite und 60 mm Länge zu bearbeiten.

a) Hobeln mit $v = 15$ m/min und 1 mm Vorschub, Rücklauf $1:2$, Hub 450 mm:

$$\text{Hobelzeit } t_a = \frac{0,45}{15} = 0,03 \text{ min.}$$

$$\text{Rücklaufzeit } t_r \quad = 0,015 \text{ „}$$

$$t_a + t_r = 0,045 \text{ min., erhöht wegen des Um-}$$

steuerns auf 0.07 min.

Bei 60 mm Hobelbreite und 1 mm Vorschub hat der Tisch 60 Doppelhübe auszuführen. Demnach ist die Arbeitszeit $= 60 \cdot 0,07 = 4,2$ min.

b) **Fräsen**: Die Fräszeit würde bei 100 mm Vorschub/min $t_f = \dfrac{140}{100} =$ 1,4 min. sein. Demnach

$$\text{Hobelzeit} = 4,2 \text{ min.}$$

$$\text{Fräszeit} = 1,4 \text{ „}$$

Das Ergebnis dieser Rechnung ist daher, daß lange und schmale Flächen der Werkstücke, wie Leisten u. dgl., wirtschaftlich gehobelt werden, weil der Hobeltisch das lange Werkstück in 1 min. um etwa 15 m zuschiebt, dagegen die Fräsmaschine nur um $100 \div 120$ oder höchstens 170 mm. Die Fräsmaschine arbeitet hingegen wirtschaftlicher bei breiten und kurzen Flächen, weil der Fräser die Breite auf einmal fassen kann.

Die Erfahrung hat jedoch gelehrt, daß gefräste Werkstücke sich verziehen. Das Fräsen kann daher nur in Frage kommen, wenn keine hohe Genauigkeit gefordert wird. Bei Genauigkeitsarbeiten, wie sie der Werkzeugmaschinenbau usw. erfordert, hat sich eine Arbeitsteilung vollzogen: Schruppen auf der Fräsmaschine und Schlichten auf der Hobelmaschine. Vor dem Schlichten muß das Werkstück einige Zeit liegen bleiben, damit sich die Spannungen ausgleichen können. Bei Formarbeiten wird das Fräsen in der Regel wirtschaftlicher sein, weil Formfräser gleich fertige Flächen liefern.

Aus dieser Betrachtung ergibt sich, daß alle schwachen Werkstücke zu hobeln sind. Starke Werkstücke werden gehobelt, wenn es sich um lange, schmale und ebene Arbeitsleisten handelt. Sind ihre Arbeitsflächen kurz und breit, so werden sie zweckmäßig gefräst. Besonders geformte Werkstücke werden am besten mit einem Formfräser oder Satzfräser gefräst (Abb. $424 \div 426$). Doch ist zu beachten, daß der teuere Fräser sich nur bei Reihen- und Massenarbeiten lohnt, während der billige Hobelstahl für alle Arbeiten brauchbar ist.

h) Das Hobeln.

Durch den Kampf zwischen Hobeln und Fräsen hat das Hobeln entschieden eine große Einbuße erlitten, und doch ist es bis heute ein unentbehrliches Arbeitsverfahren geblieben. Der Hobelstahl ist nämlich ein Werkzeug, das sich bei allen Planarbeiten verwenden läßt, mögen ebene oder Arbeitsflächen besonderer Form zu bearbeiten sein. Betriebe, die die hohen Fräserkosten scheuen oder wenig Gelegenheit haben, die teueren Fräsersätze auszunutzen, werden sich daher aufs Hobeln beschränken. Selbst Betriebe, die nach zeitgemäßen Grundsätzen arbeiten, können das Hobeln nicht entbehren, insbesondere nicht beim Schlichten der Werkstücke.

Auch in Hobelbetrieben ist man bestrebt, die Vorbereitung des Werkstückes möglichst zu kürzen. Das Anreißen erspart man durch Lehren, die vor dem Werkstück aufgespannt werden. Nach ihnen wird der Hobelstahl eingestellt und das Werkstück nach der Form der Lehre gehobelt (Abb. 564). Die Leistung eines Hobelbetriebes sucht man noch durch das Hobeln mit mehreren Messern (Abb. 369, Bd. I) und Hintereinanderspannen mehrerer Werkstücke zu steigern.

Das Rundhobeln wird auf der Stößelhobelmaschine durchgeführt. Sind runde Hohlkörper von genügend großem Durchmesser, z. B. Lager, auszuhobeln, so ist die Drehscheibe des Hobelschlittens durch ein Schneckengetriebe anzutreiben. Eine Klinkensteuerung müßte diesen Rundhobelkopf am Ende des Stößelrücklaufs schalten, so daß sich der Hobelstahl am inneren Umfang des Hohlkörpers rundbewegt.

Das Rundhobeln von Außenflächen geschieht auf einem Dorn, der zwischen die Spitzen eines Schaltkopfes und Reitstockes gespannt wird. Durch eine Klinkensteuerung wird der Schaltkopf nach jedem Schnitt um den Vorschub gedreht.

i) Das Schleifen.

Das Schleifen ist zu einem der wichtigsten Arbeitsverfahren geworden, seitdem mit der Einführung der Reihen- und Massenfertigung die Austauschbarkeit der Normteile verlangt wurde. Die wichtigsten Angaben über die Wahl der Schnittgeschwindigkeit, Vorschübe und Spantiefen, sowie über die Auswahl der Schleifscheiben und Kühlmittel sind bereits im Bd. I, S. 161, gebracht.

XX. Der Teilkopf und seine Anwendung in der Werkzeug- und Räderfräserei.

a) Der Teilkopf.

Das Fräsen von kleinen Zahnrädern, Fräsern, Reibahlen und ähnlichen mehrschneidigen Werkzeugen auf der allgemeinen Fräsmaschine erfordert eine Vorrichtung zum genauen Einteilen der Werkstücke. Sie besteht aus dem Teilkopf (Abb. 427÷429), der zum Einspannen der Werkstücke eine Teilspindel hat. Am Spindelkopf hat sie Gewinde zum Aufschrauben eines Spannfutters und einen Morsekegel zum Einstecken eines Körners. Die Teilspindel ist in dem Spindelgehäuse sauber gelagert und mit der Ringmutter r nachzustellen. Zum Einstellen der Teilung dient die Teilscheibe mit der Teilkurbel, die durch das Schneckengetriebe 7/8 die Teilspindel mit dem Werkstück dreht. Um hierbei volle Sicherheit für genaue Teilungen zu haben, besteht das Schneckenrad 8 aus 2 Zahnscheiben. Sie lassen sich gegenseitig verstellen und festklemmen und gleichen so jeden toten Gang in dem Getriebe aus.

Eine besondere Einrichtung erfordert noch das Fräsen von Kegelrädern und kegeligen Werkzeugen. Bei diesen Arbeiten muß das Kegelrad schräg gestellt werden, damit der Zahnfuß wagerecht liegt. Dies ist jedoch nur möglich, wenn sich das Spindelgehäuse wie eine Haubitze aufrichten läßt. Hierzu ist es um die Lagerbüchsen l der Schneckenwelle drehbar und zwischen den Wangen des Kastens mit der Schraube S festzuklemmen.

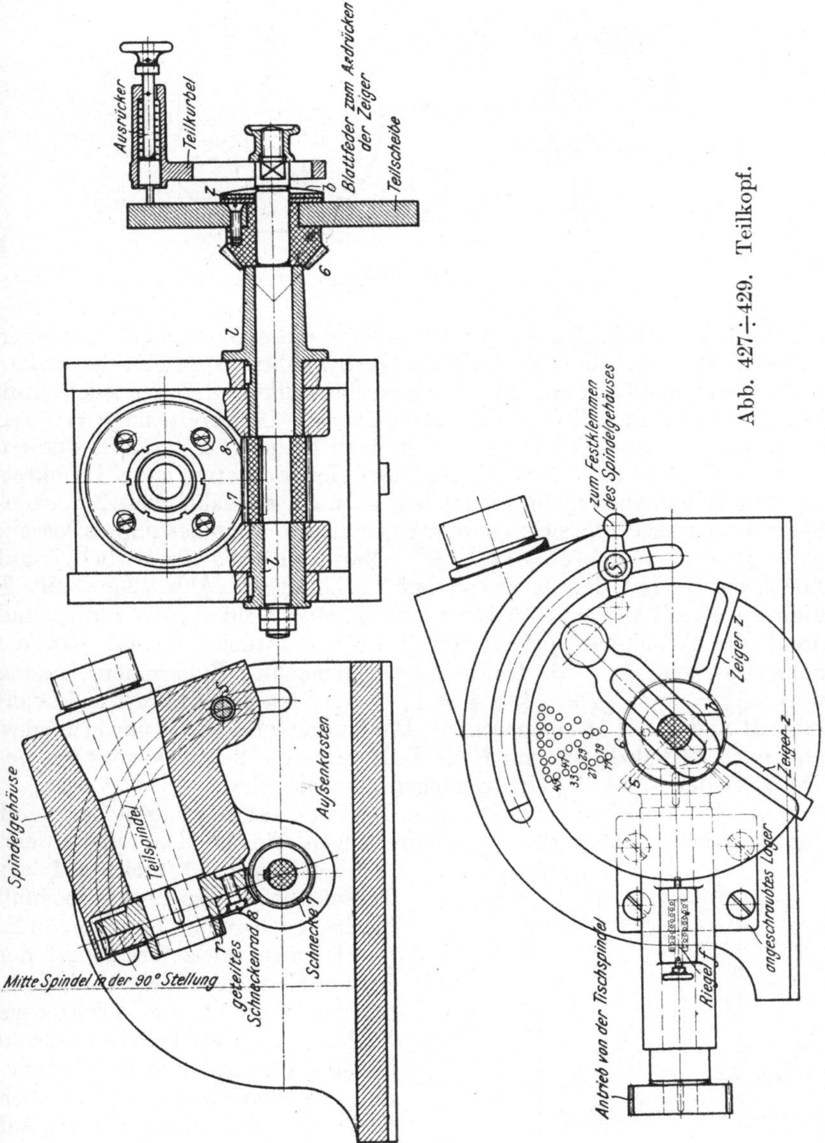

Das Teilen mit einem Lochkreis: Sind mit der Teilkurbel z. B. $4\frac{40}{57}$ Umdrehungen zu machen, so ist sie auf den Nenner-Lochkreis 57 der Teilscheibe einzustellen, auf dem man sie um die Löcher des Zählers, also um 40 Löcher, drehen muß. Um hierbei genügende Sicherheit gegen Verzählen zu haben, sitzt vor der Teilscheibe ein Stellwinkel mit den verstellbaren Schenkeln Z_1 und Z_2 (Abb. 430 u. 431). Die Schenkel sind

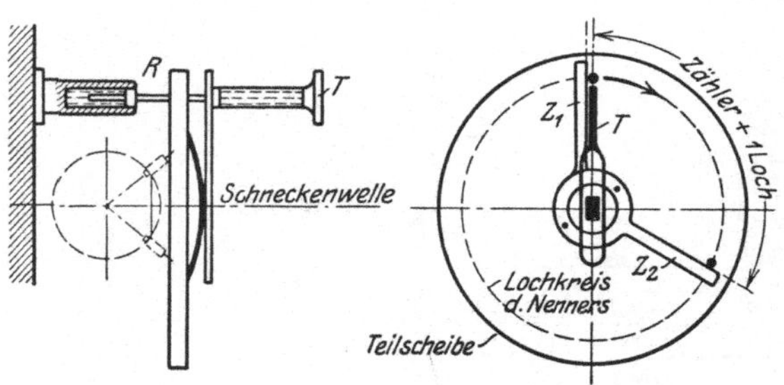

Abb. 430 u. 431. Teilvorrichtung.

auf $40 + 1 = 41$ Löcher einzustellen. Wird dieser Winkel mit dem einen Zeiger Z_1 auf die Anfangsstellung der Kurbel gebracht, so gibt der andere Z_2 jedesmal das Loch an, auf das man die Teilkurbel T einstellen muß. Damit bei diesem Teilen die Übersicht über die Lochkreise nicht verloren geht, muß die lose Teilscheibe durch einen Riegel R festgestellt werden.

Das Teilen mit 2 Lochkreisen: Ist der errechnete Lochkreis auf den Teilscheiben nicht vorhanden, z. B. 63, so wählt man 2 benachbarte Lochkreise, die sich rechnungsgemäß wie folgt bestimmen lassen: $\frac{40}{63} = \frac{49}{63} - \frac{9}{63} = \frac{7}{9} - \frac{1}{7} = \frac{14}{18} - \frac{3}{21}$. Man stellt die Teilkurbel T auf Lochkreis 18 und den Riegel R auf Lochkreis 21 (Abb. 430). Mit T nimmt man auf 18 die 14 Löcher vorwärts, jetzt zieht man R zurück und dreht die Teilscheibe auf 21 um 3 Löcher zurück. Damit hat die Schneckenwelle $\frac{14}{18} - \frac{3}{21}$ Umdrehungen gemacht. Eine andere Lösung wäre: $\frac{40}{63} = \frac{33}{63} + \frac{7}{63} = \frac{11}{21} + \frac{1}{9} = \frac{11}{21} + \frac{2}{18}$. Hiernach wäre T auf Lochkreis 21 und R auf 18 einzurücken. Die Kurbel wird zuerst um 11 Löcher und nach Zurückziehen von R die Teilscheibe um 2 Löcher vorwärts gedreht, so daß $\frac{11}{21} + \frac{2}{18}$ Umdrehungen gemacht sind.

Das Unterschiedsteilen oder Differenzteilen gestattet, mit der Teilkurbel allein die $\frac{40}{63}$ Umdrehungen einzustellen, auch wenn der Lochkreis 63 nicht auf der Teilscheibe ist. Die Teilscheibe muß hierbei nach rechts (+) oder links (—) langsam mitlaufen, so daß der Unterschied in diesen Drehbewegungen $\frac{40}{63}$ ergibt. Die gleichzeitige Drehung der Teilscheibe vermitteln in Abb. 432 und 433 die Räder r_1 und r_2, von denen r_1 auf dem Ende der Teilspindel und r_2 auf Welle I sitzt. Baut man zwischen r_1 und r_2 ein Zwischenrad r ein, so läuft die Teilscheibe nach rechts, bei 2 Zwischenrädern nach links, d. h. entgegen der Drehrichtung

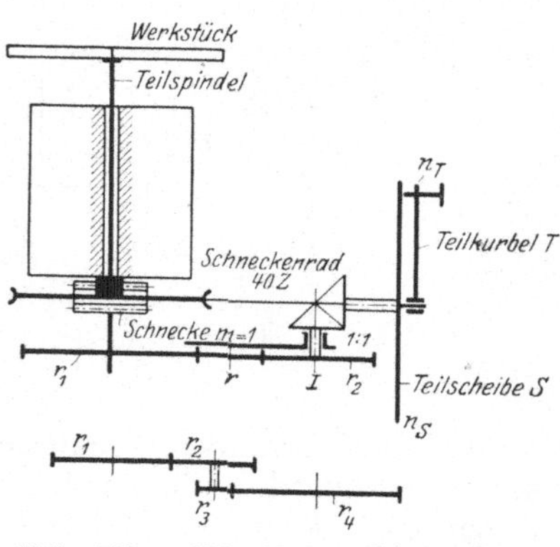

Abb. 432 u. 433. Unterschiedsteilen.

der Teilkurbel. Bei größeren Übersetzungen sind z. B. 4 Wechselräder zu benutzen (Abb. 433).

Sollen nach diesem Verfahren auf dem Lochkreise 18 die $\frac{40}{63}$ Umdrehungen gemacht werden, so setzt man

$$\frac{40}{63} = \frac{40}{63} \cdot \frac{18}{18} = \frac{720}{63 \cdot 18} = \frac{756 - 36}{63 \cdot 18} = \frac{12}{18} - \frac{2}{63}.$$

Für die $\frac{12}{18}$ Umdrehungen stellt man die Teilkurbel T auf Lochkreis 18 jedesmal um 12 Löcher nach rechts weiter. Gleichzeitig muß die Teilscheibe durch die Wechselräder r_1 und r_2 und 2 Zwischenräder um $\frac{2}{63}$ Umdrehungen nach links auf T zu laufen, so daß die Teilkurbel $\frac{12}{18} - \frac{2}{63} = \frac{40}{63}$ Umdrehungen macht. Die Wechselräder $r_1 \, r_2$ berechnet man wie folgt: Wird die Teilkurbel um $n_T = \frac{40}{63}$ gedreht, so muß die Räderübersetzung zwischen Teilscheibe und Kurbel die Teilscheibe um $n_S = \frac{2}{63}$ Umläufe drehen, d. h. nach Abb. 432:

$$\frac{\text{Umdrehungen der Teilkurbel}}{\text{Umdrehungen der Teilscheibe}} = \frac{n_T}{n_S} = \frac{r_2}{r_1} \cdot \frac{40}{1}, \text{ wenn das Schneckenrad 40 Zähne}$$

hat und die Schnecke eingängig ist.

$$\frac{40 \cdot 63}{63 \cdot 2} = \frac{r_2}{r_1} \cdot \frac{40}{1} \text{ oder } \frac{r_2}{r_1} = \frac{1}{2} = \frac{24}{48}.$$

Rad auf der Teilspindel: $r_1 - 48\ z$, Rad auf Bolzen I: $r_2 - 24\ z$, 2 Zwischenräder.

Das Schnellteilen bezweckt, bei geringer Schnittzahl das Teilen bei ausgerückter Schnecke vorzunehmen, damit die große Zwischenübersetzung ausfällt. Hierzu ist in Abb. 434 die Schnecke außerachsig gelagert.

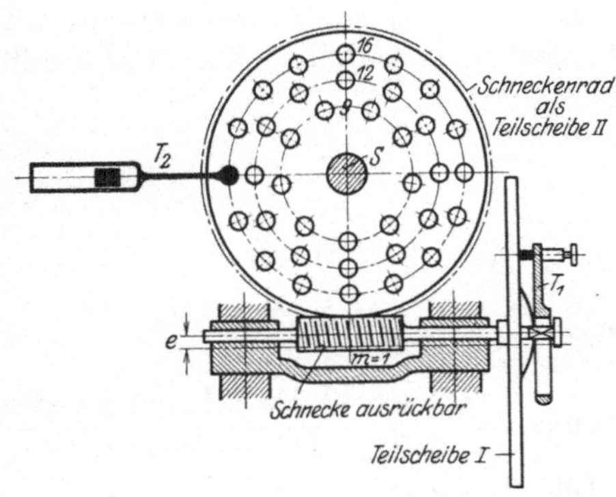

Abb. 434. Schnellteiler.

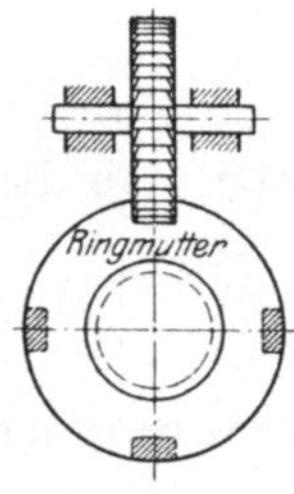

Abb. 435. Nutenfräsen einer Ringmutter.

Sind z. B. die 4 Nuten einer Ringmutter (Abb. 435) zu fräsen, so wäre bei dem Teilkopf ohne Schnellteilung die Teilkurbel um $x = \dfrac{z}{z_1} = \dfrac{40}{4} = 10$ Umdrehungen zu drehen, was zeitraubend wäre. Bei ausgerückter Schnecke dient das Schneckenrad als Teilscheibe II. Setzt man den Teiler T_2 z. B. auf Lochkreis 16, so muß die Teilscheibe II jedesmal um 4 Löcher gedreht werden, damit die Ringmutter 4mal geteilt wird.

b) Das Fräsen von Zahnlücken und Nuten.

1. Bei Stirnrädern und Walzenfräsern.

Die zu fräsenden Räder werden mit einem Dorn zwangläufig zwischen die Spitzen des Teilkopfes und Reitstockes gespannt (Abb. 436). Die Zahntiefe wird durch Hochkurbeln des Winkeltisches eingestellt. Das Werkzeug f, ein hinterdrehter, rechtsschneidender Scheibenfräser, sitzt auf dem Dorn der Frässpindel. Infolgedessen muß der Querschlitten Q die Räder W

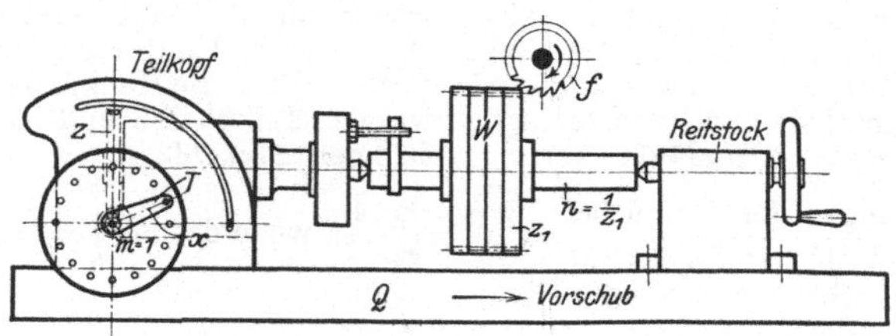

Abb. 436. Fräsen von Stirnrädern.

nach rechts zuschieben. Ist der Schnitt vollzogen, so ist Q in die Anfangsstellung zurückzukurbeln und die Räder sind mit dem Teilkopf zu teilen.

Berechnung der Umdrehungen der Teilkurbel. Haben die Räder W z_1 Zähne, so sind sie beim Teilen jedesmal um $\dfrac{1}{z_1}$ Umdrehungen zu drehen, also auch das Schneckenrad der Teilspindel. Sind hierzu mit der Teilkurbel T x Umdrehungen zu machen, so verhält sich nach Abb. 436

$$\frac{x}{\dfrac{1}{z_1}} = \frac{z}{1},$$

vorausgesetzt, daß die Schnecke eingängig ist. Danach ist:

$$x = \frac{z}{z_1},$$

d. h. Umdrehungen der Teilkurbel $= \dfrac{\text{Zähnezahl des Schneckenrades}}{\text{Zähnezahl des Werkrades}}$

Aufgabe 1. Das zu fräsende Rad habe 25 Zähne.

Um die Zähnezahl des Schneckenrades zu bestimmen, macht man an den Spindelkopf und an das Spindelgehäuse Striche, die sich decken. Hierauf dreht man die Teilkurbel so oft, bis die Striche wieder zusammenkommen. Sind hierzu 40 Umdrehungen mit der Teilkurbel gemacht, so hat das Schneckenrad bei eingängiger Schnecke 40 Zähne.

$$\text{Umdrehungen der Teilkurbel} = \frac{z \text{ vom Schneckenrad}}{z_1 \text{ vom Werkrad}} = \frac{40}{25} = 1 + \frac{15}{25}.$$

Die Teilkurbel ist daher auf den Lochkreis 25 einzustellen und jedesmal um eine volle Umdrehung $+$ 15 Löcher zu drehen.

Aufgabe 2. Es ist ein Fräser mit 36 geraden Zähnen zu fräsen.

$$\text{Umdrehungen der Teilkurbel} = \frac{z \text{ vom Schneckenrad}}{z_1 \text{ vom Werkstück}} = \frac{40}{36} = 1 + \frac{4}{36} = 1 + \frac{3}{27}.$$

Auf Lochkreis 27 sind mit der Teilkurbel T jedesmal eine ganze Umdrehung und 3 Löcher zu nehmen.

Aufgabe 3. Das zu fräsende Zahnrad habe 71 Zähne (Primzahl).

Umdrehungen der Teilkurbel $n_T = \frac{40}{71}$. Lochkreis 71 ist nicht vorhanden, es soll daher a) Lochkreis 27 benutzt werden:

$$n_T = \frac{40}{71} \cdot \frac{27}{27} = \frac{1080}{71 \cdot 27} = \frac{1065 + 15}{71 \cdot 27} = \frac{15}{27} + \frac{5}{639}.$$

Demnach sind mit der Teilkurbel T auf Lochkreis 27 jedesmal 15 Löcher zu nehmen, und die Wechselräder müssen die Teilscheibe um $\frac{5}{639}$ Umläufe drehen. Hierzu müssen die Räder folgende Übersetzung haben:

$$\frac{\text{Umdrehungen der Teilkurbel } n_T}{\text{Umdrehungen der Teilscheibe } n_S} = \frac{r_2}{r_1} \cdot \frac{40}{1}$$

$$\frac{40 \cdot 639}{71 \cdot 5} = \frac{r_2}{r_1} \cdot \frac{40}{1}, \text{ d. h. } \frac{r_2}{r_1} = \frac{9}{5} = \frac{72}{40}.$$

Rad auf der Teilspindel $r_1 = 40\,z$, r_2 auf Bolzen I $= 72\,z$, 1 Zwischenrad. b) Lochkreis 18 soll benutzt werden:

$$n_T = \frac{40}{71} \cdot \frac{18}{18} = \frac{720}{71 \cdot 18} = \frac{710 + 10}{71 \cdot 18} = \frac{10}{18} + \frac{5}{639}.$$

Auf Lochkreis 18 stellt man die Teilkurbel jedesmal um 10 Löcher weiter. Dabei drehen die obigen Wechselräder und das Zwischenrad die Teilscheibe um $\frac{5}{639}$ Umläufe weiter, so daß die Teilkurbel in Wirklichkeit $\frac{10}{18} + \frac{5}{639} = \frac{40}{71}$ Umdrehungen macht.

Aufgabe 4. Das zu fräsende Rad hat 101 Zähne: $n_T = \frac{40}{101}$

Teilen auf Lochkreis 20: $n_T = \frac{40}{101} \cdot \frac{20}{20} = \frac{800}{101 \cdot 20} = \frac{808 - 8}{101 \cdot 20} = \frac{8}{20} - \frac{2}{505}.$

Demnach auf Lochkreis 20 jedesmal 8 Löcher teilen.

Wechselräder: $\dfrac{n_T}{n_S} = \dfrac{40 \cdot 505}{101 \cdot 2} = \dfrac{r_2}{r_1} \cdot \dfrac{40}{1}$ und $\dfrac{r_2 r_4}{r_1 r_3} = \dfrac{5}{2} = \dfrac{72}{24} \cdot \dfrac{40}{48}$, d. h.

nach Abb. 433 $\begin{array}{l|l} r_4 - 72\,z & r_2 - 40\,z \\ r_3 - 24\,z & r_1 - 48\,z \end{array}$, dazu 2 Zwischenräder.

2. Bei Spiralfräsern.

Beim Spiralfräsen (Abb. 437) ist der Querschlitten Q mit der Drehscheibe des Arbeitstisches auf den Spiralwinkel β einzustellen. Dadurch

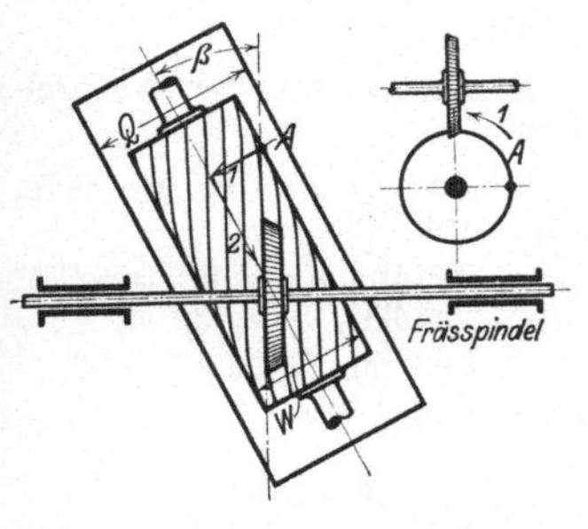

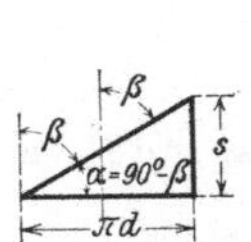

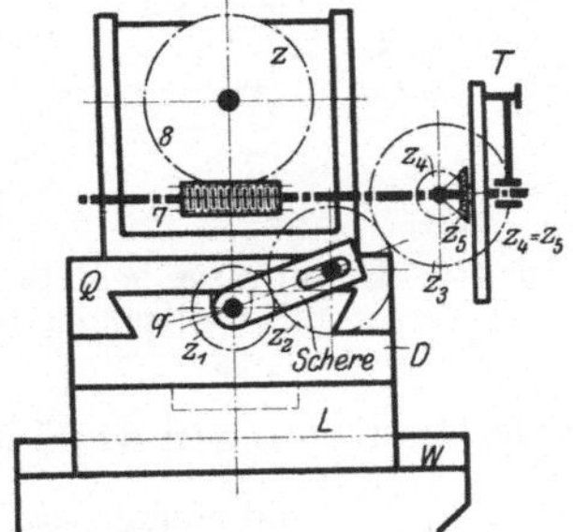

Abb. 437. Spiralfräsen. Abb. 438. Abwicklung der Spirale. Abb. 439. Antrieb des Teilkopfes.

kommt die Spirale in die Schnittebene des Fräsers. Soll nun der Fräser einen Spiralzahn oder, besser gesagt, einen Schraubenzahn herausschneiden, so muß das Werkstück nach 1 langsam gedreht und gleichzeitig nach 2 schräg zur Frässpindel vorgeschoben werden. Beide Bewegungen werden von der Querschlittenspindel q abgeleitet. Sie hat also den Querschlitten Q bei jeder Umdrehung des Werkstückes um die Steigung der Spirale zu verschieben. Demnach wäre der Tischweg für eine volle Spirale gleich ihrer Steigung, nach Abb. 438 $s = \pi d \cdot \tan a$. Hierin ist $a = 90 - \beta$. Hat die Tischspindel q selbst die Steigung s_1, so wird sie, um den Tischweg s hervorzubringen, $\dfrac{s}{s_1}$ Umdrehungen machen müssen, d. h.

$$\text{Umläufe der Tischspindel } n_q = \frac{s}{s_1} = \frac{\text{Steigung der Spirale}}{\text{Steigung der Tischspindel}}.$$

Während die Tischspindel diese Umläufe macht, muß der Teilkopf mit dem Werkstück gerade eine volle Umdrehung ausführen. Dies besorgen in Abb. 439 die Wechselräder z_1, z_2, z_3, die über die Kegelräder z_4, z_5 die Teilscheibe und die Teilkurbel, sowie das Schneckengetriebe 7/8 des Teilkopfes treiben. Ihre Übersetzung ist daher:

$$\frac{z_1}{z_2} \cdot \frac{z_2}{z_3} \cdot \frac{z_4}{z_5} \cdot \frac{1}{z} = \frac{\text{Umdrehungen der Teilspindel}}{\text{Umdrehungen der Tischspindel}} = \frac{1}{n_q}$$

$$= \frac{1}{\text{Umdrehungen der Tischspindel}}.$$

Da $z_4 = z_5$ ist, so ist die Übersetzung

bei 3 Wechselrädern (Abb. 439): $\dfrac{z_1}{z_3} = \dfrac{z}{n_q} = \dfrac{\text{Schneckenrad-Zähnezahl}}{\text{Tischspindel-Umdrehungen}}$;

bei 4 Wechselrädern (Abb. 440): $\dfrac{z_1}{z_2} \cdot \dfrac{z_3}{z_4} = \dfrac{z}{n_q}$.

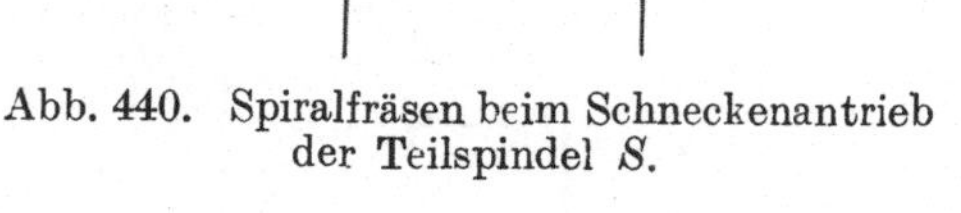

1. *Aufgabe.* Es ist ein Spiralfräser von 80 mm ⌀ zu fräsen. Spiralwinkel sei 15⁰.

1. Nach Abb. 437 ist der Querschlitten Q auf $\beta = 15^0$ schräg zu stellen.

2. Berechnung der Wechselräder:

a) **Steigung der Spirale.** Nach Abb. 438 ist:

$$s = \pi \cdot d \cdot \tan a = \pi \cdot 80 \cdot \tan 75^0$$
$$= 251{,}33 \cdot 3{,}732,$$
$$s = 937{,}96 \text{ mm} = 36{,}9'' \sim 37''.$$

Abb. 440. Spiralfräsen beim Schneckenantrieb der Teilspindel S.

b) **Umdrehungen der Tischspindel bei $^1/_4''$ Steigung.**

$$\text{Umdrehung der Tischspindel } n_q = \frac{s}{s_1} = \frac{37''}{^1/_4{''}} = 148.$$

Die Tischspindel muß also 148 Umdrehungen machen, wenn sich die Teilspindel einmal dreht.

c) **Wechselräder:** $\dfrac{z_1}{z_3} = \dfrac{\text{Zähnezahl des Schneckenrades}}{\text{Umdrehungen der Tischspindel}} = \dfrac{40}{148} = \dfrac{20}{74}$, d. h.

treibendes Rad $z_1 = 20$ Zähne, getriebenes Rad $z_3 = 74$ Zähne, z_2 beliebig. Diese Wechselräder sind nach Abb. 439 einzubauen. Die Teilscheibe ist zu entriegeln und die Teilkurbel einzurücken, damit z_5 den Teilkopf treibt.

2. *Aufgabe*: Ein Gewinde (Schnecke) von $^3/_8''$ Steigung, Teilkreis $= 48$ mm $\varnothing$ ist zu fräsen (Abb. 440).

Für das Gewindeschneiden auf der Drehbank gilt für die Berechnung der Wechselräder: $\dfrac{\text{treibende Räder}}{\text{getriebene Räder}} = \dfrac{s}{s_1}$. (Bd. I, S. 74.)

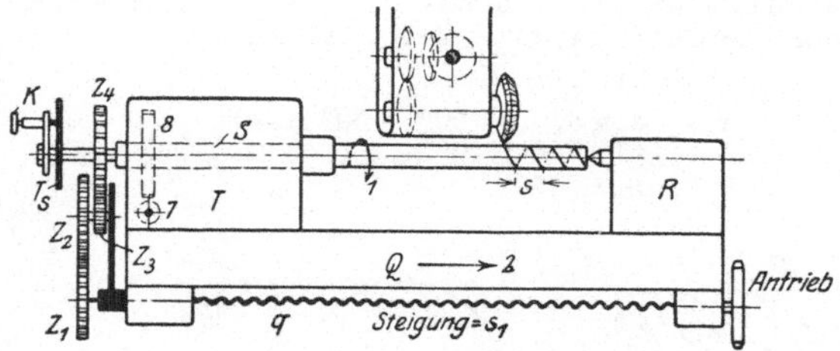

Abb. 441. Spiralfräsen ohne Schneckenantrieb der Teilspindel S.

Da hier der Antrieb von der Leitspindel q ausgeht, so ist

$$\frac{z_1}{z_2} \cdot \frac{z_3}{z_4} \cdot \frac{m}{z} = \frac{s_1}{s} \quad \text{und} \quad \frac{z_1}{z_2} \cdot \frac{z_3}{z_4} = \frac{s_1}{s} \cdot \frac{z}{m} = \frac{40}{1} \cdot \frac{^1/_4''}{^3/_8''} = \frac{80}{3}.$$

Diese große Übersetzung läßt sich bei dem kleinen Abstande zwischen Teil- und Leitspindel mit 2 Räderpaaren nicht unterbringen. Man muß es daher mit 2 Scheren und 3 Räderpaaren versuchen:

$$\frac{z_1}{z_2} \cdot \frac{z_3}{z_4} \cdot \frac{z_5}{z_6} = \frac{80}{3} = \frac{4}{1} \cdot \frac{4}{1} \cdot \frac{5}{3} = \frac{48}{12} \cdot \frac{56}{14} \cdot \frac{25}{15}.$$

Die Ursache der großen Übersetzung liegt in dem Schneckengetriebe. Rückt man die Schnecke 7 aus und steckt z_4 mit einem Dorn in die Teilspindel S und treibt sie ohne Benutzung des Schneckengetriebes an, so ist nach Abb. 441

$$\frac{z_1}{z_2} \cdot \frac{z_3}{z_4} = \frac{^1/_4''}{^3/_8''} = \frac{8}{4 \cdot 3} = \frac{18}{24} \cdot \frac{32}{36}.$$

Der Tisch ist auf α^0 einzustellen

$$\operatorname{tang} \alpha = \frac{s}{\pi d} = \frac{^3/_8 \cdot 25{,}4}{\pi \cdot 48} = 0{,}0632; \quad \alpha = 3^0\,40'.$$

3. Bei Schraubenrädern.

Bei Schraubenrädern sind die Zähne nach einer Schraubenlinie zu schneiden. Das Fräsen der Schraubenräder ist daher ein Spiralfräsen. Der Teilkopf hat also dem Schraubenrade eine Umdrehung zu erteilen, während der Querschlitten es um die Steigung vorschiebt. Bei Schraubenrädern ist jedoch auf die Normal- und Stirnteilung zu achten (Abb. 442). Nach der Normalteilung t_n, d. i. der senkrechte Abstand zweier Zähne, ist der Fräser zu wählen, der durch die Lücke hindurch muß. Die Stirnteilung t_s, d. i. der Abstand zweier Zähne an der Stirn des Rades auf dem Teilkreise gemessen, ist für die Größe des Rades maßgebend.

Nach Abb. 442 ist: $\cos \beta = \dfrac{t_n}{t_s}$ und die Stirnteilung $t_s = \dfrac{t_n}{\cos \beta}$

oder die Stichzahl der Stirnteilung $m_s = \dfrac{m_n}{\cos \beta}$. Der Teilkreisdurch-messer des Rades ist daher $d = m_s \cdot z$.

244 Der Teilkopf und seine Anwendung in der Werkzeug- und Räderfräserei.

1. *Aufgabe.* Es ist ein Schraubenrad von der Stichzahl 3 mit 31 Zähnen unter dem Spiralwinkel 50^0 zu fräsen.

1. **Drehscheibe mit Querschlitten** auf $\beta = 50^0$ einstellen.

2. **Stichzahl der Stirnteilung:** $m_s = \dfrac{m_n}{\cos \beta} = \dfrac{3}{\cos 50^0} = \dfrac{3}{0{,}643} = 4{,}665$.

3. **Raddurchmesser** im Teilkreis $d = m_s \cdot z = 4{,}665 \cdot 31 = 144{,}62$ mm, Außendurchmesser $= 144{,}62 + 2 \cdot 3 = 150{,}62$ mm.

4. **Steigung der Schraubenlinie:**
$$s = \pi\, d \cdot \operatorname{tang} a, \quad a = 90^0 - 50^0 = 40^0$$
$$= \pi \cdot 144{,}62 \cdot \operatorname{tang} 40^0 = 452 \cdot 0{,}84 \sim 380 \text{ mm}$$
$$s = 380 \text{ mm} = 15''.$$

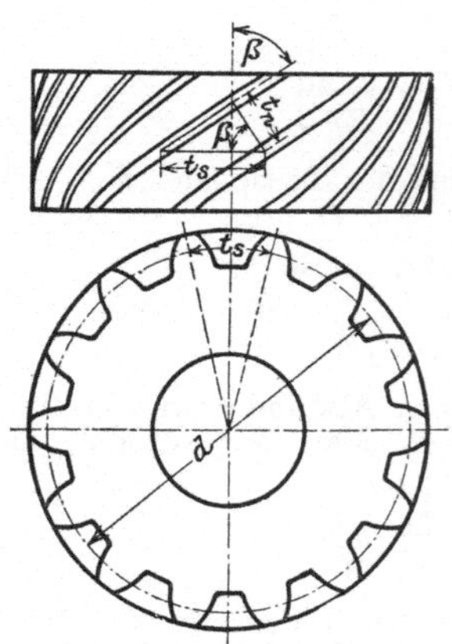

Abb. 442. Schraubenrad.

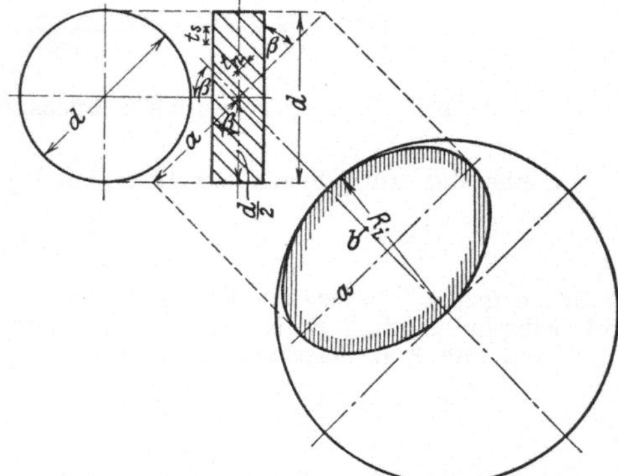

Abb. 443. Gedachtes Stirnrad zum Schraubenrad.

5. **Umdrehungen der Tischspindel** bei $^1/_4{''}$ Steigung: $n_q = \dfrac{s}{s_1} = \dfrac{15}{^1/_4} =$ 60 Umdrehungen bei 1 Umdrehung des Teilkopfes.

6. **Wechselräder** $= \dfrac{\text{Zähnezahl des Schneckenrades}}{\text{Umdrehungen der Tischspindel}} = \dfrac{40}{60} = \dfrac{20}{30} = \dfrac{14}{21}.$ Es sind also nach Abb. 439 $z_1 = 14$ und $z_3 = 21$ einzubauen. Beim Fräsen ist die Teilscheibe zu entriegeln und die Teilkurbel einzurücken.

7. **Einteilen des Rades:** Teilscheibe verriegeln.

$$\text{Umdrehungen der Teilkurbel} = \dfrac{z \text{ vom Schneckenrad}}{z_1 \text{ vom Werkrad}} = \dfrac{40}{31}.$$

Die Teilkurbel ist also auf Lochkreis 31 einzustellen und jedesmal um eine volle Umdrehung $+ 9$ Löcher zu drehen. Für die Auswahl des Fräsers ist die Stichzahl m_n und die Zähnezahl z_i eines gedachten Rades vom Halbmesser R_i der Schnittellipse senkrecht zu den Zähnen maßgebend (Abb. 443).

In Abb. 443 ist:

$$b = \frac{d}{2}$$

$$a = \frac{d}{2} \cdot \frac{1}{\cos \beta}$$

$$\text{Krümmungshalbmesser } R_i = \frac{a^2}{b} = \frac{d}{2} \frac{1}{\cos^2 \beta}$$

$$\text{Zähnezahl des gedachten Rades } z_i = \frac{2\,R_i}{m_n} = \frac{d}{\cos^2 \beta} \cdot \frac{1}{m_n} = \frac{d}{\cos^2 \beta} \frac{1}{m_s \cdot \cos \beta}.$$

Hierin:
$$\frac{d}{m_s} = z$$

$$z_i = \frac{z}{\cos^3 \beta} = \frac{31}{0{,}643^3} = 116.$$

2. *Aufgabe.* Ein Spiralbohrer von $1'' \varnothing$ und $3{,}24''$ Steigung ist zu fräsen. Nach Abb. 440:

$$\frac{z_1}{z_2} \cdot \frac{z_3}{z_4} = \frac{z}{m} \cdot \frac{s_1}{s} = \frac{40}{1} \cdot \frac{^1/_4{''}}{3{,}24''} = \frac{40}{1} \cdot \frac{1}{4 \cdot 3{,}24}$$

$$= \frac{1000}{324} = \frac{25 \cdot 40}{12 \cdot 27} = \frac{50}{24} \cdot \frac{40}{27}.$$

Tischeinstellung: $\tan \alpha = \dfrac{s}{\pi\, d} = \dfrac{3{,}24''}{\pi \cdot 1''} \sim 1; \cdot \alpha = 45^0$

$$\beta = 45^0 \ (\text{Abb. 437}).$$

4. Bei Schneckenrädern.

Das Fräsen der Schneckenräder erfordert wegen des gewindeartigen Zahnes ein Vorfräsen mit einem Scheibenfräser und ein Nachfräsen mit einem Schneckenfräser. Zum Vorfräsen wird das Schneckenrad zwischen Teilkopf T und Reitstock R zwangläufig eingespannt und wegen der

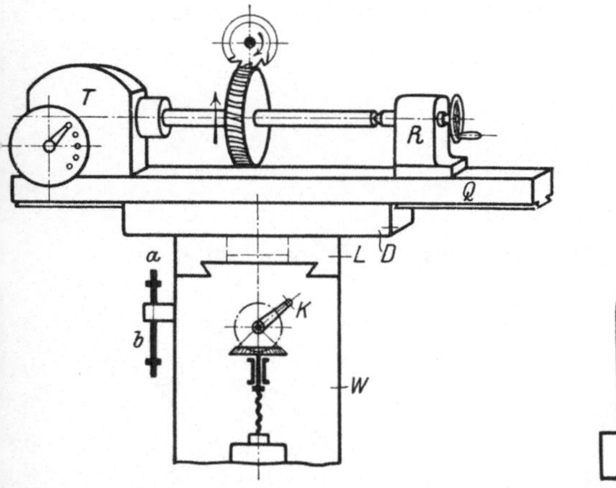

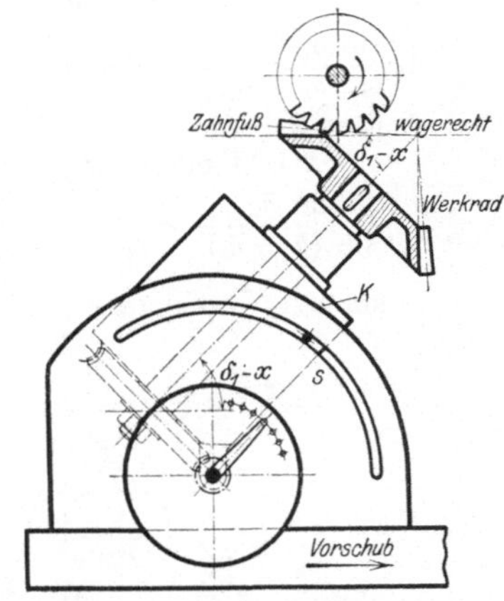

Abb. 444. Vorfräsen von Schneckenrädern.   Abb. 445. Fräsen der Kegelräder.

schrägen Zähne die Drehscheibe D nach Abb. 444 auf den Steigungswinkel α der Schnecke eingestellt. Dadurch kommt der Zahn in die Schnittebene des Fräsers. Mit dem Querschlitten Q ist dann die Radmitte auf den Fräser auszurichten. Beim Fräsen muß das Rad von unten her gegen den Fräser mit dem Winkeltisch W hochgekurbelt werden. Dabei ist die nicht volle Zahntiefe durch den oberen Anschlag a festgelegt. Nach dem Schnitt ist W auf den unteren Anschlag b herabzusenken und das Rad mit dem Teilkopf T zu teilen. Das nach dem Teilverfahren vorgefräste Rad hat nur schräge Zähne. Die Schraubenzähne werden durch Nachfräsen nach dem Wälzverfahren erreicht. Das Rad wird hierzu mit dem Dorn freilaufend zwischen T und R gespannt und genau auf die Mitte des Schneckenfräsers ausgerichtet. Dabei muß die Drehscheibe D auf 0^0 stehen. Mit dem Winkeltisch W wird das Rad wieder gegen den Fräser hochgekurbelt, der sich auf dem vorgeschnittenen Zahnkranze abwälzt.

Aufgabe. Auf welchen Winkel ist die Drehscheibe D des Tisches einzustellen beim Vorfräsen eines Schneckenrades, dessen Schnecke 20 mm Steigung und 48 mm ⌀ hat?

$$\operatorname{tang} \alpha = \frac{20}{48\,\pi} = 0{,}1326.$$

$$\alpha = 7^0\,30'.$$

Beim Vorfräsen ist demnach die Drehscheibe D auf $7^0\,30'$ und beim Fertigfräsen auf 0^0 einzustellen.

5. Bei Kegelrädern.

Die allgemeine Fräsmaschine liefert nur Räder von hinreichender Genauigkeit. Der Teilkopf muß beim Fräsen von Kegelrädern wie eine Haubitze schräg gestellt werden, damit der Zahnfuß als tiefste Schnittlinie des Fräsers wagerecht liegt. Hierzu ist nach Abb. 445 der Teilkopf auf den Fräswinkel $\delta_1 - x$ einzustellen.

Berechnung des Fräswinkels $\delta_1 - x$ für Rad I.

a) Kegelwinkel δ_1. Nach Abb. 446 ist nach dem Sinussatz:

1. $\dfrac{\sin \delta_1}{\sin \delta_2} = \dfrac{r_1}{r_2} = \dfrac{z_1}{z_2}$ und $\alpha = \delta_2 + \delta_2$ oder

2. $\delta_2 = \alpha - \delta_1.$

2 in 1 eingesetzt, ergibt

$$\frac{\sin \delta_1}{\sin (\alpha - \delta_1)} = \frac{z_1}{z_2},$$

$$\sin \delta_1 = \frac{z_1}{z_2} \cdot \sin (\alpha - \delta_1) = \frac{z_1}{z_2} \cdot \sin \alpha \cos \delta_1 - \frac{z_1}{z_2} \cos \alpha \cdot \sin \delta_1,$$

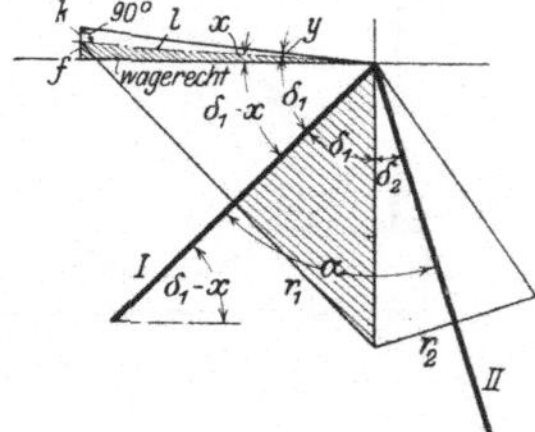

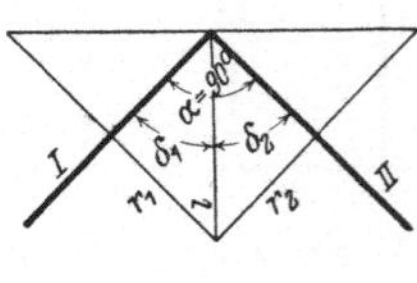

Abb. 446 und 447. Winkelbestimmung bei Kegelrädern.

$$\frac{\sin \delta_1}{\cos \delta_1}\left(1 + \frac{z_1}{z_2} \cos \alpha\right) = \frac{z_1}{z_2} \cdot \sin \alpha \, \frac{\cos \delta_1}{\cos \delta_1},$$

$$\operatorname{tang} \delta_1 = \frac{\dfrac{z_1}{z_2} \sin \alpha}{1 + \dfrac{z_1}{z_2} \cos \alpha}.$$

b) Fußwinkel x: In dem kleinen schraffierten Dreieck (Abb. 446) ist:

$$\operatorname{tang} x = \frac{f}{l}$$

und in dem großen Dreieck

$$\sin \delta_1 = \frac{r_1}{l}, \text{ also}$$

$$l = \frac{r_1}{\sin \delta_1}.$$

Demnach ist der Fußwinkel x aus $\operatorname{tang} x = \frac{f}{r_1} \sin \delta_1$ zu bestimmen.

c) **Drehwinkel** $\delta_1 + y$: Beim Drehen des Kegelkörpers ist der Werkzeugschlitten der Drehbank auf den Drehwinkel $\delta_1 + y$ einzustellen. In dem oberen kleinen Dreieck ist für den Kopfwinkel y:

$$\operatorname{tang} y = \frac{k}{l} = \frac{k}{r_1} \sin \delta_1.$$

Fräswinkel für Rad $II = \delta_2 - x$;

hierin $\qquad \delta_2 = \alpha - \delta_1$

Drehwinkel $\delta_2 + y$

Schneiden sich die Wellen I und II unter $\alpha = 90^0$, so ist

$$\operatorname{tang} \delta_1 = \frac{\dfrac{z_1}{z_2} \sin 90^0}{1 + \dfrac{z_1}{z_2} \cos 90^0} = \frac{z_1}{z_2},$$

al-o für $\qquad \alpha = 90^0,$

$$\left. \begin{aligned} \operatorname{tang} \delta_1 &= \frac{z_1}{z_2} = \frac{r_1}{r_2} \\ \text{und} \qquad l &= \sqrt{r_1^{\,2} + r_2^{\,2}} \end{aligned} \right\} \text{ nach Abb. 447.}$$

Aufgabe. Es sind 2 Kegelräder zu fräsen für Wellen, die sich unter 70^0 schneiden. Das größte Rad erhält 50 Zähne, das kleinste 25 Zähne. Teilung $m_a = 6$, Zahnkopf $k = m_a = 6$ mm, Zahnfuß $f = 1{,}26 \, m_a = 7{,}56 \sim 8$ mm.

Lösung. 1. Großes Rad.

Fräswinkel $\delta_1 - x$.

Hierin $\qquad \operatorname{tang} \delta_1 = \dfrac{\dfrac{z_1}{z_2} \sin \alpha}{1 + \dfrac{z_1}{z_2} \cdot \cos \alpha}$

$$\operatorname{tang} \delta_1 = \frac{\dfrac{50}{25} \sin 70^0}{1 + \dfrac{50}{25} \cdot \cos 70^0} = \frac{2 \cdot 0{,}94}{1 + 2 \cdot 0{,}34} = 1{,}12$$

$\operatorname{tang} \delta_1 = 1{,}12$.

Kegelwinkel $\delta_1 = 48^0 \, 10'$.

$$\operatorname{tang} x = \frac{f}{r_1} \cdot \sin \delta_1 = \frac{8}{150} \cdot 0{,}75.$$

Hierin $\qquad r_1 = m \cdot \dfrac{z}{2} = 6 \cdot \dfrac{50}{2} = 150$ mm,

$\operatorname{tang} x = 0{,}04,$

$x = 2^0 \, 20'$.

Fräswinkel $\delta_1 - x = 48^0 \, 10' - 2^0 \, 20' = 45^0 \, 50'$.

Drehwinkel $\delta_1 + y$,

$$\operatorname{tang} y = \frac{k}{r_1} \cdot \sin \delta_1 = \frac{6}{150} \cdot 0{,}75 = 0{,}03.$$

Kopfwinkel $y = 1^0\,40'$, demnach
$$\text{Drehwinkel } \delta_1 + y = 48^0\,10' + 1^0\,40' = 49^0\,50'.$$
Die Drehscheibe des Werkzeugschlittens ist also auf $49^0\,50'$ einzustellen.

2. Kleines Rad mit Kegelwinkel $\delta_2 = a - \delta_1 = 70^0 - 48^0\,10' = 21^0\,50'$.
Demnach: Fräswinkel $\delta_2 - x = 21^0\,50' - 2^0\,20' = 19^0\,30'$,
$$\text{Drehwinkel } \delta_2 + y = 21^0\,50' + 1^0\,40' = 23^0\,30'.$$

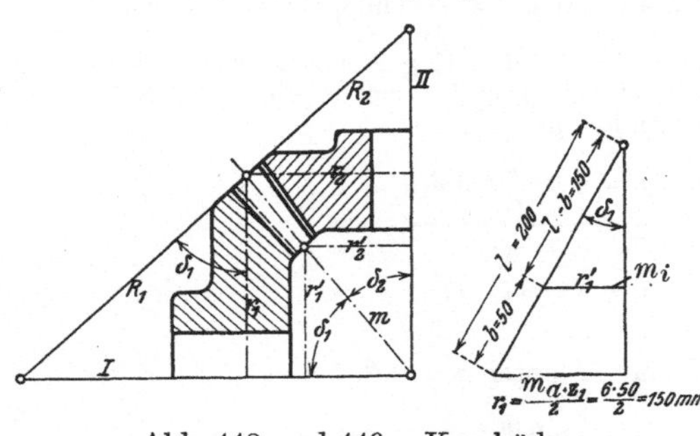

Abb. 448 und 449.   Kegelräder.

Der Fräser ist nach der Zähnezahl z_i eines gedachten Rades vom Halbmesser R_1 und R_2 zu wählen, d. h. nach den Erzeugenden der Ergänzungskegel.

Nach Abb. 448 ist:
$$\cos\,\delta_1 = \frac{r_1}{R_1}$$
$$\text{und } R_1 = \frac{r_1}{\cos\,\delta_1}$$

ebenso
$$R_2 = \frac{r_2}{\cos\,\delta_2}$$

Rad I: $z_i = \dfrac{2\,R_1}{m_a} = \dfrac{2r_1}{m_a \cos \cdot \delta_1} = \dfrac{z_1}{\cos\,\delta_1} = \dfrac{50}{0,667} \sim 75.$

Rad II: $z_i = \dfrac{z_2}{\cos\,\delta_2} = \dfrac{25}{0,928} \sim 27$

Zahnbreite $b \leqq \dfrac{1}{3}\,l$ in Abb. 449.

$$l = \frac{r_1}{\sin\,\delta_1} = \frac{150}{0,75} = 200$$

$$b \leqq \frac{200}{3} = 66, \text{ gewählt 50 mm.}$$

Nach Abb. 449: $r_1' = r_1 \cdot \dfrac{l-b}{l} = 150\,\dfrac{150}{200} = 112,5$ mm

Stichzahl der inneren Teilung: $m_i = m_a \cdot \dfrac{r_1'}{r_1} = \dfrac{6 \cdot 112,5}{150} = 4,5$

größte Breite des Fräsers $= \dfrac{t_i}{2} = \dfrac{m_i\,\pi}{2} = 2,25 \cdot \pi = 7$ mm.

Beim Fräsen der Kegelräder ist zu beachten, daß, wie Abb. 450 zeigt, die Zahnlücken spitz zulaufen. Infolgedessen ist das Rad erst mit einem Vorfräser von der Form der inneren Zahnlücke vorzufräsen, also Vorfräser für Rad I $m_i = 4,5$ und $z_i = 75$ und 7 mm dick, Vorfräser für Rad II $m_i = 4,5$, $z_i = 27$ und 7 mm dick. Zum Nachfräsen ist ein Fräser zu nehmen, dessen Zähne die äußeren Zahnflanken als Zahnform und die Breite der inneren Lücke als Zahndicke haben, demnach Nachfräser für Rad I $m_a = 6$, $z_i = 75$, Dicke 7 mm, für

Rad *II* $m_a = 6$, $z_i = 27$, Dicke 7 mm. Um mit diesem Nachfräser die vorgefrästen Lücken fertig zu fräsen, können 2 Wege eingeschlagen werden:

1. Damit der Nachfräser *II* beiderseits die Flanken herausschneidet, muß der Teilkopf mit dem Rade schräg auf dem Tische stehen und zwar für die linken Flanken schräg nach rechts und für die rechten Flanken schräg nach links. Es werden dabei zunächst sämtliche linken Flanken gefräst und hierauf sämtliche rechten. Der Teilkopf muß also unter dem Winkel a schräg zur Tischachse stehen. Nach Abb. 450 ist $\operatorname{tg} a \sim \dfrac{b_a - b_i}{2\,b}$.

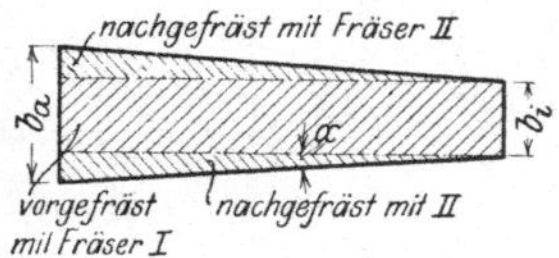

Abb. 450. Zahnlücke eines Kegelrades von der Breite b.

Dieselbe Lage des Rades zur Tischachse erhält man, wenn man die Teilkurbel vor dem Fräsen der rechten Flanken um einige Löcher nach links und für die Gegenflanken nach rechts stellt.

2. Das Rad wird wie vorhin vorgefräst. Das Nachfräsen geschieht mit einem gleichen Fräser *II*. Damit jedoch die spitze Zahnlücke entsteht, wird das Rad während des Fräsens mit dem Teilkopf etwas gedreht, und zwar für die linken Flanken nach rechts und für die rechten Flanken nach links. Wird so das Rad dem Fräser zugeschoben, so muß er die spitzen Lücken herausschneiden. Bei diesem Verfahren können nacheinander die rechten und linken Flanken gefräst werden. Das langsame Drehen des Rades nach rechts oder links kann auch die Maschine besorgen (nach Abb. 439), so daß das Kegelradfräsen halbselbsttätig vor sich geht.

Aufgabe. Die Lücke sei außen 8 mm, innen 4 mm. Das Rad ist also im Teilkreis um $\dfrac{8-4}{2} = 2$ mm zu drehen. Hat der Teilkreis 300 mm Umfang, so muß er für das Spitzfräsen jeder Flanke um $\dfrac{2}{300} = \dfrac{1}{150}$ Umdrehung gedreht werden.

Demnach Umdrehungen der Teilkurbel $= \dfrac{\text{Schneckenrad}}{150} = \dfrac{40}{150} = \dfrac{4}{15} = \dfrac{8}{30}$, also Lochkreis 30, auf dem jedesmal 8 Löcher nach rechts oder links zu nehmen sind.

6. Bei Scheibenfräsern.

Beim Fräsen der Seitenzähne eines Scheibenfräsers muß der Teilkopf nach Abb. 451÷453 auf $a = 90^0 - \delta^0$ eingestellt werden. Der Winkel δ läßt sich mit Hilfe des Lotes auf die wagerechte Fräserbahn bestimmen.

In Abb. 451 ist $\sin \delta = \dfrac{x}{r}$, in Abb. 452 ist $\operatorname{tang} \gamma = \dfrac{y}{x}$, in Abb. 453 $\operatorname{tang} \beta = \dfrac{y}{r}$, mithin $\sin \delta = \dfrac{y}{r \cdot \operatorname{tang} \gamma} = \dfrac{r \operatorname{tang} \beta}{r \cdot \operatorname{tang} \gamma} = \dfrac{\operatorname{tang} \beta}{\operatorname{tang} \gamma}$.

Hierin Mittelpunktswinkel des Scheibenfräsers $\beta = \dfrac{360}{z}$

$\gamma = $ Kegelwinkel des Arbeitsfräsers.

Aufgabe. Es ist ein Scheibenfräser von 180 mm $\varnothing$ mit 24 Zähnen zu fräsen. Der Winkelfräser hat $\gamma = 70^0$:

Mittelpunktswinkel des Scheibenfräsers $\beta = \dfrac{360^0}{z} = \dfrac{360}{24} = 15^0$.

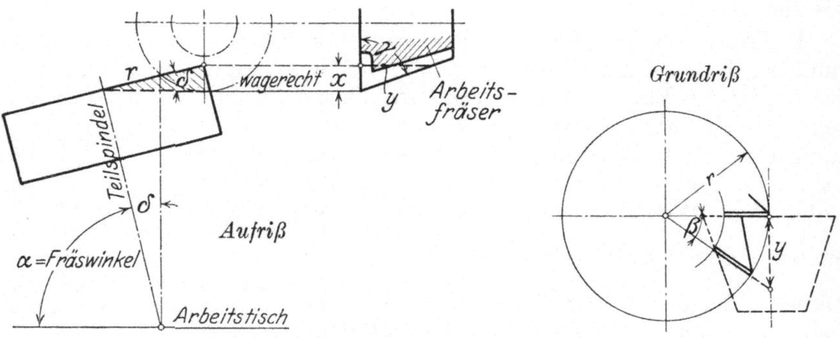

Abb. 451÷453. Fräsen der Seitenzähne eines Scheibenfräsers.

$$\sin \delta_1 = \frac{\operatorname{tang}\beta}{\operatorname{tang}\gamma} = \frac{\operatorname{tang}15^0}{\operatorname{tang}70^0} = 0{,}0975.$$
$$\delta_1 = 5^0\,35'.$$
Fräswinkel $\alpha = 90 - \delta_1 = 84^0\,25'$.

g) Bei Winkelfräsern.

Die Fräserbahn ist hier die Fußlinie $O'P'$, die wieder wagerecht liegen muß. Der Teilkopf ist daher auf den Fräswinkel $a_2 = a_3 - a_4$ einzustellen (Abb. 454 und 455).

Wie vorhin, ist auch hier zuerst der Zahnwinkel β des Arbeitswinkelfräsers in wahrer Größe darzustellen. Hierzu lege man durch die Spitze A' eines Zahnes senkrecht zu $O'P'$ eine Ebene. Die Schnittlinie dieser Ebene $E'E$ mit der Grundkreisfläche des Kegels ist AC in wahrer Größe. Das um $E'E$ herumgeklappte Dreieck $\mathfrak{ABC}$ erscheint wieder in wirklicher Größe mit dem Zahnwinkel β des Arbeitsfräsers bei $\mathfrak{B}$.

Abb. 454 u. 455. Winkelfräser.

Der Fußwinkel a_4 läßt sich aus $\triangle A'B'O'$ bestimmen:

$$\sin a_4 = \frac{A'B'}{O'A'}.$$

Es sind demnach $A'B'$ und $O'A'$ zu berechnen.

$A'B'$ aus $\triangle \mathfrak{ABC}$: $\operatorname{tang}\beta = \dfrac{\mathfrak{AC}}{\mathfrak{AB}} = \dfrac{AC}{A'B'}$ und $A'B' = \dfrac{AC}{\operatorname{tang}\beta}$.

In $\triangle OAC$: $\sin \alpha = \dfrac{AC}{r}$.

$$AC = r\cdot\sin\alpha \quad\text{und}\quad A'B' = r\cdot\frac{\sin\alpha}{\operatorname{tang}\beta}.$$

$$O'A' \text{ aus } \triangle O'O''A' : \sin \alpha_3 = \frac{A'O''}{A'O'} \text{ und } A'O' = \frac{A'O''}{\sin \alpha_3};$$

$$A'O'' = OC = r \cdot \cos \alpha$$

$$A'O' = \frac{r \cdot \cos \alpha}{\sin \alpha_3}.$$

$$\text{Es war } \sin \alpha_4 = \frac{A'B'}{A'O'} = \frac{r \cdot \sin \alpha \cdot \sin \alpha_3}{\tang \beta \cdot r \cdot \cos \alpha} = \frac{\tang \alpha}{\tang \beta} \cdot \sin \alpha_3$$

$$\sin \alpha_4 = \frac{\tang \alpha}{\tang \beta} \cdot \sin \alpha_3.$$

Kegelwinkel α_3.

$$\text{Im } \triangle A'O'O'' \text{ ist } \tang \alpha_3 = \frac{O''A'}{O'O''} = \frac{r \cdot \cos \alpha}{O'O''}.$$

$$\text{Im } \triangle O'O''M \text{ ist } \tang \alpha_1 = \frac{O'O''}{r}, \quad O'O'' = r \cdot \tang \alpha_1,$$

$$\tang \alpha_3 = \frac{r \cdot \cos \alpha}{O'O''} = \frac{r \cdot \cos \alpha}{r \cdot \tang \alpha_1} = \frac{\cos \alpha}{\tang \alpha_1}$$

Fräswinkel $\alpha_2 = \alpha_3 - \alpha_4$.

Aufgabe. Es ist ein Winkelfräser mit 18 Zähnen zu fräsen. Der Zahnwinkel sei $\alpha_1 = 75^0$, der des Arbeitsfräsers $\beta = 70^0$.

$$\text{Mittelpunktswinkel } \alpha = \frac{360}{z} = \frac{360}{18} = 20^0$$

$$\tang \alpha_3 = \frac{\cos \alpha}{\tang \alpha_1} = \frac{\cos 20^0}{\tang 75^0} = 0{,}252$$

$$\alpha_3 = 14^0 \, 10',$$

$$\sin \alpha_4 = \frac{\tang \alpha}{\tang \beta} \cdot \sin \alpha_3 = \frac{\tang 20^0}{\tang 70^0} \cdot \sin 14^0 \, 10' = 0{,}0325$$

$$\alpha_4 = 1^0 \, 53',$$

$$\alpha_2 = \alpha_3 - \alpha_4 = 14^0 \, 10' - 1^0 \, 53' = 12^0 \, 17'$$

Fräswinkel $\alpha_2 = 12^0 \, 17'$.

8. Bei Zahnstangen.

Beim Fräsen der Zahnstangen muß das Teilen in der Querrichtung erfolgen. Die Teilkurbel muß daher wie in Abb. 456 und 457 durch die Wechselräder auf die Querschlittenspindel wirken und jedesmal die Zahnstange um eine Teilung verschieben. Das Fräsen geschieht mit dem Längsschlitten, der die Stange auf den Fräser zuschiebt.

Aufgabe. Es ist eine Zahnstange von 25 mm Teilung zu fräsen. Die Tischspindel hat 8 mm Steigung. Sie muß daher für das Einteilen der Stange jedesmal $\frac{25}{8}$ Umdrehungen machen. Die Wechselräder haben die Übersetzung $\frac{r_4}{r_3} \cdot \frac{r_2}{r_1} = \frac{5}{4}$.

$$\text{Nach Abb. 456: } \frac{\text{Umdrehungen der Teilkurbel}}{\text{Umdrehungen der Tischspindel}} = \frac{r_4}{r_3} \cdot \frac{r_2}{r_1} = \frac{5}{4},$$

$$\text{Umdrehungen der Teilkurbel} = \frac{25}{8} \cdot \frac{5}{4} = \frac{125}{32} = 3 + \frac{29}{32},$$

also auf Lochkreis 32 sind 3 Umdrehungen + 29 Löcher zu nehmen.

Die Teilvorrichtung, bestehend aus Teilkurbel, Teilscheibe und Stellwinkel, kann man auch auf die Spindel eines Rundtisches setzen. Bei

Fräsmaschinen, Bohrmaschinen und Stößelhobelmaschinen wäre mit dieser Rundteilvorrichtung die Möglichkeit geboten, Schlitze, Nuten, Löcher usw. in genauer Teilung zu fräsen, bohren oder zu hobeln (Abb. 460).

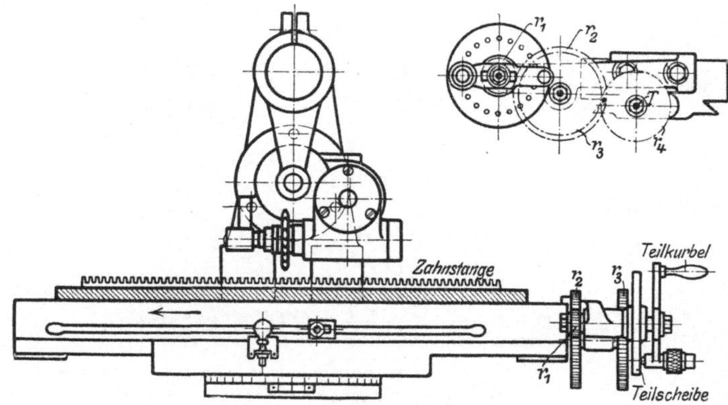

Abb. 456 u. 457. Fräsen einer Zahnstange.

XXI. Die Bearbeitung der Zahnräder.

Für die Erzeugung richtiger Zahnformen gibt es zwei Verfahren:

1. Das zeichnerische Verfahren, bei dem die Zahnformen, z. B. als Rollinien, aufgezeichnet und mit mehr oder weniger größerer Genauigkeit auf das Werkzeug, Hobelstahl, Stoßmeißel, Scheiben- oder Fingerfräser übertragen werden. Bei jeder Zähnezahl derselben Teilung sind die Zahnlücken verschieden, so daß, streng genommen, jede andere Zähnezahl ein anderes Werkzeug erfordert. Dieses mittelbare Verfahren wird als Teilverfahren durchgeführt.

2. Das unmittelbare Verfahren oder Wälzverfahren erzeugt die Verzahnung der Räder mit beliebiger Zähnezahl mit einem einzigen Werkzeug. Je einfacher die Form dieses Werkzeuges ist und je genauer sie hergestellt und nachgeschliffen werden kann, um so mehr genügt die Verzahnung höheren Ansprüchen. Bei allen Wälzverfahren finden zwischen Werkzeug und Werkstück Roll- und Wälzbewegungen statt.

a) Stirnräder.

Die Stirnräder werden heute gefräst, gehobelt, gestoßen und geschliffen.

1. Das Fräsen der Stirnräder.

Stirnräder werden gefräst:

α) nach dem Teilverfahren (Abb. 458 u. 459). Das Werkzeug für das Teilverfahren ist der hinterdrehte Scheibenfräser mit der Stichzahl $m = \dfrac{t}{\pi}$, Evolventenverzahnung mit Eingriffswinkel $\beta = 15^0$ bei $z \geq 30$. Gegen Unterschneidungen ist bei $z = 20$, $\beta = 17^1/_2{}^0$, bei $z = 15$, $\beta = 22^0$, bei $z = 10$, $\beta = 22^1/_2{}^0$, bei $z = 8$, $\beta = 25^0$ zu wählen. Die Maschine führt

den Fräser beim Arbeitsgang langsam durch das Rad hindurch mit
$s' = 5-200$ mm/min und holt ihn hierauf schnell zurück. Am Ende des
Rücklaufs wird das Rad durch die
Teilvorrichtung der Maschine mit
einem Ruck um eine Teilung geteilt.
Dieses Spiel wiederholt sich z mal.
Für genaue Teilungen ist ein feiner
Schlichtgang, bei hartem Stoff und
größeren Teilungen gleichzeitiges
Vor- und Nachfräsen zu empfehlen.
Gegen schädliche Erwärmungen
kann das Rad jedesmal um 3, 4
oder 5 Zähne geteilt werden (Bd. I,
S. 145).

Das Teilverfahren läßt sich auch
mit dem Kopf- oder Fingerfräser von der Form der Zahnlücke
durchführen (Bd. I, S. 146). Die
Maschine schiebt den Fräser zuerst

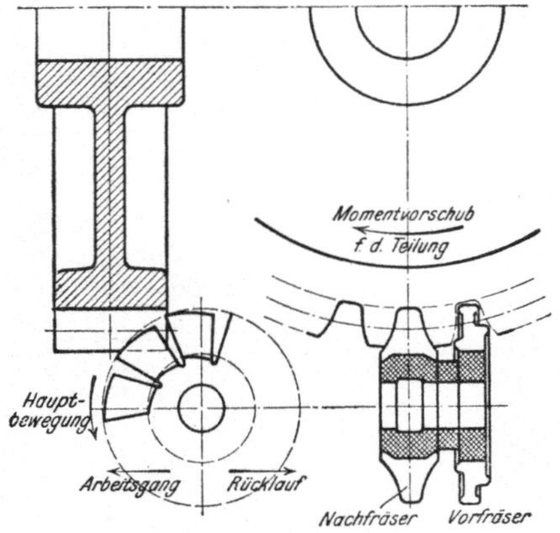

Abb. 458 u. 459. Teilverfahren.

bis auf die Zahntiefe gegen das Rad vor, schaltet hierauf den Vorschub
ein, mit dem der Fräser durch die Lücke des Rades geht. Nach be-
endetem Schnitt zieht die Maschine den Fräser zurück und führt den
Frässchlitten am Ständer schnell hoch. Währenddessen wird das Teilen
des Rades vollzogen. Äußerlich unterscheidet sich die Maschine von
Abb. 268, Bd. I, dadurch, daß der Ständer um 90^0 gedreht ist, so daß
die Frässpindel durch die Radachse gerichtet ist.

β) nach dem Wälzverfahren. Das Werkzeug ist hierbei ein
schneckenförmiger Fräser, der unter dem Steigungswinkel α zum Werk-
rade stehen muß. Der Fräser macht, sobald z Zähne zu fräsen sind,
z Umdrehungen bei jeder Umdrehung des Rades. Dabei wälzt er sich auf
dem Kranze ab und geht gleichmäßig in senkrechter Richtung mit $s = 0{,}2$
$\div 2$ mm durch das Rad hindurch, das eine ständige langsame Drehbewegung ausführt. Die Übersetzung zwischen Frässpindel und Aufspanndorn des Rades muß daher $\dfrac{1}{z}$ sein (Bd. I, S. 146).

2. Das Stoßen der Stirnräder.

Stirnräder werden ebenfalls nach dem Teil- oder Wälzverfahren
gestoßen.

α) Das Teilverfahren verlangt einen Formstahl von der genauen
Form der Zahnlücke, der in den Stahlhalter der Stoßmaschine gespannt wird. Der Rundtisch muß zum Teilen des Rades eine Teilvorrichtung haben. Soll das Werkstück Z Zähne erhalten, so muß es zum
Stoßen jeder Lücke $\dfrac{1}{Z}$ Umdrehungen machen, die mit der Teilkurbel T
auszuführen sind. Nach Abb. 460 ist bei $n_1 = 1$ der Teilkurbel

$$\frac{n_2}{n_1} = \frac{z_1}{z_2} \cdot \frac{z_3}{z_4} \cdot \frac{m}{z} \quad \text{und} \quad \frac{z_1}{z_2} \cdot \frac{z_3}{z_4} = \frac{z}{m} \cdot \frac{n_2}{n_1} = \frac{z}{Z} = \frac{\text{Zähnezahl des Schneckenrades}}{\text{Zähnezahl des Werkstückes}}$$

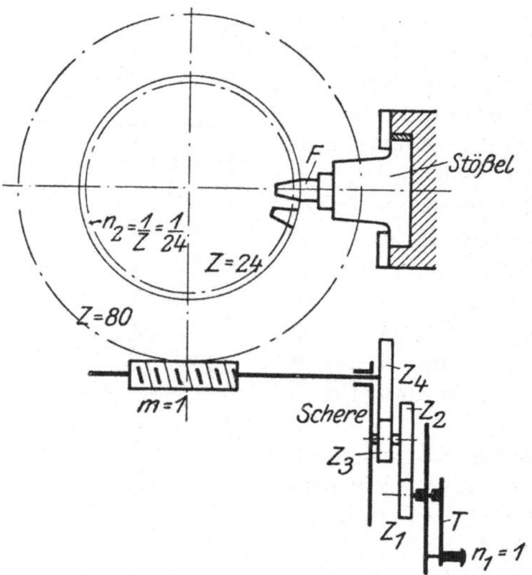

Abb. 460.   Stoßen der Zähne mit Formstahl.

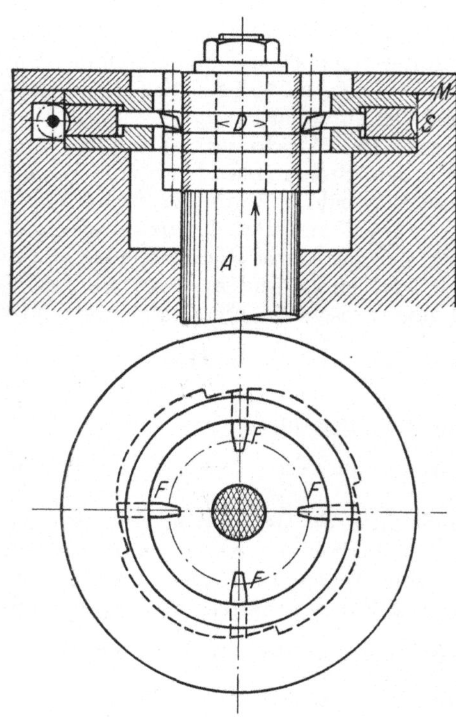

Abb. 461 u. 462.   Zahnradstoßen mit
mehreren Formstählen.

$$\frac{z_1}{z_2}\cdot\frac{z_3}{z_4}=\frac{80}{24}=\frac{10}{3}=\frac{5}{3}\cdot\frac{2}{1}=\frac{25}{15}\cdot\frac{24}{12}$$

$$z_1 = 25, \quad z_2 = 15,$$
$$z_3 = 24, \quad z_4 = 12.$$

Das Verfahren ist heute überholt. Die Keilnutenziehmaschine kann ebenfalls Stirnräder mit einem Formstahl hobeln und auch die Räummaschine, wenn die Räumnadel an dem Fertigzahn die genaue Form der Lücke hat. Diese Maschinen werden wohl nur bei Innenverzahnungen der Radkränze benutzt.

Sehr leistungsfähig wird das Zahnrad-Stoßverfahren, wenn man mit mehreren Formstählen zugleich arbeiten kann, wie dies bei der Zahnräder-Stoßmaschine der Stevenson Gear Co. der Fall ist. Die Zahnradscheiben werden hierbei auf den Dorn D gesteckt (Abb. 461 und 462), der auf- und abwärts durch den großen Messerkopf geht. Der Messerkopf M trägt eine der Zähnezahl oder einem Bruchteil derselben entsprechende Zahl Formstähle F, die sich mit dem Stellring S aufs genaueste einstellen lassen. Eine derartige Maschine bearbeitet 16 Kettenzahnräder von 76 mm $\varnothing$, 5 π Teilung in 3,7 min., während die Abwälzmaschine 17 min. brauchen würde.

β) Das Fellows-Verfahren ist ein Wälzverfahren, das dem Zusammenarbeiten zweier Stirnräder nachgebildet ist, von denen eins die Flanken des anderen Rades stößt. Das Werkzeug ist demnach ein Stoßrad, das gewöhnlich 24 Zähne hat (Abb. 463).

Wie ist nun das Verfahren durchzuführen? Das Stoßrad (Abb. 464) wird durch den Stößel der Maschine nach unten geführt. Es stößt dabei die Berührungsstellen der kämmenden Flanken aus dem Vollen heraus. Hierauf geht der Stößel hoch, nachdem das Werkrad durch den Arbeitstisch nach rechts zurückgezogen ist, damit die Schneiden des Stoßrades geschont bleiben. Vor dem nächsten Schnitt wird das Werkrad nach links wieder vorgeschoben, und durch eine Rucksteuerung werden beide Räder etwas weiter gewälzt. Beim folgenden Niedergang des Stößels werden daher neue Berührungsstellen gestoßen. Auf diese Weise werden die Flanken beim Wälzen strichweise aus dem Vollen heraus-

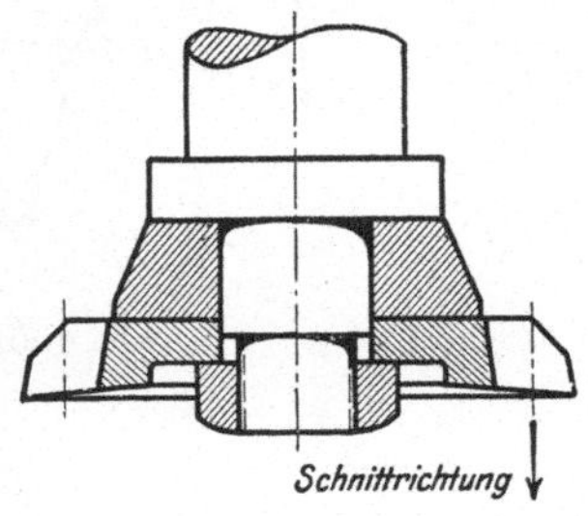

Abb. 463. Stoßrad.

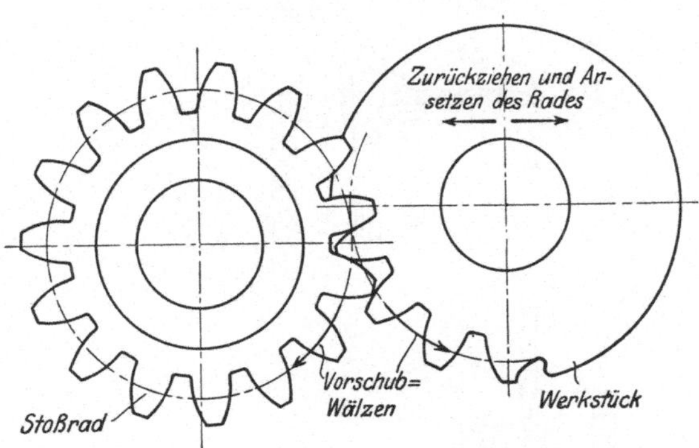

Abb. 464. Fellows Stoßwälzverfahren.

gestoßen (Abb. 465). Hat das Werkrad eine Umdrehung gemacht, so ist es fertig. Das Werkzeug kann in umgekehrter Aufspannung ziehend schneiden (Abb. 466), dabei fängt die Maschine mit einer Stütze den Druck auf. Wie die Abb. 465 zeigt, hat die Zahnspitze des Stoß- oder Schneidrades jeweils den stärksten Span zu nehmen. Nach den Seiten zu nimmt jedoch der Span ab. Die Flankenteile des Schneidrades, die die zu stoßende Radflanke schlichten, sind daher wenig belastet. Es genügt in den meisten Fällen eine Umdrehung des Werkrades, um sehr saubere Zahnflanken zu erreichen. Das Verfahren läßt sich sowohl für Außenverzahnung (Abb. 466 u. 467), als auch besonders für Innen-

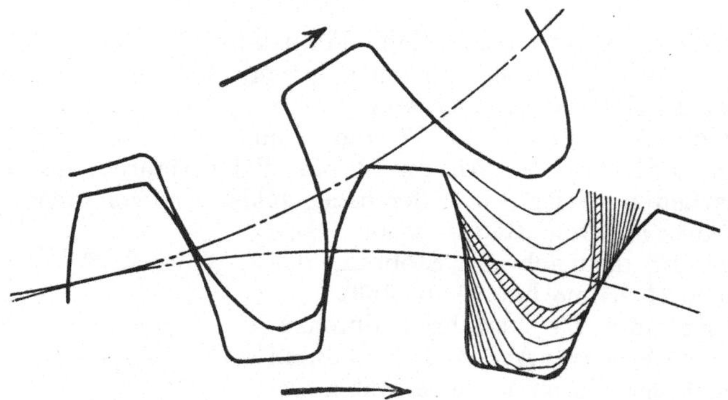

Abb. 465.　Fellows Stoßwälzverfahren.

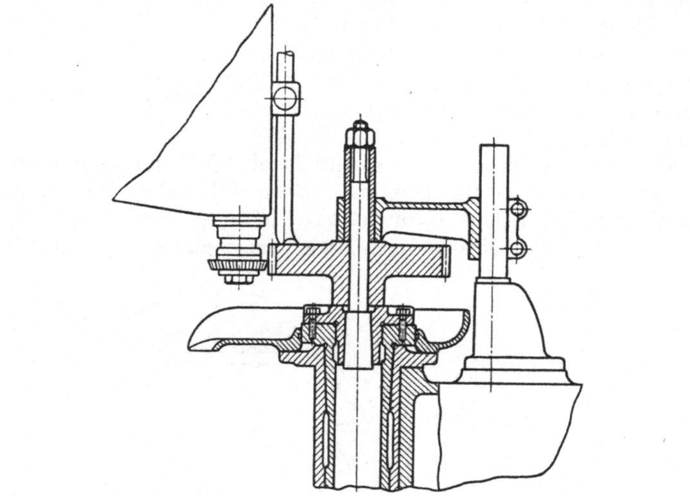

Abb. 466÷468.　Stoßen- von Außen- und Innenverzahnung.

verzahnung (Abb. 468) verwerten. Mit einem Stoßrad werden alle Zähnezahlen z derselben Stichzahl m gestoßen.

γ) Das Dietel-Verfahren ist dem Wälzen, d. h. dem Zusammenarbeiten von Zahnrad und Zahnstange, nachgebildet (Abb. 469). Das Werkzeug ist ein Formstahl von der Gestalt eines Zahnstangenzahnes. Das Dietel-Verfahren hat daher ein sehr einfaches Werkzeug. Soll der Formstahl die Zahnlücke eines Rades strichweise herausstoßen, so muß er den abwärtsgehenden Stoß ausführen. Das Werkrad hat nach jedem Hochgang des Stahles eine ruckweise Drehbewegung und zugleich eine gerade Bewegung zu machen. Soll nämlich der Punkt A_1 des Formstahles den Punkt A der Radflanke stoßen, so muß dies auf der Eingriffslinie im Punkt E geschehen. Da aber der Stahl stets in derselben Ebene stößt, so muß das Werkrad, während es um den Bogen EA nach links gedreht wird, um die Strecke EA_1 nach rechts verschoben werden.

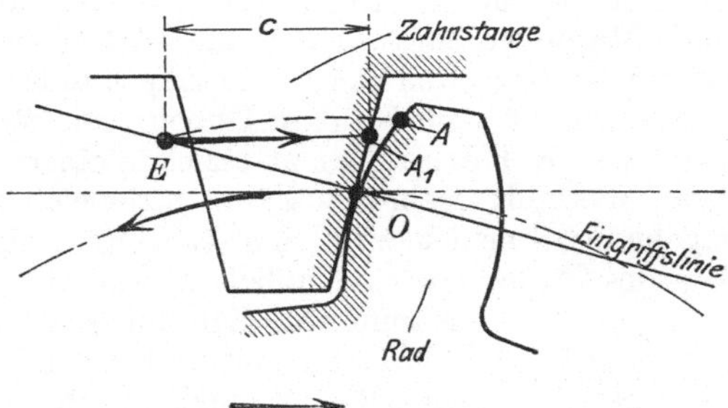

Abb. 469. Stoßwälzverfahren von Dietel.

Damit geht die unter $15°$ geneigte Eingriffslinie durch A_1. Das Verfahren wird auf der Stoßmaschine durchgeführt. Der Formstahl wird in den Stößel gespannt. Beim Niedergang des Stößels werden jedesmal 2 Stellen der Lücke gestoßen. Der Arbeitstisch muß nach jedem Hochgang des Stößels eine Drehbewegung und eine entgegengesetzte gerade Bewegung ausführen. Ist durch dieses Wälzen von Rad und Formstahl eine Lücke herausgestoßen, so wird der Tisch mit dem Rade in die Anfangsstellung zurückgeholt und das Rad für die nächste Zahnlücke geteilt. Hierin liegt die Schwäche des Verfahrens, da es schwer ist, bei etwaigem Spiel oder Ecken des Schlittens jedesmal die genaue Anfangsstellung zu treffen. Mit einem Formstahl lassen sich alle Zähne der gleichen Stichzahl stoßen. Bei großen Teilungen wird die Zahnlücke zuerst roh vorgestoßen. Das Verfahren wird besonders angewandt bei Kammwalzen, deren Zähne um die halbe Teilung versetzt sind. Hierbei wird zuerst der eine Kranz gestoßen, dann die Walze umgesteckt und hierauf der zweite Kranz gestoßen.

Auch bei der Zahnradstoßmaschine von Maag wird als Werkzeug ein Kammstahl benutzt, d. h., eine einfache hinterschliffene Zahnplatte mit mehreren geradflankigen Zähnen, also ein Stück einer Zahnstange oder im Vergleich zu Abb. 464 ein Stück eines unendlich großen Stoßrades. Der Stößel der Stoßmaschine führt beim Niedergehen den

Kammstahl durch den Kranz des Rades, so daß an den Berührungsstellen die Flanken strichweise ausgestoßen werden. Durch eine Zahnradübersetzung wird das Werkrad im Sinne der Abb. 469 gewälzt. Die Leistung des Zahnradstoßens wird noch erhöht, wenn auf der Gegenseite des Rades ein zweiter Stößel im Wechseltakt arbeitet.

3. Das Hobeln der Stirnräder.

Das Hobeln der Stirnräder wird ebenfalls nach dem Wälzverfahren vorgenommen. Das Werkzeug ist ein geradflankiger Hobelstahl — Einzelstahl — (Abb. 469), der frei von Härtefehlern und genau geschliffen sein muß. Die Arbeitsweise ist die gleiche wie in Abb. 469, nur arbeitet der Hobelstahl wagerecht. Bei dem Reinecker-Verfahren, das auf gleicher Grundlage beruht, wird ein Satz von 3 Stählen benutzt, ein Mittelstahl zum Vorschneiden der Nut und je ein rechter und linker Seitenstahl mit 15° Eingriffswinkel zum Aushobeln der beiden Flanken. Mit einem Satz von 3 Stählen lassen sich alle Zähnezahlen und Teilungen hobeln, weil hier die Flankenstähle getrennt sind.

Eine größere Leistung ist auch bei dem Hobeln von Stirnrädern mit dem Kammstahl von J. E. Reinecker zu erzielen, einem zahnstangenförmigen Werkzeug, das mit mehreren Zähnen zugleich arbeitet. Infolge seiner Formgebung schneidet der Kammstahl mit einigen Kämmen etliche Zahnlücken des Rades vor und hobelt immer mit dem gleichen Kamm eine Zahnlücke endgültig fertig. Der Kammstahl ist für alle Zähnezahlen derselben Teilung gleich.

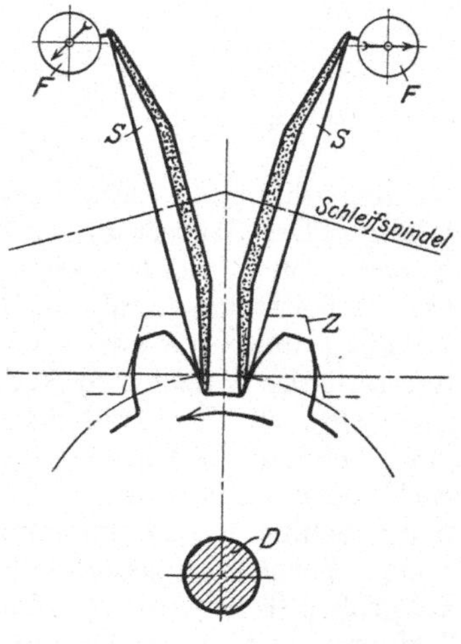

4. Das Schleifen der Stirnräder.

Das Schleifen der Stirnräder geschieht nach dem in den Abb. 308—311, Bd. I, dargestellten Teil- oder Wälzverfahren.

Bei dem Schleifwälzverfahren von Maag (Abb. 470) ist die rechte und linke Flanke der Zahnstange Z durch je eine Schleifscheibe S ersetzt. Das Zahnrad sitzt auf einem Dorn D, der durch einen Rollbogen mit Stahlbändern im Sinne der Abb. 311, Bd. I, das Hin- und Herwälzen erzeugt. Um die Abnutzung der Scheiben S nachprüfen zu können, setzt man von Zeit zu Zeit die Fühlhebel F an. Sobald sich eine Abnutzung bemerkbar macht, werden die Scheiben mit einem kleinen Getriebe um $^1/_{10000}$ mm vorgerückt, so daß sie ihre genaue Schleiflage wieder einnehmen.

Abb. 470. Schleifwälzverfahren von Maag.

Der Vorzug der geschliffenen Räder liegt darin, daß sie einen Liniendruck von 110 bis 130 kg/cm bei Geschwindigkeiten bis zu 68 m/s vertragen gegenüber 70 kg/cm bei ungehärteten Zähnen.

b) Schraubenräder.

Die Schraubenräder können wie Stirnräder entweder nach dem Teil- oder dem Wälzverfahren gefräst werden (Bd. I, S. 147).

Das Fellows-Wälzverfahren kann auch zum Stoßen von Schraubenrädern dienen. Das Stoßrad muß dabei ein Schraubenrad von gleicher Stichzahl sein, das während des Stoßens noch eine zusätzliche Drehbewegung erfährt. Jedes Werkzeug läßt sich nur für einen bestimmten Steigungswinkel verwenden. · Rechtsgängige Schraubenräder verlangen ein linksgängiges Stoßrad und umgekehrt. Das Schraubenradstoßen läßt sich sowohl bei Außen- als auch bei Innenverzahnung durchführen.

Schraubenräder lassen sich auch mit dem Kammstahl stoßen oder hobeln. Hierzu muß der Stahl am Stößel der Stoßmaschine unter dem Spiralwinkel β eingespannt werden, so daß er in schräger Stellung durch das Rad geht, das die erforderlichen Wälzbewegungen im Sinne der Abb. 276, Bd. I, ausführt.

c) Schneckenräder.

Schneckenräder werden mit dem zylindrischen oder dem kegeligen Schneckenfräser geschnitten (Bd. I, S. 148).

d) Kammwalzen und Pfeilräder.

Die Pfeilräder und die Kammwalzen mit Pfeilzähnen sind Schraubenräder, deren Zähne halb rechtsgängige und halb linksgängige Schraubengänge sind. Sie werden mit einem Kopf- oder Fingerfräser geschnitten, der der senkrechten Lückenform entsprechen muß (Bd, I, S. 149).

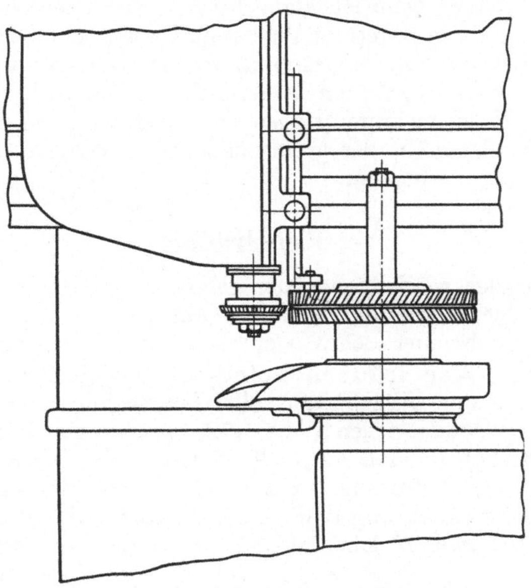

Abb. 471. Fellows-Verfahren für Pfeilräder.

Da die Pfeilräder nichts anderes als Schraubenräder sind, die auf der einen Kranzhälfte Rechtssteigung und auf der anderen Linkssteigung haben, so muß auch das Fellows-Verfahren für Schraubenräder Anwendung finden können. Man muß nur durch eine Eindrehung dafür sorgen, daß das ziehende Werkzeug auslaufen kann (Abb. 471). Mit einem rechtsgängigen Schneidrad wird der linksgängige Zahnkranz geschnitten und nach einem Umspannen mit dem linksgängigen Schneidrad der rechtsgängige Kranz. In gleicher Weise wie Schraubenräder lassen sich auch Pfeilräder mit dem Kammstahl stoßen. Auch dieses Verfahren verlangt, daß das auf Kranzmitte angebohrte oder eingedrehte Rad für das Stoßen jeder Kranzhälfte umgesteckt und der Kammstahl unter dem Spiralwinkel am Stößel festgespannt wird.

Die nach dem Fellows-Verfahren gestoßenen Pfeilräder haben eine unterbrochene Verzahnung (Abb. 471). Darunter leidet zweifellos die Festigkeit. Das Sykes-Verfahren[1]) vermeidet diese Schwächung der Pfeilzähne dadurch, daß es in wagerechter Richtung mit zwei Schraubenschneidrädern durchgeführt wird, von denen das eine rechtsgängig, das andere linksgängig ist. Das Stoßen ist somit durch ein Hobeln ersetzt, bei dem sich Werkstück und Werkzeug gegenseitig abwälzen.

Der Hobelschlitten trägt auf einer Werkzeugspindel in bestimmtem Abstande die beiden Schneidräder. Eine Kurbel bewegt ihn hin und zurück. Beim Hingang arbeitet das eine Schneidrad und erfährt dabei von der Werkzeugspindel die zusätzliche Drehbewegung entsprechend der Steigung des zu hobelnden Pfeilrades, dessen Pfeilwinkel gewöhnlich 120^0 beträgt. Das andere Werkzeug ist währenddessen zurückgezogen. Geht der Hobelschlitten zurück, so wird das erste Schneidrad aus dem Rade zurückgezogen, das zweite Werkzeug vorgeschoben, so daß es beim Rücklauf des Hobelschlittens hobelt. Die so entwickelten Pfeilzähne sind im Pfeil scharf ausgeschnitten. Ein Nacharbeiten wie bei den mit Fingerfräsern gefrästen Zähnen ist nicht nötig.

Nach dem Sykes-Verfahren lassen sich auch Stirn- und Schraubenräder hobeln, die zu mehreren eingespannt und von je einem Schneidrad geschnitten werden. Mit der größtmöglichen Genauigkeit ist daher die höchste Leistung verbunden.

e) Kegelräder.

Die Kegelräder werden entweder gehobelt, gefräst oder geschliffen. Das Hobeln der Kegelräder geschieht auf Kegelräderhobelmaschinen, die entweder nach einer Lehre oder nach dem Wälzverfahren arbeiten.

Die meisten Kegelräderhobelmaschinen arbeiten nach einer Lehre. Da bei den Kegelrädern alle Erzeugenden der Zahnflanken durch die Kegelspitze gehen (Abb. 472), so ist die Grundbedingung fürs Kegelräderhobeln, daß auch alle Schnitte des Hobelstahles durch die Kegelspitze gerichtet sind. Der Hobelstahl A sitzt hierzu an einem Stößel, der in der Richtung E die Schnitte durch die Kegelspitze vollführt. Das Werkrad B sitzt auf einem Dorn, der um die Kegel-

---

[1]) Maschinenfabrik Lorenz, A.-G., Ettlingen.

spitze G drehbar ist. Für das Anstellen des Rades nach der gewölbten
Zahnform trägt der Aufspanndorn einen Arm mit der Zahnlehre D.
Nach jedem Rücklauf des Stößels schiebt die Maschine das Kegelrad
nach rechts vor. Dabei wird die Lehre D durch ein Gewicht ständig
gegen den Leitstift E gedrückt. Richtet man die Maschine so aus, daß
der Berührungspunkt der Lehre D mit dem Leitstift E, sowie die
Schneide des Hobelstahls A und die Kegelspitze G auf einer Geraden
liegen, so müssen alle Schnitte in Richtung EE durch die Kegelspitze gerichtet sein. Wird dabei das Kegelrad nach der Lehre des Zahnes gegen
A vorgeschoben, so muß der
Hobelstahl die Lehre am Rade
nachbilden.

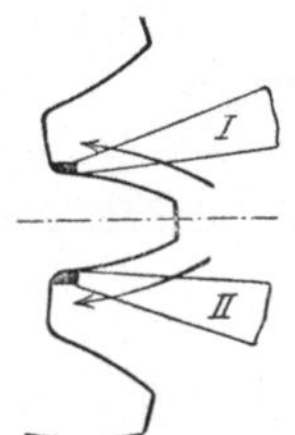
Abb. 473. Nachhobeln
mit 2 Stählen.

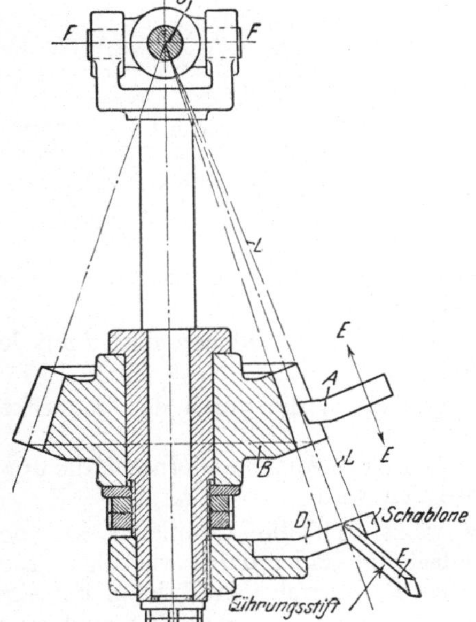
Abb. 472. Kegelräderhobelmaschine nach
Lehre arbeitend.

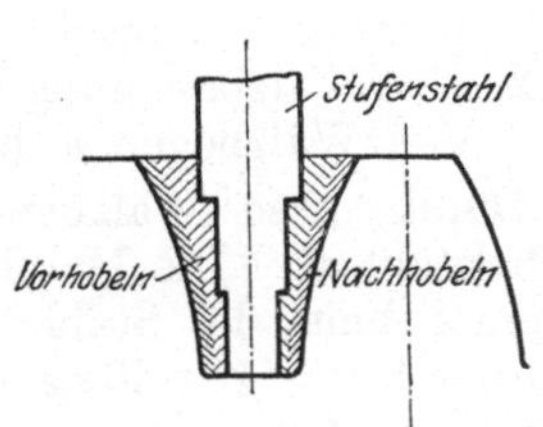
Abb. 474. Vorhobeln.

Um das Kegelradhobeln leistungsfähiger zu gestalten, arbeiten die
Zimmermann-Kegelräderhobelmaschinen mit 2 Hobelstählen,
deren Schnitte ebenfalls durch die Kegelspitze gerichtet sind (Abb. 473).
Der Hobelstahl I hobelt die obere Flanke nach der Lehre, auf der er mit
einer Rolle geführt ist. Der Stahl II stellt die untere Flanke her und wird
hierzu durch Zahnräder und -bogen von I aus gesteuert. Nach dem Rücklauf der Hobelstähle wird die Leitrolle um den Vorschub gegen den Zahnfuß vorgeschoben. Das Kegelrad steht also hier im Gegensatz zu Abb. 472
still und wird nur nach dem Fertighobeln der Flanken geteilt. Größere
Teilungen hobelt man mit einfachem Vorstechstahl oder Stufenstahl
mittelläufig oder mit gerader Lehre vor (Abb. 474).
Von den Kegelräderhobelmaschinen nach dem Wälzverfahren ist die Bilgram-Maschine die bekannteste (Abb. 475 und 476).

Das Kegelrad sitzt auf einem Dorn d, der an dem Spannbock D unter dem Kegelwinkel α festgespannt wird. Der Hobelstahl bewegt sich mit dem Stößel der Maschine stets in derselben Schnittrichtung. Zum Wälzen des Rades auf dem Hobelstahl sitzt am Gegenende des Dornes d ein Wälzbogen w. Er ist nichts anderes als ein Schnitt durch den Ergänzungskegel $D\,A\,E$, also eine Ellipse. Für die Wälzbewegung ist diese Ellipse mit 2 Stahlbändern $b\,b_1$ gegenseitig an dem Bett befestigt. Wird nun der Spannkasten D durch ein Schaltwerk, das auf das Schnecken-

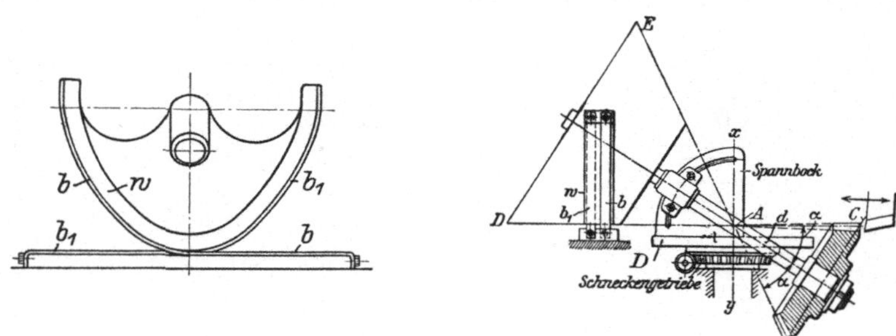

Abb. 475 u. 476.   Bilgram-Kegelräderhobelmaschine nach dem Wälzverfahren.

getriebe wirkt, langsam gedreht, so macht der Aufspanndorn d mit dem Kegelrade 2 Bewegungen, nämlich

1. eine Bewegung um die Achse $x\text{—}y$, die durch das Schneckengetriebe verursacht wird;
2. eine Wälzbewegung um die Achse des Aufspanndornes d, die durch den Wälzbogen w hervorgerufen wird.

Durch diese Wälzbewegung wälzt sich die Zahnflanke auf dem Hobelstahl ab. Die Maschine hobelt die Räder dabei wie folgt: Nach jedem Schnitt des Stahles wird das Rad durch den Teilkopf um einen Zahn selbsttätig weitergeschaltet, so daß zwischen je 2 Schnitten an demselben Zahn eine ganze Umdrehung des Rades liegt. Der Abstand dieser beiden Schnitte ist der Vorschub, der durch den Wälzbogen erzeugt wird. Die Räder werden mit einem Stahl vorgeschnitten und jede Flanke mit je einem Stahl nach dem Wälzverfahren nachgeschnitten. Da mit der Radgröße sich auch der Winkel α ändert, so gehört eigentlich zu jedem Rade ein anderer Wälzbogen. Man begnügt sich jedoch praktisch mit einem Satz Wälzbogen.

Der Kraftwagenbau stellt an den Lauf der Kegelräder sehr hohe Ansprüche, die die geraden Zähne nicht immer erfüllen. Man mußte daher Kegelräder mit besseren Eingriffsverhältnissen fertigen. Die Kegelräderhobelmaschine [1]) der Sächsischen Fräsmaschinenfabrik, G. m. b. H. in Chemnitz, hobelt Kegelräder mit Bogenverzahnung und zwar alle Kegelräder der gleichen Teilung mit zwei einfachen Hobelmessern. Die beiden Messer schwingen nach Abb. 477 um 2 Mittelpunkte hin und her, die um $\dfrac{t}{2}$ versetzt sind. Das eine Messer schneidet

---

[1]) Z. V. d. I. 1925. S. 214.

beim Hinschwingen, das andere beim Zurückschwingen, das jeweils nicht schneidende hebt sich ab. Der Messerkopf bildet hier gewissermaßen ein Planrad, das sich nach dem Bilgram-Verfahren auf dem Kegelrad abwälzt. Hierzu liegt der Messerkopf außermittig in einem großen Laufzylinder und erfährt durch einen Kurbelantrieb die hin- und herschwingende Schnittbewegung. Der Laufzylinder steht in zwangläufiger Verbindung mit dem Kegelrad und führt eine langsame Drehbewegung aus, wodurch sich der Messerkopf als gedachtes Planrad auf dem Kegelrad abwälzt. Das Kegelrad wird auf einen Dorn gesteckt und mit ihm auf den Kegelwinkel eingestellt. Bei einmaligem Durchwälzen werden beide Flanken einer Zahnlücke fertig. Bei diesem Ver-

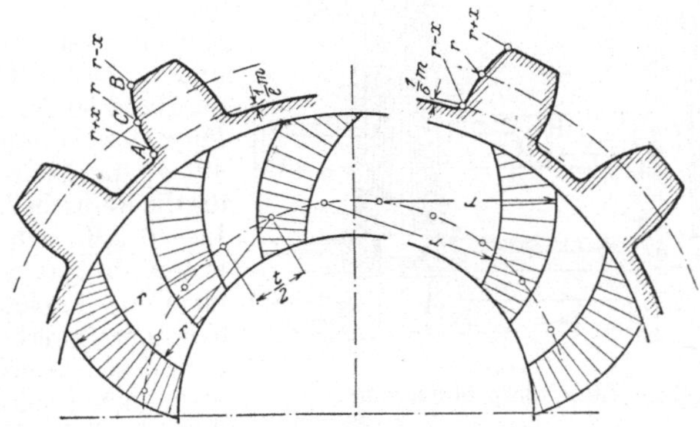

Abb. 477. Hobeln von Kegelrädern mit Bogenverzahnung.

fahren werden die Zahnflanken nach dem gleichen Halbmesser gebildet, so daß gleichgeformte Flankenteile miteinander kämmen. Für die nächste Lücke muß der Aufspannkopf des Rades zurückgezogen werden, damit die Flanken beim Rückwälzen des Messerkopfes nicht verletzt werden. Hierauf wird das Rad geteilt und der Aufspannkopf auf die vorgeschriebene Zahntiefe wieder eingeschwenkt, so daß von neuem gehobelt werden kann. Die Hobelmesser sind im Kreisbogen gekrümmt und an der Stirn geschliffen.

Das Fräsen der Kegelräder geschieht auf Kegelräderfräsmaschinen, von denen die Warren-Maschine die bekannteste ist. Sie arbeitet nach dem Wälzverfahren. Die Werkzeuge sind 2 Scheibenfräser von 120 mm Durchmesser, die an den Flanken zweier Zähne angreifen. Die Fräser erhalten einen Vorschub nach der Kegelspitze A, dabei wälzen sie sich auf der Zahnflanke ständig ab. Die Maschine liefert daher bei jedem Durchgang 2 fertige Flanken. Für den nächsten Schnitt ist das Rad um eine Teilung weiterzuschalten.

Kegelräder können auch mit dem Fingerfräser[1]) gefräst werden. Hierzu muß im Sinne der Abb. 445 der Frässchlitten den Fräser auf der Fußlinie durch die Zahnspitze führen. Das Rad selbst führt dabei im Sinne der Abb. 450 eine langsame Drehung aus, damit die Flanken

---

[1]) W. T. XIX, Heft 17 und 18.

der nach außen breiter werdenden Zahnlücke an den Fräser kommen. Jede Zahnflanke muß hierbei für sich gefräst werden.

Das Schleifen der Kegelräder geschieht wie das Hobeln in Abb. 475 und 476, nur muß der Stahl durch die Schleifscheibe ersetzt werden.

f) Die Zahnräderprüfmaschine.

Wichtig ist, die hochbeanspruchten Zahnräder der Kraftwagen auf genaue Teilung, Zahnform und Rundlauf zu prüfen. Dieser Aufgabe dient die Zahnräder-Prüfmaschine von Saurer (Abb. 478)[1]. Die geschliffenen Räder r und r_1 werden auf die Zapfen a und a_1 gesteckt und mit der Hand langsam gedreht. Mit r_1 fest verbunden sitzt auf a_1 die Reibscheibe t_1, die die Reibscheibe t treibt. Letzte läßt sich im Rade r frei drehen und trägt oben die Papierscheibe p des Schreibwerkes m. Der Schreibstift s wird durch Hebel mit r gekuppelt, so daß sich jede Ungenauigkeit der Räder in der Kennlinie bemerkbar macht. Bei fehlerfreier Verzahnung schreibt der Stift s eine Schneckenlinie auf (Abb. 479). Verzahnungsfehler werden dagegen 200 fach vergrößert aufgezeichnet.

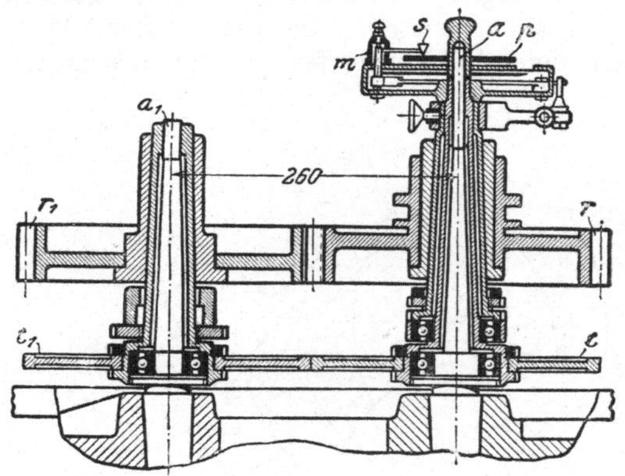

Abb. 478.　Zahnräderprüfmaschine.

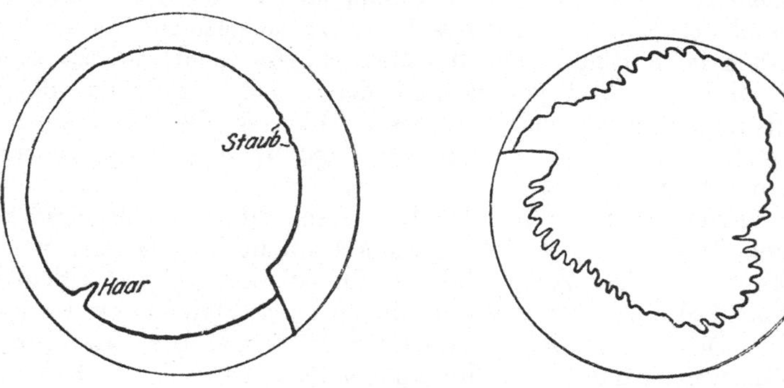

Abb. 479 u. 480.　Kennlinien von Zahnrädern.

Abb. 480 zeigt die Kennlinie von Rädern, die sich beim Härten verzogen haben. Ähnliche Vorrichtungen werden auch für das Prüfen von Kegelrädern gebaut, bei denen die Zapfen wagerecht liegen und sich auf den vorgeschriebenen Winkel einstellen lassen.

---

[1] Z. V. d. I. 1920, S. 382. Maschinenbau 1923. G. 251.

XXII. Das Prüfen der Arbeitsstücke auf Genauigkeit.

Die Güte der Arbeit wird durch das Messen der Arbeitsstücke
auf ihre Genauigkeit geprüft. Wir unterscheiden dabei:
a) die Genauigkeit der Form;
b) die Genauigkeit der Maße.

a) Das Prüfen der Flächen auf genaue Form.

Die Genauigkeit der Form prüft man:
1. Bei ebenen Flächen:
α) mit dem Lineal, das man über das Werkstück führt und beobachtet, ob sich ein Lichtspalt zeigt (Abb. 481). Scheint hier
oder da Licht durch, so hat die Fläche an den benachbarten
Stellen Erhöhungen, die fortgeschabt werden müssen;

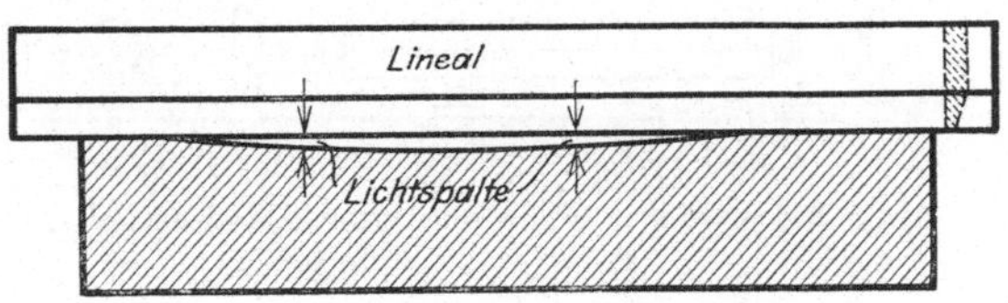

Abb. 481.   Prüfen mit dem Lineal.

β) mit der Tuschplatte, die mit einem Hauch Tusche lose über
das Werkstück geschoben wird, so daß die Tusche an den Erhöhungen der Fläche haften bleibt
und so die höheren Stellen anzeigt
(Abb. 482—483);

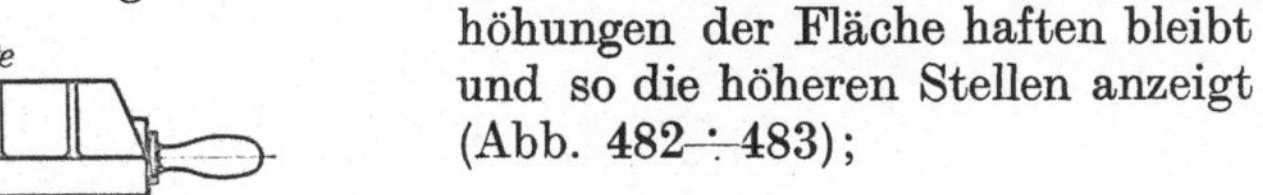

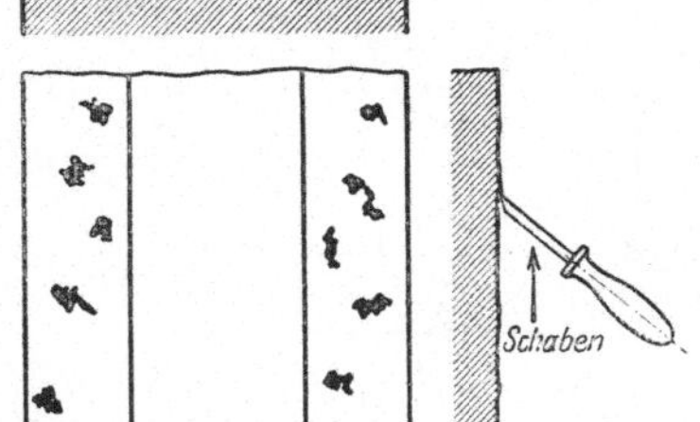

Abb. 482—483.   Prüfen mit der
Tuschplatte.

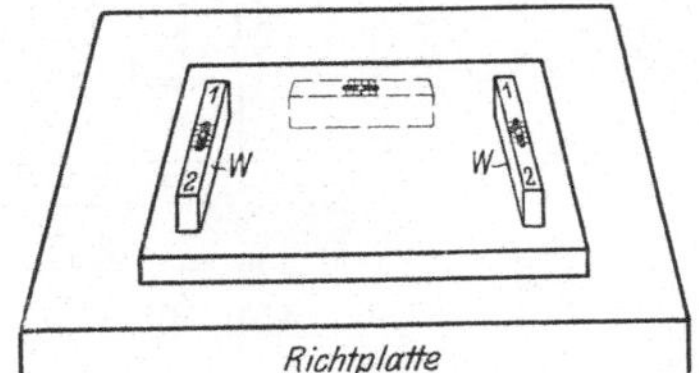

Abb. 484.   Prüfen mit der
Wasserwage *W*.

γ) mit der Wasserwage, die bei genauen Flächen in der Längs-
und Querrichtung einspielt, dagegen bei Unebenheiten Ausschläge
macht (Abb. 484);
δ) mit dem Fühlhebel, den man mit dem Taster *t* über das Werkstück führt. Der Zeiger gibt dabei an der Tafel jede Erhöhung
und Vertiefung der Fläche durch einen Ausschlag an (Abb. 485).
Dabei bedeutet jeder + Grad $\frac{1}{100}$ mm Erhöhung und jeder — Grad
$\frac{1}{100}$ mm Vertiefung.

Die mit diesen Prüfverfahren festgestellten Unebenheiten sind durch sauberes Schaben zu beseitigen. Die beiden ersten Verfahren zeigen nur die unebenen Stellen an, die beiden letzten lassen auch das Maß der Unebenheiten erkennen. Das handlichste Verfahren ist jedenfalls das Tuschen.

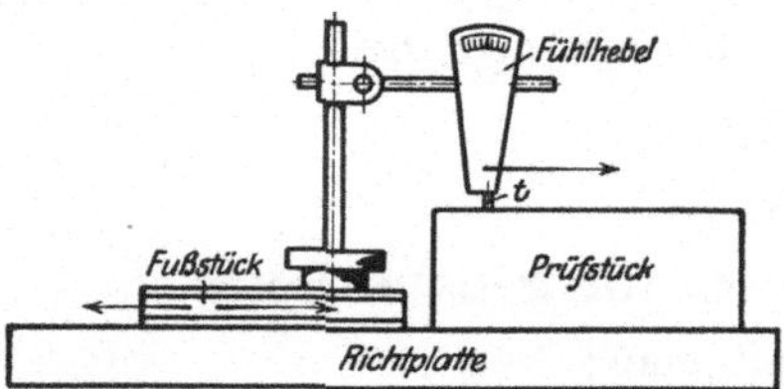

Abb. 485. Prüfen mit dem Fühlhebel.

2. Bei Zylinderflächen prüft man die Genauigkeit der Form ebenfalls mit dem Lineal oder dem Zeiger, der Wasserwage oder mit dem Fühlhebel. Hierzu müssen die Werkstücke zwischen zwei Spitzenböckchen gespannt werden, so daß man beim Drehen den Lichtspalt (Abb. 486 und 487), den Fühlhebel

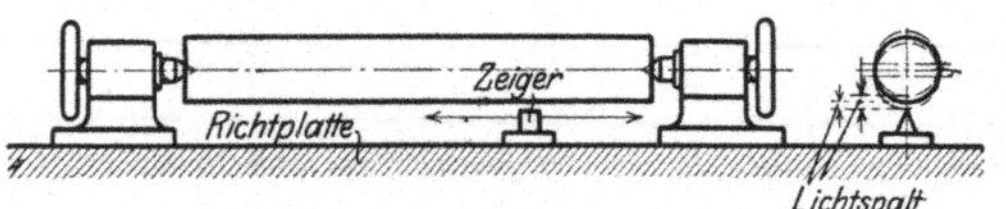

Abb. 486 u. 487. Prüfen runder Arbeitsstücke.

oder die Wasserwage beobachten kann. Runde Werkstücke lassen sich auch über eine Tuschplatte rollen.

3. Bei Kegelflächen prüft man die Genauigkeit der Form in gleicher Weise wie bei Zylinderflächen, nur muß man für das Ansetzen

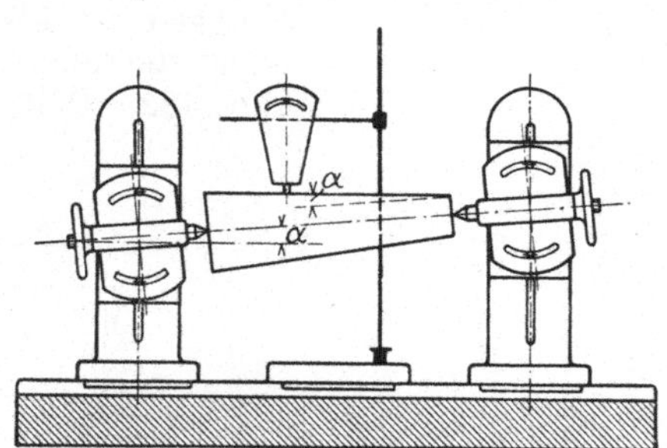

Abb. 488. Prüfen der Kegelflächen.

des Fühlhebels oder der Wasserwage das Werkstück unter den Kegelwinkel α stellen (Abb. 488).

4. Bei Formflächen benutzt man im Sinne der Abb. 481 eine Lehre, die wie das Lineal aufgelegt wird und ohne Lichtspalt decken muß.

b) Die Meßwerkzeuge.

Die Genauigkeit der Maße prüft man mit Meßwerkzeugen, wie Zollstock, Taster, Schieblehre, Schraublehre, Norm- und Grenzlehren, sowie mit Endmaßen.

1. Die einstellbaren Meßwerkzeuge.

α) Die gewöhnlichen Meßwerkzeuge.

Die Schieb- und Schraublehren (Abb. 489 und 490) sind einstellbare Meßwerkzeuge, die für alle Werkstücke innerhalb des Meß-

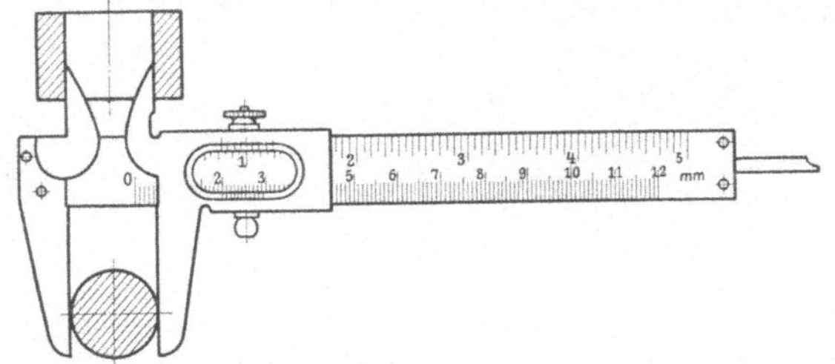

Abb. 489. Schieblehre für Innen- und Außenmessungen

bereichs benutzt werden können. Sie vereinigen in sich Taster und Maßstab und gestatten daher, die Maße der Arbeitsstücke gleich ab-

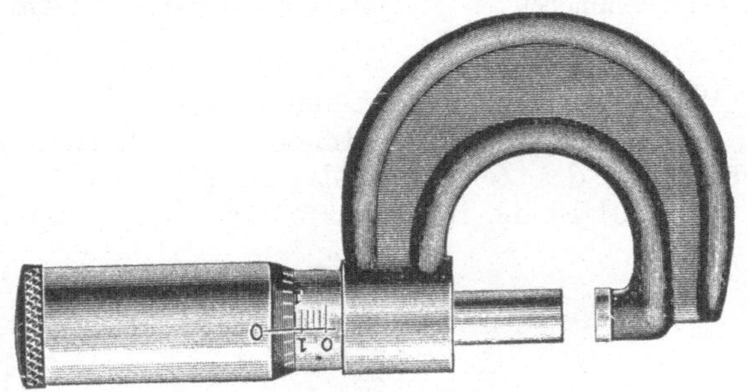

Abb. 490. Schraublehre.

zulesen. Sie verlangen aber vom Messenden ein feines Gefühl. Die Fehlerquellen liegen in dem Ansetzen und Andrücken der Meßschenkel an das Werkstück und in dem Ablesen der Maße.

β) Die Feinmeßgeräte[1]).

Meßwerkzeuge für feinere Messungen müssen diese Fehlerquellen ausschalten. Bei allen Feinmeßgeräten ist dies durch eine größere Übersetzung erreicht. Der Fühlhebel (Abb. 491) hat in der Kapsel eine doppelte Hebelübersetzung von 1:100. Wird daher der Taststift, der stets unter dem Druck einer Feder mißt, um $^1/_{100}$ mm angehoben, so macht der Zeiger Z auf der Teilung einen Ausschlag von 1 mm, der gut mit dem Auge abzulesen ist. Man stellt zunächst den Fühlhebel mit einem Meßplättchen ein, so daß der Zeiger Z auf 0 steht. Ist nun das zu messende Stück um $^2/_{100}$ mm zu niedrig oder zu hoch, so geht der Zeiger Z auf — 2 oder + 2. Ähnlich wirken die Meßuhr

---

[1]) Z. V. d. I. 1921, S. 639. G. Berndt, Neuere Feinmeßgeräte für technische Längenmessungen.

(Abb. 492) und der Feinmesser oder das Minimeter von Hirth
(Abb. 493), bei dem in der Röhre eine Übersetzung von 1 : 100 sitzt.
Auch die Schraublehre läßt sich zum Feinmessen einrichten, indem
man in den festen Schenkel einen Fühlhebel einbaut.
Mit Endmaßen stellt man die Lehre auf das genaue
Maß ein, bei dem der Zeiger auf 0 steht. Am Meß-
stück werden dann Unterschiede in Tausendsteln von
1 mm vom Fühlhebel angezeigt.

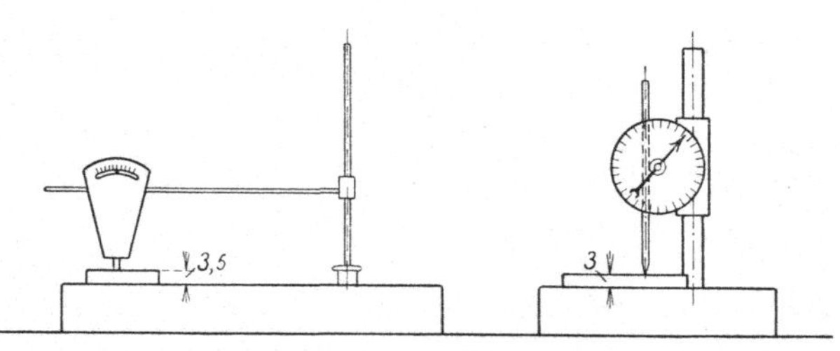

Abb. 491. Fühlhebel.   Abb. 492. Meßuhr.   Abb. 493. Feinmesser von Hirth.

In der Massenfertigung werden die Feinmeßgeräte mit Vorliebe
angewandt, sei es zum Messen von Innen- oder Außenmaßen. Zur genauen Beobachtung des Zeigerausschlages sind vielfach Spiegel angebracht. In Abb. 494 ist die Rachenlehre nach dem Dreipunktverfahren

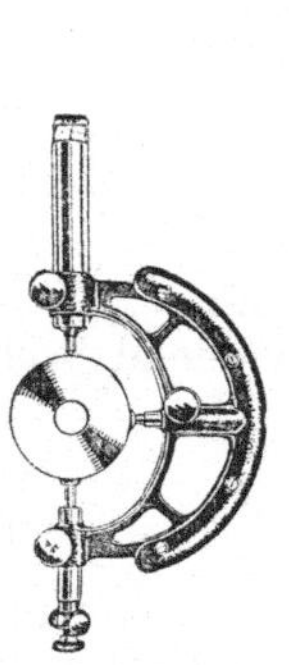

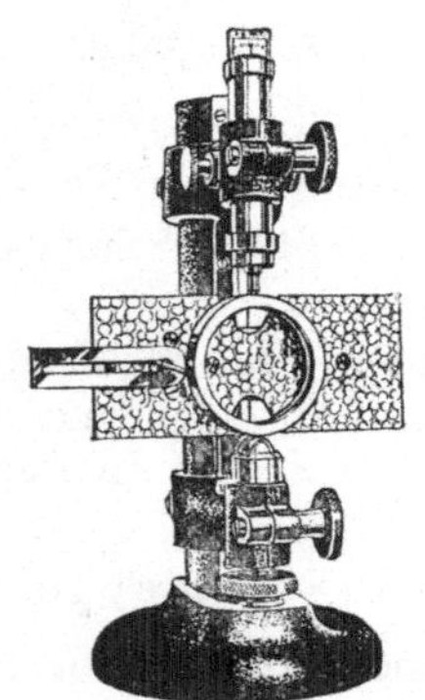

Abb. 494. Rachenlehre   Abb. 495 und 496. Meßgeräte für Außen- und
nach dem Dreipunkt-   Innenmessungen.
verfahren.

eingerichtet. Mit einer Meßscheibe wird die Lehre eingestellt und zwar
so, daß der Zeiger auf 0 steht. Die kleinste Abweichung in dem
Durchmesser der zu prüfenden Ringe gibt der Zeiger auf der Tafel
an. Bei dem Feinmeßgerät in Abb. 495 legt sich der flachgeschliffene
Ring gegen eine getuschte Platte. Sind 8÷10 Ringe gemessen, so
wird der Feinmesser jedesmal mit der Meßscheibe nachgeprüft. Bei
Innenmessungen legen sich die drei Punkte innen an (Abb. 496) und

geben mit dem Zeiger jede Ungenauigkeit in den Maßen an. Das Nachprüfen der Meßuhr geschieht hier mit einem Meßring.

Bei einem Kugellager muß die Laufrinne für die Kugeln am Innen- und Außenring parallel zur Seitenfläche laufen, da sonst Seitenschlag entsteht. Zum Prüfen der Ringe auf Seitenschlag benutzt man einen Feinmesser in der Ausführung der Abb. 497. Der Innenring wird in der Weise untersucht, daß man an ihn den Fühlhebel ansetzt, den Dorn dreht und den Außenring festhält. Will man den Außenring prüfen, so wird an ihn der Fühlhebel angesetzt und der Dorn festgehalten, während man den Außenring dreht. Verläuft die Kugelrinne außermittig zum Außen- oder Innenring, so entsteht im Lager Hochschlag, den man auch mit der Meßuhr feststellen kann (Abb. 498). Das Lager wird auf einen Dorn gesteckt, der in einer zur Meßuhr genau rechtwinkligen Schneide ruht. Zum Messen wird nun einmal der Innenring und das andere Mal der Außenring gedreht. Der Zeiger

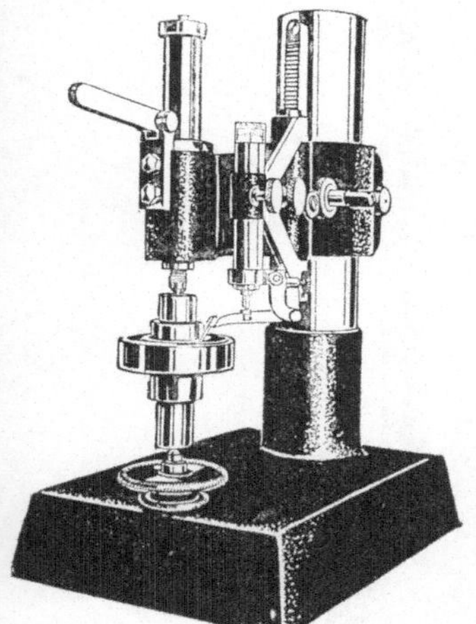
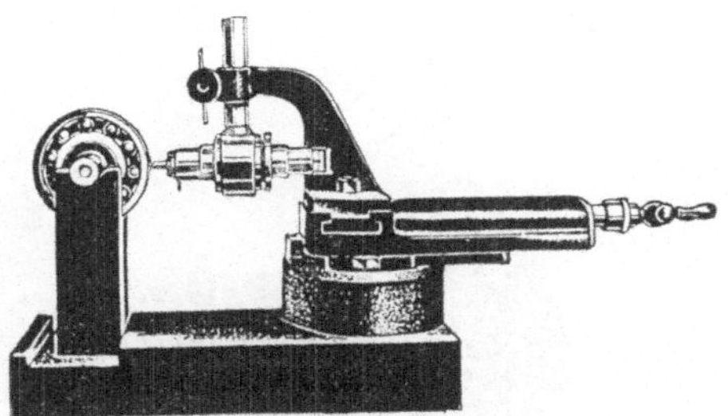

Abb. 497 u. 498. Meßgeräte für das Messen des Seiten- und Hochschlages bei Kugellagern.

der Meßuhr zeigt den Hochschlag an. Alle Ringe, deren Seiten- oder Hochschlag die Abmaße überschreitet, gelten als Ausschuß.

Gewinde wurde früher mit Normmuttern und Normgewindebolzen oder mit Lehren nachgeprüft. Man war dabei lediglich auf das Gefühl und das Auge angewiesen. Die neueren Meßwerkzeuge haben den Vorzug, daß sie Ungenauigkeiten im Gewinde in vergrößertem Maße unter einer Lupe zeigen. Es ist daher leichter, austauschbares Gewinde einwandfrei herzustellen.

Der optische Gewindetaster[1]), Abb. 499 und 500, mißt mit Kugelspitzen den Flankendurchmesser von Spitzgewinde, der mit einer Feinmeßschraube eingestellt und mit $1/_{100}$ mm Genauigkeit abgelesen wird. Unter der Lupe erscheint jede Ungenauigkeit und Unsauberkeit in vergrößertem Maße. Mit einem Lehrbolzen muß man vorher den maßgebenden Flankendurchmesser feststellen und ihn mit den an den fertigen Gewinden gemessenen vergleichen.

---

[1]) Hersteller: Carl Zeiß, Jena.

Das Meßmikroskop[1]) oder Gewindefeinmeßgerät (Abb. 501÷504) wird heute viel zum Prüfen der Gewinde benutzt. Das zu prüfende

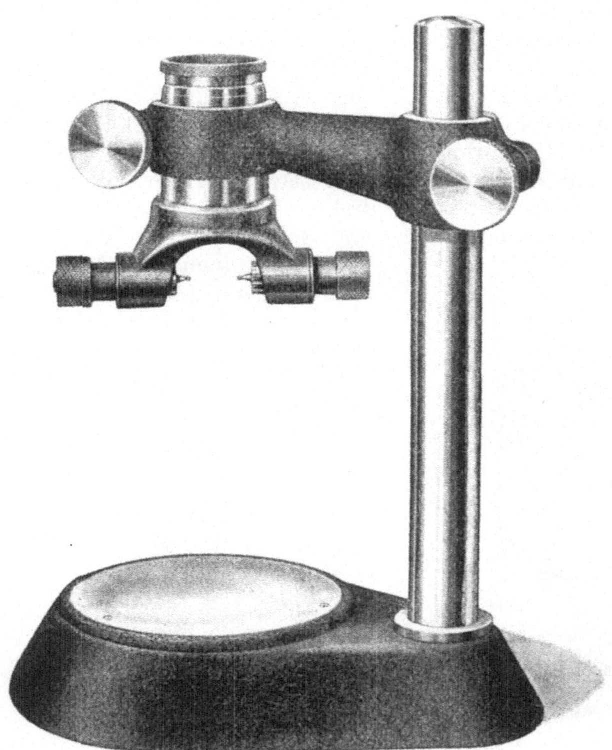

Abb. 499. Optischer Gewindetaster.

Gewinde wird auf einen Kreuzschlitten gelegt, der sich mit den beiden Feinmeßschrauben auf $^1/_{100}$ mm Genauigkeit einstellen läßt. Unter dem Einblick des Mikroskops befindet sich eine Revolver-Strichplatte mit den verschiedenen Gewindeformen (Abb. 502). Durch Drehen der Strichplatte kann man die jeweilige Gewindeform genau auf das Fadenkreuz ausrichten und mit dem Kreuzschlitten das Gewinde selbst auf die Gewindeform. Jede Ungenauigkeit und Unsauberkeit in der Gewindeform des Bolzens erscheint in 30- bis 50facher Vergrößerung.

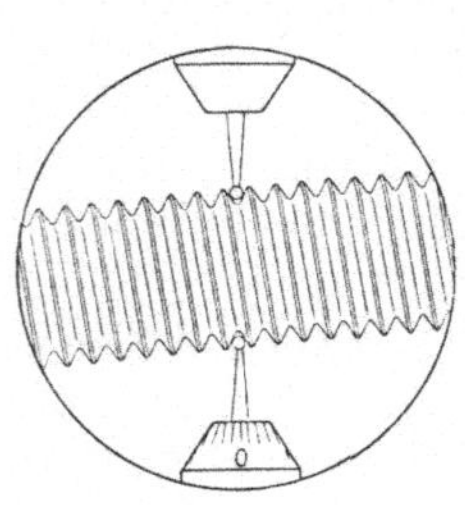

Abb. 500. Gewindemesser.

Zu den Feinmeßwerkzeugen gehören auch die Kruppschen Mikrotastlehren, die als Reitlehren (Abb. 505) für Bolzen und als Spreizlehren (Abb. 506÷508) für Löcher benutzt werden. Die Reitlehre setzt sich jederseits mit 2 breiten und harten Meßbacken auf das Werkstück sicher

---

[1]) Hersteller: Carl Zeiß, Jena.

Abb. 501. Gewindefeinmeßgerät.

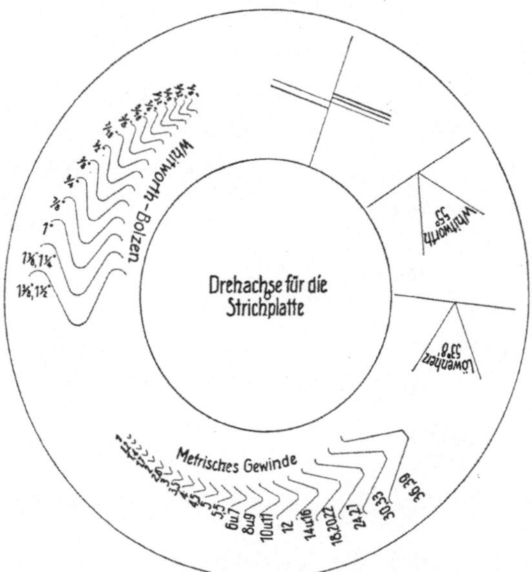

Abb. 502. Revolverstrichplatte.

auf, dabei wirkt der Meßbolzen auf den empfindlichen Fühlhebel, der das Abmaß von dem Nennmaß und auch jede Unrundung genau

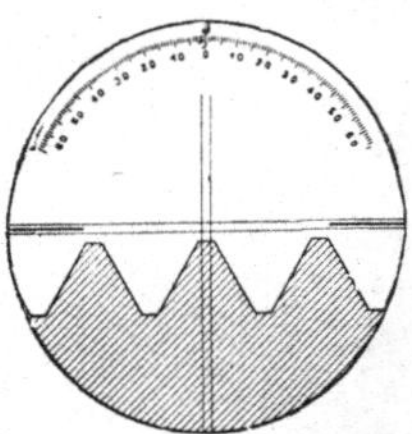

Abb. 503. Ausrichten des Gewindes und Nullstellung von Teilung und Nullstrich der Strichplatte.

Abb. 504. Flankenwinkelmessung mit der Strichplatte.

anzeigt (Abb. 509). Zum Einstellen benutzt man Meßscheiben oder Meßbolzen.

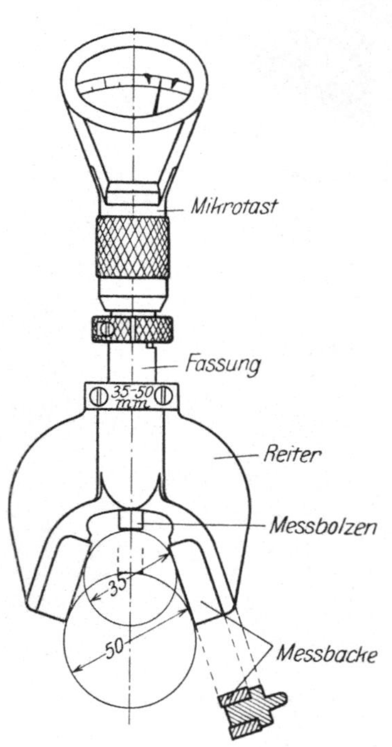

Abb. 505. Reitlehre.

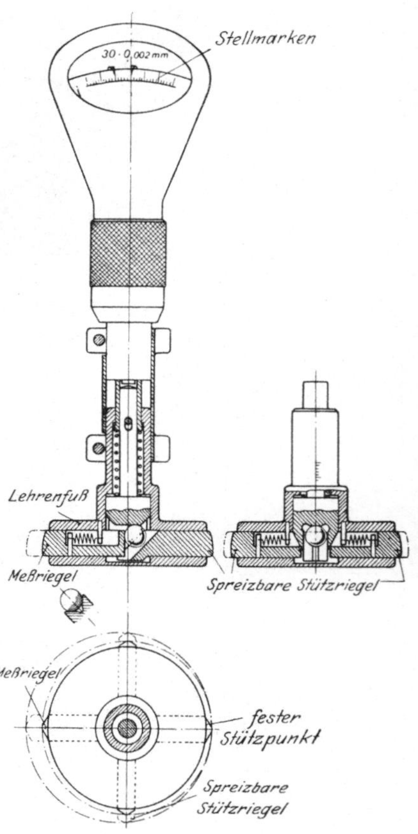

Abb. 506÷508. Spreizlehre.

Als Kegellehre wird die Reitlehre nach Abb. 510 gebaut und nach einem Normkegel und Anschlag eingestellt. In ihrer Gestalt als Gewindelehre mißt sie jede Abweichung des Flankendurchmessers von dem des Normgewindes, indem sie mit den spitzen Reitbacken und dem Meßbolzen in das zu prüfende Gewinde faßt.

Die Spreizlehre in Abb. 506÷508 hat in dem Lehrenfuß einen festen Stützriegel, gegenüber den Meßriegel und senkrecht dazu 2 spreizbare

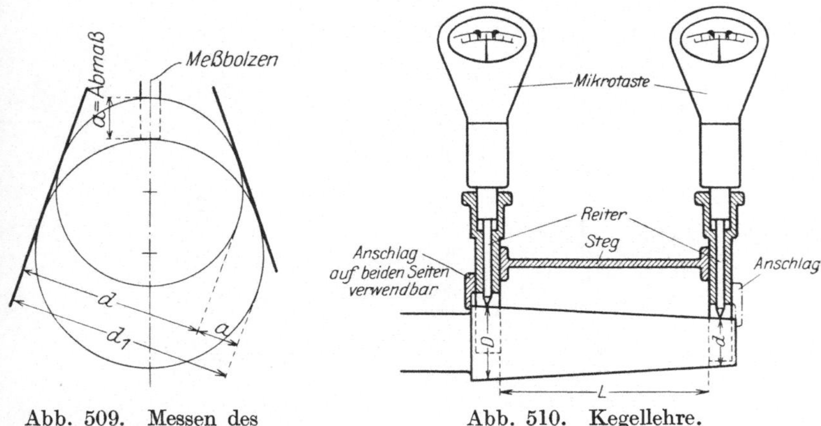

Abb. 509. Messen des Abmaßes.   Abb. 510. Kegellehre.

Stützriegel, deren Kuppenabstände etwas kleiner gehalten sind als der zu messende Durchmesser. Von ihnen wirkt der Meßriegel auf den Fühlhebel, der die kleinsten Abmaße von dem Nennmaß angibt. Nach Abb. 511 kann man mit den Spreizlehren auch Kegellöcher messen. Die erste Lehre mißt D im Abstande A und die zweite d im Abstande a.

Für größere Längen haben die Hommelwerke, G. m. b. H. in Mannheim, eine Längenmeßmaschine (Abb. 512) gebaut. Auf dem kräftigen Bett A sitzt rechts der Meßreitstock B mit dem Meßkopf, links der Reitstock C mit dem Wasserstandszeiger. Das zu messende Stück wird zwischen den Meßstiften gemessen. Der Meßreitstock (Abb. 513 und 514) setzt mit einer Meßschraube von 1 mm Steigung den Meßstift A geradlinig an, so daß jede Reibung zwischen Meßkörper und Meßfläche vermieden wird. Die auf der Meßschraube sitzende Teiltrommel E hat Hundertteilung. Wird

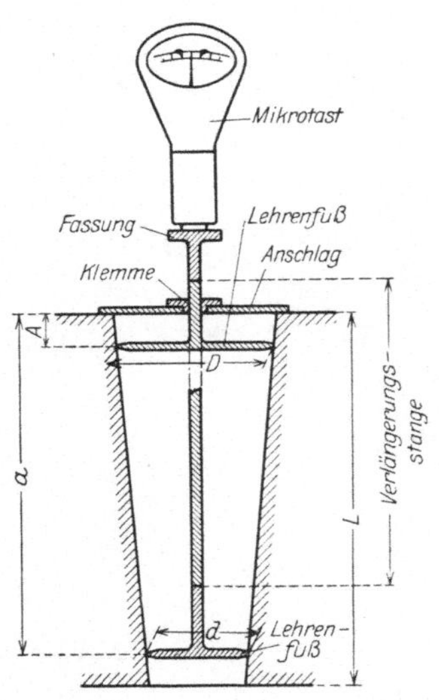

Abb. 511. Kegellochlehre.

sie mit dem Knopf J um einen Teilstrich gedreht, so schiebt sich der Meßstift A um $^1/_{100}$ mm vor. Auf der Meßschraube sitzt der Nonius oder Feinteiler F, der jeden Teil der Trommel E in 10 Teile zerlegt, so daß man $^1/_{1000}$ mm ablesen kann. Um die unvermeidlichen Steigungsfehler der Meßschraube auszugleichen, ist die Führung H einmal genau einzustellen.

Der Wasserstandszeiger (Abb. 515 und 516) hat den Zweck, nicht sichtbare Meßlängen, wie die Tausendstel Millimeter, dem un-

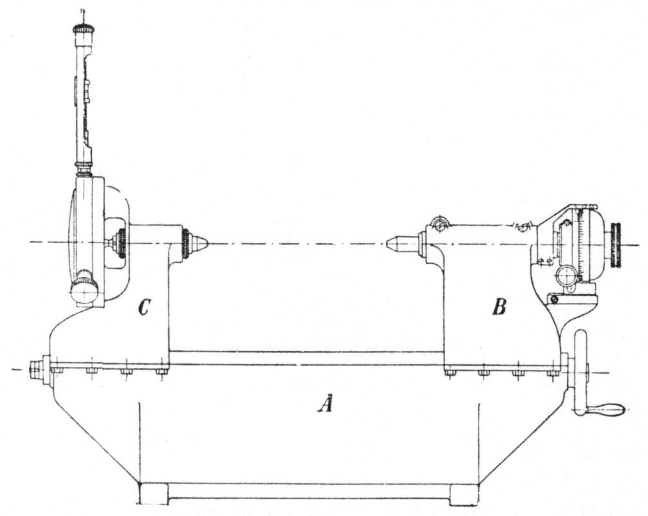

Abb. 512. Längenmeßmaschine.

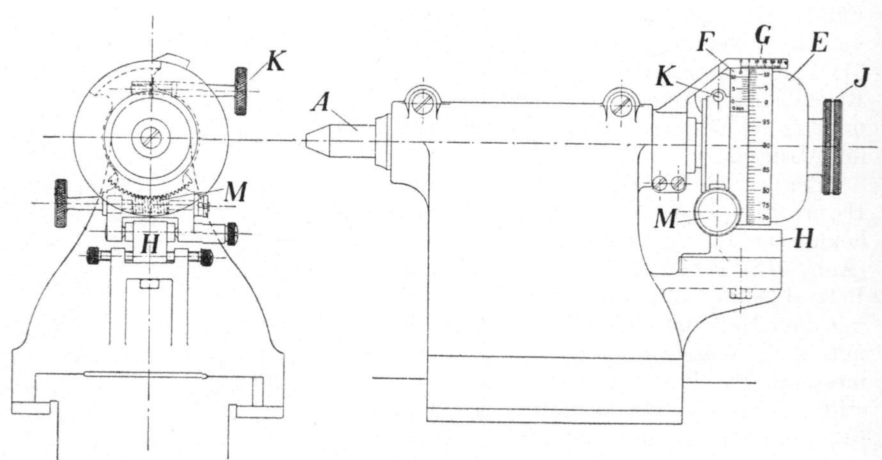

Abb. 513 und 514. Meßreitstock.

bewaffneten Auge des Beobachters sichtbar zu machen. Der Reitstock hat hierzu einen Meßstift m, der durch eine eingelegte Schraubenfeder nach rechts gedrückt wird. Sobald beim Messen ein Druck auf ihn wirkt, stützt er sich gegen eine federnde Membrane des mit destilliertem Wasser gefüllten Gehäuses l. Wird der Meßstift m um $^1/_{1000}$ mm verschoben, so steigt oder fällt der Wasserspiegel um

7 mm, was mit dem Auge gut beobachtet werden kann. Um den
Druck zwischen Meßspitzen und Meßkörper gleich zu halten, ist an
dem Wasserstand *o* die Höhenmarke *2* als obere Grenze angebracht.
Hier soll der Wasserspiegel bei jeder Ablesung stehen. Sinkt das
Wasser unter die Tiefenmarke *1*, so ist die Schraube *n* anzuziehen,
die den Wasserspiegel hebt. Das Messen spielt sich wie folgt ab: Der
Reitstock *B* wird mit dem Handrad nach einer Zentimeterteilung
auf dem Bett annähernd auf die gewünschte Länge eingestellt, z. B.
20 cm. Ist nun ein Körper von 205 mm Länge zu prüfen, so wird zuerst

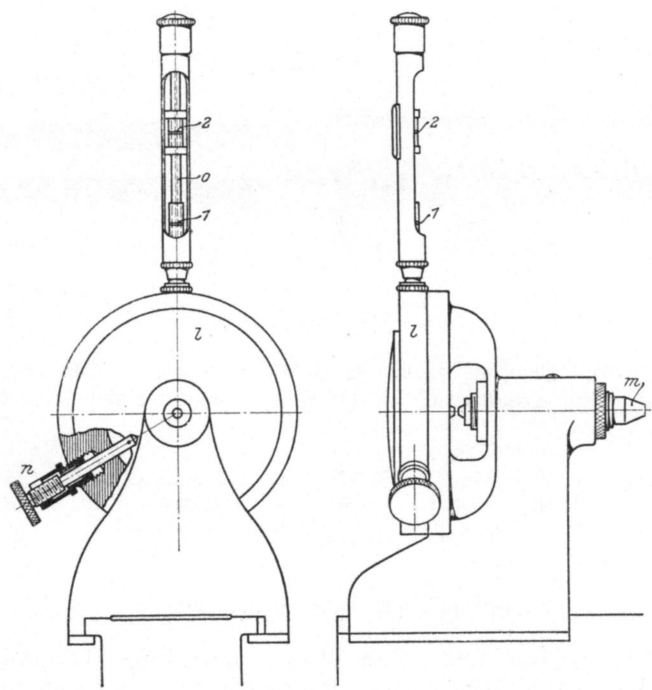

Abb. 515 und 516. Gegenreitstock mit Wasserstandsanzeiger.

ein Stichmaß von 200 mm zwischen die Meßstifte gebracht und mit
dem Knopf *J* die Teiltrommel so lange gedreht, bis der Wasserstand
sich der Höhenmarke *2* genähert hat. Nach dieser rohen Einstellung wird
die Bremsschraube *K* angezogen und dadurch das Schneckenrad mit der
Spindel gekuppelt, so daß man mit der Schnecke *M* die Feineinstellung
des Wasserspiegels bis *2* vornehmen kann. Jetzt liest man ab, z. B.
7,853 mm. Die wirkliche Ablesung ist dann 200 + 7,853 = 207,853 mm.
Jetzt wird das Stichmaß entfernt, das Meßstück eingelegt und der Teilkopf wieder soweit angezogen, bis der Wasserspiegel bei *2* steht. Beträgt
jetzt die Ablesung 12,905 + 200 = 212,905 mm, so ist die Meßlänge
des Stückes 212,905 — 7,853 = 205,052 mm. Der Teilkopf braucht daher
nicht immer auf 0 gestellt zu werden.

2. Die festen Meßwerkzeuge oder Festlehren.

Die Norm- und Grenzlehren sind feste Meßwerkzeuge, die zwar vom Gefühl des Messenden ziemlich unabhängig, dafür aber nur für ein bestimmtes Maß zu gebrauchen sind.

α) Die Norm- oder Festmaßlehren.

Die Festlehren (Abb. 517) verlangen, daß das Arbeitsstück die Abmessungen ohne jede Abweichung hat, z. B. müssen die Morsekegel

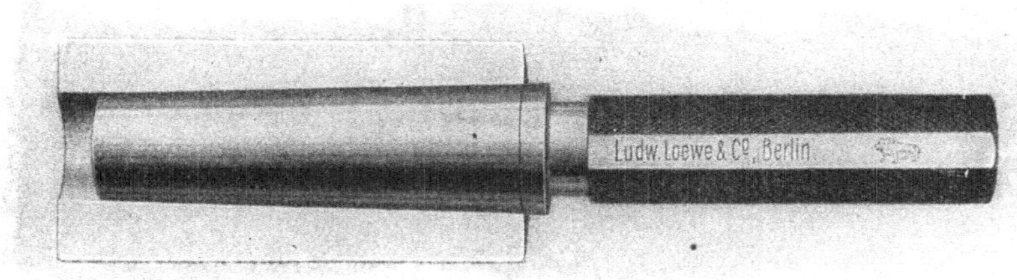

Abb. 517. Kegellehre.

1—6 genau und gleichmäßig in der Bohrspindel sitzen. Man prüft das Sitzen mit einem Kreidestrich an der Kegelfläche, der sich beim Drehen

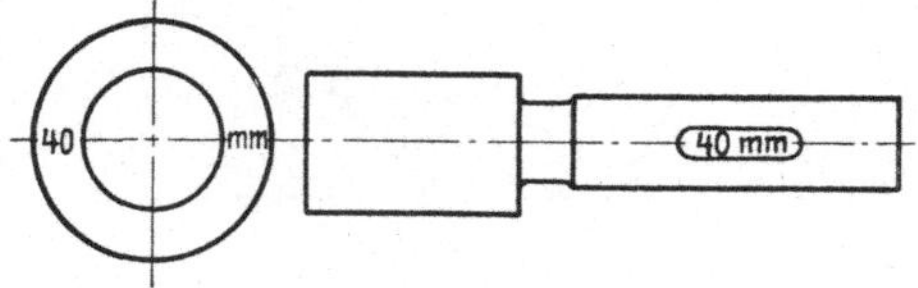

Abb. 518 und 519. Lehrring und Lehrdorn.

des Kegels verreiben muß. Zum Messen von runden Löchern dient der Meßdorn (Abb. 519) und von Bolzen der Meßring Abb. 518, die

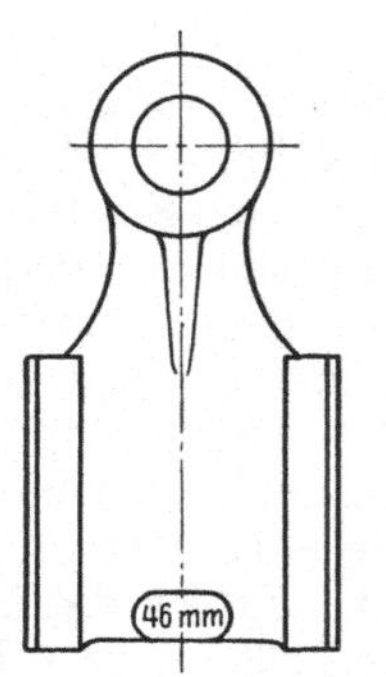

Abb. 520. Flachlehre.

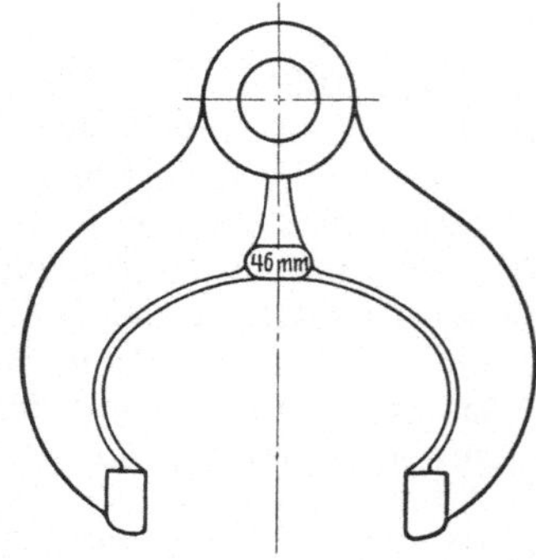

Abb. 521. Taster oder Rachenlehre.

beide bis auf 0,002 mm genau geschliffen sind und straff ineinanderpassen. Die flache Lochlehre (Abb. 520) kann bei Löchern benutzt werden, die Keile enthalten, und die Rachenlehre (Abb. 521) zweckmäßig bei eingedrehten Stellen einer Welle.

β) Die Grenzlehren.

Die Grenzlehren haben als Grenzmaße ein Größtmaß G und ein Kleinstmaß K, zwischen denen das Istmaß J, d. i. das am Werkstück tatsächlich vorhandene Maß, liegen muß. In Abb. 522 ist das Größtmaß $G = 50 + 0,01 = 50,01$ mm und das Kleinstmaß $K = 50 - 0,01 = 49,99$ mm. Das Istmaß, d. h. der Bolzendurchmesser, muß demnach zwischen 49,99 und 50,01 mm liegen, z. B. $J = 49,997$ mm. Die Toleranz t ist der Unterschied zwischen dem Größt- und Kleinstmaß: $t = G - K = 50,01 - 49,99 = 0,02$ mm. Die Grenzmaße werden stets auf das Nennmaß N bezogen, mit dem man auch die Grenzlehre kennzeichnet, z. B. in Abb. 522 $N = 50$ mm. Es ist nach Abb. 522: $G = N + 0,01$, wobei $+ 0,01$ das obere Abmaß OA ist und $K = N - 0,01$, wobei $- 0,01$ das untere Abmaß UA ist. Die Maße der Grenzlehre können auch wie folgt angegeben werden: $N \genfrac{}{}{0pt}{}{+ OA}{+ UA} = 50 \genfrac{}{}{0pt}{}{+ 0,01}{- 0,01}$. Das Abmaß des fertigen Werkstückes ist $A = J - N = 49,997 - 50 = - 0,003$ mm. Alle Maße der Grenzlehren gelten für eine Bezugstemperatur von 20° C. Da das Istmaß des Werkstückes zwischen G und K liegen muß, so hat jede Grenzlehre eine Gutseite und eine Ausschußseite.

Zum Messen von Zapfen, Bolzen und Wellen dient die Grenzrachenlehre (Abb. 522), ein fester Doppeltaster, von dem die Gutseite

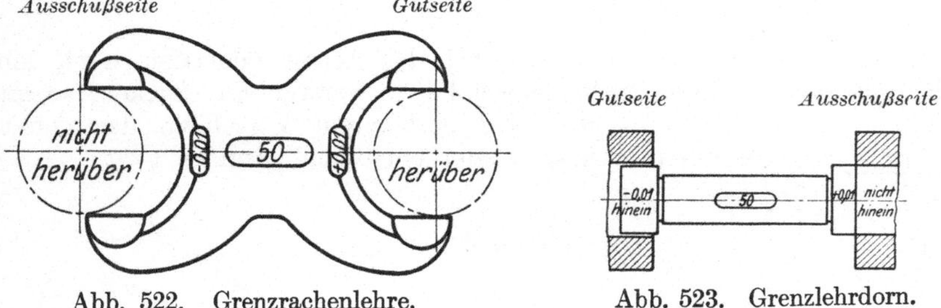

Abb. 522. Grenzrachenlehre. Abb. 523. Grenzlehrdorn.

($OA = + 0,01$) mit $G = 50,01$ mm Rachenweite leicht über den 50 mm Bolzen gehen muß, dagegen darf die Ausschußseite ($UA = - 0,01$) mit $K = 49,99$ mm Rachenweite höchstens anschnäbeln. Das Istmaß muß daher zwischen den Grenzen 49,99 und 50,01 mm liegen.

Zum Messen von Bohrungen benutzt man den Grenzlehrdorn (Abb. 523). Seine Gutseite ($UA = - 0,01$) mit $K = 49,99$ mm $\varnothing$ muß glatt durch das 50 mm Loch gehen, während die Ausschußseite ($OA = + 0,01$) mit $G = 50,01$ mm $\varnothing$ nur anschnäbeln soll. Das Istmaß muß auch hier zwischen den Grenzen 49,99 und 50,01 mm $\varnothing$ liegen. Für größere

Bohrungen benutzt man der Leichtigkeit halber die Grenzflachlehre (Abb. 524), das Kugelendmaß (Abb. 525 und 526) oder die Grenzlehre (Abb. 527) mit Kugelendmaßen.

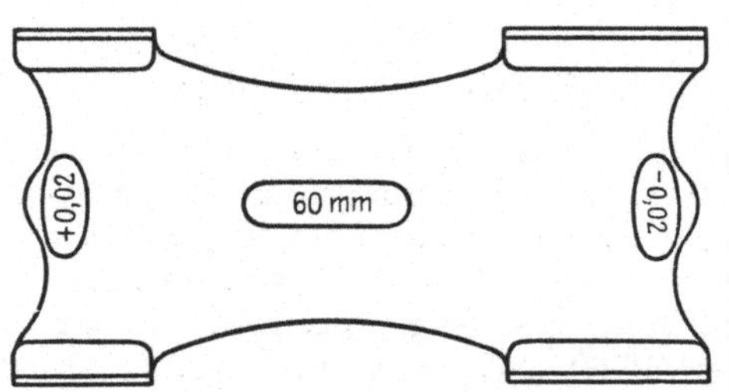

Abb. 524.   Grenzflachlehre.

Da sich die Grenzlehren abnützen, so müssen sie zeitweise auf ihre Genauigkeit nachgeprüft werden. Mithin gehört zu jeder Arbeits-

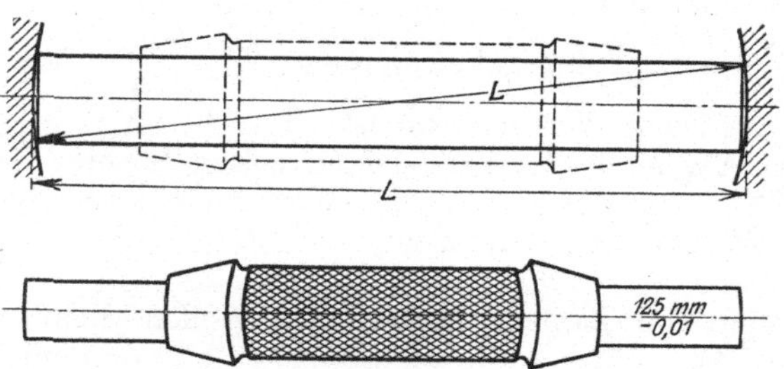

Abb. 525 u. 526.   Kugelendmaß.

lehre, mit der das Werkstück bei der Arbeit gemessen wird, eine Prüflehre.   Neuere Rachenlehren haben verstellbare Backen, so daß man bei geringstem Verschleiß das genaue Maß wieder einstellen kann.

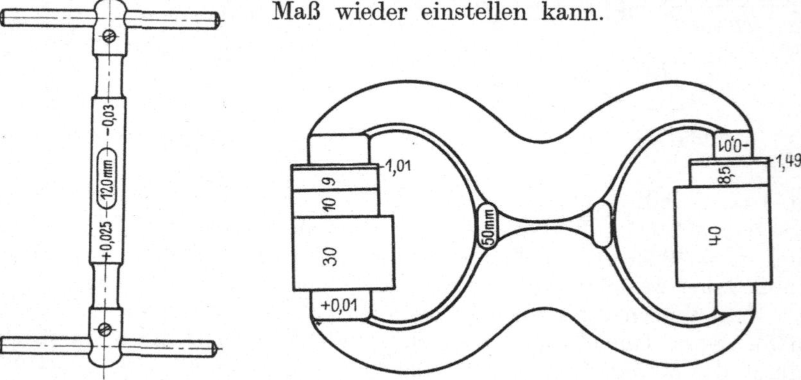

Abb. 527.   Grenzlehre mit   Abb. 528. Endmaße zum Messen der Rachenweiten.
Kugelendmaßen.

Für die Schleiferei hat die Grenzlehre einen Nachteil: Sie gibt nicht an, wieviel noch fortzuschleifen ist. Der Schleifer muß es daher ausprobieren. Dazu kommt, daß sich besonders die Gutseiten der Lehren abnutzen und ihre Maßhaltigkeit dauernd geprüft werden muß. Die Schraublehre zeigt dagegen stets das Übermaß an, auf das man die Maschine fein einstellen kann. Einzelne Betriebe benutzen daher als Arbeitslehre die Schraublehre und an der Abnahmestelle die Grenzlehre als Abnahmelehre. In neuerer Zeit werden auch die Feinmeßgeräte nach Abb. 505 bis 511 gleich zum Messen der Arbeitsstücke benutzt, da sie mit dem Zeigerausschlag jedesmal das etwa noch wegzuarbeitende Übermaß angeben. Neuere Schleifmaschinen halten an der Einspannstelle des Werkstückes eine Meßuhr bereit, mit der man die Stücke ohne Abspannen messen kann[1]).

3. Die Endmaße.

Zum Messen von genauen Längen und Höhen hat man Endmaße, die in dünnen Meßplättchen von bestimmter Höhe bestehen. Die Meßplättchen werden unter leichtem Druck aufeinander geschoben und geben mit ihren Enden ein bestimmtes Maß an. Mit diesen Endmaßen

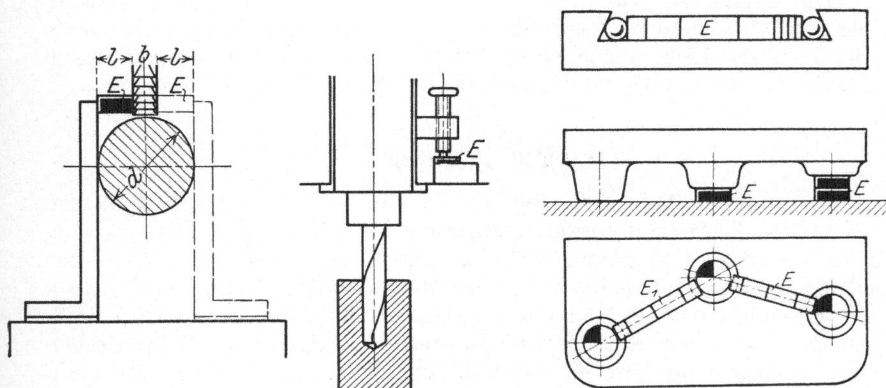

Abb. 529. Fräsen nach Endmaß.   Abb. 530. Bohren nach Endmaß.   Abb. 531÷533. Nachprüfen mit Endmaßen.

lassen sich z. B. die Strichmaßstäbe, Schieb-, Schraub- und Festlehren, sowie die Grenzlehren aufs genaueste prüfen. So wird in Abb. 528 die Rachenweite von $K = 50 - 0,01$ mit den Plättchen $40 + 8,5 + 1,49 = 49,99$ mm gemessen und der Rachen mit $G = 50 + 0,01 = 50,01$ mm mit den 4 Plättchen $30 + 10 + 9 + 1,01$.

Heute werden die Endmaße auch unmittelbar in der Werkstatt benutzt. Dabei mißt man nicht mehr am Werkstück, sondern am Werkzeug und an der Maschine, die hierzu die erforderlichen Anschläge haben muß (Abb. 369). Dieses Verfahren ist genauer und billiger als Anreißen und Nachmessen am Stück. Will man nach Abb. 529 den Nutenfräser auf die Welle einstellen, so schiebt man den Anschlagwinkel gegen die Welle und

---

[1]) Maschinenbau 1925. S. 712.

prüft, ob sich das Endmaß von der Länge $l = \dfrac{d-b}{2}$ spielfrei zwischen Schenkel und Fräser einschieben läßt. Dasselbe wiederholt man auf der Gegenseite. In Abb. 530 wird so lange gebohrt, bis der Anschlag gegen das Endmaß E kommt. Für verschiedene Bohrtiefen braucht man nur die entsprechenden Endmaße aufzulegen.

Die Endmaße werden auch bei der Abnahme der Werkstücke gebraucht, z. B. zum Messen von Höhen, Tiefen, Breiten an Federn und Nuten, wie dies in den Abb. 531÷533 gezeigt ist. Um die genaue Höhe oder Tiefe zu messen, legt man über die Werkstückoberkante und Endmaß ein Meßlineal, das genau decken muß. Man kann auch mit der Fingerspitze nachfühlen und so Unterschiede von 0,03 mm gut feststellen. Das genaueste Ergebnis erhält man mit dem Fühlhebel, den man mit dem Taststift über Werkstück und Endmaß führt. In Abb. 531 ist gezeigt, wie Schwalbenschwanzführungen mit 2 Kugeln und Endmaßen gemessen werden. Die Höhen der Putzen mißt man auf der Richtplatte durch untergelegte Endmaße E nach Abb. 532 und die Achsenabstände, indem man in die Bohrungen passende Bolzen steckt, zwischen denen die Endmaße E spielfrei passen müssen (Abb. 533).

Die Endmaße prüft man auf Ebenheit mit einer Planglasplatte. Sie wird auf die zu prüfende Fläche gelegt oder aufgeschoben. Durch die Brechung des Lichtes erscheinen farbige Streifen, die bei ebenen Flächen gerade verlaufen, bei unebenen gekrümmt.

c) Die Passungen[1]).

Die größten Anforderungen an die Genauigkeit der Arbeitsflächen stellen die Passungen zusammenfügbarer Maschinenteile. Sie verlangen genaue Formen und genaue Maße der Paßstücke, damit sie wahllos austauschbar sind. Das Einpassen erfordert allerdings je nach dem Zweck der Passung ein Spiel oder ein Übermaß in den Abmessungen der Paßstücke. Unter dem Spiel S versteht man hier den Unterschied zwischen dem Bohrungsdurchmesser B und dem Wellendurchmesser D, wenn $B > D$, also $S = B - D$. Um das Übermaß $Ü$ ist hingegen die Welle dicker als der Lochdurchmesser, also $D > B$ und $Ü = D - B$. Das Größtspiel GS ist nach Abb. 534 links: $GS = B_{max} - D_{min}$ und das Kleinstspiel $KS = B_{min} - D_{max}$. Nach Abb. 535 rechts ist das Größtübermaß $GÜ = D_{max} - B_{min}$ und das Kleinstübermaß $KÜ = D_{min} - B_{max}$. Passungen mit verschieden großem Spiel oder Übermaß bezeichnet man als Sitze. Die Bewegungssitze, wie Laufsitze, verlangen gerade so viel Spiel in der Passung, daß die Teile ineinander beweglich sind, z. B. Lager und Welle, die Ruhesitze, wie Gleitsitz, Schiebesitz, Haftsitz, Treibsitz, Festsitz und Preßsitz dagegen ein derartig geringes Spiel oder gar ein Übermaß, daß die Paßstücke fest ineinander sitzen, wie Kurbel und Welle.

Beim Herstellen der Sitze kann man 2 Passungsarten wählen, entweder die Einheitswelle EW oder die Einheitsbohrung (EB). Bei der

---

[1]) K. Gramenz, Die Dinpassungen und ihre Anwendung.

Einheitswelle erhält die Welle als einheitlichen Durchmesser $D_{max} = N$, so daß das obere Abmaß $OA = 0$ und G die Nulllinie der Passung ist. Das untere Abmaß ist $UA = t = D_{max} - D_{min} = G - K$ (Abb. 534). Beim Schleifen der Einheitswelle muß man daher das Nennmaß $N = D_{max}$ anstreben, während die Bohrungen für die verschiedenen Sitze entweder um das Spiel S größer oder um das Übermaß $Ü$ kleiner sein müssen als der Wellendurchmesser.

Bei dem Aufbau der Passungen für die EW geht man von der Nullinie $N = G = D_{max}$ aus. Bei den beweglichen Sitzen oder Laufsitzen muß $B_{min} > D_{max}$, damit zwischen Welle und Lager Spiel für Öl vorhanden ist. Beide Grenzmaße der Bohrung liegen daher oberhalb der Nullinie (Abb. 534). Bei den Ruhesitzen muß $D_{max} > B_{max}$ sein, damit

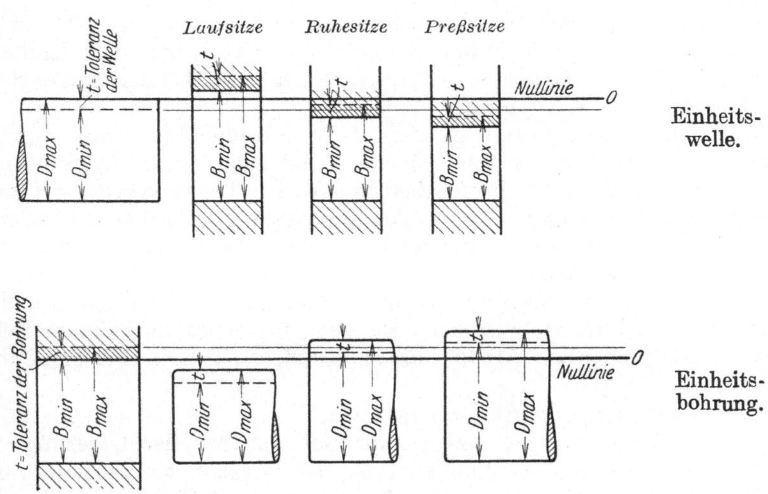

Abb. 534 u. 535. Darstellung der Einheitswelle und der Einheitsbohrung.

sie keine Beweglichkeit haben. Die Grenzmaße der Bohrung liegen daher unter der Nullinie der Passung. Das Kennzeichen der Ruhesitze geht aber verloren, sobald sich der Wellendurchmesser dem Kleinstmaß $K = D_{min}$ nähert und die Bohrung dem Größtmaß $G = B_{max}$, so daß der Sitz Spiel bekommt. Die Preßsitze verlangen, daß $D_{min} > B_{max}$, so daß auf alle Fälle ein Übermaß da ist und ein Aufpressen erforderlich wird.

Bei der Einheitsbohrung soll man die Löcher einheitlich auf das Nennmaß $N = B_{min} =$ Nullinie der Passung aufreiben, so daß $UA = 0$ und $OA = t$ ist. Die Bolzen, Zapfen oder Wellen müssen bei dieser Passungsart um das Spiel kleiner oder um das Übermaß dicker sein als die Bohrung (Abb. 535). Bei den Bewegungssitzen muß hier $B_{min} > D_{max}$ sein, damit Spiel für das Öl vorhanden ist; D_{max} muß daher unter der Nullinie liegen. Bei den Ruhesitzen muß $B_{max} < D_{max}$ sein, damit keine Bewegung in der Passung vorhanden ist. Das Kennzeichen dieser Sitze geht auch hier verloren, wenn der Wellendurchmesser nahe an $K = D_{min}$ und der Lochdurchmesser nahe an $G = B_{max}$ kommt. Für den Preßsitz muß $B_{max} < D_{min}$ sein, so daß die Welle als kleinstes Übermaß $K\ddot{U} = D_{min} - B_{max}$ hat.

Die Gütegrade der Passungen: Je nach der Genauigkeit, die man von der Passung fordert, werden die Toleranzen kleiner oder größer gewählt. Es entstehen somit nicht nur Unterschiede im Sitz, sondern auch in der Genauigkeit der Paßstücke. Nach den Abstufungen in den Toleranzen lassen sich 4 Gütegrade oder Feinheitsstufen der Passungen unterscheiden:

1. Die Edelpassung für die besonders hohen Ansprüche der Genauigkeitsmaschinen und Meßgeräte. Sie hat die feinsten Toleranzen und verlangt, daß die Paßflächen aufs sauberste geschliffen und aufgerieben werden.

2. Die Feinpassung beherrscht den mit hoher Genauigkeit arbeitenden austauschbaren Maschinenbau. Die Toleranz der Einheitsbohrung ist die 1,5fache der Edelpassung, die der Einheitswelle gleich der Toleranz der Edelpassung.

3. Die Schlichtpassung kommt für aufschiebbare und laufende Paßteile in Betracht, die ein größeres Spiel zulassen, z. B. Stellringe, Handkurbeln, Zahnräder, Riemscheiben usw. Die Toleranzen der Schlichtpassung sind 3mal so groß als die der Edelpassung. Die Paßteile können auf einer guten Drehbank geschlichtet und abgeschmirgelt oder auch genau gezogen werden.

4. Die Grobpassung läßt größere Toleranzen zu, die den 10fachen Wert der Edelpassung betragen. Sie wird für gezogene Teile im Lokomotiv- und Wagenbau, sowie im landwirtschaftlichen Maschinenbau angewandt.

Die Abstufungen der Sitzarten:

Bei den Bewegungssitzen sind nach der Art der Lagerung und der Geschwindigkeit der laufenden Teile, der Rauheit der Paßstücke und der Beschaffenheit der Schmiermittel verschiedene Stufen in den Sitzarten zu unterscheiden und zwar bei der Feinpassung der enge Laufsitz, der Laufsitz, der leichte und der weite Laufsitz, die alle kleine Unterschiede in ihrem Spiel aufweisen. Mehrfach gelagerte Wellen verlangen ein größeres Spiel als einfach gelagerte, dickflüssige Schmiermittel ein größeres Spiel als dünnflüssige, schnellaufende Wellen ein größeres Spiel als langsam laufende und geschlichtete Wellen ein größeres Spiel als feingeschliffene.

Die Schlichtpassung sieht daher einen Schlichtlaufsitz und weiten Schlichtlaufsitz vor für einfach und mehrfach gelagerte Wellen.

Die Ruhesitze sind Zwangsitze, die weniger oder mehr Kraft zum Einführen der Paßstücke erfordern.

Beim Gleitsitz (G) gleiten die Paßstücke ineinander und saugen sich fest, sobald die Bewegung aufhört. Die eingefetteten Teile lassen sich noch eben mit der Hand verschieben. Bei der Einheitsbohrung muß daher für den Gleitsitz $D_{max} = B_{min}$ sein, bei der Einheitswelle ebenso $D_{max} = B_{min}$. Das Übermaß der Welle ist also 0.

Der Schiebesitz (S) hat etwas mehr Zwängung als der Gleitsitz; er erfordert daher, daß die Teile mit der Hand oder leichten Schlägen aufgeschoben werden. Die Welle hat daher ein geringes Übermaß, so daß bei der Einheitsbohrung und ebenso bei der Einheitswelle $D_{max} > B_{min}$ ist (Abb. 536 und 537). Beim Haftsitz sitzen die Paßteile aufeinander fest, lassen sich aber ohne großen Kraftaufwand trennen.

Der Festsitz (F) verlangt erheblichere Kräfte zum Trennen der Teile, die Welle hat daher ein größeres Übermaß als beim Schiebesitz. Bei der Einheitsbohrung ist nach Abb. 536 und ebenso bei der Einheitswelle nach Abb. 537 $D_{max} > B_{max}$. Schiebe- und Festsitz verlangen Feinpassung, der Gleitsitz läßt sich noch in Schlichtpassung herstellen.

Zusammenstellung der wichtigsten Sitzarten und Passungen.

Gütegrade der Passung	Sitzarten							
	Bewegungssitze				Ruhesitze			
Edelpassung	—	—	—	—	Gleitsitz	Schiebesitz	Haftsitz	Festsitz
Feinpassung	Weiter Laufsitz	Leichter Laufsitz	Laufsitz	Enger Laufs.	Gleitsitz	Schiebesitz	Haftsitz	Festsitz
Schlichtpassung	Weiter Schlichtlaufsitz	—	Schlichtlaufsitz	—	Schlichtgleitsitz	—	—	—
Grobpassung	—	—	Groblaufsitz	—	—	—	—	—

Das Spiel oder Übermaß der einzelnen Sitze, sowie die Toleranzen berechnet man unter Zugrundelegung der Paßeinheit PE, z. B. $t = 1{,}5$ PE.

Die Paßeinheit PE hängt von dem Durchmesser D in mm ab,

$$1\ \mathrm{PE} = \tfrac{1}{200}\ \sqrt[3]{D_{mm}}$$

Zahlentafel 35 für abgerundete Werte der Paßeinheiten.

D in mm . .	1—3	über 3—6	über 6—10	über 10—18	über 18—30	über 30—50	über 50—80	über 80—120	über 120—180	über 180—260
1 PE in mm .	0,006	0,008	0,010	0,012	0,015	0,018	0,020	0,022	0,025	0,030

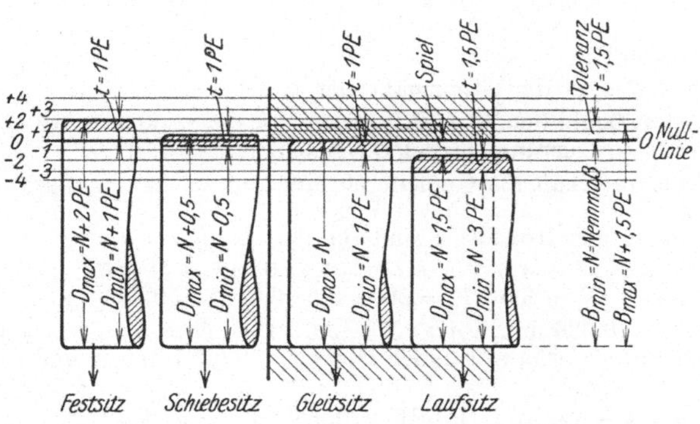

Abb. 536. Abmessungen der Sitze bei der Einheitsbohrung der Feinpassung.

In den Abb. 536 und 537 und in den Zahlentafeln 36 bis 46 sind die Hauptmaße der wichtigsten genormten Sitze angegeben.

Beispiel: Für eine Passung vom Nennmaß 50 mm sind für den Laufsitz die Grenzlehren zu bestimmen.

Abb. 537. Abmessungen der Sitze bei der Einheitswelle der Feinpassung.

1. Feinpassung.

a) Einheitsbohrung:

Nach Zahlentafel 35 ist für $D = 50$ mm 1 PE $= 0{,}018$ mm.

Nach Abb. 536: Kleinstmaß der Bohrung $K = B_{min} = N = 50$ mm.

Größtmaß der Bohrung $G = B_{max} = N + 1{,}5\,PE = 50 + 1{,}5 \cdot 0{,}018 = 50{,}027$ mm, Toleranz der Bohrung $t = 1{,}5$ PE $= 0{,}027$ mm.

Der Grenzlehrdorn für die Bohrung hat als Gutseite 50 mm $\varnothing$ und als Ausschußseite 50,027 mm $\varnothing$.

Nach Abb. 536 ist für den Laufsitz das Größtmaß der Welle

$$G = D_{max} = N - 1{,}5\ PE = 50 - 1{,}5 \cdot 0{,}018 = 49{,}973 \text{ mm}$$

und das Kleinstmaß

$$K = D_{min} = N - 3\,PE = 50 - 3 \cdot 0{,}018 = 49{,}946 \text{ mm.}$$
$$\text{Toleranz der Welle } t = 1{,}5\ PE = 0{,}027 \text{ mm.}$$
$$OA = N - D_{max} = 50 - 49{,}973 = 0{,}027 \text{ mm.}$$
$$UA = N - D_{min} = 50 - 49{,}946 = 0{,}054 \text{ mm.}$$

Die Grenzrachenlehre für die Welle erhält daher auf der Gutseite 49,973 mm und auf der Ausschußseite 49,946 mm Rachenweite.

Kleinstspiel $KS = B_{min} - D_{max} = N - (N + 1{,}5\ PE) = 0{,}027$ mm.

Größtspiel $GS = B_{max} - D_{min} = N + 1{,}5\,PE - (N - 3\,PE) = 4{,}5\,PE = 0{,}081$ mm.

b) Einheitswelle:

Nach Abb. 537 sind die Grenzmaße der Welle:

$$G = N = D_{max} = 50 \text{ mm und } K = D_{min} = N - 1\,PE = 50 - 0{,}018 = 49{,}982\,\text{mm,}$$
$$\text{Toleranz } t = 1\,PE = 0{,}018 \text{ mm} = UA.$$

Die Rachenlehre erhält als Gutseite 50 mm und als Ausschußseite 49,982 mm Rachenweite.

Die Grenzmaße der Bohrung sind für den Laufsitz:

$$K = B_{min} = N + 1{,}5\ PE = 50 + 1{,}5 \cdot 0{,}018 = 50{,}027 \text{ mm}$$
$$G = B_{max} = N + 3{,}5\ PE = 50 + 3{,}5 \cdot 0{,}018 = 50{,}063 \text{ mm}$$
$$t = 2\ PE = 0{,}036 \text{ mm}, OA = N + 3{,}5\ PE - N = 3{,}5\ PE = 0{,}063 \text{ mm.}$$

Der Grenzlehrdorn erhält auf der Gutseite 50,027 mm $\varnothing$ und auf der Ausschußseite 50,063 mm $\varnothing$.

$$KS = B_{min} - D_{max} = 1{,}5\ PE = 0{,}027 \text{ mm} = UA,$$
$$GS = B_{max} - D_{min} = 4{,}5\ PE = 0{,}081 \text{ mm.}$$

2. Schlichtpassung.

a) Einheitsbohrung:

Bei dem Schlichtlaufsitz ist für die Bohrung:

$K = B_{min} = N = 50$ mm $= \varnothing$ der Gutseite des Grenzlehrdornes
$G = B_{max} = N + 3$ PE $= 50,054$ mm $= \varnothing$ der Ausschußseite des Grenzlehrdornes,
$$t = OA = 3 \text{ PE} = 0,054 \text{ mm}.$$

für die Welle:

$G = D_{max} = N - 1,5$ PE $= 49,973$ mm $=$ Gutseite der Rachenlehre,
$K = D_{min} = N - 5$ PE $= 49,91$ mm $=$ Ausschußseite der Rachenlehre,
$$t = 0,063 \text{ mm}.$$
$KS = B_{min} - D_{max} = 1,5$ PE $= 0,027$ mm $= OA$.
$GS = B_{max} - D_{min} = 8$ PE $= 0,144$ mm.
$UA = N - D_{min} = 5$ PE $= 0,09$ mm.

b) Einheitswelle:

Bei dem Schlichtlaufsitz ist für die Welle:

$G = D_{max} = N = 50$ mm $=$ Gutseite der Rachenlehre,
$K = D_{min} = N - 3$ PE $= 49,946$ mm $=$ Ausschußseite der Rachenlehre,
$$t = 3 \text{ PE} = 0,054 \text{ mm} = UA.$$

für die Bohrung:

$G = B_{max} = N + 5$ PE $= 50,09$ mm $=$ Ausschußseite des Dornes,
$K = B_{min} = N + 1,5$ PE $= 50,027$ mm $=$ Gutseite des Dornes, $t = 3,5$ PE
$$= 0,063 \text{ mm}.$$
$KS = B_{min} - D_{max} = 1,5$ PE $= 0,027$ mm $= UA$.
$GS = B_{max} - D_{min} = 8$ PE $= 0,144$ mm
$OA = B_{max} - N = 5$ PE $= 0,09$ mm.

Viel umstritten ist die Frage: Wann ist die Einheitsbohrung und wann die Einheitswelle zu nehmen? Diese Frage ist nach wirtschaftlichen Gesichtspunkten und der Herstellung der Paßstücke zu beurteilen. Da heute in der Massenfertigung gezogene Rundstangen und Wellen viel benutzt werden, so empfiehlt sich die Einheitswelle bei der Schlicht- und der Grobpassung und bei den Laufsitzen der Feinpassung, weil die letzten Sitze gegen gezogene Rundstangen austauschbar sein müssen. Da sich die feinen Toleranzen in der Bohrung der Ruhesitze bei der Einheitswelle schwer herstellen und messen lassen, so ist bei den Ruhesitzen der Fein- und Edelpassung die Einheitsbohrung vorzuziehen. Für den Maschinenbau kann man wohl als Regel anerkennen: Für die Laufsitze ist die Einheitswelle und für die Gleit-, Schiebe-, Haft- und Festsitze die Einheitsbohrung zu wählen. Beide Passungsarten werden daher nach Gottwein zu einem Verbundsystem vereinigt.

Das Verbundsystem löst die obige Frage nicht restlos. Man muß von Fall zu Fall entscheiden, ob Einheitswelle oder Einheitsbohrung. Allgemein kann man wohl sagen, daß bei durchgehenden glatten Wellen als Passungsart die Einheitswelle vorteilhaft ist. Gröbere Passungen, wie Schlicht- und Grobpassungen, lassen hierbei sogar gezogene Wellen ohne Nacharbeit zu. Wellen, die zum Einstecken in Lager, Büchsen, Räder, Kupplungen, Riemenscheiben abgesetzt werden, wie dies z. B. bei Getriebekästen der Fall ist, erhalten bei der Einheitsbohrung oft weniger Ansätze und werden nicht so stark geschwächt als bei der Einheitswelle. Bei abgesetzten Wellen wird man daher meist die Einheitsbohrung bevorzugen, doch ist stets zu prüfen, ob sich die Welle in die Lager, Räder usw. einführen läßt. Der Werkzeugmaschinenbau hat als Passungs-

Zahlentafel 36 u. 37.

Abmaße der Arbeitslehren. (Edel- u. Feinpassung, Einheitsbohrung).

μ (1 $\mu = {}^{1}/_{1000}$ mm)

Zahlentafel 36

Durchmesserbereich mm	Lehrdorn, Flachlehre, Kugelendmaß — Edelpassung eB — oberes (Ausschußseite)	unteres (Gutseite)	Feinpassung B — oberes (Ausschußseite)	unteres (Gutseite)	Rachenlehren — Preßsitz P — oberes (Gutseite)	unteres (Ausschußseite)	Festsitz F — oberes (Gutseite)	unteres (Ausschußseite)	Treibsitz T — oberes (Gutseite)	unteres (Ausschußseite)	Haftsitz H — oberes (Gutseite)	unteres (Ausschußseite)	Schie[besitz] S — oberes (Gutseite)
1 bis 3	+ 6	0	+ 9	0	+ 15	+ 10	+ 12	+ 6	+ 9	+ 3	+ 6	0	+ 3
über 3 „ 6	8	0	12	0	22	15	15	8	12	4	8	0	4
„ 6 „ 10	10	0	15	0	30	20	20	10	15	5	10	0	5
„ 10 „ 18	12	0	18	0	38	25	25	12	18	6	12	0	6
„ 18 „ 30	15	0	22	0	45	32	30	15	22	8	15	0	8
„ 30 „ 50	18	0	25	0	60	40	35	18	25	9	18	0	9
„ 50 „ 80	20	0	30	0	75	55	40	20	30	10	20	0	10
„ 80 „ 120	22	0	35	0	90	65	45	22	35	11	22	0	11
„ 120 „ 180	—	—	40	0	105	80	50	25	40	13	25	0	13
„ 180 „ 260	—	—	45	0	130	100	60	30	45	15	30	0	15
„ 260 „ 360	—	—	50	0	155	120	70	35	50	18	35	0	18
„ 360 „ 500	—	—	60	0	180	140	80	40	60	20	40	0	20
Paßeinheiten	+ 1	0	+ 1,5	0	—	—	+ 2	+ 1	+ 1,5	+ 0,5	+ 1	0	+ 0,5

Zahlentafel 37

Durchmesserbereich mm	Lehrdorn, Flachlehre, Kugelendmaß — Edelpassung eB — oberes (Ausschußseite)	unteres (Gutseite)	Feinpassung B — oberes (Ausschußseite)	unteres (Gutseite)	Rachenlehren — Gleitsitz G — oberes (Gutseite)	unteres (Ausschußseite)	Enger Laufsitz EL — oberes (Gutseite)	unteres (Ausschußseite)	Laufsitz L — oberes (Gutseite)	unteres (Ausschußseite)	Leichter Laufsitz LL — oberes (Gutseite)	unteres (Ausschußseite)	Weit[er] Lauf[sitz] WL — oberes (Gutseite)
1 bis 3	+ 6	0	+ 9	0	0	— 6	— 3	— 9	— 9	— 18	— 18	— 30	— 30
über 3 „ 6	8	0	12	0	0	— 8	— 4	— 12	— 12	— 25	— 25	— 40	— 40
„ 6 „ 10	10	0	15	0	0	— 10	— 5	— 15	— 15	— 30	— 30	— 50	— 50
„ 10 „ 18	12	0	18	0	0	— 12	— 6	— 18	— 18	— 35	— 35	— 60	— 60
„ 18 „ 30	15	0	22	0	0	— 15	— 8	— 22	— 22	— 45	— 45	— 70	— 70
„ 30 „ 50	18	0	25	0	0	— 18	— 9	— 25	— 25	— 50	— 50	— 80	— 80
„ 50 „ 80	20	0	30	0	0	— 20	— 10	— 30	— 30	— 60	— 60	— 100	— 100
„ 80 „ 120	22	0	35	0	0	— 22	— 11	— 35	— 35	— 70	— 70	— 120	— 120
„ 120 „ 180	—	—	40	0	0	— 25	— 13	— 40	— 40	— 80	— 80	— 140	— 140
„ 180 „ 260	—	—	45	0	0	— 30	— 15	— 45	— 45	— 90	— 90	— 150	— 150
„ 260 „ 360	—	—	50	0	0	— 35	— 18	— 50	— 50	— 100	— 100	— 170	— 170
„ 360 „ 500	—	—	60	0	0	— 40	— 20	— 60	— 60	— 120	— 120	— 200	— 200
Paßeinheiten	+ 1	0	+ 1,5	0	0	— 1	— 0,5	— 1,5	— 1,5	— 3	— 3	— 5	— 5

Zahlentafel 38 u. 39.

Abmaße der Arbeitslehren. (Schlichtpassung und Einheitsbohrung).

μ (1 μ = $^1/_{1000}$ mm)

Durchmesserbereich mm	Lehrdorn, Flachlehre, Kugelendmaß sB		Rachenlehren					
			Schlichtgleitsitz sG		Schlichtlaufsitz sL		Weiter Schlichtlaufsitz sWL	
	Abmaße		Abmaße		Abmaße		Abmaße	
	oberes	unteres	oberes	unteres	oberes	unteres	oberes	unteres
	Ausschußseite	Gutseite	Gutseite	Ausschußseite	Gutseite	Ausschußseite	Gutseite	Ausschußseite
1 bis 3	+ 18	0	0	− 18	− 9	− 30	− 30	− 60
über 3 „ 6	25	0	0	25	12	40	40	80
„ 6 „ 10	30	0	0	30	15	50	50	100
„ 10 „ 18	35	0	0	35	18	60	60	120
„ 18 „ 30	45	0	0	45	22	70	70	150
„ 30 „ 50	50	0	0	50	25	80	80	180
„ 50 „ 80	60	0	0	60	30	100	100	200
„ 80 „ 120	70	0	0	70	35	120	120	250
„ 120 „ 180	80	0	0	80	40	140	140	280
„ 180 „ 260	90	0	0	90	45	150	150	320
„ 260 „ 360	100	0	0	100	50	170	170	350
„ 360 „ 500	120	0	0	120	60	200	200	400
Paßeinheiten	+ 3	0	0	− 3	− 1,5	− 5	− 5	− 10,5

Abmaße der Arbeitslehren. (Grobpassung u. Einheitsbohrung.)

Durchmesserbereich mm	Lehrdorn, Flachlehre, Kugelendmaß gB		Rachenlehren							
			Grobsitz g 1		Grobsitz g 2		Grobsitz g 3		Grobsitz g 4	
	Abmaße		Abmaße		Abmaße		Abmaße		Abmaße	
	oberes	unteres	oberes	unteres	oberes	unteres	oberes	unteres	oberes	unteres
	Ausschußseite	Gutseite	Gutseite	Ausschußseite	Gutseite	Ausschußseite	Gutseite	Ausschußseite	Gutseite	Ausschußseite
1 bis 3	+ 50	0	0	− 50	− 30	− 80	− 50	− 100	− 100	− 180
über 3 „ 6	80	0	0	80	40	120	80	150	150	250
„ 6 „ 10	100	0	0	100	50	150	100	200	200	300
„ 10 „ 18	100	0	0	100	60	200	100	250	250	350
„ 18 „ 30	150	0	0	150	70	250	150	300	300	450
„ 30 „ 50	150	0	0	150	80	250	150	350	350	500
„ 50 „ 80	200	0	0	200	100	300	200	400	400	600
„ 80 „ 120	200	0	0	200	120	350	200	450	450	700
„ 120 „ 180	250	0	0	250	140	400	250	500	500	800
„ 180 „ 260	250	0	0	250	150	450	250	550	550	900
„ 260 „ 360	300	0	0	300	170	500	300	600	600	1000
„ 360 „ 500	350	0	0	350	200	550	350	600	700	1100
Paßeinheiten	+ 10	0	0	− 10	− 5	− 15	− 10	− 20	− 20	− 30

Zahlentafel 40.

Abmaße der Arbeitslehren. (Edelpassung und Einheitswelle.)

μ (1 $\mu = {}^1/_{1000}$ mm)

Durchmesserbereich mm	Rachenlehre W oberes Abmaße Gutseite	Rachenlehre W unteres Abmaße Ausschußseite	Edelfestsitz eF oberes Abmaße Ausschußseite	Edelfestsitz eF unteres Abmaße Gutseite	Edeltreibsitz eT oberes Abmaße Ausschußseite	Edeltreibsitz eT unteres Abmaße Gutseite	Edelhaftsitz eH oberes Abmaße Ausschußseite	Edelhaftsitz eH unteres Abmaße Gutseite	Edelschiebesitz eS oberes Abmaße Ausschußseite	Edelschiebesitz eS unteres Abmaße Gutseite	Edelgleitsitz eG oberes Abmaße Ausschußseite	Edelgleitsitz eG unteres Abmaße Gutseite
1 bis 3	0	+ 6	— 6	— 12	— 3	— 9	0	— 6	+ 3	— 3	+ 6	0
über 3 „ 6	0	8	8	15	4	12	0	8	4	4	8	0
„ 6 „ 10	0	10	10	20	5	15	0	10	5	5	10	0
„ 10 „ 18	0	12	12	25	6	18	0	12	6	6	12	0
„ 18 „ 30	0	15	15	30	8	22	0	15	8	8	15	0
„ 30 „ 50	0	18	18	35	9	25	0	18	9	9	18	0
„ 50 „ 80	0	20	20	40	10	30	0	20	10	10	20	0
„ 80 „ 120	0	22	22	45	11	35	0	22	11	11	22	0
Paßeinheiten	0	— 1	— 1	— 2	— 0,5	— 1,5	0	— 1	+ 0,5	— 0,5	+ 1	0

art die Einheitsbohrung gewählt, die meist in Feinpassung angewandt wird. Die Edelpassung benutzt man bei hochwertigen Maschinen, bei Kugellagergehäusen, Revolverbankwerkzeugen usw. Bei glatten Bolzen und Wellen, z. B. am Deckenvorgelege, nimmt man die Einheitswelle. Der Kraftfahrzeugbau hat die Einheitsbohrung empfohlen. Den Lokomotiv- und Wagenbau, Preßluftwerkzeugbau, Großmaschinenbau beherrscht die Einheitsbohrung, dagegen den Triebwerksbau und Textilmaschinenbau die Einheitswelle. Im Elektromaschinen- und Apparatebau wird nach beiden Passungsarten mit gleichem Erfolg gearbeitet.

Die Abnahmelehren, mit denen der Abnahmebeamte die bereits mit der Arbeitslehre gemessenen Werkstücke endgültig nachprüft, müssen auf der Gutseite mit Rücksicht auf die zulässige Abnutzung der Arbeitslehre (Zahlentafel 45) berechnet werden. Die Gutseite der Abnahmelehren muß daher das Abmaß der völlig abgenutzten Gutseite der Arbeitslehren haben. Die Abnahme-Rachenlehre muß daher auf der Gutseite um die zulässige Abnutzung weiter sein als die neue Arbeitsrachenlehre. Bei

$$- 50 \frac{\varnothing\, B}{L}$$ wären nach Zahlentafel 37 die Abmaße für die Arbeitsrachen-

lehre $- 50 \dfrac{- 0,025}{- 0,050}$. Die zulässige Abnutzung für die Arbeitsrachenlehre ist 0,006 mm nach Zahlentafel 45. Die Abnahmerachenlehre wird daher auf der Gutseite das Abmaß $- 0,025 + 0,006 = - 0,019$ mm erhalten, also um 0,006 mm weiter sein als der Rachen der neuen Arbeitslehre. Die Rachenweite der Gutseite ist demnach $50 - 0,019 = 49,981$ mm.

Zahlentafel 41 u. 42.

Abmaße der Arbeitslehren. (Feinpassung und Einheitswelle.)

μ (1 $\mu = {}^1/_{1000}$ mm)

Durchmesserbereich mm	Rachenlehre W		Lehrdorne, Flachlehren, Kugelendmaße									
			Preßsitz P		Festsitz F		Treibsitz T		Haftsitz H		Schiebesitz S	
	Abmaße		Abmaße		Abmaße		Abmaße		Abmaße		Abmaße	
	oberes	unteres	oberes	unteres	oberes	unteres	oberes	unteres	oberes	unteres	oberes	unteres
	Gutseite	Ausschußseite	Ausschußseite	Gutseite	Ausschußseite	Gutseite	Ausschußseite	Gutseite	Ausschußseite	Gutseite	Ausschußseite	Gutseite
1 bis 3	0	− 6	− 7	− 15	− 3	− 12	0	− 9	+ 3	− 6	+ 6	− 3
über 3 „ 6	0	8	10	22	4	15	0	12	4	8	8	4
„ 6 „ 10	0	10	15	30	5	20	0	15	5	10	10	5
„ 10 „ 18	0	12	20	38	6	25	0	18	6	12	12	6
„ 18 „ 30	0	15	25	45	8	30	0	22	8	15	15	8
„ 30 „ 50	0	18	35	60	9	35	0	25	9	18	18	9
„ 50 „ 80	0	20	45	75	10	40	0	30	10	20	20	10
„ 80 „ 120	0	22	55	90	11	45	0	35	11	22	22	11
„ 120 „ 180	0	25	65	105	13	50	0	40	13	25	25	13
„ 180 „ 260	0	30	85	130	15	60	0	45	15	30	30	15
„ 260 „ 360	0	35	105	155	18	70	0	50	18	35	35	18
„ 360 „ 500	0	40	120	180	20	80	0	60	20	40	40	20
Paßeinheiten	0	− 1	—	—	−0,5	− 2	0	−1,5	+ 0,5	− 1	+ 1	− 0,5

Durchmesserbereich mm	Rachenlehre W		Lehrdorne, Flachlehren, Kugelendmaße									
			Gleitsitz G		Enger Laufsitz EL		Laufsitz L		Leichter Laufsitz LL		Weiter Laufsitz WL	
	Abmaße		Abmaße		Abmaße		Abmaße		Abmaße		Abmaße	
	oberes	unteres	oberes	unteres	oberes	unteres	oberes	unteres	oberes	unteres	oberes	unteres
	Gutseite	Ausschußseite	Ausschußseite	Gutseite	Ausschußseite	Gutseite	Ausschußseite	Gutseite	Ausschußseite	Gutseite	Ausschußseite	Gutseite
1 bis 3	0	− 6	+ 9	0	+ 12	+ 3	+ 20	+ 9	+ 35	+ 18	+ 50	+ 30
über 3 „ 6	0	8	12	0	15	4	30	12	45	25	60	40
„ 6 „ 10	0	10	15	0	20	5	35	15	55	30	80	50
„ 10 „ 18	0	12	18	0	25	6	40	18	65	35	100	60
„ 18 „ 30	0	15	22	0	30	8	50	22	80	45	120	70
„ 30 „ 50	0	18	25	0	35	9	60	25	95	50	140	80
„ 50 „ 80	0	20	30	0	40	10	70	30	110	60	160	100
„ 80 „ 120	0	22	35	0	45	11	80	35	130	70	180	120
„ 120 „ 180	0	25	40	0	50	13	95	40	150	80	210	140
„ 180 „ 260	0	30	45	0	60	15	105	45	170	90	240	150
„ 260 „ 360	0	35	50	0	70	18	120	50	190	100	270	170
„ 360 „ 500	0	40	60	0	80	20	140	60	220	120	300	200
Paßeinheiten	0	− 1	+ 1,5	0	+ 2	+0,5	+ 3,5	+1,5	+ 5,5	+ 3	+ 8	+ 5

Zahlentafel 43 u. 44.

Abmaße der Arbeitslehren. (Schlichtpassung und Einheitswelle.)

μ　　$(1\,\mu = {}^1/_{1000}\ \text{mm})$

Durchmesserbereich mm	Rachenlehre sW Abmaße oberes (Gutseite)	Rachenlehre sW Abmaße unteres (Ausschußseite)	Schlichtgleitsitz sG Abmaße oberes (Ausschußseite)	Schlichtgleitsitz sG Abmaße unteres (Gutseite)	Schlichtlaufsitz sL Abmaße oberes (Ausschußseite)	Schlichtlaufsitz sL Abmaße unteres (Gutseite)	Weiter Schlichtlaufsitz sWL Abmaße oberes (Ausschußseite)	Weiter Schlichtlaufsitz sWL Abmaße unteres (Gutseite)
1 bis 3	0	− 18	+ 18	0	+ 30	+ 9	+ 60	+ 30
über 3 „ 6	0	25	25	0	40	12	80	40
„ 6 „ 10	0	30	30	0	50	15	100	50
„ 10 „ 18	0	35	35	0	60	18	120	60
„ 18 „ 30	0	45	45	0	70	22	150	70
„ 30 „ 50	0	50	50	0	80	25	180	80
„ 50 „ 80	0	60	60	0	100	30	200	100
„ 80 „ 120	0	70	70	0	120	35	250	120
„ 120 „ 180	0	80	80	0	140	40	280	140
„ 180 „ 260	0	90	90	0	150	45	320	150
„ 260 „ 360	0	100	100	0	170	50	350	170
„ 360 „ 500	0	120	120	0	200	60	400	200
Paßeinheiten	0	− 3	+ 3	0	+ 5	+ 1,5	+ 10	+ 5

Abmaße der Arbeitslehren. (Grobpassung und Einheitswelle.)

μ　　$(1\,\mu = {}^1/_{1000}\ \text{mm})$

Durchmesserbereich mm	Rachenlehre gW oberes (Gutseite)	Rachenlehre gW unteres (Ausschußseite)	Grobsitz $g\,1$ oberes (Ausschußseite)	Grobsitz $g\,1$ unteres (Gutseite)	Grobsitz $g\,2$ oberes (Ausschußseite)	Grobsitz $g\,2$ unteres (Gutseite)	Grobsitz $g\,3$ oberes (Ausschußseite)	Grobsitz $g\,3$ unteres (Gutseite)	Grobsitz $g\,4$ oberes (Ausschußseite)	Grobsitz $g\,4$ unteres (Gutseite)
1 bis 3	0	− 50	+ 50	0	+ 80	+ 30	+ 100	+ 50	+ 180	+ 100
über 3 „ 6	0	80	80	0	120	40	150	80	250	150
„ 6 „ 10	0	100	100	0	150	50	200	100	300	200
„ 10 „ 18	0	100	100	0	200	60	250	100	350	250
„ 18 „ 30	0	150	150	0	250	70	300	150	450	300
„ 30 „ 50	0	150	150	0	250	80	350	150	500	350
„ 50 „ 80	0	200	200	0	300	100	400	200	600	400
„ 80 „ 120	0	200	200	0	350	120	450	200	700	450
„ 120 „ 180	0	250	250	0	400	140	500	250	800	500
„ 180 „ 260	0	250	250	0	450	150	550	250	900	550
„ 260 „ 360	0	300	300	0	500	170	600	300	1000	600
„ 360 „ 500	0	350	350	0	500	200	700	350	1100	700
Paßeinheiten	0	− 10	+ 10	0	+ 15	+ 5	+ 20	+ 10	+ 30	+ 20

Der Abnahme-Grenzlehrdorn wird auf der Gutseite um die zulässige Abnutzung dünner sein als der Dorn der neuen Arbeitslehre. Im obigen Beispiel wären nach Zahlentafel 37 die Abmaße für den Lehrdorn $- 50 \dfrac{\emptyset + 0{,}025}{}$. Die zulässige Abnutzung für die Gutseite ist 0,006 mm nach Zahlentafel 45. Mithin das Abmaß für die Gutseite der Abnahmelehre — 0,006 und der Durchmesser des Abnahmelehrdornes 50 — 0,006 = 49,994 mm. Die Ausschußseite der Abnahmerachenlehre wird um das Abmaß der Herstellungsgenauigkeit nach Zahlentafel 46 enger berechnet und der Abnahme-Grenzlehrdorn um das Abmaß dicker. Die Abnahmelehren besitzen daher die äußersten Grenzmaße. Im obigen Beispiel hat die Arbeitsrachenlehre auf der Ausschußseite das Abmaß — 0,050. Die Herstellungsgenauigkeit ist nach Zahlentafel 46 für die Rachenlehre $\pm$ 0,0025. Die Abnahmerachenlehre muß daher auf der Ausschußseite das Abmaß — 0,0525 haben, d. h. als Rachenweite 50 — 0,0525 = 49,9475 mm. Der Grenzlehrdorn der Arbeitslehre hat auf der Ausschußseite 50 + 0,025. Die Herstellungsgenauigkeit ist nach Zahlentafel 46 $\pm$ 0,0025, so daß die Ausschußseite des Abnahme-Grenzlehrdornes das Abmaß + 0,0275 mm erhält und 50,0275 mm $\emptyset$.

Die Arbeitslehren und Abnahmelehren werden am besten in einem besonderen Prüfraum mit empfindlichem Fühlhebel, Meßmaschine oder Endmaßen nachgeprüft. Eine Rachenlehre untersucht man mit Endmaßen nach Abb. 528. Sobald das Endmaß der völlig abgenutzten Gutseite in den Rachen von 49,981 mm (s. S. 288) geht, ist die Lehre zu verwerfen. Auf der Ausschußseite muß im obigen Beispiel das Endmaß von 49,95 — 0,0025 = 49,9475 mm in den Rachen gehen, während das Endmaß mit 49,95 + 0,0025 = 49,9525 nicht in den Rachen gehen darf, da sonst die Lehre zu ungenau ist. Den Lehrdorn prüft man in der Weise, daß man mit Endmaßen den Fühlhebel genau auf den Nullstrich einstellt und nun den Lehrdorn unterschiebt, so daß man Abweichungen ablesen kann. Als Prüflehren können Meßscheiben und Rachenlehren benutzt werden mit den entsprechenden Maßen. Als Prüflehre für die Gutseite des Lehrdornes dient eine Rachenlehre, die die größte zulässige Abnützung hat. Für die Außenscheibe muß die Rachenlehre auf der einen Seite das + Maß und auf der Gegenseite das — Maß der Herstellgenauigkeit haben.

Zur Kennzeichnung der Gütegrade und Sitze werden die in den Zahlentafeln 36 bis 44 angegebenen Kurzzeichen benutzt. Bei der Einheitsbohrung wird das Kurzzeichen eB der Edelpassung, B der Feinpassung, sB der Schlichtpassung und gB der Grobpassung neben das $\emptyset$-Zeichen des Bohrungsmaßes ü b e r die Maßlinie gesetzt, also $- 50 \dfrac{\emptyset\, eB}{}$, $- 50 \dfrac{\emptyset\, B}{}$, $- 50 \dfrac{\emptyset\, sB}{}$ und $- 50 \dfrac{\emptyset\, gB}{}$.

Der zugehörige Sitz wird beim Wellenmaß u n t e r der Maßlinie gekennzeichnet, so daß $- 50 \dfrac{\emptyset\, eB}{F}$ bedeutet: 50 mm Einheitsbohrung

Zahlentafel 45. Zulässige Abnutzungen der Lehren in $\mu = {}^1/_{1000}$ mm.

Zulässige Abnutzung von Grenzlehrdornen, Grenzflachlehren, Kugelendmaßen

Abnutzungsbeträge für Grenzlehrdorne, Grenzflachlehren, Kugelendmaße

Durchmesserbereich	Einheitswelle							Einheitsbohrung			
		Feinpassung									
	Edelpassung alle Sitze	Weiter Laufsitz	Leichter Laufsitz	Laufsitz	Enger Laufsitz, Gleit-, Schiebe-, Haft-, Treib-, Fest-, Preßsitz	Schlichtpassung alle Sitze	Grobpassung alle Sitze	Edelbohrung	Feinbohrung	Schlichtbohrung	Grobbohrung
über 1 bis 3	1,5	3,0	3,0	2,5	2,0	3	8	1,5	2,0	3	8
„ 3 „ 6	2,0	5,0	4,0	3,0	3,0	5	12	2,0	3,0	5	12
„ 6 „ 10	2,5	5,0	5,0	4,0	3,5	5	15	2,5	3,5	5	15
„ 10 „ 18	3,0	8,0	6,0	5,0	4,0	8	18	3,0	4,0	8	18
„ 18 „ 30	4,0	8,0	8,0	6,0	5,0	8	22	4,0	5,0	8	22
„ 30 „ 50	4,5	10,0	9,0	7,0	6,0	10	25	4,5	6,0	10	25
„ 50 „ 80	5,0	12,0	10,0	8,0	7,0	12	30	5,0	7,0	12	30
„ 80 „ 120	6,0	15,0	11,0	9,0	8,0	15	35	6,0	8,0	15	35
„ 120 „ 180		15,0	13,0	10,0	9,0	15	40		9,0	15	40
„ 180 „ 260		20,0	15,0	12,0	10,0	20	45		10 0	20	45
„ 260 „ 360		20,0	18,0	14,0	12,0	20	50		12,0	20	50
„ 360 „ 500		25,0	20,0	16,0	14,0	25	60		14,0	25	60
In Paßeinheiten	0,25	0,6	0,5	0,4	0,35	0,6	1,5	0,25	0 35	0,6	1,5

Zulässige Abnutzung von Grenzrachenlehren.

Abnutzungsbeträge für Grenzrachenlehren

Durchmesserbereich	Einheitswelle			Einheitsbohrung					
				Edel- u. Feinpassung					
	Edel- und Feinwelle	Schlichtwelle	Grobwelle	Weiter Laufsitz	Leichter Laufsitz	Laufsitz	Enger Laufsitz, Gleit-, Schiebe-, Haft-, Treib-, Fest-, Preßsitz	Schlichtpassung alle Sitze	Grobpassung alle Sitze
über 1 bis 3	1,5	3	8	3,0	2,5	2,0	1,5	3	8
„ 3 „ 6	2,0	5	12	5,0	3,0	3,0	2,0	5	12
„ 6 „ 10	2,5	5	15	5,0	4,0	3,5	2,5	5	15
„ 10 „ 18	3,0	8	18	5,0	5,0	4,0	3,0	8	18
„ 18 „ 30	4,0	8	22	8,0	6,0	5,0	4,0	8	22
„ 30 „ 50	4,5	10	25	8,0	7,0	6,0	4,5	10	25
„ 50 „ 80	5,0	12	30	10,0	8,0	7,0	5,0	12	30
„ 80 „ 120	6,0	15	35	12,0	9,0	8,0	6,0	15	35
„ 120 „ 180	7,0	15	40	12,0	10,0	9,0	7,0	15	40
„ 180 „ 260	8,0	20	45	15,0	12,0	10,0	8,0	20	45
„ 260 „ 360	9,0	20	50	18,0	14,0	12,0	9,0	20	50
„ 360 „ 500	10,0	25	60	20,0	16,0	14,0	10,0	25	60
In Paßeinheiten	0,25	0,6	1,5	0,5	0,4	0,35	0,25	0,6	1,5

Zahlentafel 46. Herstellungsgenauigkeit der Grenz- und Prüflehren nach D.J.-Norm 168 und 171.

Durchmesser-bereich / Nennmaße	Meßscheibe (Me) und Prüfrachenlehre (PRL) 1. Gütegrades				Edelpassung		Edelpassung		Feinpassung und Prüflehren 2. Gütegrades				Schlichtpassung				Grobpassung			
	Me		PRL		Bohrungslehre		Wellenlehre		Bohrungslehre		Wellenlehre		Bohrungslehre		Wellenlehre		Bohrungslehre		Wellenlehre	
	Gutseite	Ausschußseite	Gutseite	Ausschußseite	Gutseite	Ausschußseite	Gutseite	Ausschußseite	Gutseite	Ausschußseite	Gutseite	Ausschußseite	Gutseite	Ausschußseite	Gutseite	Ausschußseite	Gutseite	Ausschußseite	Gutseite	Ausschußseite
1 bis 3	+ 1,5	± 0,8	− 2,0	± 1,0	+1,5	± 0,8	−2,5	+1,3	+ 2,5	+ 1,3	− 2,5	+ 1,3	+ 6,0	+ 3,0	− 6,0	+ 3,0	+10,0	+ 5,0	−10,0	+ 5,0
über 3 ,, 6	1,5	0,8	2,0	1,0	1,5	0,8	3,0	1,5	3,0	1,5	3,0	1,5	6,0	3,0	6,0	3,0	10,0	5,0	10,0	5,0
,, 6 ,, 10	2,0	1,0	3,0	1,5	2,0	1,0	4,0	2,0	4,0	2,0	4,0	2,0	6,0	3,0	6,0	3,0	10,0	5,0	10,0	5,0
, 10 ,, 30	2,5	1,3	3,5	1,8	2,5	1,3	4,5	2,3	4,5	2,3	4,5	2,3	7,0	3,5	7,0	3,5	12,0	6,0	12,0	6,0
,, 30 ,, 50	3,0	1,5	4,0	2,0	3,0	1,5	5,0	2,5	5,0	2,5	5,0	2,5	8,0	4,0	8,0	4,0	12,0	6,0	12,0	6,0
,, 50 ,, 80	3,5	1,8	5,0	2,5	3,5	1,8	6,5	3,3	6,5	3,3	6,5	3,3	10,0	5,0	10,0	5,0	14,0	7,0	14,0	7,0
,, 80 ,, 120	4,5	2,3	6,5	3,3	4,5	2,3	8,5	4,3	8,5	4,3	8,5	4,3	12,0	6,0	12 0	6,0	18,0	9,0	18,0	9,0
,, 120 ,, 180	6,0	3,0	8	4,0					10,0	5,0	10,0	5,0	14,0	7,0	14,0	7,0	22,0	11,0	22,0	11,0
,, 180 ,, 260	8,0	4,0	10	5,0					12,0	6,0	12,0	6,0	18,0	9,0	18,0	9,0	28,0	14,0	28,0	14,0
,, 260 ,, 360	10,0	5,0	13	6,5					16,0	8,0	16,0	8,0	22,0	11,0	22,0	11,0	36,0	18,0	36,0	18,0
,, 360 ,, 430	12,0	6,0	15	7,5					18,0	9,0	18,0	9,0	26,0	13,0	26,0	13,0	44,0	22,0	44,0	22,0
,, 430 ,, 500	14,0	7,0	17	8,5					20,0	10	20,0	10,0	30,0	15,0	30,0	15,0	50,0	25,0	50,0	25,0

der Edelpassung und Welle mit Festsitz, während $-50\dfrac{\varnothing\ sB}{sG}$ bedeuten würde: 50 mm $\varnothing$ Einheitsbohrung der Schlichtpassung und Welle mit Schlichtgleitsitz und $-50\dfrac{\varnothing\ B}{WL}=50$ mm $\varnothing$ Einheitsbohrung der Feinpassung und Welle mit weitem Laufsitz.

Bei der Einheitswelle wird das eW der Edelpassung, das W der Feinpassung, das sW der Schlichtpassung und das gW der Grobpassung beim Wellenmaß unter die Maßlinie gesetzt, also $-50\dfrac{\varnothing}{eW}=$ Einheitswelle 50 mm $\varnothing$ Edelpassung. Die Kurzzeichen der zugehörigen Sitze setzt man über die Maßlinie neben das $\varnothing$-Zeichen, z. B. $-50\dfrac{\varnothing\ T}{W}=$ Einheitswelle 50 mm $\varnothing$, Bohrung mit Treibsitz der Feinpassung.

Anstatt der Kurzzeichen kann man auch die Abmaße eintragen. Dabei soll das obere Abmaß, das mit dem Nennmaß N das Größtmaß G ergibt, oben stehen; das Abmaß o wird nicht angegeben, z. B. $-50\dfrac{\varnothing+0{,}30}{+0{,}10}$ oder $-50\dfrac{\varnothing-0{,}2}{-0{,}4}$ oder $-50\dfrac{\varnothing}{-0{,}3}$ oder $-50\ \varnothing\dfrac{+0{,}2}{}$.

Nach vorstehenden Regeln ist die Aufgabe in Abb. 538÷542 gelöst.

Der 27 mm Bolzen erhält Laufsitz in der Führungsbüchse nach der EB der Feinpassung. Nach Abb. 536 ist für die Welle $D_{max}=N-$

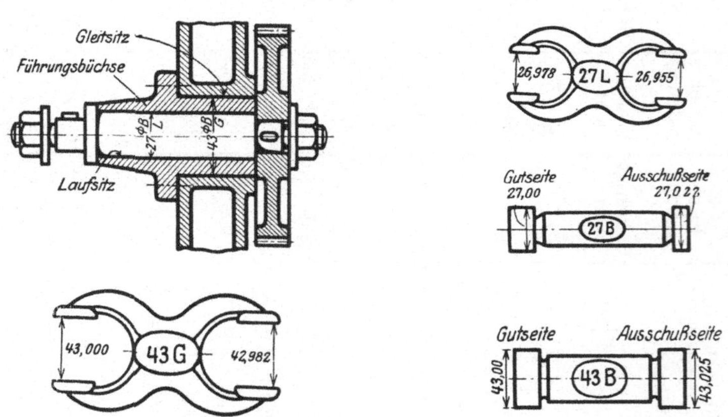

Abb. 538÷542. Arbeitslehren für die Passungen von 27 und 43 mm $\varnothing$.

1,5 PE $= 27 - 0{,}022 = 26{,}978$ mm und $D_{min} = N - 3$ PE $= 27 - 0{,}045 = 26{,}955$ mm. Die Rachenlehre für den 27er Bolzen hat daher auf der Gutseite 26,978 mm und auf der Ausschußseite 26,955 mm Weite. Die Abnahmelehre hat auf der Gutseite eine Rachenweite von $26{,}978 + 0{,}005 = 26{,}983$ mm, mithin ein Abmaß von 0,017 mm, die Ausschußscheibe hat die Rachenweite $26{,}9550 - 0{,}0023 = 26{,}9527$ mm und daher das Abmaß 0,0473 mm.

Die 27 mm Bohrung der Büchse erhält nach der EB $B_{min} = N = 27$ mm und $B_{max} = N + 1{,}5$ PE $= 27 + 1{,}5 \cdot 0{,}015 = 27{,}022$ mm. Der Lehrdorn muß daher auf der Gutseite 27 mm $\varnothing$ und auf der Aus-

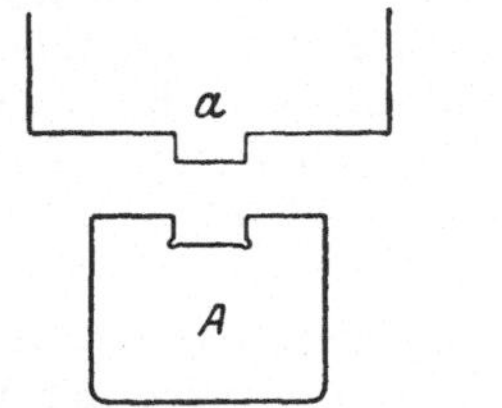
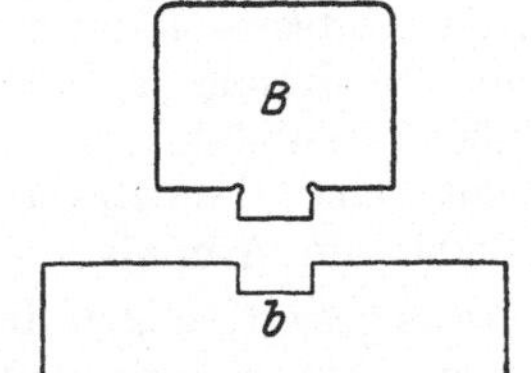

<table>
<tr><td>Abb. 543. Messen der Feder a
mit Sonderlehre A.</td><td>Abb. 544. Messen der Nut b
mit Sonderlehre B.</td></tr>
</table>

schußseite 27,022 mm $\varnothing$ haben. Die Abnahmelehre hat nach Zahlentafel 45 auf der Gutseite $27{,}00 - 0{,}005 = 26{,}995$ mm $\varnothing$ und nach Zahlentafel 46 auf der Ausschußseite $27{,}022 + 0{,}0023 = 27{,}0243$ mm $\varnothing$.

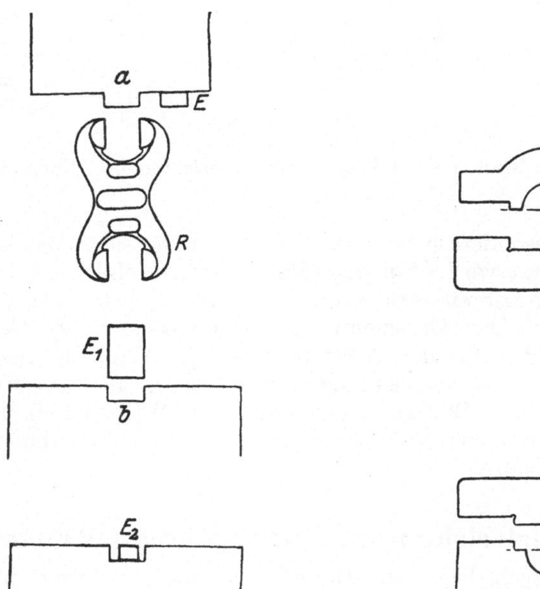

<table>
<tr><td>Abb. 545—547. Messen von Feder und
Nut mit Rachenlehre und Endmaßen.</td><td>Abb. 548 u. 549. Messen eines Lagers
mit Sonderlehren.</td></tr>
</table>

Die Führungsbüchse wird mit Gleitsitz in die 43er Bohrung des Gußkörpers nach der EB eingepaßt. Nach Abb. 536 erhält die Bohrung als $D_{min} = N = 43$ mm und als $D_{max} = N + 1{,}5$ PE $= 43 + 1{,}5 \cdot 0{,}018 = 43{,}027 \frown 43{,}025$ mm. Der Lehrdorn für die 43er Bohrung muß daher auf der Gutseite 43,00 mm $\varnothing$ und auf der Ausschußseite 43,025 mm $\varnothing$ haben. Der Abnahmedorn hat eine Gutseite von $43{,}00 - 0{,}006 = 42{,}994$ mm $\varnothing$, also ein Abmaß von $-0,006$ mm und eine Ausschußseite von $43,025 +$ $0,0025 = 43,0275$ mm $\varnothing$, mithin ein Abmaß von $+ 0,0275$ mm. Die Büchse muß nach Abb. 536 außen $D_{max} = N = 43$ mm und $D_{min} = N - 1$ PE $= 43 - 0,018 = 42,982$ mm haben. Die Rachenlehre hat daher auf der Gutseite 43,00 mm und auf der Ausschußseite 42,982 mm Weite. Die Abnahmelehre hat auf der Gutseite eine Rachenweite von $43,00 + 0,0045 = 43,0045$ mm und $+ 0,0045$ mm Abmaß, auf der Ausschußseite eine Rachenweite von $42,982 - 0,0025 = 42,9795$ mm $\varnothing$ und $- 0,0205$ mm Abmaß.

Wie bereits gesagt, zeigen die Grenzlehren nicht das Maß an, das der Schleifer noch abzuschleifen hat. Ziemlich groß ist auch der Verschleiß

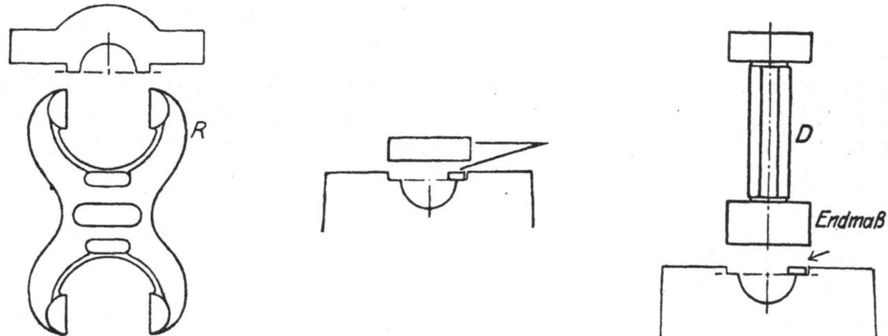

Abb. 550÷552. Messen eines Lagers mit Grenzlehren und Endmaßen.

der Gutseite, insbesondere bei der Rachenlehre, wenn sie an das laufende Werkstück angesetzt wird. Für das Messen der verschiedenen Sitze ist ein ziemlich großer Lehrenvorrat nötig. Unrunde Stellen an Wellen und Löchern lassen sich mit Grenzlehren nicht feststellen. Der Gebrauch der Lehren verlangt außer den Arbeitslehren noch Abnahme- und Prüflehren. Alle Nachteile verschwinden, wenn man an der Maschine die Feinzeiger in der Bauart der Kruppschen Mikrotastlehren nach Abb. 505÷508 anwendet, bei denen man die zulässigen Abmaße mit Marken einstellen kann.

d) Ersatz von Sonderlehren durch Grenzlehren und Endmaße[1]).

Das Anwendungsgebiet der Grenzlehren umfaßt nicht nur das Messen von Bolzen, Wellen und Bohrungen, sondern auch von anderen Passungen an Maschinenteilen, von denen die Austauschbarkeit gefordert wird. In diesen Fällen ersetzen die Grenzlehren teuere Sonderlehren, deren Herstellung mit großem Kostenaufwand verbunden ist. In den Abb. 543 und 544 sind 2 Maschinenteile mit Feder und Nut einzupassen. Die Feder a wird mit der Sonderlehre A gemessen und die Nut b mit der Sonderlehre B. Die Breite der Feder a wird in den Abb. 545÷547 mit der Grenzrachenlehre R und die Höhe mit dem Endmaß E

---

[1]) Loewe-Notizen.

geprüft, die Nut b in der Breite mit dem Endmaß E_1 und in der Tiefe mit E_2.

Der Lagerdeckel muß lehrenhaltig in den Lagerrumpf eingepaßt werden. Zum Messen können die Sonderlehren in den Abb. 548 und 549 benutzt werden. Sie lassen sich aber nach Abb. 550÷552 bei dem Deckel durch eine Rachenlehre R und beim Rumpf durch 2 Endmaße

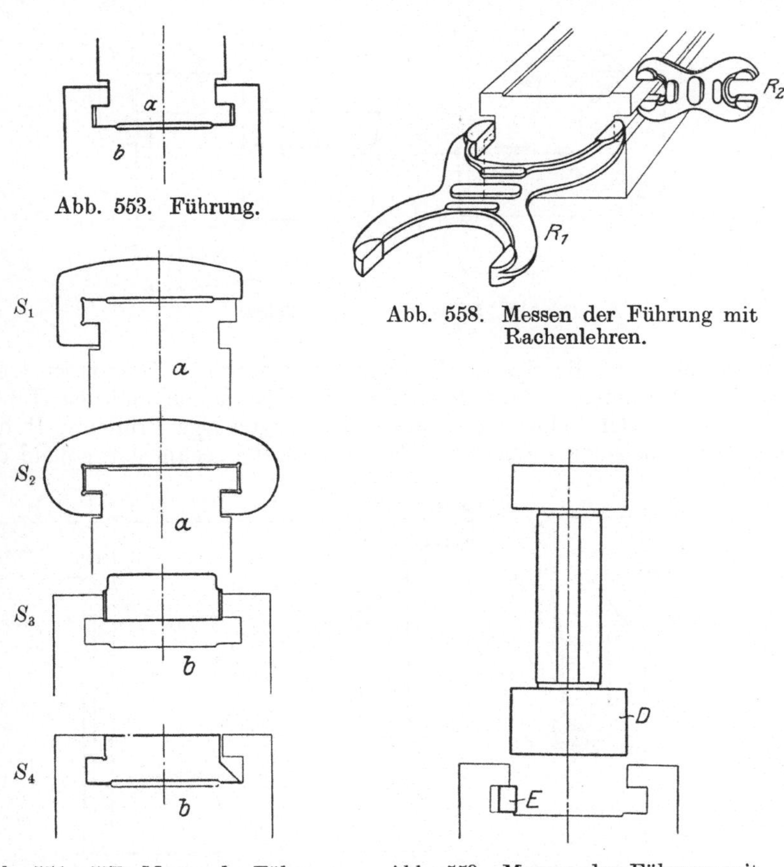

Abb. 553. Führung.

Abb. 558. Messen der Führung mit Rachenlehren.

Abb. 554÷557. Messen der Führung mit Sonderlehren.

Abb. 559. Messen der Führung mit Lehrdorn und Endmaß.

oder durch einen Lehrdorn D und ein Endmaß ersetzen. Ein lehrreiches Beispiel für den Ersatz kostspieliger Sonderlehren durch marktgängige Grenz- und Endlehren bringen die Abb. 553÷559. In Abb. 553 ist die Führung der Maschinenteile a und b dargestellt. Zum Messen der Führungsflächen an a können die Sonderlehren S_1 und S_2 oder als Ersatz die Rachenlehren R_1, R_2 in Abb. 558 benutzt werden. Die Führungsflächen an b werden entweder mit den Sonderlehren S_3, S_4 oder mit dem Grenzlehrdorn D und dem Endmaß E in Abb. 559 gemessen.

e) Die Sonderlehren [1]).

Die Sonderlehren sollen Einstell- oder Hilfsflächen bieten, nach denen der Arbeiter das Werkzeug einstellen oder Zwischenmessungen vornehmen kann, so daß von vornherein die Genauigkeit der Form und Maße gesichert ist. In Abb. 560 und 561 soll die Fläche F an dem Winkeltisch einer

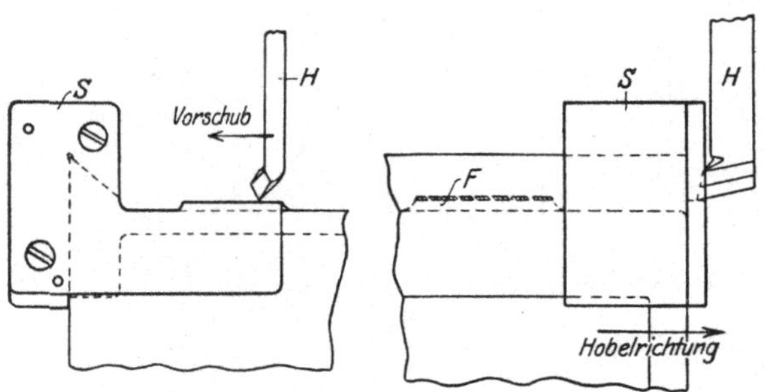

Abb. 560 u. 561. Hobellehre.

Fräsmaschine auf die richtige Tiefe gehobelt werden. Hierzu wird die Sonderlehre S auf den Schwalbenschwanz aufgeschoben und der Hobelstahl H nach der Lehre eingestellt. Die zugehörige Prüflehre P hat nach Abb. 562 einen Fühlstift S, der vorn glatt abschneidet, sobald die

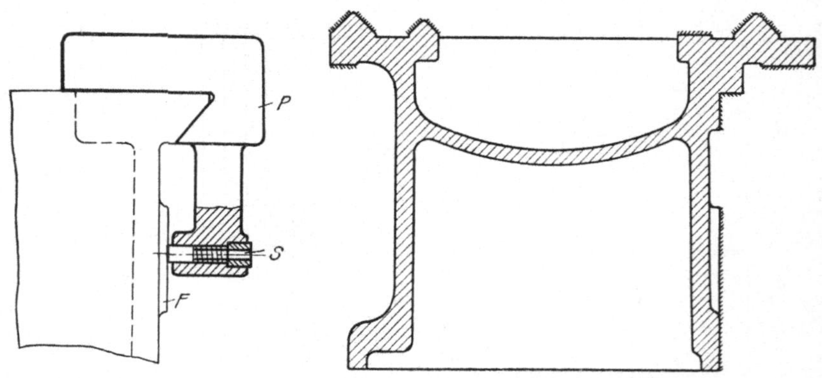

Abb. 562. Prüflehre.   Abb. 563. Drehbankbett.

Fläche F auf die richtige Tiefe gehobelt ist. Besondere Schwierigkeiten bietet das Bearbeiten des Drehbankbettes mit seinen Führungen für den Werkzeugschlitten und denen für den Reitstock und Spindelkasten (in Abb. 563 schraffiert). Sind diese Flächen genau nach Maß bearbeitet, so lassen sich die Teile ohne Nacharbeit zusammensetzen. Um dies zu erreichen, ist nach der Form des Bettes eine Einstellehre nach Abb. 564 gefertigt. Sie wird vor dem Bett auf dem Hobeltisch festgespannt. Bett und Lehre sind so auszurichten, daß die rohen Arbeitsflächen des

---

[1]) Loewe-Notizen.

Bettes vor denen der Lehre stehen. Um dies leicht ausführen zu können, ist die Lehre senkrecht und wagerecht verstellbar. Der Hobler kann

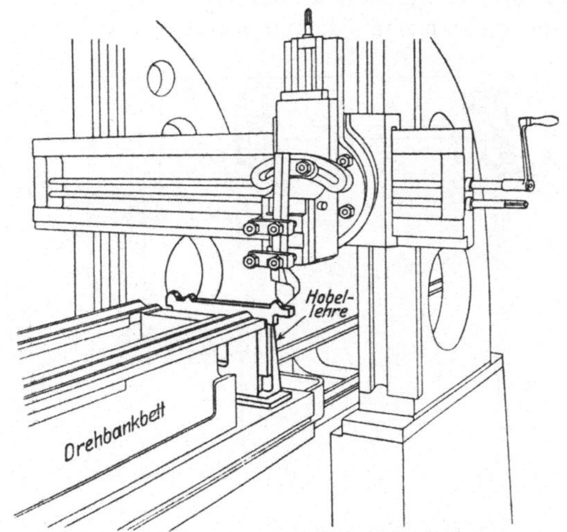

Abb. 564. Hobeln eines Drehbankbettes nach Lehre.

jetzt jede Fläche nach der Lehre hobeln und so das zeitraubende Anreißen sparen. Der hohe Genauigkeitsgrad eines Drehbankbettes ver-

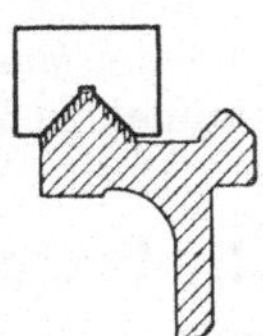

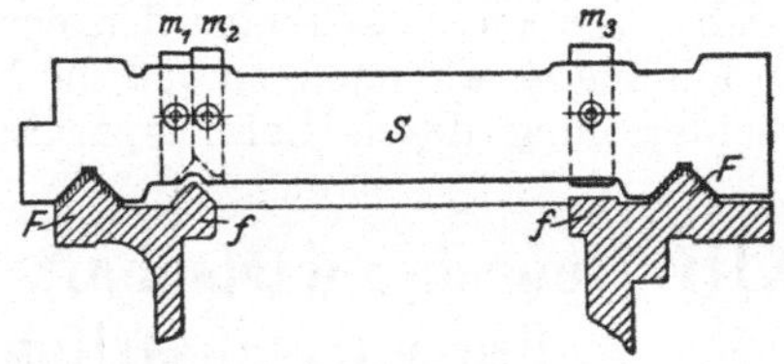

Abb. 565. Prüfen der Dachleiste   Abb. 566. Messen der Führungen F.
mit Meßklötzchen.

langt, daß beim Schlichten die einzelnen Flächen mit Lehren auf Genauigkeit geprüft werden. Die Dachflächen für den Werkzeug-

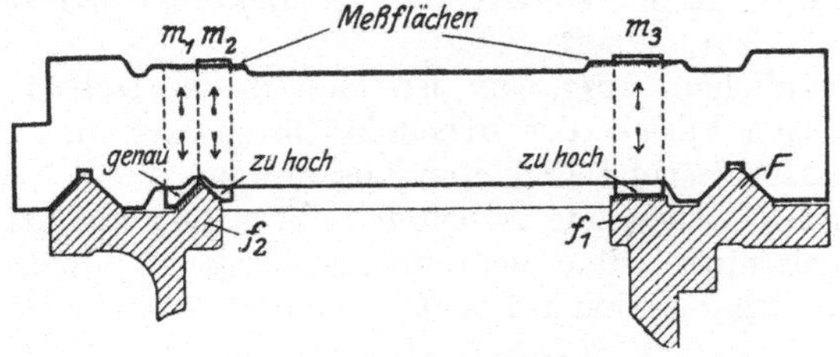

Abb. 567. Messen der Führungen f_1 und f_2.

schlitten werden mit einem Meßklötzchen (Abb. 565) auf ihre Neigung und Ebenheit geprüft und zwar durch Anreiben des Klötzchens. Den

Abstand der beiden Dachleisten F mißt man mit der Lehre S in Abb. 566. Sie enthält auch die Meßschieber m_1, m_2, m_3 zum Messen der Führungen f für Reitstock und Spindelstock. Solange man F mißt, stellt man m_1 bis m_3 hoch und zieht sie mit Klemmschrauben fest. Zum Messen von

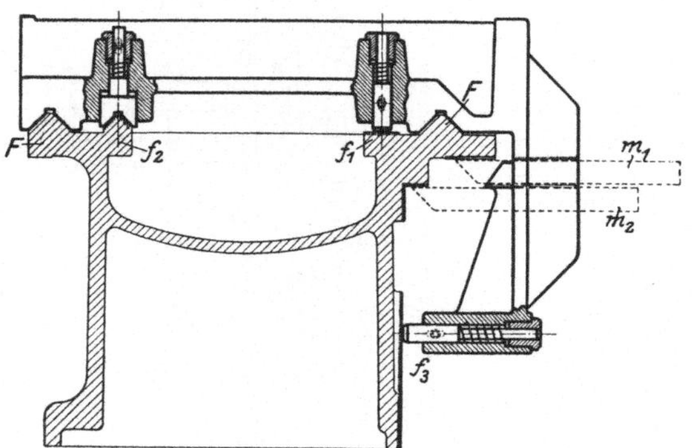

Abb. 568. Nachprüfen der Führungen des Bettes.

f werden die Schrauben gelöst und die Meßschieber m_1, m_2, m_3 durch nicht gezeichnete Federn angedrückt (Abb. 567). Die aufgesetzte Prüflehre in Abb. 568 zeigt, daß die Fläche f_2 zu hoch und f_3 zu tief ist. Die Lehre hat noch die Meßschieber m_1 und m_2 zum Prüfen der Bettwange und des Sitzes für die Zahnstange. Derartige Lehren erhöhen zwar die einmaligen Betriebsausgaben, lassen aber Ungenauigkeiten von wenigen Hundertsteln Millimeter erkennen, so daß die Mehrausgaben bei der Massen- oder Reihenfertigung durch Lohnersparnisse mehr als aufgehoben werden.

XXIII. Menschenwirtschaft und ihre Bedeutung für die wirtschaftliche Fertigung[1]).

Die bisher besprochenen Maßnahmen befassen sich ausschließlich mit der Maschinenwirtschaft. Will man aber den ganzen Betrieb in den Dienst der wirtschaftlichen Fertigung stellen, so muß man auch mit den menschlichen Arbeitskräften planmäßig wirtschaften, d. h. Menschenwirtschaft treiben. Nichts fördert die Leistung eines Menschen mehr als Lust und Liebe zur Arbeit.

Die vornehmlichen Aufgaben der Menschenwirtschaft sind daher:
1. eine richtige Auslese der Arbeitskräfte zu treffen,
2. mangelhafte Berufsfähigkeiten auszubilden,
3. dem einzelnen liegende Arbeiten richtig zusammenzufassen,
4. die Arbeitsmittel den menschlichen Organen anzupassen und
5. die ganze Organisation auf menschenwirtschaftliche Gesichtspunkte einzustellen.

Durch die richtige Auslese der Arbeitskräfte soll an jede Stelle der richtige Mann kommen, der nur Arbeiten verrichtet, die seiner Ver-

---

`1`) Maschinenbau 1923. Betrieb Heft 22.

anlagung und seinen Fähigkeiten entsprechen. Nichts ist unwirtschaftlicher als geistig rege Menschen stets mit eintönigen Arbeiten zu beschäftigen, vielmehr sollten schlummernde Kräfte geweckt werden, um sie der Gemeinschaft dienstbar zu machen. Wenn man weiter bedenkt, daß selbst bei den kleinsten Arbeiten mehr oder weniger größere Unterschiede in den Leistungen der verschiedenen Menschen vorhanden sind, wie groß müssen dann die Verluste in einem Großbetrieb oder gar in der Wirtschaft eines ganzen Volkes sein, wenn nicht nach den Grundlagen der Menschenwirtschaft gehandelt wird, d. h. auf Grund eingehender Kenntnisse der Berufsarbeiten und der Menschen.

Die Berufsarbeiten lernt man am besten durch die **Arbeitsanalyse** oder **Arbeitsunterteilung** kennen, die die Tätigkeit des Menschen in Teilarbeiten zerlegt. Für die Teilarbeiten stellt man die nötigen Tätigkeiten des Arbeiters fest. Um mit möglichst geringen Fähigkeiten und Anstrengungen auszukommen, vereinfacht man die Einzelarbeiten und faßt gleichartige zusammen. Auf Grund dieser Arbeitszerlegung wählt man die Arbeitsmittel, wie Maschinen und Werkzeuge, die nicht allein nach ihrer Leistung, sondern auch nach der erforderlichen Menschenkraft zu beurteilen sind. Menschenkenntnisse sammelt man durch Eignungsprüfungen und Fähigkeitsschulung als Hilfsmittel für die richtige Auslese der Arbeitskräfte. Mit der Eignungsprüfung soll festgestellt werden, wie der Arbeiter die ihm zugedachte Teilarbeit leistet und zwar unter Bedingungen, die der Wirklichkeit möglichst nahe kommen. Der Maschinenbauerlehrling ist vorzugsweise auf Geschicklichkeit des Handgelenkes, räumliches Vorstellungsvermögen, technisches Verständnis und Augenmaß zu prüfen. Mangelhafte Fähigkeiten können durch Schulung weiter ausgebildet werden. Für die Schulungen und Prüfungen wählt man zweckmäßig Geräte[1]), die die Leistungen und Fortschritte in den Fähigkeiten selbst aufschreiben. Der Arbeiter sieht daran sein Können und auch seine Entwicklung und wird sich selbst klar, ob er seine Arbeit beherrscht. Erst mit der Einstellung des Betriebes auf Maschinen- und Menschenwirtschaft ist die Aufgabe ganz gelöst, hochwertige Ware zu den niedrigsten Gestehungskosten zu erzeugen, d. h. Höchstwerte der Wirtschaft zu erzielen.

XXIV. Die Werksabteilungen und ihre Bedeutung für die wirtschaftliche Fertigung.

Eine Grundbedingung für wirtschaftliche Fertigung ist, daß die Werksabteilungen, wie technisches Büro (TB), Normenbüro (NB), Arbeitsbüro (AB), Selbstkostenbüro (SB), Einkauf (E) und Lager (L) planmäßig zusammenarbeiten und sich mit ihren Erfahrungen unterstützen. Die Verteilung der Arbeit auf die einzelnen Abteilungen richtet sich ganz nach der Eigenart des Betriebes. In der Massenfertigung wickelt sich die einmal getroffene Arbeitsverteilung hemmungslos ab, sobald die Vorschriften genau ausgeführt werden. Gerade hierauf ist daher das Schwergewicht zu legen. In der Einzelfertigung muß fast jeder Fall

---

[1]) Betriebshütte 1924 S. 672.

anders behandelt werden. An den Betriebsleiter werden daher besondere Anforderungen gestellt. Bei seinen Anordnungen kann ihm ein Übersichtsplan der Arbeitsverteilung im Sinne der Abb. 569 gute Dienste leisten.

Die Aufgabe des „Technischen Büros" ist, für einen bestimmten Zweck eine Maschine zu entwerfen und zwar so, daß sie auf billigstem Wege in höchster Güte hergestellt werden kann. Das Planen und Berechnen der Maschine ist das unbestrittene Arbeitsgebiet des TB. Die

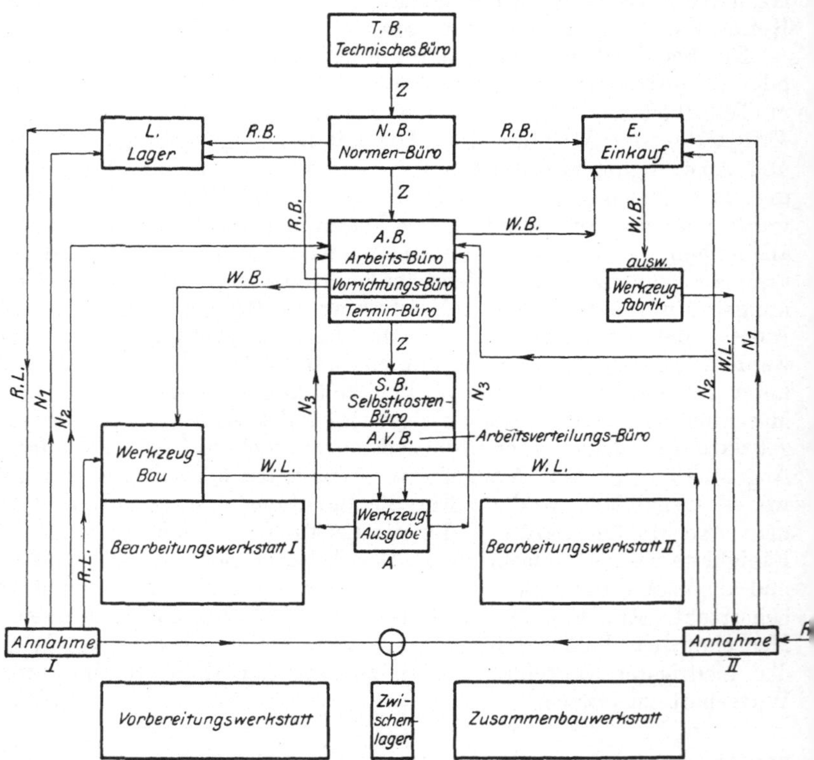

Abb. 569. Zusammenarbeiten der Werksabteilungen.

wirtschaftliche Fertigung verlangt aber die Mitarbeit der anderen Werksabteilungen. Bei der Durchbildung der größten Rohlinge muß das TB z. B. die Ausmaße der größten Werkzeugmaschinen, die Tragfähigkeit der Werkstättenkrane, die Abmessungen der größten Formkästen, die Leistung der Kuppelöfen oder die Größe der Schmiedeöfen und die Leistung der Schmiedemaschinen wissen, damit die schweren Maschinenteile erforderlichenfalls geteilt werden. Für die Reihen- und Massenfertigung müssen dem TB die Modellplatten der Formmaschinen und die Schmiedegesenke bekannt sein. Das TB muß daher seinen Entwurf mit den anderen Abteilungen eingehend durchberaten und auf die einwandfreie Ausführung der Zeichnung das Hauptgewicht legen. Die Zeichnung Z ist somit das Bindeglied zwischen den technischen Abteilungen. Sie geht zuerst vom TB zum NB.

Das Normenbüro sammelt als Vermittler zwischen TB und Betrieb alle oben genannten Angaben. Es führt eine Maschinen-, Modell- und Gesenkkartei in Form von Normblättern mit Maßskizzen. Es prüft die Entwürfe der Maschinen und Maschinenteile, ob die Normen überall angewandt und nicht abgeändert sind. Mit den anderen Werkstellen arbeitet es neue Normen aus, die in einem Normenheft herausgegeben werden. Für die Werkzeichnungen stellt es Normen auf für die Blattgrößen, Schnittführung, Beschriftung, Kennzeichen der Passungen, Darstellung der Schrauben und Gewinde usw. Es vereinheitlicht die Bezeichnungen der Einzelteile und die Werkstoffangabe, schreibt die Kennziffern der Modelle vor und die Kenntlichmachung ihrer Änderungen.

Firma				Datum	
Auftrag-Nr................					
An die Bestell-Abteilung.					
Abteilung *NB* ersucht um Eintragung einer Auftrag-Nummer.					

Lfd. Nr.	Stck.	Gegenstand	Besteller	Ort	Liefer-tag	Besondere Vereinbarungen

Ort .... Datum .... Abt. .... Vorsteher: ....

Abb. 570.

Es stellt Normen für Bestell- und Stücklisten auf, die einmal die Normen und Vorratsteile angeben und zum andern eine sichere Verrechnung ermöglichen. Über alle vorrätigen Werkzeuge, Meßgeräte und Spannvorrichtungen führt es Normblätter, damit sie beim Entwerfen der Maschine berücksichtigt werden. Das NB ist somit die Sammelstelle des ganzen Betriebes.

Nachdem die Zeichnung auf Normen geprüft ist, beantragt das NB mit Vordruck (Abb. 570) eine Auftragnummer, die es mit der Zeichnungsnummer in die Zeichnung einträgt. Hierauf schreibt es eine Stückliste (Abb. 571) aus, die sich mit der der Zeichnung deckt. Eine Durchschrift nimmt es zu den Akten. Aus der Stückliste werden nun die Auswärts- und Lagerbestellungen herausgezogen. Die Rohlisten (Abb. 572) gehen auf dem Wege RB dem Einkauf E und dem Lager L zu. Das Lager liefert über RL an die Warenannahme I und der Einkauf von außerhalb an II, beide in der Nähe der Werkstätten. Sobald die Werkstoffe, Rohlinge oder Fertigteile an I und II geliefert sind, gehen die Rohlisten mit „erledigt" den Weg N_1 an L und E zur Benachrichtigung zurück (Abb. 569). Mit den Bestellungen an L und E geht die Zeichnung Z mit der Stückliste weiter an das Arbeitsbüro.

Firma ....   Datum ....

Auftrag-Nr. ....

Auftrag der Fa.: ....

Ort ....

Bestellung über ....   Liefertag: ....

Zeichn. Nr. ....

Stückliste

Lfd. Nr.	Stck.	Gegenstand	Stoff	Gew. Stck.	Modell Nr.	Zugeh. Zeichn.	Werkstoff bestellt bei	Lieferta₃ der Einzelteile	Halb-fertigteile	Bemerkungen

Abb. 571.

Firma..................................   Best.-Nr..............

Rohstoff-Anforderung

für Auftrag ....

Zeichn.-Nr.........   Name des Empfängers:....................   Kontr.-Nr..........

Lfd. Nr.	Stück	Gegenstand	Gewicht		Inhalt		Abmessung	Einzel-Preis		Gesamt		Vorrats-Nummer
			kg	g	l	m³		M.	Pf.	M.	Pf.	

Abt.-Meister	Lagerverw.	Hauptbuchf. ....
Abt.	Dat. d. Ausg.	Kaufm. Abt. ....
Datum d. Ausst.	Dat. d. Eintr.	Datum d. Eintr. ....

Abb. 572.

Das Arbeitsbüro hat die Aufgabe, die für das Bearbeiten der Maschinenteile erforderlichen Arbeitspläne aufzustellen, die passenden Werkstoffe zu bestimmen, die wirtschaftlichen Schnittgeschwindigkeiten, Vorschübe, Spantiefen und Schnittgänge anzugeben und die zweckmäßigsten Werkzeugmaschinen auszusuchen. Neue Werkzeuge und Werkstoffe probiert es auf dem Versuchsstande aus, neue Verfahren untersucht es auf Wirtschaftlichkeit, kurz, es prüft alles, was zur Verbilligung der Arbeit und zur Erhöhung der Leistung und Güte der Er-

---

Firma ....   **Best.-Nr.** ....

Arbeitsplan

Besteller: Firma ....   Ort ....

Dat. ....   Auftrag ....

Bezeich- nung des Arbeits- stückes	Werkstoff	Gew.		Preis kg		Stück- preis		Art der Be- arbeitung	Masch.- Gattung	Vorrich- -tungs- gattung	Anzahl der Arbeiter		Bearbei- tungs- zeit		Gesamtzeit eines Werk- stückes	Be- arbei- tungs- Skizzen	Zugehörige Zeichn. Nr.
		kg	g	M.	Pf.	M.	Pf.				Männl.	Weibl.	st.	min			

Abb. 573.

Firma ....   **Best.-Nr.** ....

Stücklohnberechnung

Firma ....

Für Auftrag: ....   Besteller:

Ort ....

Zeichn. Nr. ....

Lfd. Nr.	Vorgang	Stck.	Gegenstand	Stoff	Schmiede	Schlosserei	Dreherei	Hoblerei	Fräserei	Bohrerei	Stoßerei	Tischlerei			Gesamt- betrag		Arbeits- Bezeichnung
															M.	Pf.	

Abb. 574.

---

zeugnisse beitragen kann. Das AB ist daher das wirtschafts-wissenschaftliche Gehirn des Betriebes. In seinem Vorrichtungsbüro entwirft es die neuen Werkzeuge und Vorrichtungen. Etwaige Änderungen im Entwurf werden dem TB gemeldet, damit sie in die Zeichnungen der Maschine oder Maschinenteile aufgenommen werden. Die Werkzeuge und Vorrichtungen erhalten vom NB ihre Kennziffer, die das AB in die Werkzeichnungen und das TB in die Urzeichnung einträgt. Man kann daher Werkzeuge und Spanngerät jederzeit mit ihrer Kennziffer anfordern. Mit seinem Terminbüro überwacht das AB die rechtzeitige Erledigung der Aufträge. Hierzu stellt es Terminkarten aus, die Angaben über die Liefertermine und die Besetzung der Maschinen enthalten. Im Verein mit dem Arbeitsverteilungsbüro legt es die Untertermine für die

Firma ....   Best.-Nr. ....

Akkordschein

S Lfd. Nr. ....

Abt. .... Akkordnehmer .... Kontr.-Nr. ....

Masch. .... Beruf ....

Begonnen ....   Beendigt ....

Lfd. Nr.	Stück	Gegenstand	Zeichn. Nr.	Stoff	Einzelpreis		Gesamtpreis		Art der Unterbrechung
					M.	Pf.	M.	Pf.	

Abb. 575. Akkordschein, Vorderseite.

Der Akkordnehmer .... Werkmeister ....

Betriebsing. .... Kalkulator .... Dat. ....

Lfd. Nr.	Arbeiten	Freitag	Samstag	st.	Montag	Dienstag	Mittwoch	Donnerstag	Freitag	Samstag	st.	Montag	Dienstag	Mittwoch	Donnerstag	Gesamtzeit st.	Abschlag		Überschuß		Vorschuß	
																	M.	Pf.	M.	Pf.	M.	Pf.

Abb. 576. Akkordschein, Rückseite.

Ablieferung der Einzelteile fest und überwacht ihre Einhaltung, damit beim Zusammenbauen der Maschinenteile und Maschinen alles rechtzeitig zur Stelle ist. Um diese Aufgaben zu erfüllen, stellt das Arbeitsbüro mit dem Vordruck (Abb. 573) an Hand der Zeichnungen zunächst die Arbeitspläne auf, legt in Gemeinschaft mit der Vorrichtungsabteilung die Werkzeuge und Vorrichtungen fest und führt eine Wirtschaftlichkeitsberechnung durch. Das Vorrichtungsbüro bestellt über WB dem Werkzeugbau die neuen Werkzeuge und Vorrichtungen und über RB die Werkstoffe beim Lager. Die Werkstoffe laufen ebenfalls über RL nach der Annahmestelle I, die das AB über N_2 von dem Eintreffen benachrichtigt. Die fertigen Werkzeuge und Vorrichtungen gehen über WL zur Werkzeugausgabe A, die über N_3 das AB benachrichtigt, daß die Gegenstände

Firma									Lohn-Eintragung												
Best.-Nr.									Besteller:												
Auftrag									Ort:												
Vorgang	Akkord-Zettel Nr.	Lfd. Nr.	Stck.	Gegenstand	Stoff	Gew. kg	Stck.-Preis		Gesamt-preis		Schmiede	Schlosserei	Dreherei	Hoblerei	Fräserei	Bohrerei	Stoßerei	Tischlerei	Gesamt-lohn		Besondere Vereinbarungen
							M	Pf.	M.	Pf.									M.	Pf.	

Abb. 577. Vordruck für Verbuchung.

Firma																Datum	
			Von Firma:														
			Ort:														
Zeichn.																	
Abt.							Betrifft:										
Lfd. Nr.	Stck.	Gegenstand	Stoff	Gew.	Einzelpreis	Gesamt-preis	Schmiede	Schlosserei	Dreherei	Fräserei	Hoblerei	Bohrerei	Stoßerei	Schleiferei	Zuschlag auf d. Löhne in v. H.	Gesamt-beträge	Besondere Vereinbarungen

In the middle of the form, centered: **Anfrage**

Abb. 578.

zur Ausgabe bereit liegen. Die von auswärts zu beziehenden Werkzeuge bestellt das AB über WB beim Einkauf E, der sie einer auswärtigen Werkzeugfabrik in Auftrag gibt. Die Lieferung erfolgt über WL an die Annahmestelle II, die über N_2 dem AB und E Nachricht gibt. Von II gehen die Werkzeuge weiter über WL nach A, die über N_3 dem AB den Eingang mitteilt. Die Werkstätten nehmen von A gegen eine Quittung oder Marke die Werkzeuge und Vorrichtungen in Empfang. Die Zeichnungen nebst Unterlagen gehen inzwischen in das Selbstkostenbüro.

Ausgest.			Best.-Nr. ....
			Laufkarte Nr. ....
	Laufkarte für		
Auftrag:		Besteller:	
S c h m i e d e	S c h l o s s e r e i	D r e h e r e i	....
..... Stck. empfangen am: .... angefangen: .... fertiggestellt: .... Unterschrift:	..... Stck. empfangen am: .... angefangen: .... fertiggestellt: .... Unterschrift:	..... Stck. empfangen am: .... angefangen: .... fertiggestellt: .... Unterschrift:	..... Stck. empfangen am: .... angefangen: .... fertiggestellt: .... Unterschrift: ....
'Kontroll. am: .... Unterschrift:	Abgenom. ..... Stck. Ausschuß: ..... Stck.	Lager am: .... Unterschrift:	Zurück an die Arbeits- verteilg. am: .... Unterschrift: ....

Abb. 579.

Bestellnummer

1 2 3 4 5 6 |7| 8 9 10 11 12 Monate   Tage1 2 3 4 5 6 7 8 9 |10| 11 12 13 14 15 16 17 18 19 20 21 22 23 24 25 26 27 28 29 30 3

Auftrag über .... Liefertag ....

Besteller: Firma ....

Ort ....

Lfd. Nr.	Stück	Gegenstand	Zeichn. erhalten am:	Zeichn. an die Werkstatt gegeben am:	Lager Werkstoffe	Werkstoff bestellt bei — Firma	am	Gemahnt am:	Geliefert am:	Werkstatt-Einzeltermine								Verzögerungen am:	Versand am:
										Schmiede	Schlosserei	Dreherei	Hoblerei	Fräserei	Bohrerei	Tischlerei			

Abb. 580.

Das Selbstkostenbüro setzt auf Grund der in Abb. 573 angegebenen Arbeitszeiten den Stücklohn fest (Abb. 574) und mit dem Terminbüro die Einzeltermine, die es in den Vordruck Abb. 580 einträgt. Hierbei werden noch gegebenenfalls Maßnahmen für die Verbilligung der Fertigung getroffen. Aus den Vordrucken 573 und 574 zieht das SB die Akkordscheine,

Abb. 575 und 576, heraus. Die Vorderseite enthält die Angaben über das Arbeitsstück, die Rückseite über den Arbeitnehmer, der Buchstabe S besagt, daß der Akkordschein für die Schmiede bestimmt ist. Alle Akkordscheine werden in dem Vordruck nach Abb. 577 zusammengestellt und als Buch geführt. An das SB ist vielfach die Angebotsabteilung angegliedert, die alle Anfragen der Einheitlichkeit halber mit einem Vordruck nach Abb. 578 bearbeitet.

Sind alle Preise festgesetzt und Akkordscheine ausgefertigt, so gehen die gesamten Unterlagen in das Arbeitsverteilungsbüro. Die Maschinennummer und die Arbeitsabteilung sind bereits im AB angegeben worden. Jetzt trägt der Abteilungsmeister noch Namen und Beruf des Arbeiters ein. Das Verteilungsbüro versieht alle Zeichnungen, Stücklisten, Scheine mit Ein- und Ausgangsdaten und bucht sie. Es stellt die Laufzettel nach Abb. 579 aus mit der Angabe der ersten Arbeitsabteilung, z. B. Schmiede. Im übrigen sind bereits im Selbstkostenbüro die Zeichnungen mit dem Aufdruck „Schmiede, Dreherei, Fräserei . . .“ versehen worden, so wie die Akkordscheine den Arbeitsgang vorschreiben. Jede Werkstatt weiß daher, welche die nächste ist. Arbeiten mehrere Stellen zugleich an einem Auftrag, so erhält jede der Zeichnungen eine Laufkarte, deren Nummer auf der Zeichnung vermerkt wird. Ist der Auftrag erledigt, so geht die Karte an die Arbeitsverteilung zurück, die sie der Verrechnungsabteilung weiterreicht. Damit der Betriebsleiter sich jederzeit über den Stand der Arbeiten unterrichten kann, muß eine Terminkarte, wie in Abb. 580, geführt werden. Rote Marken am oberen Rande zeigen den Endtermin an. Die Karte ist gewissermaßen das Gedächtnis des Betriebsleiters. Die Abteilungen sind verpflichtet, dem Terminbeamten zu melden, wenn die vorhergehende Abteilung nicht rechtzeitig geliefert hat. Jede Terminüberschreitung muß in der Terminkarte vermerkt und dem Betriebsleiter gemeldet werden.

Treten während der Bearbeitung Schwierigkeiten auf, so meldet die Werkstatt sie dem TB, damit es erforderlichenfalls Änderungen vornimmt. Jede Änderung, die die Werkstatt noch zur leichteren Herstellung trifft, muß sie allen Abteilungen bekanntgeben, damit sie auch in den Zeichnungen vermerkt wird. Sonst ist ein reibungsloses Nachliefern von Ersatzteilen nicht möglich. Sehr wertvoll ist eine gemeinsame Abnahme der Maschine durch das TB und die Werkstattleitung, damit vor ihren Augen die Ausführung und die Genauigkeit geprüft werden können.

Zu diesen rein technischen Aufgaben treten noch die des Einkaufs (E), der für die Beschaffung der Rohstoffe und Rohteile, sowie gewisser Fertigteile Sorge zu tragen hat und die des Lagers (L), das für die pünktliche Belieferung der Werkstätten mit Lagerstoffen und Lagerteilen verantwortlich ist. Das in Abb. 569 angegebene Zwischenlager nimmt die in der Vorbereitungswerkstatt fertiggestellten Maschinenteile auf und liefert sie auf Abruf an die Zusammenbau-Werkstatt ab.

Die Grundzüge der Werkzeugmaschinen und der Metallbearbeitung. Von Prof. **Fr. W. Hülle**, Dortmund. In zwei Bänden.

Erster Band: **Der Bau der Werkzeugmaschinen.** Fünfte, vermehrte Auflage. Mit 457 Textabbildungen. VIII, 234 Seiten. 1926.
RM 5.40; gebunden RM 6.60

Aus den Besprechungen der früheren Auflage:

Das Werk wendet sich in erster Linie an den Studierenden des Maschinenbaues, den Fachschüler und Techniker. Es erstrebt die möglichst erschöpfende Beantwortung der Frage: „Wie erreicht man bei den Werkzeugmaschinen gute und genaue Arbeit und eine große Leistung?". Nach einem einleitenden Kapitel über die Arbeitsweise der Werkzeugmaschinen werden eingehend die Getriebe, der Aufbau und dann die Berechnungen von Schnittdruck, Arbeitsbedarf, Antrieben, Geschwindigkeiten, Vorschüben und Leistung von Werkzeugmaschinen behandelt.   (Zeitschrift für berufliches Schulwesen.)

Der Verfasser will in seiner Arbeit das Wesentliche einer Werkzeugmaschine in der einfachsten Form darstellen und spricht in erster Linie zu den Studierenden und denjenigen, die sich über die Grundzüge des Werkzeugmaschinenbaues unterrichten wollen. Das Buch hat gegenüber den vorhergehenden Auflagen neue Durcharbeitung und Erweiterung erfahren.
(Werft-Reederei-Hafen.)

Die Werkzeugmaschinen, ihre neuzeitliche Durchbildung für wirtschaftliche Metallbearbeitung. Ein Lehrbuch. Von Prof. **Fr. W. Hülle**, Dortmund. Vierte, verbesserte Auflage. Mit 1020 Abbildungen im Text und auf Textblättern, sowie 15 Tafeln. VIII, 611 Seiten. 1919. Unveränderter Neudruck. 1923.   Gebunden RM 24.—

Aus dem Inhalt:

Allgemeines über Werkzeugmaschinen. — Die Getriebe der Werkzeugmaschinen. — Die Werkzeugmaschinen mit kreisender Hauptbewegung. — Die Werkzeugmaschinen mit gerader Hauptbewegung. — Die Maschinensägen. — Die Maschinen für die Blechbearbeitung. — Die ortsbeweglichen Werkzeugmaschinen. — Die Abnahme und das Prüfen von Werkzeugmaschinen. — Berechnungen.

Automaten. Die konstruktive Durchbildung, die Werkzeuge, die Arbeitsweise und der Betrieb der selbsttätigen Drehbänke. Ein Lehr- und Nachschlagebuch. Von Oberingenieur **Ph. Kelle**, Berlin. Mit 767 Figuren im Text und auf Tafeln, sowie 34 Arbeitsplänen. X, 426 Seiten. 1921.
Gebunden RM 16.80

Die Bearbeitung von Maschinenteilen nebst Tafel zur graphischen Bestimmung der Arbeitszeit. Von **E. Hoeltje**, Hagen i. W. Zweite, erweiterte Auflage. Mit 349 Textfiguren und einer Tafel. IV, 98 Seiten. 1920.   RM 3.—

Vorrichtungen im Maschinenbau nebst Anwendungsbeispielen. Von Betriebsingenieur **Otto Lich**. Mit 601 Figuren im Text und 35 Tabellen. VIII, 507 Seiten. 1921.   Gebunden RM 18.—

Zeitsparende Vorrichtungen im Maschinen- und Apparatebau. Von **O. M. Müller**, beratender Ingenieur, Berlin. Mit 987 Abbildungen im Text. VIII, 357 Seiten.   Erscheint im Oktober 1926

Die Werkzeuge und Arbeitsverfahren der Pressen.

Mit Benutzung des Buches „Punches, dies and tools for manufacturing in presses" von **Joseph V. Woodworth** von Prof. Dr. techn. **Max Kurrein**, Oberingenieur in Berlin. Zweite, völlig neubearbeitete Auflage. Mit 1025 Abbildungen im Text und auf einer Tafel sowie 49 Tabellen. X, 810 Seiten. 1926. Gebunden RM 48.—

Leitfaden der Werkzeugmaschinenkunde.

Von Professor Dipl.-Ing. **Herm. Meyer**, Magdeburg. Zweite, neubearbeitete Auflage. Mit 330 Textfiguren. VI, 198 Seiten. 1921. RM 4.—

ⓦModerne Werkzeugmaschinen.

Von Ing. **Felix Kagerer**. Zweite, verbesserte und erweiterte Auflage. Mit 155 Abbildungen und 16 Tabellen. 265 Seiten. (Technische Praxis, Band III.) RM 3.—

Die Dreherei und ihre Werkzeuge.

Handbuch für Werkstatt, Büro und Schule. Von Betriebsdirektor **Willy Hippler**. Dritte, umgearbeitete und erweiterte Auflage.

Erster Teil: Wirtschaftliche Ausnutzung der Drehbank. Mit 136 Abbildungen im Text und auf 2 Tafeln. VII, 259 Seiten. 1923. Gebunden RM 13.50

Der Dreher als Rechner.

Wechselräder-, Touren-, Zeit- und Konusberechnung in einfachster und anschaulichster Darstellung; darum zum Selbstunterricht wirklich geeignet. Von **E. Busch**. Mit 28 Textfiguren. VIII, 186 Seiten. 1919. Gebunden RM 6.—

Der Fräser als Rechner.

Berechnungen an den Universal-Fräsmaschinen und ·Teilköpfen in einfachster und anschaulichster Darstellung; darum zum Selbstunterricht wirklich geeignet. Von **E. Busch**. Mit 69 Textabbildungen und 14 Tabellen. VI, 214 Seiten. 1922. RM 4.60; gebunden RM 6.—

Handbuch der Fräserei.

Kurzgefaßtes Lehr- und Nachschlagebuch für den allgemeinen Gebrauch. Gemeinverständlich bearbeitet von **Emil Jurthe** und **Otto Mietzschke**, Ingenieure. Sechste, durchgesehene und vermehrte Auflage. Mit 351 Abbildungen, 42 Tabellen und einem Anhang über Konstruktion der gebräuchlichsten Zahnformen an Stirn-, Spiralzahn-, Schnecken- und Kegelrädern. VIII, 334 Seiten. 1923. Gebunden RM 11.—

Freytags Hilfsbuch für den Maschinenbau

für Maschineningenieure, sowie für den Unterricht an Technischen Lehranstalten. Siebente, vollständig neubearbeitete Auflage. Unter Mitarbeit von Fachleuten herausgegeben von Prof. **P. Gerlach**. Mit 2484 in den Text gedruckten Abbildungen, 1 farbigen Tafel und 3 Konstruktionstafeln. XII, 1490 Seiten. 1924. Gebunden RM 17.40

Taschenbuch für den Maschinenbau.

Bearbeitet von zahlreichen Fachleuten. Herausgegeben von Prof. **H. Dubbel**, Ingenieur, Berlin. Vierte, erweiterte und verbesserte Auflage. Mit 2786 Textfiguren. In zwei Bänden. XI, 1728 Seiten. 1924. Gebunden RM 18.—

Werkstattbücher

für Betriebsbeamte, Vor- und Facharbeiter. Herausgegeben von **Eugen Simon**, Berlin. Bisher liegen fertig vor Heft 1 bis 25. Ausführliche Prospekte hierüber stehen auf Wunsch gern zur Verfügung. Preis pro Heft RM 1.50

Die mit ⓦ bezeichneten Werke sind im Verlage von Julius Springer in Wien erschienen